HZ BOOKS

华章图书

一本打开的书，
一扇开启的门，
通向科学殿堂的阶梯，
托起一流人才的基石。

云计算与虚拟化技术丛书

Building Cloud Native Applications with OpenShift

云原生应用构建

基于OpenShift

魏新宇 王洪涛 陈耿 著

机械工业出版社
China Machine Press

图书在版编目（CIP）数据

云原生应用构建：基于 OpenShift / 魏新宇，王洪涛，陈耿著 . —北京：机械工业出版社，2020.6

（云计算与虚拟化技术丛书）

ISBN 978-7-111-65786-6

Ⅰ. 云…　Ⅱ. ① 魏…　② 王…　③ 陈…　Ⅲ. 软件工程　Ⅳ. TP311.5

中国版本图书馆 CIP 数据核字（2020）第 096480 号

云原生应用构建：基于 OpenShift

出版发行：机械工业出版社（北京市西城区百万庄大街 22 号　邮政编码：100037）

责任编辑：李　艺

印　　刷：大厂回族自治县益利印刷有限公司

开　　本：186mm×240mm　1/16

书　　号：ISBN 978-7-111-65786-6

责任校对：殷　虹

版　　次：2020 年 7 月第 1 版第 1 次印刷

印　　张：25.5

定　　价：99.00 元

客服电话：（010）88361066　88379833　68326294

华章网站：www.hzbook.com

投稿热线：（010）88379604

读者信箱：hzit@hzbook.com

In Today's digital markets, organizations have to move rapidly to enhance customer experiences and deliver competitive features to keep pace with the market trends and competition. This clearly requires very nimble and agile application portfolio. From a Microsoft point of view the organizations going through digital transformation should focus on key benefits like, improvement in profit margin, cost reduction, improvement in productivity, increased revenue from new products & improved customer loyalty.

Leverage the breadth of technologies and features Microsoft Azure offers to innovate your existing applications and build new applications which can have faster deployments and great business outcomes. A cloud-native technology enables you to build and to run your scalable app in a dynamic environment: a public, private, or hybrid cloud, which will help you to obtain maximum benefits for your current business and help you to continue innovate for future.

This book takes you through a journey on how to be successful in the Journey to Cloud and Cloud-Native.

Thanks & Regards

Manu Remanandan

Intelligent Cloud, Sales Director Global Black Belt, Asia

序言 2 *Preface*

自上一部佳作《OpenShift 在企业中的实践：PaaS DevOps 微服务》面世仅仅半年时间，新宇又再次邀请我为他和洪涛、陈耿的新书作序，我本人既惊讶又高兴：惊讶的是这三位作者用不到一年的时间写出一本干货满满的技术书，高兴的是这本书的出版可谓真正把未来五年企业在数字化转型中所要经历的下半场应用价值取向的转变描述得清晰和透彻。PaaS 也好，微服务也好，DevOps 也好，这些技术的出现是为了什么？是为了好玩、炫酷，还是为了技术人员的价值体现？显然都不是。这些技术的出现是为了让应用以客户为先、让客户需求能够更快地驱动应用变革，更是为了让我们能够通过云原生的方式来构建企业应用，从而适应这个无处不云的大的时代背景。

读者可以把本书的"云原生篇"看作《OpenShift 在企业中的实践：PaaS DevOps 微服务》一书的下部。和上一部书一样，本书还是干货满满："云原生篇"旨在帮助读者理解云原生的理念以及分布式开源中间件在云原生中的应用场景；"OpenShift 篇"旨在介绍 OpenShift 4 的架构设计以及在公有云的最佳实践。书中所有场景、实验以及相关技术的选型都是三位作者在工作中的经验总结，绝非生搬硬套的概念宣讲。读者通过阅读本书内容以及所有试验展示，可以更深入地理解架构和原理。如果你是一线技术人员，通过阅读本书，你可以写出自己的第一个云原生的"hello world"。如果你是 CTO 或者企业 IT 技术管理人员，通过阅读本书，可以为自己企业内部未来应用开发及相关技术选型得到一个很好的参考，毕竟 IT 技术发展如此之快，技术选型犹如大海捞针，如果可以借鉴红帽或者其他大型云企业的技术积累和经验，企业数字化转型之路会走得更顺畅。

云原生是应用的终极宿命，无论我们是否喜欢，它都是应用发展的必然趋势，红帽期待能和你一起走过云原生路上的种种坎坷。最后，希望大家通过此书不仅能够提高自身的技术能力，还能够利用书中的知识和经验帮助自己所在企业走好数字化转型的最后一公里。

张亚光

Red Hat 中国解决方案架构师经理

为何写作本书

2014 年，谷歌发布 Kubernetes，引发云计算技术的巨大转变。Kubernetes 诞生以后，Red Hat 决定对原有的 PaaS 产品 OpenShift 进行重构，这一决定彻底改变了 OpenShift 的命运以及后续 PaaS 市场的格局。2015 年 6 月，基于 Kubernetes 1.0 的 OpenShift 3.0 诞生，截至本书写作时 OpenShift 的最新版本已经是 4.3，在全球的企业客户已经超过 1800 个。随着像 OpenShift 这样优秀的容器云平台的不断普及，越来越多的客户通过容器云构建了 PaaS、DevOps 和微服务架构，将应用迁移到容器云平台。但是，很多客户的应用构建仍然采用传统模式，这使得后续应用迁移到容器时需要巨大的工作量。那么，有没有基于容器模式、云模式的应用开发模式，使开发出的应用直接运行在容器云上呢？有，这就是云原生应用。

2018 年，CNCF（Cloud Native Computing Foundation）组织对云原生进行了重新定义：云原生技术有利于各组织在公有云、私有云和混合云等新型动态环境中，构建和运行可弹性扩展的应用。云原生的代表技术包括容器、服务网格、微服务、不可变基础设施和声明式 API。

从 CNCF 对云原生的定义来看，它与容器、服务网格、微服务等技术是密切相关的。这就带来一个问题：目前 IT 市场的容器云、服务网格、微服务琳琅满目，在构建云原生的时候，企业客户应如何选择呢？面对与云原生相关的几十个开源项目，企业客户要自行集成和运维，显然是不现实的。因此，如何在企业级容器云上构建企业级云原生应用得到了大家的广泛关注。

目前市面上已经有不少与容器、服务网格、微服务相关的书，但鲜有涉及基于企业级开源容器云构建云原生的。基于此，本书作者们决定撰写一本基于分布式开源中间件和 OpenShift 实现云原生的书。

VI

本书主要内容

本书分为"云原生篇"和"OpenShift 篇"两大部分。云原生篇介绍如何借助分布式中间件帮助客户实现云原生。OpenShift 篇介绍 OpenShift 的高可用架构设计、最佳实践，以及在数据中心和公有云的部署方式。

云原生篇（第 1～11 章）：旨在帮助读者理解云原生的理念以及分布式开源中间件在云原生中的应用场景。这部分内容由魏新宇完成。

在云原生篇中，我们会介绍云原生构建的六大步骤，然后结合 Red Hat 企业级开源解决方案，将六大步骤细化，通过几个独立的章节进行详细说明。章节之间既相互独立，又相互联系。在每章中，我们会从各项技术的产生背景以及企业应用角度进行阐述，然后结合具体的技术案例展开说明，以期读者能有系统的理解。需要指出的是，云原生部分旨在帮助读者理解云原生的理念以及分布式开源中间件在云原生中的应用场景，因此具体的安装配置步骤不是本书的重点。云原生部分的所有示例代码，都是为了方便读者更深入地理解架构和原理，而非提供安装手册（具体安装的步骤可以参照 Red Hat 官网：access.redhat.com）。

OpenShift 篇（第 12～14 章）：介绍 OpenShift 4 的集群规划、离线安装部署，以及 OpenShift 4 在公有云上的最佳实践。这部分内容由王洪涛（第 12～13 章）和陈耿（第 14 章）完成。

本书基于 Red Hat JBoss 中间件和 OpenShift 3.11/4.2 撰写，书中对涉及的 JBoss 企业级软件均给出了上游开源社区的介绍。社区版软件除了在安装上稍有差别，在功能实现和技术上都是一样的，因此本书也适合使用社区版的朋友阅读，当然，我们建议使用企业级版本以获得相应的支持和保障。

本书收录了魏新宇此前所写的一些技术文章，这些文章最初通过 IBM developerWorks 中国网站发表，其网址是 https://www.ibm.com/developerworks/cn（IBM developerWorks 现已更名为 IBM Developer，新网址是 https://developer.ibm.com/cn/）。文章列表为：

- 《DevSecOps：打造安全合规的 DevOps 平台》
- 《Quarkus：超音速亚原子 Java 体验》
- 《基于 Kubernetes 集群的 Serverless 在 IoT 中的应用》
- 《构建基于 OpenShift 面向生产的分布式消息和数据流平台》
- 《通过 Kubernetes 和容器实现 DevOps》
- 《构建基于容器 PaaS 平台的分布式缓存》
- 《基于 OpenShift 构建面向企业的 CI/CD》
- 《深度学习框架 Caffe2 在 Kubernetes 上的实践》
- 《Linux 中 RPM 的构建与打包》
- 《ActiveMQ Artemis 和 Qpid 在企业中的应用》

本书内容特色

- ❑ 本书作者均为在一线工作多年的售前架构师，书中内容是作者们工作多年的项目经验总结。
- ❑ 本书将 OpenShift 和分布式开源中间件结合起来，全面介绍云原生应用构建。
- ❑ 本书介绍内容时均列举了实际的案例进行说明，方便读者理解。
- ❑ 本书内容兼顾运维和开发，是一本秉承全栈理念的参考书。

本书读者对象

本书适合有一定 OpenShift/Kubernetes 基础的企业架构师、IT 经理、应用架构师、开源技术爱好者。通过阅读本书，你既可以了解到通过分布式中间件实现云原生的方式，也能够了解到 OpenShift 4 最新的架构和最佳实践。

资源和勘误

本书参考资料均源于 Red Hat 官方技术文档和开源社区，具体可以参考：

- ❑ https://access.redhat.com
- ❑ https://blog.openshift.com
- ❑ https://learn.openshift.com

云原生部分的代码地址在书中均已列出。

由于时间仓促，而且开源产品迭代较快，书中的内容相对于社区软件的最新版本难免有一定滞后。如果你发现本书中有错误或不足之处，可以关注魏新宇的公众号"大魏分享"（david-share），把你的意见和想法发给我。后面我会推送二维码组建微信群，与大家共同进行技术讨论。

祝你在阅读本书的过程中能有所收获。让我们在云原生技术与企业相结合的道路上共同成长！

致谢

写书是一件很耗费精力的事情。在写书过程中，我花费了大量的业余时间，也牺牲了不少照顾孩子的时间。在此，感谢我的两个孩子在我写作过程中对我的理解。

感谢另外两名作者陈耿和洪涛。这本书是我们共同努力的结果。

最后，衷心地感谢机械工业出版社华章公司的杨福川老师和李艺老师，他们在书稿的审阅过程中付出了大量的劳动，也为这本书提供了很好的建议。

魏新宇　2020 年 2 月

感谢杨福川老师和李艺老师在写作过程中的帮助和鼓励。写一本书是很不容易的事情，没有这些帮助和鼓励，可能就没有足够的积极性和耐心来完成写作。本书的潜在读者大多是开源行业的技术人员，而这个人群往往希望能看到新颖且深入的信息。这就要求本书内容对主流技术有敏锐的洞察力。我试图尽力满足这一预期，所以在本书撰写阶段，也在不断调整、更新内容。真诚地希望读者朋友能够对本书提出批评和指正，也非常感谢读者朋友能够阅读本书。最后，还要感谢陈耿和新宇两位小伙伴。希望我们在开源这条路上不断进步。

王洪涛　2020 年 2 月

非常感谢华章公司杨福川老师的策划与邀请，让我得以与新宇、洪涛两位资深的架构师及 Red Hat 老同事一起合著此书。感谢李艺老师对本书给予的极大支持，使之可以达到出版的要求。创作的过程一波三折，感谢家人对我的支持。衷心希望读者可以从本书中收获到对工作有价值的信息。

陈耿　2020 年 2 月

Contents **目　录**

第一部分 *Part 1*

云原生篇

云原生应用的构建之路

从本章开始，我们进入本书的"云原生篇"。笔者在 2019 年 11 月出版的《OpenShift 在企业中的实践：PaaS DevOps 微服务》一书中，介绍了如何借助 OpenShift 建设 PaaS、DevOps 和微服务能力，从内容逻辑上说，本书的"云原生篇"是该书的续集。

在接下来的几章中，我们将依次介绍：传统 Linux 上构建应用包、云原生 Java 的实现、DevOps 和 DevSecOps 的实现、构建分布式消息中间件和数据流平台、构建分布式缓存、构建业务流程自动化、云原生应用的安全、分布式继承与 API 治理、云原生应用与 Serverless 的结合、人工智能在容器云上的实践。在介绍的过程中，我们会引入大量实践经验，以期对读者有一定借鉴意义。

1.1 云原生应用

1.1.1 什么是云原生应用

传统的软件开发流程是瀑布式的，开发周期比较长，并且如果有任何变更，都要重新走一遍开发流程。在商场如战场的今天，软件一个版本推迟发布可能到发布时这个版本在市场上就已经过时了；而竞争对手很可能由于在新软件发布上快了一步就抢占了客户和市场。

相比于传统应用，云原生应用非常注重上市速度。云原生应用是独立的、小规模松散耦合服务的集合，旨在充分利用云计算模型提高应用发布速度、应用灵活性和应用代码质量，并降低应用部署风险。虽然名字中包含"云原生"三个字，但云原生的重点并不是应用部署在何处，而是如何构建、部署和管理应用。通过表 1-1，我们可以比较清晰地看出云原生应用与传统应用之间的差别。

表 1-1 云原生应用与传统应用的差别

	传　　统	云　原　生
重点关注	使用寿命和稳定性	上市速度
开发方法	瀑布式半敏捷型开发	敏捷开发、DevOps
团队	相互独立的开发、运维、质量保证和安全团队	协作式 DevOps 团队
交付周期	长	短且持续
应用架构	紧密耦合 单体式	松散耦合 基于服务 基于应用编程接口（API）的通信
基础架构	以服务器为中心 适用于企业内部 依赖于基础架构 纵向扩展 针对峰值容量预先进行置备	以容器为中心 适用于企业内部和云环境 可跨基础架构进行移植 横向扩展 按需提供容量

1.1.2　云原生应用开发和部署的四大原则

云原生应用所构建和运行的应用，旨在充分利用基于四大原则的云计算模型。

❑ 基于服务的架构：基于服务的架构（如微服务）提倡构建松散耦合的模块化服务。采用基于服务的松散耦合设计，可帮助企业提高应用创建速度，降低复杂性。

❑ 基于 API 的通信：即通过轻量级 API 来进行服务之间的相互调用。通过 API 驱动的方式，企业可以通过所提供的 API 在内部和外部创建新的业务功能，极大提升了业务的灵活性。此外，采用基于 API 的设计，在调用服务时可避免因直接链接、共享内存模型或直接读取数据存储而带来的风险。

❑ 基于容器的基础架构：云原生应用依靠容器来构建跨技术环境的通用运行模型，并在不同的环境和基础架构（包括公有云、私有云和混合云）间实现真正的应用可移植性。此外，容器平台有助于实现云原生应用的弹性扩展。

❑ 基于 DevOps 流程：采用云原生方案时，企业会使用敏捷的方法，依据持续交付和 DevOps 原则来开发应用。这些方法和原则要求开发、质量保证、安全、IT 运维团队以及交付过程中所涉及的其他团队以协作方式构建和交付应用。

在了解了云原生应用开发和部署的四大原则后，我们接下来介绍云原生应用的构建之路。

1.2　云原生应用构建之路的步骤

云原生应用的构建之路一共分为 6 个步骤。

步骤 1：发展 DevOps 文化和实践。

要完成云原生应用的构建之路，开发和 IT 运维团队必须进行多方面的变革，以便更加快速高效地构建和部署应用。各行各业的客户都需要周全地考虑各种活动、技术、团队和流程，因为这些要素综合起来才能实现 DevOps 文化。因此，要想充分利用新技术，采用更加快速的方案，实现更为密切的合作，企业必须切实遵循 DevOps 的原则和文化价值，并围绕这些价值来进行组织和规划。借助于 Red Hat 的 OpenShift，企业可以实现 DevOps 以及进一步的 DevSecOps 技术的落地，具体内容将在本书第 4 章展开介绍。

步骤 2：借助轻量级应用服务器，为现有单体应用提速。

在开启云原生应用之旅时，企业不能只关注开发新的应用。很多传统应用都是确保企业顺利运营和不断创收的关键所在，不能简单地取而代之。企业需将这类应用与新的云原生应用整合到一起。但是，如何加快现有单体式应用的运行速度呢？

正确的方法是：将现有的单体式架构迁移到模块化程度更高且基于服务的架构中，并采用基于 API 的通信方式，从而实施快速单体式方案。在开始实施将单体式应用重构为微服务的艰巨任务前，企业应该先为他们的单体式架构奠定坚实的基础。虽然单体式应用的敏捷性欠佳，但其受到诟病的主要原因是自身的构建方式。运行快速的单体式应用可以实现微服务所能带来的诸多敏捷性优势，而且不会增加相关的复杂性和成本。

通过对快速单体式方案进行评估，可以确保应用在构建时遵循严苛的设计原则，以及正确定义域边界。这样，企业就能在需要时以更加循序渐进、风险更低的方式过渡至微服务架构。如能以这种方式实现快速单体式应用的转型，即可为优良的微服务架构打下扎实的基础。借助于 Red Hat OpenShift 和轻量级的应用服务器 Red Hat JBoss EAP，我们可以将传统单体应用迁移到容器中，为现有单体应用提速。随着 OpenShift 承载的单体应用越来越多，就会涉及传统 ESB 分布式的问题，即分布式集成，这部分内容会在本书第 9 章进行介绍。使用分布式缓存为单体应用提速的内容，会在后面第 6 章展开介绍。

步骤 3：借助 PaaS 平台和 DevOps 加快应用开发速度。

可复用性一直都是加速软件开发的关键所在，云原生应用也不例外。但是，云原生应用的可复用组件必须经过优化，并整合到容器 PaaS 平台和 DevOps 中。例如，CI/CD 开发流水线、PaaS 提供的滚动升级和蓝 / 绿部署、自动可扩展性、容错等，可以大幅提升云原生应用的开发速度。通过 OpenShift 实现 CI/CD 开发流水线的具体内容将在本书的第 4 章介绍。

步骤 4：选择合适的应用开发框架。

随着物联网（IoT）、机器学习、人工智能（AI）、数据挖掘、图像识别、自动驾驶等新兴技术的兴起，应运而生的应用开发框架也越来越多，如图 1-1 所示。我们需要根据特定的业务应用需求来选择语言或框架，因此不同的云原生应用会采用不同的应用开发框架。这就要求容器 PaaS 平台能够支持多种应用开发框架。Red Hat OpenShift 可以支撑多种应用开发框架，后面章节会详细介绍云原生 Java（第 3 章）和 Serverless（第 10 章）在 OpenShift 上的实现。此外，我们也会在第 11 章中介绍人工智能在容器云上的实践。为了方便读者理解云原生开发，我们在第 2 章会先介绍如何在传统 Linux 上构建应用包。

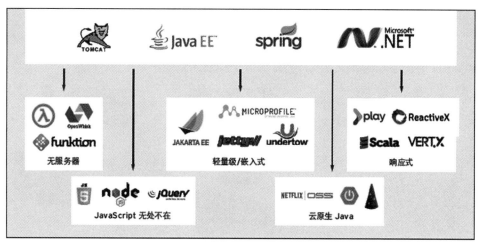

图 1-1 应用开发框架

步骤 5：借助可重复的流程、规则和框架，实现 IT 自动化，加速应用交付。

通过 IT 自动化流程、避免手动执行 IT 任务，是加速交付云原生应用的重点。IT 自动化管理工具会创建可重复的流程、规则和框架，以替代或减少会延迟上市的劳动密集型人工。这些工具可以进一步延伸到具体的技术（如容器）、方法（如 DevOps），再到更广泛的领域（如云计算、安全性、测试、监控和警报）。因此，自动化是 IT 优化和数字化转型的关键，可以缩短实现价值所需的总时长。如何使用规则引擎与流程工具实现 IT 自动化将在第 7 章进行介绍。

步骤 6：推动变革，采用模块化程度更高的架构。

在微服务开发架构中，应用被拆分成最小的组件，并彼此独立。此种软件开发方案强调高精度、轻量化，力求在多个应用中共享相似的流程。虽然微服务架构不要求使用特定的底层基础架构，但基于容器的平台更易于微服务的落地。

通过微服务架构，企业可以在一天内多次执行生产部署。从架构的角度来看，微服务需将每一个服务拆分成各自的部署单元。随后，用户可单独管理和部署每个微服务，并且可能由不同的团队来负责各个微服务的生命周期。但是，实施微服务架构需要一定的投资和技能，企业在引入微服务时，可以采用 Monolith First 方案，即先构建一个单体式应用。这样做的目的是：先充分理解你的应用所属的域，然后更好地识别其所包含的有限上下文，这些上下文将作为转换成微服务的候选内容。这有助于避免技术债务，比如因不了解应用的所属域和有限上下文就构建一组微服务而产生的修复成本。能够支持不同的框架、语言和云原生应用开发方案的企业级 PaaS 平台（如 OpenShift），是云原生应用成功的关键。除此之外，在使用微服务后，我们还应考虑云原生应用的安全，如认证授权、单点登录、流量控制等。随着微服务的普及、业务系统复杂性的增加，我们还需要考虑 API 治理和业务系统分布式集成。云原生应用的安全、分布式集成和 API 治理内容，将会在第 8 章和第 9 章介绍。

1.3 借助 Red Hat 开源解决方案实现云原生

如上文所述，云原生和 PaaS、DevOps、微服务等概念是密不可分的。站在企业视角，使用 Red Hat 的企业开源解决方案进行敏态业务构建的路线图如图 1-2 所示。

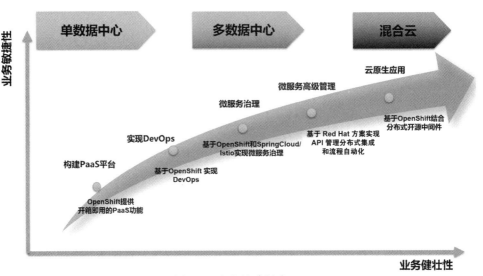

图 1-2　企业构建敏态 IT

图 1-2 中的纵坐标为业务敏捷性，企业业务敏捷性方面的转型通常包含以下几步。

第一步：构建 PaaS 平台。PaaS 平台为开发人员提供了构建应用程序的环境，旨在加快应用开发的速度，实现平台即服务，使业务敏捷且具有弹性。近几年容器技术的崛起更是促进了 PaaS 的发展，Red Hat OpenShift 就是首屈一指的企业级容器 PaaS 平台。

第二步：基于 PaaS 实现 DevOps。PaaS 平台是通过提高基础设施的敏捷而加快业务的敏捷，而 DevOps 则是在流程交付上加快业务的敏捷。通过 DevOps 可以实现应用的持续集成、持续交付，加速价值流交付，实现业务的快速迭代。

第三步：实现微服务治理。通过对业务微服务化改造，将复杂业务分解为小的单元，不同单元之间松耦合，支持独立部署更新，真正从业务层面提升敏捷性。在微服务的实现上，客户可以选择采用 Spring Cloud，但我们认为 Istio 是微服务治理架构的未来方向。

第四步：实现微服务高级管理。在微服务之上实现 API 管理、微服务的分布式集成以及微服务的流程自动化。通过 API 管理帮助企业打造多渠道的生态。

第五步：云原生应用。在 PaaS、DevOps、微服务、微服务高级管理之上，借助于分布式开源中间件，实现云原生应用的构建。

图 1-2 中的横坐标是业务健壮性的提升，通常建设步骤如下。

第一步：建设单数据中心。大多数企业级客户，如金融、电信和能源客户的业务系统，都运行在企业数据中心内部的私有云上。在数据中心初期建设时，通常是单数据中心。

第二步：建设多数据中心。随着业务规模的扩张、业务重要性的提升，企业通常会建设灾备或者双活数据中心，这样可以保证当一个数据中心出现整体故障时，业务不会受到影响。

第三步：构建混合云。随着公有云的普及，很多企业级客户，尤其是制造行业的客户，开始将一些前端业务系统向公有云迁移，这样客户的 IT 基础架构最终成为混合云的模式。

关于 PaaS、DevOps、微服务的能力构建，笔者在《OpenShift 在企业中的实践：PaaS DevOps 微服务》一书中已经有过非常详细的介绍。本书重点介绍如何通过开源分布式中间件实现云原生应用构建。（DevOps 本书也有涉及，但侧重于 DevSecOps 的实现和通过 Teckton 构建 CI/CD 的介绍。）

我们在构建云原生应用时，可以借助社区开源软件，但对于企业客户而言，使用企业级的开源软件显然是更好的选择。针对云原生，Red Hat 提供整套的企业级开源解决方案，以 OpenShift 为基础的整套容器化 JBoss 中间件以及应用开发框架。

Red Hat 云原生平台包含三大部分：应用运行时、敏捷集成、流程自动化。如图 1-3 所示。

图 1-3　Red Hat 云原生应用平台

1）应用运行时包括 OpenJDK、Red Hat Data Grid、Red Hat AMQ Broker 和 Red Hat OpenShift Application Runtimes。

❑ OpenJDK 是 Red Hat 主导的 JDK 框架，Red Hat 提供容器化镜像，可以用于运行 Spring Boot 类应用（如 Fat Jar 包）。

❑ Red Hat Data Grid 是 Red Hat 分布式缓存，可以提升云原生应用的访问数据速度。Red Hat AMQ Broker 是 Red Hat 消息中间件，用于实现云原生应用之间的异步通信。

❑ Red Hat OpenShift Application Runtimes（简称 RHOAR）是 Red Hat 云原生运行时的集合，用于在 OpenShift 上开发 Java 或 JavaScript 应用程序。RHOAR 提供了跨多个云基础架构的可移植性，使开发人员可以使用微服务、容器和 DevOps 自动化。Red Hat OpenShift Application Runtimes 基于许多上游项目，如 WildFly、Thorntail、Snowdrop、Eclipse Vert.x、Node.js、Apache Tomcat，支持 Vert.x、Spring Boot、Node.js、Java EE、Quarkus 等应用开发框架，它是 Red Hat 云原生应用的核心。

2）敏捷集成包括 Red Hat Fuse、Red Hat 3Scale、Red Hat AMQ。

❑ Red Hat JBoss Fuse 包括 Apache Camel 和消息中间件 AMQ Broker 等，它是一种能

够更快实施的、流行的和通用的企业集成模式框架。

❑ Red Hat 3Scale 是 Red Hat 提供的 API 治理方案，主要负责为云原生应用的 API 提供南北向的管理。

❑ Red Hat AMQ 包含 AMQ Broker 和 AMQ Streams 两部分。AMQ Broker 提供消息代理的功能；AMQ Streams，即企业级容器化 Kafka 集群，为云原生应用提供实时数据流平台。

3）流程自动化包含 Red Hat Process Automation Manage 和 Red Hat Decision Manager。

❑ Red Hat Decision Manager（简称 RHDM）是企业级规则自动化方案。RHDM 以 Drools 作为核心规则引擎，提供了企业级应用服务器 JBoss EAP、便捷的图形化管理工具，便于我们为云原生应用配置规则。

❑ Red Hat Process Automation Manager（简称 RHPAM）是 Red Hat 流程自动化方案，它的核心组件是 Drools 和 jBPM。RHDM 旨在为云原生应用提供流程自动化。

本书从企业的视角，将 Red Hat 云原生应用平台与云原生应用构建之路的六大步骤相结合，帮助读者理解如何通过 Red Hat 企业级开源解决方案构建云原生应用。书中涉及的 Red Hat 云原生平台解决方案包括：Red Hat Enterprise Linux、Quarkus、Red Hat Data Grid、Red Hat AMQ Broker、Red Hat AMQ Streams、Red Hat Process Automation Manage、Red Hat Decision Manager、Red Hat Fuse、Red Hat 3Scale、Red Hat Single Sign On。后文也会介绍 Red Hat 企业级方案对应的上游开源项目，以便读者进行知识拓展。

1.4 本章小结

本章介绍了云原生应用的特点和优势，并介绍了云原生应用的构架之路。很多时候，云原生与 PaaS、DevOps、微服务三者是密不可分的。下一章我们将正式开启云原生之旅，相信每一位读者在阅读本书后，都能有所收获。

传统 Linux 上构建应用包

我们知道，容器源于 Linux，而云原生的基础架构又基于容器。因此，在介绍云原生开发之前，我们先来了解传统 Linux 系统中应用包的构建方式，以便更好地理解云原生应用开发。

本章会围绕 Linux 系统中软件包的构建和管理展开，并通过实验的方式，详细介绍如何从源码生成 RPM 包以及如何在异构环境下重新编译 RPM。

2.1　什么是 RPM

RPM 全称为 Red Hat Package Manager，即 Red Hat Linux 发行版的软件包管理器。RPM 的出现，提升了 Linux 软件安装、升级的便捷性。RPM 遵循 GPL 协议，除了 Red Hat Linux 发行版，Caldera OpenLinux、SUSE 以及 Turbo Linux 等 Linux 的发行版也使用 RPM，因此 RPM 是 Linux 软件包管理的行业标准。为了使读者能够更深入地理解 RPM，我们先介绍软件的构建方法。

计算机软件是从源代码构建出来的。源代码是人们以人类可读的语言书写的、让计算机执行任务的指令。人类可读的语言格式和规范，就是编程语言。

从源代码制作软件的过程，称为软件编译。从源代码到软件的编译方式有两种。

❑ 本机编译（Natively Compiled），对应编译型语言。
❑ 解释编译（Interpreted Compiled），对应解释性语言。

在本机编译方式下，代码可以独立编译成机器代码或直接编译为二进制可执行文件。本机编译构建的软件包中，包含编译环境下计算机体系架构的特征。例如，使用 64 位（x86_64）AMD 计算机编译的软件，不能在 Intel 处理器架构上运行。

与本机编译可以独立执行相对应，某些编程语言不能将软件编译成计算机可以直接理解的格式，需要用到语言解释器或语言虚拟机（如 JVM），我们称之为解释编译。常用的解释语言有 Byte Compiled（源代码需要编译成字节代码，然后由语言虚拟机执行，如 Python）和 Raw Interpreted（原始解释语言完全不需要编译，它们由解释器直接执行，如 Bash shell）两种。

我们常用的 bash shell 和 Python 是解释型的，这种方式编译出的程序与硬件架构无关，通过这种方式编译出的 RPM 会被标注为 noarch（说明 RPM 包不依赖于特定 Linux 发行版）。在介绍了源代码的编译方式后，接下来我们通过实验的方式展现软件的编译过程。

2.2　从源代码构建软件

在正式开始验证之前，我们需要在 Linux 中安装编译工具。

```
# yum install gcc rpm-build rpm-devel rpmlint make python bash coreutils diffutils
```

接下来，我们分别介绍本机编译和解释编译。

2.2.1　本机编译代码

在编程语言中，C 语言是本机编译。我们查看一个源代码文件，如下所示：

```
# cat cello.c
#include <stdio.h>
int main(void) {
    printf("Hello World, I'm DavidWei!\n");
    return 0;
}
```

调用 C 编译器 gcc 进行编译：

```
# gcc -o cello cello.c
```

编译成功后，我们可以执行结果输出。

```
# ./cello
Hello World, I'm DavidWei!
```

为了实现自动化构建代码，我们添加 Makefile，这是大型软件开发中常用的方法。首先创建一个 Makefile，如下所示：

```
# cat Makefile
cello:
    gcc -o cello cello.c
clean:
    rm cello
```

接下来，通过 make 来完成编译。执行 make 会自动编译源代码，然后可以成功执行，如图 2-1 所示。

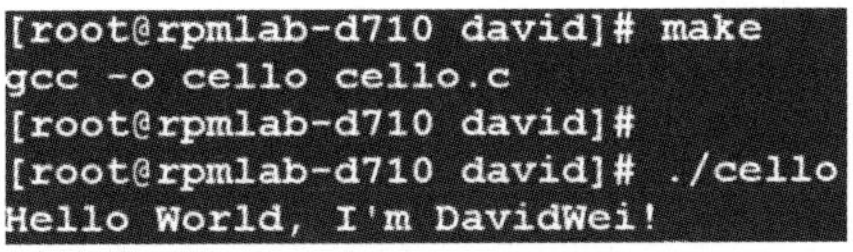

```
[root@rpmlab-d710 david]# make
gcc -o cello cello.c
[root@rpmlab-d710 david]#
[root@rpmlab-d710 david]# ./cello
Hello World, I'm DavidWei!
```

图 2-1　编译并运行代码

执行 make clean 会删除编译结果，如图 2-2 所示。

```
[root@rpmlab-d710 david]# make clean
rm cello
```

图 2-2　删除编译结果

在介绍了本机编译后，我们介绍解释编译。

2.2.2　解释型代码

对于用解释型编程语言编写的软件，如果是 Byte Compiled 语言，如 Python，就需要一个编译步骤，把源代码构建成 Python 的语言解释器（称为 CPython）的可执行文件。

我们查看一个 Python 的源代码，如下所示。

```
# cat pello.py
#!/usr/bin/env python
print("Hello World, I'm DavidWei!")
```

对源代码进行编译：

```
# python -m compileall pello.py
Compiling pello.py ...
```

编译成功后运行：

```
# python pello.pyc
Hello World, I'm DavidWei!
```

我们看到，对源 .py 文件进行字节编译后会生成一个 .pyc 文件，这是 Python 2.7 字节编译的文件类型，这个文件可以使用 Python 语言虚拟机运行。

查看文件类型：

```
# file pello.pyc
pello.pyc: python 2.7 byte-compiled
```

和 Python 相对应，无须编译的解释性代码是 Raw Interpreted，如我们日常使用的 bash shell。

我们看一个 shell 文件，如下所示。

```
# cat bello
```

```
#!/bin/bash
printf "Hello World, I'm DavidWei!\n"
```

对于 Raw Interpreted 源码，我们使文件可执行，然后直接运行即可，如图 2-3 所示。

```
[root@rpmlab-d710 david]# chmod +x bello
[root@rpmlab-d710 david]# ./bello
Hello World, I'm DavidWei!
[root@rpmlab-d710 david]#
```

图 2-3　修改权限运行 shell

在介绍了如何从源码构建软件包后，接下来我们介绍如何给软件打补丁。

2.3　给软件打补丁

在计算机软件中，补丁是用来修复代码中的漏洞的。软件中的补丁表示与源代码之间的不同之处。接下来，我们从原始源代码创建补丁，然后应用补丁。

创建补丁的第一步是备份原始源代码，通常是将它另存为 .orig 文件，以 cello.c 为例。首先备份 cello.c，然后修改 cello.c 中的内容，如图 2-4 所示，我们修改了源代码中的描述。

```
[root@rpmlab-d710 david]# cp cello.c cello.c.orig
[root@rpmlab-d710 david]# vi cello.c
[root@rpmlab-d710 david]# cat cello.c
#include <stdio.h>
int main(void) {
    printf("Hello World from my first patch!\n");
    return 0;
}
[root@rpmlab-d710 david]#
```

图 2-4　备份并修改源码

查看两个源码文件的不同之处，如图 2-5 所示。

```
[root@rpmlab-d710 david]# diff -Naur cello.c.orig cello.c
--- cello.c.orig        2019-07-27 01:21:05.066486706 -070
+++ cello.c     2019-07-27 01:22:37.310002651 -0700
@@ -1,5 +1,5 @@
 #include <stdio.h>
 int main(void) {
-    printf("Hello World, I'm DavidWei!\n");
+    printf("Hello World from my first patch!\n");
    return 0;
 }
[root@rpmlab-d710 david]#
```

图 2-5　查看两个源码文件的不同

将两个源码的不同之处保存到 cello-output-first-patch.patch 中。

```
# diff -Naur cello.c.orig cello.c > cello-output-first-patch.patch
```

为了验证打补丁的效果，将 cello.c 文件恢复为原始源代码，如图 2-6 所示。

```
[root@rpmlab-d710 david]# cp cello.c.orig cello.c
cp: overwrite `cello.c'? y
[root@rpmlab-d710 david]# cat cello.c
#include <stdio.h>
int main(void) {
    printf("Hello World, I'm DavidWei!\n");
    return 0;
}
```

图 2-6　恢复 cello.c 初始内容

将补丁文件重定向到补丁，给源码打补丁，如图 2-7 所示。

```
[root@rpmlab-d710 david]# patch < cello-output-first-patch.patch
patching file cello.c
[root@rpmlab-d710 david]# cat cello.c
#include <stdio.h>
int main(void) {
    printf("Hello World from my first patch!\n");
    return 0;
}
[root@rpmlab-d710 david]#
```

图 2-7　给源码打补丁

从图 2-7cat 命令的输出中可以看到补丁已成功构建并运行，如图 2-8 所示。

```
[root@rpmlab-d710 david]# make clean
rm cello
[root@rpmlab-d710 david]# make
gcc -o cello cello.c
[root@rpmlab-d710 david]# ./cello
Hello World from my first patch!
[root@rpmlab-d710 david]#
```

图 2-8　构建源码并运行

至此，证明打补丁成功。

2.4　安装软件

一旦构建了软件，我们就可以将它放在系统的某个目录下，以便用户可以执行。为了方便操作，很多时候我们需要将编译和安装进行合并。

对于不需要编译类的解释型语言，例如 shell，可以使用 install 命令安装到 Linux 中，如图 2-9 所示。

```
[root@rpmlab-d710 david]# install -m 0755 bello /usr/bin/bello
[root@rpmlab-d710 david]# bello
Hello World, I'm DavidWei!
```

图 2-9　安装并执行 shell

对于需要编译的语言，就需要先编译再安装，例如使用 make install。修改 Makefile 文件，如图 2-10 所示。

```
[root@rpmlab-d710 david]# cat Makefile
cello:
        gcc -o cello cello.c
clean:
        rm cello

install:
        mkdir -p $(DESTDIR)/usr/bin
        install -m 0755 cello $(DESTDIR)/usr/bin/cello
```

图 2-10　修改 Makefile

构建并安装 cello.c 程序，并执行验证成功，如图 2-11 所示。

```
[root@rpmlab-d710 david]# make
make: `cello' is up to date.
[root@rpmlab-d710 david]# make install
mkdir -p /usr/bin
install -m 0755 cello /usr/bin/cello
[root@rpmlab-d710 david]# cd /
[root@rpmlab-d710 /]# cello
Hello World from my first patch!
```

图 2-11　构建并安装 cello.c

我们刚展示的是编译与安装在相同的环境下，即可以通过 Makefile 的方式直接编译和安装程序。如果编译和运行是两个环境，那么我们就需要对软件进行 RPM 打包。在 RPM 打包之前，需要将源代码进行打包，生成 tar.gz 文件。

2.5　源代码生成 tar.gz 包

在源码打包时，需要在每个源代码版本中包含一个 LICENSE 文件。我们模拟生成遵守 GPLv3 的压缩包，如图 2-12 所示。

```
[root@rpmlab-d710 david]# cat > /tmp/LICENSE <<EOF
> This program is free software: you can redistribute it and/or modify
> it under the terms of the GNU General Public License as published by
> the Free Software Foundation, either version 3 of the License, or
> (at your option) any later version.
> This program is distributed in the hope that it will be useful,
> but WITHOUT ANY WARRANTY; without even the implied warranty of
> MERCHANTABILITY or FITNESS FOR A PARTICULAR PURPOSE. See the
> GNU General Public License for more details.
> You should have received a copy of the GNU General Public License
> along with this program. If not, see <http://www.gnu.org/licenses/>.
> EOF
```

图 2-12　生成 LICENSE 文件

将 bello 程序的源码打包，如图 2-13 所示。

```
[root@rpmlab-d710 david]# mv bello /tmp/bello-0.1/
[root@rpmlab-d710 david]# cp /tmp/LICENSE /tmp/bello-0.1/
[root@rpmlab-d710 david]# cd /tmp/
[root@rpmlab-d710 tmp]# tar -cvzf bello-0.1.tar.gz bello-0.1
bello-0.1/
bello-0.1/bello
bello-0.1/LICENSE
```

图 2-13　将 bello 程序的源码打包

创建 ~/rpmbuild/SOURCES 目录，将 .tar.gz 文件移动过去，如图 2-14 所示。

```
# mkdir -p ~/rpmbuild/SOURCES/
# mv /tmp/bello-0.1.tar.gz ~/rpmbuild/SOURCES/
```

图 2-14　移动 tar.gz 包

用相同的方法，我们为 Pello 和 Cello 的源码打包，具体步骤不再赘述。将源码打包以后，接下来我们就可以使用 RPM 将其构建成 RPM 包。

2.6　RPM 打包

RPM 文件有两类：源 RPM（SRPM）和二进制 RPM。SRPM 中的有效负载是 SPEC 文件（描述如何构建二进制 RPM）。

查看 SRPM 的目录结构，如图 2-15 所示。

```
[root@rpmlab-d710 tmp]# rpmdev-setuptree
[root@rpmlab-d710 tmp]# tree ~/rpmbuild/
/root/rpmbuild/
├── BUILD
├── RPMS
├── SOURCES
│   ├── bello-0.1.tar.gz
│   ├── cello-1.0.tar.gz
│   ├── cello-output-first-patch.patch
│   └── pello-0.1.1.tar.gz
├── SPECS
└── SRPMS

5 directories, 4 files
```

图 2-15　查看 SRPM 目录结构

图 2-15 中 SRPM 的 5 个目录的作用如表 2-1 所示。

表 2-1　SRPM 目录的作用

SRPM 目录	说　　明
BUILD	构建 RPM 包时，会在此目录下产生各种 %buildroot 目录。如果构建失败，可以据此查看目录日志，进行问题诊断
RPMS	构建成功二进制 RPM 的存放目录。存放在 architecture 的子目录中。例如：noarch 和 x86_64
SOURCES	存放源代码和补丁的目录。构建 RPM 包时，rpmbuild 命令将会从这个目录查找源代码
SPECS	SPEC 文件存放目录
SRPMS	存放 SRPM 的目录

在介绍了 SRPM 的目录结构后，我们详细介绍 SPEC 的作用。

2.6.1　什么是 SPEC 文件

SPEC 文件是 rpmbuild 程序用于实际构建 RPM 的方法。SPEC 文件所包含字段的具体说明如表 2-2 所示。

表 2-2 SPEC 文件字段的含义

SPEC 字段	说　明
Name	包的名称，应与 SPEC 文件名匹配
Version	软件的上游版本号
Release	RPM 软件版本号。初始值通常应为 1%{? dist}，并在一个新版本构建时重置为 1
Summary	RPM 包的简要说明
License	正在打包的软件的许可证
URL	该程序的更多信息的完整 URL（通常是打包的软件的上游项目网站）
Source0	上游源代码的压缩归档的路径或 URL，如果需要，可以添加更多的 SourceX 指令，每次递增数字，例如 Source1、Source2、Source3，以此类推
Patch0	应用于源代码的第一个补丁的名称。如果需要，可以添加更多 PatchX 指令，增加每次编号，如 Patch1、Patch2、Patch3 等
BuildArch	表示 RPM 包的构建的计算机架构。如果包不依赖于体系结构，即完全用于编写解释的编程语言，这应该是 BuildArch: noarch
BuildRequires	编译软件包所需的依赖包列表，以逗号分隔
Requires	安装软件包时所需的依赖包列表，以逗号分隔
ExcludeArch	如果某个软件无法在特定处理器架构下运行，在此进行指定

在运维过程中，我们经常会看到一个 RPM 包的 Name、Version、Release。这几个字段就是在 SPEC 文件中定义的。例如，我们要查询 Python RPM 包版本，如图 2-16 所示。

```
[root@rpmlab-d710 ~]# rpm -q python
python-2.7.5-58.el7.x86_64
```

图 2-16　查看 Python 版本

在图 2-16 的输出中，python 是 Name，2.7.5 是 Version，58.el7 是 Release，x86_64 是 BuildArch。这些信息都是在 SPEC 中定义的。

接下来，我们介绍 RPM SPEC 文件中使用的语法，如表 2-3 所示。

表 2-3 SPEC 中使用的语法

SPEC 命令	说　明
%description	完整描述了 RPM 中打包的软件，可以包含多行并分成段落
%prep	打包准备阶段执行一些命令
%build	包含构建阶段执行的命令，构建完成后便开始后续安装
%install	包含安装阶段执行的命令
%check	包含测试阶段执行的命令
%files	需要被打包 / 安装的文件列表
%changelog	RPM 包变更日志

在介绍了 SEPC 的格式和语法后，接下来我们介绍如何书写 SPEC 并构建 RPM 包。

2.6.2 书写 SPEC 文件

在打包新软件时，可以通过 rpmdev-newspec 工具创建一个新的 SPEC 文件，然后据此进行修改。

首先，我们通过三个源码文件生成三个 SPEC，如图 2-17 所示。

```
[root@rpmlab-d710 ~]# cd ~/rpmbuild/SPECS
[root@rpmlab-d710 SPECS]# rpmdev-newspec bello
bello.spec created; type minimal, rpm version >= 4.11.
[root@rpmlab-d710 SPECS]# rpmdev-newspec cello
cello.spec created; type minimal, rpm version >= 4.11.
[root@rpmlab-d710 SPECS]# rpmdev-newspec pello
pello.spec created; type minimal, rpm version >= 4.11.
[root@rpmlab-d710 SPECS]#
```

图 2-17   生成 SPEC 文件

SPEC 已经生成，如图 2-18 所示。

```
[root@rpmlab-d710 SPECS]# ls -al
total 12
drwxr-xr-x. 2 root root 60 Jul 27 21:01
drwxr-xr-x. 7 root root 72 Jul 27 01:53
-rw-r--r--. 1 root root 318 Jul 27 21:01 bello.spec
-rw-r--r--. 1 root root 318 Jul 27 21:01 cello.spec
-rw-r--r--. 1 root root 318 Jul 27 21:01 pello.spec
```

图 2-18   查看生成的 SPEC 文件

接下来我们为三个 SRPM 编写 SPEC，描述如表 2-4 所示。

表 2-4   三个 SRPM 的 SPEC

软件名称	说　　明
bello	基于 bash 编写的软件。不需要构建但需要安装文件。如果是预编译的二进制文件需要打包，也可以使用这种方法，因为二进制文件也只是一个文件
pello	基于 Python 编写的软件。用字节编译方式的解释编程语言编写的软件，用于演示字节编译过程的安装和安装生成的预优化文件
cello	基于 C 编写的软件。用本机编译方式的编程语言编写的软件，演示使用工具的常见构建、安装过程以及编译本机代码

由于三个 SPEC 修改的思路类似，因此只以 bello 为例介绍 SPEC 修改步骤。生成的 bello.spec 文件内容如下所示。

```
# cat bello.spec
Name:       bello
Version:
Release:    1%{?dist}
Summary:

License:
```

```
URL:
Source0:

BuildRequires:
Requires:

%description

%prep
%setup -q

%build
%configure
make %{?_smp_mflags}

%install
rm -rf $RPM_BUILD_ROOT
%make_install

%files
%doc

%changelog
```

修改后的 bello.spec 内容如下所示。

```
[root@rpmlab-d710 ~]# cat ~/rpmbuild/SPECS/bello.spec
Name:           bello
Version:        0.1
Release:        1%{?dist}
Summary:        Hello World example implemented in bash script

License:        GPLv3+
URL:            https://www.example.com/%{name}
Source0:        https://www.example.com/%{name}/releases/%{name}-%{version}.tar.gz

Requires:       bash

BuildArch:      noarch

%description
The long-tail description for our Hello World Example implemented in
bash script of DavidWei.

%prep
%setup -q

%build

%install

mkdir -p %{buildroot}%{_bindir}
```

```
install -m 0755 %{name} %{buildroot}%{_bindir}/%{name}

%files
%license LICENSE
%{_bindir}/%{name}

%changelog
* Tue Jun 29 2019 DavidWei - 0.1-1
- First bello package
- Example second item in the changelog for version-release 0.1-1
```

在修改完 SEPC 后，我们就可以根据源代码和 SPEC 文件构建软件包了。

2.7　构建二进制 RPM 包

实际上，我们在构建二进制 RPM 包时，有两种构建方法。

❏ 从源码构建 SRPM，然后再构建二进制 RPM；

❏ 直接从源码构建二进制 RPM。

然而，在软件开发中，我们通常会采用第一种方法，因为它有以下优势。

❏ 便于保留 RPM 版本的确切来源（以 Name-Version-Release 格式标注）。这对于 debug 非常有用。

❏ 需要在不同的处理器硬件平台上使用 SRPM 构建二进制 RPM。

由于篇幅有限，本文只展示从源码构建 SRPM、再从 SRPM 构建二进制 RPM 的步骤。

2.7.1　构建 Source RPM 和二进制 RPM

下面我们演示如何通过源码和刚修改的 SPEC 文件构建 Source RPM 并在构建时指定 -bs 参数（如果使用 -bb 参数，就直接生成二进制 RPM），以便生成 SRPM，如图 2-19 所示。

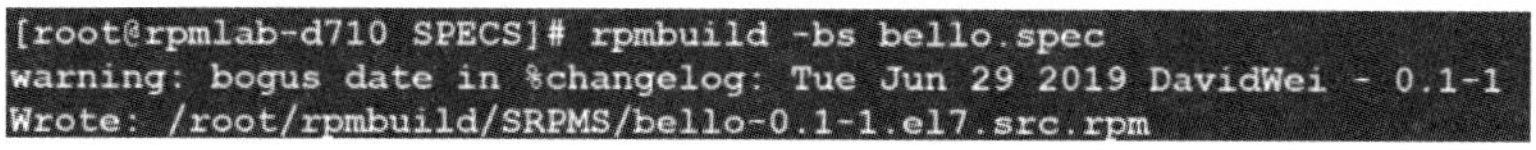

```
[root@rpmlab-d710 SPECS]# rpmbuild -bs bello.spec
warning: bogus date in %changelog: Tue Jun 29 2019 DavidWei - 0.1-1
Wrote: /root/rpmbuild/SRPMS/bello-0.1-1.el7.src.rpm
```

图 2-19　构建 SRPM

首先，我们基于 SRPM 生成二进制 RPM，执行过程如下所示。

```
# rpmbuild --rebuild ~/rpmbuild/SRPMS/bello-0.1-1.el7.src.rpm
Installing /root/rpmbuild/SRPMS/bello-0.1-1.el7.src.rpm
warning: bogus date in %changelog: Tue Jun 29 2019 DavidWei - 0.1-1
Executing(%prep): /bin/sh -e /var/tmp/rpm-tmp.hNMkOC
+ umask 022
+ cd /root/rpmbuild/BUILD
+ cd /root/rpmbuild/BUILD
+ rm -rf bello-0.1
```

```
+ /usr/bin/tar -xf -
+ /usr/bin/gzip -dc /root/rpmbuild/SOURCES/bello-0.1.tar.gz
+ STATUS=0
+ '[' 0 -ne 0 ']'
+ cd bello-0.1
+ /usr/bin/chmod -Rf a+rX,u+w,g-w,o-w .
+ exit 0
Executing(%build): /bin/sh -e /var/tmp/rpm-tmp.0isn4Y
+ umask 022
+ cd /root/rpmbuild/BUILD
+ cd bello-0.1
+ exit 0
Executing(%install): /bin/sh -e /var/tmp/rpm-tmp.epoHml
+ umask 022
+ cd /root/rpmbuild/BUILD
+ '[' /root/rpmbuild/BUILDROOT/bello-0.1-1.el7.x86_64 '!=' / ']'
+ rm -rf /root/rpmbuild/BUILDROOT/bello-0.1-1.el7.x86_64
++ dirname /root/rpmbuild/BUILDROOT/bello-0.1-1.el7.x86_64
+ mkdir -p /root/rpmbuild/BUILDROOT
+ mkdir /root/rpmbuild/BUILDROOT/bello-0.1-1.el7.x86_64
+ cd bello-0.1
+ mkdir -p /root/rpmbuild/BUILDROOT/bello-0.1-1.el7.x86_64/usr/bin
+ install -m 0755 bello /root/rpmbuild/BUILDROOT/bello-0.1-1.el7.x86_64/usr/bin/bello
+ /usr/lib/rpm/find-debuginfo.sh --strict-build-id -m --run-dwz --dwz-low-mem-die-
    limit 10000000 --dwz-max-die-limit 110000000 /root/rpmbuild/BUILD/bello-0.1
/usr/lib/rpm/sepdebugcrcfix: Updated 0 CRC32s, 0 CRC32s did match.
+ '[' noarch = noarch ']'
+ case "${QA_CHECK_RPATHS:-}" in
+ /usr/lib/rpm/check-buildroot
+ /usr/lib/rpm/redhat/brp-compress
+ /usr/lib/rpm/redhat/brp-strip-static-archive /usr/bin/strip
+ /usr/lib/rpm/brp-python-bytecompile /usr/bin/python 1
+ /usr/lib/rpm/redhat/brp-python-hardlink
+ /usr/lib/rpm/redhat/brp-java-repack-jars
Processing files: bello-0.1-1.el7.noarch
Executing(%license): /bin/sh -e /var/tmp/rpm-tmp.hVlllH
+ umask 022
+ cd /root/rpmbuild/BUILD
+ cd bello-0.1
+ LICENSEDIR=/root/rpmbuild/BUILDROOT/bello-0.1-1.el7.x86_64/usr/share/licenses/bello-0.1
+ export LICENSEDIR
+ /usr/bin/mkdir -p /root/rpmbuild/BUILDROOT/bello-0.1-1.el7.x86_64/usr/share/
    licenses/bello-0.1
+ cp -pr LICENSE /root/rpmbuild/BUILDROOT/bello-0.1-1.el7.x86_64/usr/share/licenses/
    bello-0.1
+ exit 0
Provides: bello = 0.1-1.el7
Requires(rpmlib): rpmlib(CompressedFileNames) <= 3.0.4-1 rpmlib(FileDigests) <=
    4.6.0-1 rpmlib(PayloadFilesHavePrefix) <= 4.0-1
Requires: /bin/bash
Checking for unpackaged file(s): /usr/lib/rpm/check-files /root/rpmbuild/
    BUILDROOT/bello-0.1-1.el7.x86_64
Wrote: /root/rpmbuild/RPMS/noarch/bello-0.1-1.el7.noarch.rpm
```

```
Executing(%clean): /bin/sh -e /var/tmp/rpm-tmp.PCJIAr
+ umask 022
+ cd /root/rpmbuild/BUILD
+ cd bello-0.1
+ /usr/bin/rm -rf /root/rpmbuild/BUILDROOT/bello-0.1-1.el7.x86_64
+ exit 0
Executing(--clean): /bin/sh -e /var/tmp/rpm-tmp.ift0p0
+ umask 022
+ cd /root/rpmbuild/BUILD
+ rm -rf bello-0.1
+ exit 0
```

二进制 RPM 构建成功后，可以在 ~/rpmbuild/RPMS/ 中找到生成的二进制 RPM bello-0.1-1.el7.noarch.rpm，如图 2-20 所示。

```
[root@rpmlab-d710 SPECS]# ls -al ~/rpmbuild/RPMS/noarch/
total 4
drwxr-xr-x. 2 root root   40 Jul 27 21:29 .
drwxr-xr-x. 3 root root   20 Jul 27 21:27 ..
-rw-r--r--. 1 root root 3108 Jul 27 21:29 bello-0.1-1.el7.noarch.rpm
```

图 2-20　查看生成的二进制 RPM

通过 SRPM 构建成二进制 RPM 后，源码会被自动删除。如果想恢复源码，需要安装 SRPM，如图 2-21 所示。

```
[root@rpmlab-d710 SOURCES]# rpm -Uvh ~/rpmbuild/SRPMS/bello-0.1-1.el7.src.rpm
Updating / installing...
   1:bello-0.1-1.el7                  ################################# [100%]
[root@rpmlab-d710 SOURCES]# ls -al
total 16
drwxr-xr-x. 2 root root 118 Jul 28 00:58 .
drwxr-xr-x. 8 root root  89 Jul 27 21:25 ..
-rw-r--r--. 1 root root 598 Jul 27 01:41 bello-0.1.tar.gz
```

图 2-21　安装 SRPM 并查看源代码

现在我们检查生成的二进制 RPM 的正确性并进行安装。

2.7.2 检查并安装 RPM 包

使用 rpmlint 命令可以检查二进制 RPM、SRPM 和 SPEC 文件的正确性。我们以 bello.spec 为例进行检查。

```
# rpmlint bello.spec
bello.spec: E: specfile-error warning: bogus date in %changelog: Tue Jun 29 2019
    David-Wei - 0.1-1
0 packages and 1 specfiles checked; 1 errors, 0 warnings.
```

从 bello.spec 的检查结果中，发现一个 error。根据具体报错描述信息，我们需要检查 SRPM。

```
# rpmlint ~/rpmbuild/SRPMS/bello-0.1-1.el7.src.rpm
bello.src: W: invalid-url URL: https://www.example.com/bello HTTP Error 404: Not Found
bello.src: E: specfile-error warning: bogus date in %changelog: Tue Jun 29 2019
```

```
DavidWei - 0.1-1
1 packages and 0 specfiles checked; 1 errors, 1 warnings.
```

从检查 SRPM 的结果可以看出，报错的原因是 URL（https://www.example.com/bello）无法访问。修改 SEPC，将地址设置为可访问地址，如图 2-22 所示。

图 2-22　修改 SPEC 设置 URL 为可访问地址

修改成功后重新编译，重新验证二进制 RPM 正确性，error 数量为 0，如图 2-23 所示。

图 2-23　验证二进制 RPM 的正确性

最后，安装编译好的 RPM 包并进行验证，如图 2-24 所示。

图 2-24　安装二进制 RPM 包并执行程序

我们看到，图 2-24 中执行 bello 程序成功，证明 RPM 安装成功。

2.8　如何在异构环境重新编译 RPM

在前文中我们已经提到，有的 RPM 包与运行环境有关，有的无关。如果一个 RPM 依赖于某一个版本的运行环境（Linux 版本或处理器架构），我们如何让这个 RPM 在其他的环境中运行？这会涉及异构环境下的 RPM 重新编译。

Mock 是一个用于构建 RPM 包的工具（就像 Docker 启动一个 build 的环境一样，摆脱对编译环境 Linux 版本的限制）。它可以为不同的架构、Linux 版本构建 RPM 软件包。在 RHEL 系统上使用 Mock，需要启用 "Extra Packages for Enterprise Linux"（EPEL）存储库。

针对 RPM 包，Mock 最常见的用例之一是创建原始的构建环境。通过指定 /etc/mock 目录下不同的配置文件，模拟使用不同的构建环境。

查看 mock 配置文件，如图 2-25 所示。

我们以 epel-7-x86_64.cfg 为例，查看其中关于架构的描述，具体如下所示，可以看到是 x86_64 和 Red Hat Linux 发行版 7 的信息。

```
[root@master mock-core-configs]# cd /etc/mock
[root@master mock]# ls
custom-1-aarch64.cfg       fedora-30-s390x.cfg          mageia-7-i586.cfg             opensuse-tumbleweed-i586.cfg
custom-1-armhfp.cfg        fedora-30-x86_64.cfg         mageia-7-x86_64.cfg           opensuse-tumbleweed-ppc64.cfg
custom-1-i386.cfg          fedora-31-aarch64.cfg        mageia-8-aarch64.cfg          opensuse-tumbleweed-ppc64le.cfg
custom-1-ppc64.cfg         fedora-31-armhfp.cfg         mageia-8-armv7hl.cfg          opensuse-tumbleweed-x86_64.cfg
custom-1-s390.cfg          fedora-31-i386.cfg           mageia-8-i586.cfg             rhel-7-aarch64.cfg
custom-1-ppc64le.cfg       fedora-31-ppc64le.cfg        mageia-8-x86_64.cfg           rhel-7-ppc64.cfg
custom-1-s390x.cfg         fedora-31-s390x.cfg          mageia-cauldron-aarch64.cfg   rhel-7-ppc64le.cfg
custom-1-x86_64.cfg        fedora-31-x86_64.cfg         mageia-cauldron-armv7hl.cfg   rhel-7.tpl
default.cfg                fedora-32-aarch64.cfg        mageia-cauldron-i586.cfg      rhel-7-x86_64.cfg
eol                        fedora-32-armhfp.cfg         mageia-cauldron-x86_64.cfg    rhel-8-aarch64.cfg
epel-6-i386.cfg            fedora-32-i386.cfg           openmandriva-4.0-aarch64.cfg  rhel-8-ppc64.cfg
epel-6-ppc64.cfg           fedora-32-ppc64le.cfg        openmandriva-4.0-armv7hnl.cfg rhel-8-ppc64le.cfg
epel-6-x86_64.cfg          fedora-32-s390x.cfg          openmandriva-4.0-i686.cfg     rhel-8.tpl
epel-7-aarch64.cfg         fedora-32-x86_64.cfg         openmandriva-cooker-aarch64.cfg rhel-8-x86_64.cfg
epel-7-ppc64.cfg           fedora-rawhide-aarch64.cfg   openmandriva-cooker-armv7hnl.cfg rhelbeta-8-aarch64.cfg
epel-7-ppc64le.cfg         fedora-rawhide-armhfp.cfg    openmandriva-cooker-i686.cfg  rhelbeta-8-s390x.cfg
epel-7-x86_64.cfg          fedora-rawhide-i386.cfg      openmandriva-cooker-x86_64.cfg rhelbeta-8-x86_64.cfg
fedora-29-aarch64.cfg      fedora-rawhide-ppc64le.cfg   openmandriva-rolling-aarch64.cfg rhelepel-8-aarch64.cfg
fedora-29-armhfp.cfg       fedora-rawhide-s390x.cfg     openmandriva-rolling-armv7hnl.cfg rhelepel-8-ppc64.cfg
fedora-29-i386.cfg         fedora-rawhide-x86_64.cfg    openmandriva-rolling-i686.cfg rhelepel-8-ppc64le.cfg
fedora-29-ppc64le.cfg      logging.ini                  openmandriva-rolling-x86_64.cfg rhelepel-8.tpl
fedora-29-s390x.cfg        mageia-6-armv5tl.cfg         opensuse-leap-15.0-aarch64.cfg rhelepel-8-x86_64.cfg
fedora-29-x86_64.cfg       mageia-6-i586.cfg            opensuse-leap-15.0-x86_64.cfg site-defaults.cfg
fedora-30-aarch64.cfg      mageia-6-x86_64.cfg          opensuse-leap-15.1-aarch64.cfg
fedora-30-armhfp.cfg       mageia-7-aarch64.cfg         opensuse-leap-15.1-x86_64.cfg
fedora-30-i386.cfg         mageia-7-armv7hl.cfg         opensuse-tumbleweed-aarch64.cfg
fedora-30-ppc64le.cfg
```

图 2-25 查看 mock 配置文件

```
[root@master mock]# cat epel-7-x86_64.cfg  |grep -i arch
config_opts['target_arch'] = 'x86_64'
config_opts['legal_host_arches'] = ('x86_64',)
mirrorlist=http://mirrorlist.centos.org/?release=7&arch=x86_64&repo=os
mirrorlist=http://mirrorlist.centos.org/?release=7&arch=x86_64&repo=updates
mirrorlist=http://mirrors.fedoraproject.org/mirrorlist?repo=epel-7&arch=x86_64
mirrorlist=http://mirrorlist.centos.org/?release=7&arch=x86_64&repo=extras
mirrorlist=http://mirrorlist.centos.org/?release=7&arch=x86_64&repo=sclo-rh
mirrorlist=http://mirrors.fedoraproject.org/mirrorlist?repo=testing-epel7&arch=x86_64
mirrorlist=http://mirrors.fedoraproject.org/mirrorlist?repo=epel-debug-7&arch=x86_64
```

使用 epel-7-x86_64 配置来构建 SRPM，如图 2-26 所示。

```
[root@rpmlab-d710 ~]# mock -r epel-7_x86_64 ~/rpmbuild/SRPMS/cello-1.0-1.el7.src.rpm
INFO: mock.py version 1.4.16 starting (python version = 3.6.8)...
Start: init plugins
INFO: selinux disabled
Finish: init plugins
Start: run
INFO: Start(/root/rpmbuild/SRPMS/cello-1.0-1.el7.src.rpm)  Config(epel-7-x86_64)
Start: clean chroot
Finish: clean chroot
```

图 2-26 使用 epel-7-x86_64 构建 SRPM

使用 epel-6-x86_64 配置来构建二进制 RPM，如图 2-27 所示。

查看构建好的二进制 RPM cello-1.0-1.el6.x86_64.rpm，如图 2-28 所示。

安装 cello-1.0-1.el6.x86_64.rpm，如图 2-29 所示。

查看构建好的二进制 RPM cello-1.0-1.el7.x86_64.rpm，并进行安装验证，如图 2-30 所示。

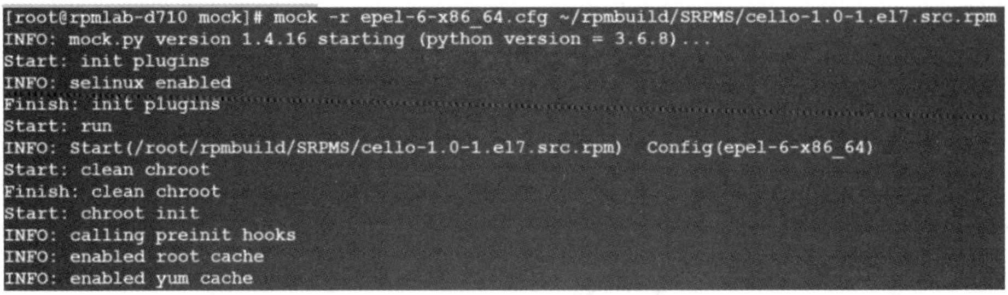

图 2-27　使用 epel-6-x86_64 构建二进制 RPM

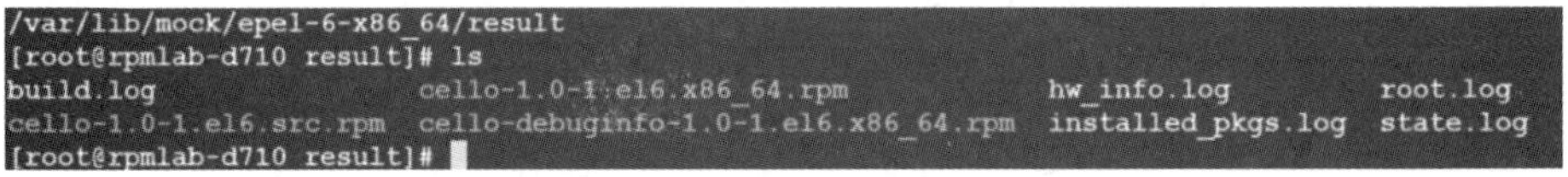

图 2-28　查看构建好的二进制 RPM

图 2-29　安装构建好的二进制 RPM

图 2-30　查看构建好的二进制 RPM

至此，在异构环境下重新编译二进制 RPM 成功。

2.9　本章小结

通过本文，相信你对通过源码构建 RPM 有了较为深刻的理解。随着开源理念的不断普及，越来越多的客户将业务系统从 Windows 迁移到 Linux 上，理解了 Linux 中的 RPM 打包方式，会对以后我们的日常工作有很大的帮助，也有助于我们深入理解云原生应用开发。

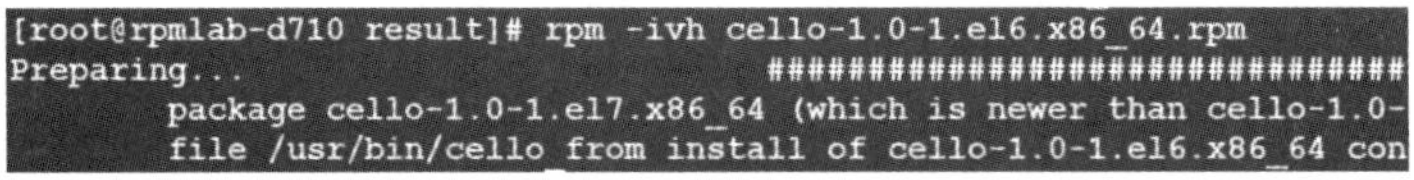

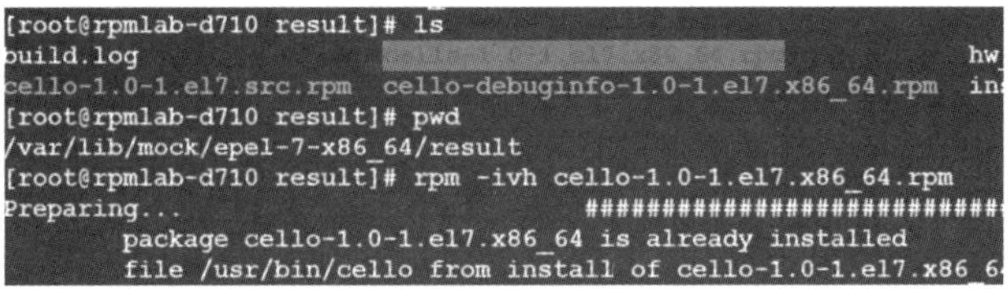

云原生 Java 的实现

在第 2 章中，我们介绍了传统模式下如何在 Linux 系统中开发软件包。在云原生应用的构建之路中，选择合适的应用开发框架（步骤 4）很重要。本章介绍传统 Java 应用在云时代面临的问题，以及云原生 Java 开发框架和实现。

3.1 Java 应用的发展

3.1.1 Java EE 架构

大多数企业级应用都是基于 Java 开发的。Java 主要分为标准版的 Java SE 和企业版的 Java EE。Java EE（新版本更名为 Jakarta EE，为了方便读者理解，本文仍称 Java EE）是使用 Java 开发企业应用程序的规范，它是一个独立于平台的标准，是在 Java Community Process（JCP）的指导下开发的。

Java EE 规范是一组基于 Java SE 构建的 API。它为运行多线程、事务、安全和可扩展的企业应用程序提供了运行时环境。需要注意的是，与 Java SE 不同，Java EE 主要是 API 的一组标准规范，实现这些 API 的运行时环境通常称为应用程序服务器，也就是我们常说的传统意义上的中间件。

Java EE 中的对象大致有三类：POJO、JavaBean、EJB。

- POJO 全称是 Plain Ordinary Java Object / Pure Old Java Object，中文可以翻译成"普通 Java 类"。
- JavaBean 是一种 Java 语言写成的可重用组件。写成 JavaBean 的类必须是具体、公共的，并且具有无参数的构造器。JavaBean 通过提供符合一致性设计模式的公共方法将内部域暴露，我们称之为属性。JavaBean 可分为两种：一种是有用户界面（User Interface，UI）的 JavaBean，一种是没有用户界面、主要负责处理事务（如数据运算、访问数据库）的 JavaBean。

❑ 企业 JavaBean（EJB）是一种 Java EE 组件，通常用于在企业应用程序中封装业务逻辑。EJB 与 JavaBean 不同，开发人员必须明确地实现多线程、并发、事务和安全等概念，应用程序服务器在运行时提供了这些功能，使开发人员可以专注于编写应用程序的业务逻辑。EJB 分为两类：Session Bean（又分为有状态和无状态两种）和 MessageDriven Bean。

那么，相比于 Java SE，使用 Java EE 给企业应用带来的好处是什么呢？主要有以下几点。

❑ 可以实现跨符合 Java EE 标准的应用程序服务器间的迁移。

❑ Java EE 规范提供了大量通常由企业应用程序使用的 API，例如 Web 服务、异步消息传递、事务、数据库连接、线程池、批处理实用程序和安全性。开发人员必要手动开发这些组件，从而缩短开发时间。

❑ 针对特定领域（如金融、保险、电信和其他行业）的大量第三方即用型应用程序和组件已通过认证，可以运行并与 Java EE 应用程序服务器集成。

❑ 大量先进的工具，如 IDE、监控系统、企业应用程序集成（EAI）框架和性能测量工具可用于第三方供应商的 Java EE 应用程序。

Java EE 包含对多个配置文件或 API 子集的支持。Java EE 规范定义了两个配置文件：Full Profile 和 Web Profile。后来基于 Java EE 的微服务架构又提出了 MicroProfile，所以 Java EE 的配置文件现在有三个。Java EE Web Profile 专为 Web 应用程序开发而设计，并支持与 Java EE 相关的基于 Web 技术定义的 API 的一部分，Java EE 的 Web Profile 和 Full Profile 的对比如图 3-1 所示。

Spring 是 Java 开发的开源框架，于 2003 年 6 月首次发布。Spring 主要作为 Enterprise JavaBean 1.0 和 2.0 的替代品。Enterprise JavaBean 中存在很多问题，而 Spring 是出于对 EJB 的改进而创建的。Spring 架构如图 3-2 所示。

Spring Boot 可看作是 Spring 框架的扩展，它消除了设置 Spring 应用程序所需的 XML 配置，为更快、更高效的开发生态系统铺平了道路。

Spring Boot 主要特征如下。

❑ 可创建独立的 Spring 应用。

❑ 嵌入式 Tomcat、Jetty、Undertow 容器。

❑ 提供 starters 简化构建配置。

❑ 尽可能自动配置 Spring 应用。

❑ 提供生产指标，例如指标、健壮检查和外部化配置。

❑ 完全没有代码生成和 XML 配置要求。

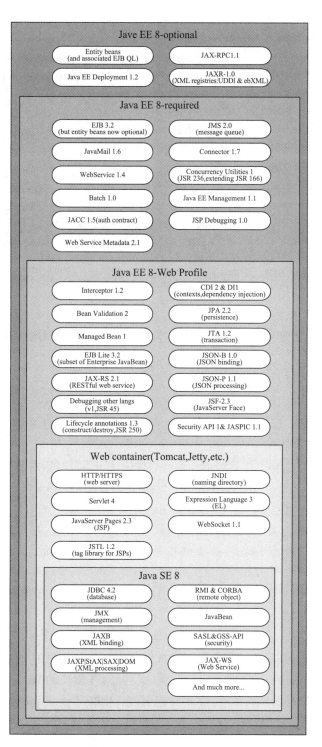

图 3-1 Java EE 8 Profile

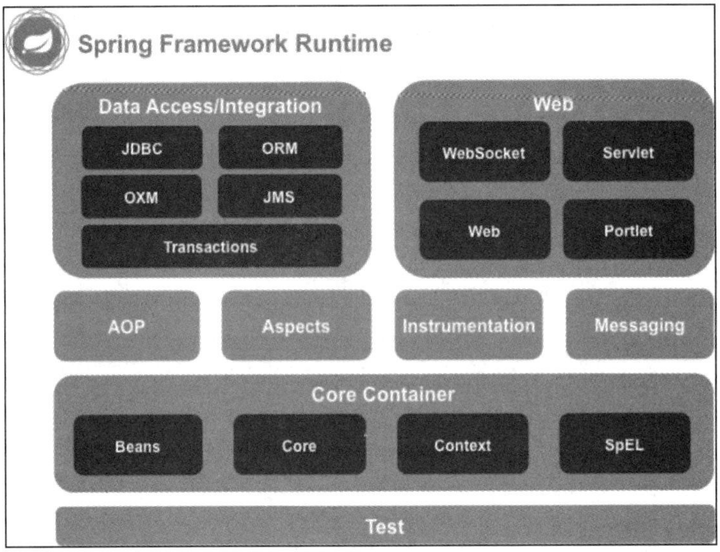

图 3-2　Spring 架构

在介绍了 Java EE 和 Spring Boot 后，接下来我们介绍 Java 应用的打包。

3.1.2　Java 应用的打包与 JDK

Java SE 应用程序的首选方法是将应用程序打包为 Java Archive（JAR）文件。JAR 文件可以通过添加清单条目（与 JAR 文件内部的 Java 类一起打包的纯文本文件）来指定主要可运行类，从而使其可执行。

Java EE 应用程序由多个组件组成，这些组件依赖于运行时所需的大量 JAR 文件。Java EE 应用程序部署在与 Java EE 兼容的应用程序服务器上，这些部署可以有不同的类型。

- JAR 文件：应用程序的各个模块和 Enterprise JavaBean（EJB）可以作为单独的 JAR 文件进行部署。第三方库和框架也可以打包为 JAR 文件。如果你的应用程序依赖于这些库，则库 JAR 文件应该部署在应用程序服务器上。JAR 文件具有 .jar 扩展名。

- Web 归档（WAR）文件：如果你的 Java EE 应用程序具有基于 Web 的前端或提供 RESTful 服务端点，与 Web 前端和服务相关的代码和资产可以打包为 WAR 文件。WAR 文件具有 .war 扩展名，实质上是一个包含代码、静态 HTML、图像、CSS 和 JS 资产、XML 部署描述符文件以及打包在其中的相关 JAR 文件的压缩文件。

- FatJar 文件：FarJar 又称作 uber-Jar，是包含所有依赖的 Jar 包。Jar 包中嵌入了除 Java 虚拟机以外的所有依赖。FatJar 包可以直接通过 java -jar 运行。

在第 2 章中，我们介绍过应用的编译分为本机编译和解释编译。Java 就是典型的解释型语言，而 JVM 是 Java 语言的解释器。JRE 提供 JVM 以及 Java 程序运行所需的库。JDK

是 Java 程序的开发环境，除了提供 JRE 之外，还包括编译器、调试器等。三者的关系如
图 3-3 所示。

JDK 主要分为 OpenJDK、Oracle JDK、IBM JDK 三种。Ora-
cle JDK 就是传统的 Sun JDK 的延续，大多数 Java 程序都用
Oracle JDK。OpenJDK 是 2006 年由 Sun 公司开源的，随着 Sun
公司被 Oracle 公司收购，OpenJDK 作为开源的 JDK，受到业
内的重视。OpenJDK 的主要维护者是 Red Hat。IBM 也开发了
自己的 JDK，用于其特殊的硬件和操作系统中，比如 Java for
AS400 等。

图 3-3　JVM、JRE、JDK 的
关系示意图

目前在开源界，我们使用最多的是 OpenJDK，这也是云原生界主要采用的 JDK。本书
后续的内容均基于 OpenJDK 进行阐述。

Java EE 环境，包括 EJB 容器和 Web 容器。

❑ Web 容器：只运行 Web 应用的容器，例如 Tomcat 就是开源的 Web 容器，它可以
　运行 JSP、Servlet 等。这也是我们常说的 Web Server。Tomcat 是用 Java 语言开
　发的 Web 服务器，因为运行 Java 应用需要 JVM，所以安装 Tomcat 之前要部署好
　JDK。

❑ EJB 容器：运行在 EJB 组件的容器，提供 EJB 组件的状态管理、事务管理、线程管
　理、远程数据资源访问、连接管理和安全性管理等系统级服务。JBoss EAP 同时提
　供 EJB 容器和 Web 容器，这也是我们常说的 App Server。有的 App Server 本身就
　包含 JDK，例如 Weblogic，所以不必提前安装 JDK。但是，App Server 的运行是需
　要 JDK 的。

Spring Boot 类应用主要是 Web 类应用，因此应用在打包的时候，既可以打成传统的
WAR 包，也可以打成 FatJar 包。将 Java 应用打成 WAR 还是 Jar 包，取决于 pom.xml 的
maven-plugin，以及我们执行 maven 打包命令时调用的 pom.xml 中的 plugin。

我们以在《OpenShift 在企业中的实践：PaaS DevOps 微服务》使用过的名为 customer
的微服务的代码为例，查看其 pom.xml 文件（https://github.com/ocp-msa-devops/istiotutorial/
blob/ master/customer/java/springboot/pom.xml）。

maven-plugin 为 spring-boot-maven-plugin，因此应用构建完打包成 Jar 包，如下所示：

```
<plugins>
    <plugin>
        <groupId>org.springframework.boot</groupId>
        <artifactId>spring-boot-maven-plugin</artifactId>
    </plugin>
</plugins>
```

接下来，我们再查看 pom.xml 中对 Web 依赖的引用，引用了 spring-boot-starter-web，
如下所示：

```
<dependency>
    <groupId>org.springframework.boot</groupId>
    <artifactId>spring-boot-starter-web</artifactId>
</dependency>
```

spring-boot-starter-web 默认把嵌入式 Tomcat 作为 Web 容器来对外提供 HTTP 服务，默认使用 8080 端口对外监听和提供服务。也就是说，我们据此打成的 Jar 包将会包含内嵌的 Tomcat，直接可以通过 Java -jar 运行，而无须依赖外置的 Tomcat。如果运行在 OpenShift，也就不需要使用 Tomcat 的容器镜像，使用 OpenJDK 的容器镜像即可。在 Spring Boot 应用打包时，如果我们想使用其他的嵌入式 Web Container，则可以引入类似 spring-boot-starter-jetty 或 spring-boot-starter-undertow 的依赖，替换掉默认的嵌入式 Tomcat。

编译 customer 微服务。

```
# cd customer/java/springboot/
# mvn package
[INFO] BUILD SUCCESS
[INFO] ------------------------------------------------------------------------
[INFO] Total time:  07:27 min
[INFO] Finished at: 2019-04-28T09:34:49-07:00
[INFO] ------------------------------------------------------------------------
```

编译成功后，生成 customer.jar 包：

```
# ls -al target/customer.jar
-rw-r--r--. 1 root root 23011020 Apr 28 09:34 target/customer.jar
```

运行 customer.jar 文件：

```
# java -jar customer.jar
```

运行结果如图 3-4 所示，已经成功启动。

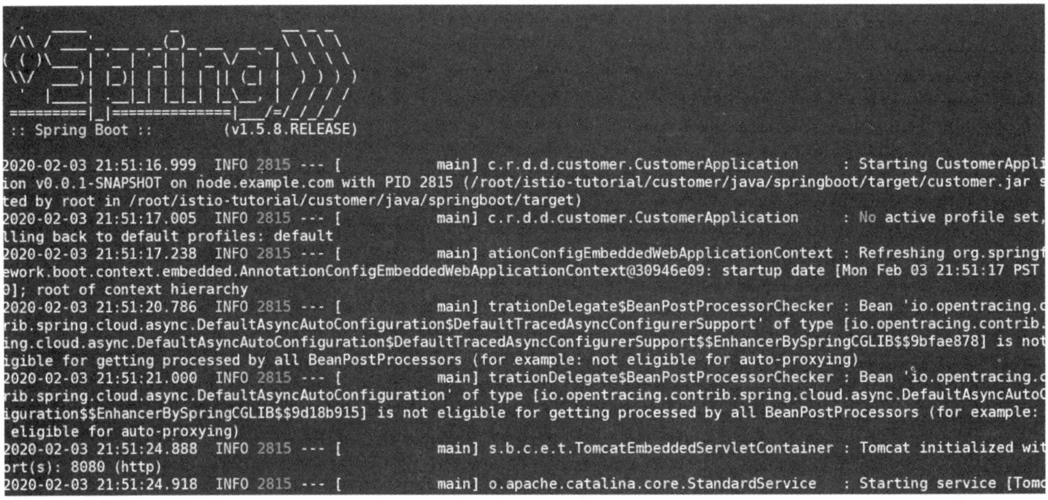

图 3-4　应用启动成功

在 Web 类应用中，基于 Spring Boot 开发的应用默认会打成 FatJar 的包，可以在 OpenJDK 环境中独立运行。基于 Java EE 开发的应用主要打成 War 包，运行在 Tomcat 的容器中。

我们查看 Red Hat 发布的基于 OpenShift 的 Tomcat 的企业级容器镜像，即 JBoss Web Server，如图 3-5 所示。

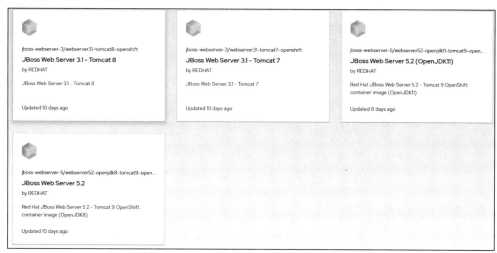

图 3-5　OpenShift 提供的 Tomcat 容器镜像

查看 JBoss Web Server 3.1-Tomcat8 容器镜像所包含的软件包，包含 OpenJDK 和 Tomcat 的软件包，如图 3-6、图 3-7 所示。

322 packages included in the image　　jdk

Package	Summary
copy-jdk-configs-3.3-10.el7_5.noarch	JDKs configuration files copier
java-1.8.0-openjdk-1.8.0.242.b08-0.el7_7.x86_64	OpenJDK Runtime Environment 8
java-1.8.0-openjdk-devel-1.8.0.242.b08-0.el7_7.x86_64	OpenJDK Development Environment 8
java-1.8.0-openjdk-headless-1.8.0.242.b08-0.el7_7.x86_64	OpenJDK Headless Runtime Environment 8

图 3-6　查看容器镜像中包含的 OpenJDK 包

Security　Change Summary　Package List　Dockerfile

322 packages included in the image　　tomcat

Package	Summary
tomcat-servlet-3.0-api-7.0.76-10.el7_7.noarch	Apache Tomcat Servlet API implementation classes

图 3-7　查看容器镜像中包含的 Tomcat 包

接下来，我们查看 Red Hat OpenShift 提供的 OpenJDK 容器镜像包含的软件包 OpenJDK 11，如图 3-8 所示。

openjdk/openjdk-11-rhel7
OpenJDK 11 Java Applications
by REDHAT
OpenJDK 11 Image for Java Applications
Updated 8 days ago

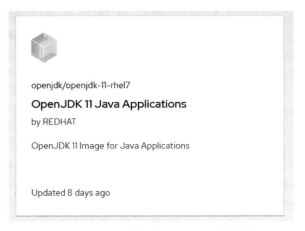

图 3-8 OpenShift 提供的 OpenJDK 容器镜像包

我们查看 OpenJDK 11 镜像中包含的文件,OpenJDK 没有 Tomcat，如图 3-9 和图 3-10 所示。

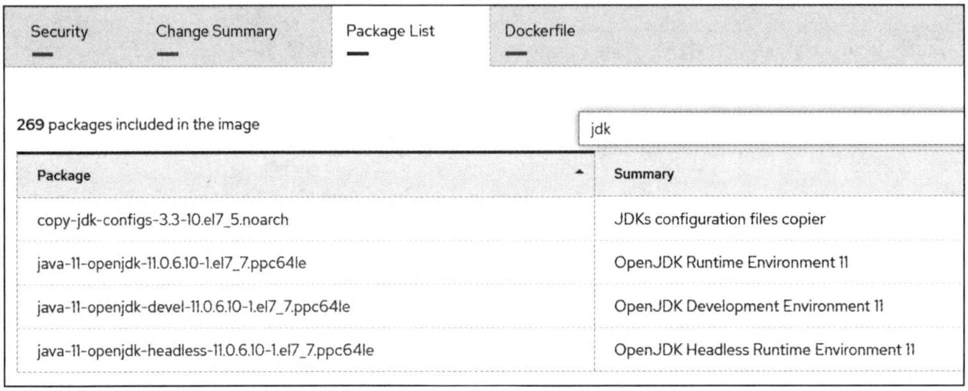
Security
Change Summary
Package List
Dockerfile
269 packages included in the image
jdk
Package
Summary
copy-jdk-configs-3.3-10.el7_5.noarch
JDKs configuration files copier
java-11-openjdk-11.0.6.10-1.el7_7.ppc64le
OpenJDK Runtime Environment 11
java-11-openjdk-devel-11.0.6.10-1.el7_7.ppc64le
OpenJDK Development Environment 11
java-11-openjdk-headless-11.0.6.10-1.el7_7.ppc64le
OpenJDK Headless Runtime Environment 11

图 3-9 查看 OpenJDK 11 包含的软件包

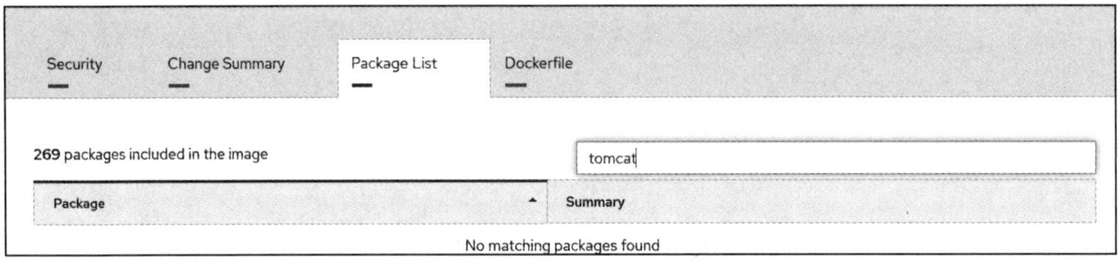
Security
Change Summary
Package List
Dockerfile
269 packages included in the image
tomcat
Package
Summary
No matching packages found

图 3-10 查看 OpenJDK 11 包含的软件包

在介绍了 Java 应用的发展后，接下来我们分析 Kubernetes 时代 Java 应用面临的问题。

3.2　Kubernetes 时代 Java 面临的问题

在传统单体应用模式下，技术人员会对整个应用栈进行优化，从而在一个应用服务器上可以运行多个应用程序。例如，在一个 JBoss EAP 实例上，我们可以运行上百个应用程序。

传统单体应用架构大致分为五层：底层为操作系统；操作系统上运行 Java 虚拟机；Java 虚拟机之上运行应用服务器；在应用服务器上是应用开发框架，如 Spring Boot、MVC 等；在应用开发框架上是应用程序（如 WAR、JAR 格式的应用包），如图 3-11 所示。

随着 Kubernetes 和容器的发展，虽然不少应用已经实现了容器化运行，但 Java 栈并没有太大变化，如图 3-12 所示。

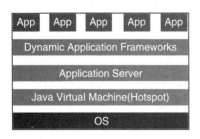

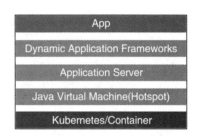

图 3-11　传统单体应用架构　　　　图 3-12　Kubernetes 时代的 Java 应用架构

开发人员认为 Java 过重：启动时间慢、消耗内存大，不适合于云原生时代。他们希望使用较新的应用框架来构建微服务，以便在 Kubernetes 中更高效地运行，Quarkus 由此而生。它是真正针对微服务、无服务器、事件驱动的应用框架。

3.3　Quarkus 的架构

Quarkus 被称为"超音速亚原子 Java"。Quarkus 优化了 Java 框架，使其更具模块化，减少了框架本身的依赖性。Quarkus 基于 GraalVM，也支持 JVM。GraalVM 是一套通用型虚拟机，能执行各类高性能与互操作性任务，并在无须额外成本的前提下允许用户构建多语言应用程序，如图 3-13 所示。

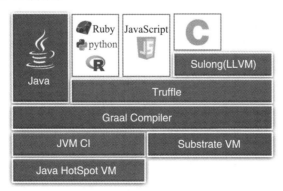

图 3-13　GraalVM 架构

在传统的 JVM 中运行应用启动速度会比较慢。GraalVM 可以为现有基于 JVM 的应用创建 Native Image 的功能（即本机可执行二进制文件）。生成的本机二进制文件以机器代码形式包含整个程序，可以直接运行。

正是由于 Quarkus 本身针对传统 Java 进行了优化，同时它可以运行在 GraalVM 上，因此它的启动速度很快、运行时消耗的内存很小（与 Java EE 和 Spring Boot 应用相比）。针对 Quarkus 的特点，总结如下。

❏ 容器优先：最小的 Java 应用程序，最适合在容器中运行。

❏ Cloud Native：符合微服务 12 要素架构。

❏ 统一命令式和响应式：在一种编程模型下实现非阻塞式和命令式开发风格。

❏ 基于标准：支持多种标准和框架（RESTEasy、Hibernate、Netty、Eclipse Vert.x、Apache Camel）。

❏ 微服务优先：缩短了启动时间，使 Java 应用程序可以执行代码转换。

接下来，我们通过实验的方式，验证基于 Quarkus 的特性。

3.4　验证 Quarkus 功能

我们采用如下实验环境来验证 Quarkus：

❏ RHEL 7.6

❏ Quarkus 0.21.2

❏ OpenShift 3.11

❏ Graal VM 19.1.1

接下来，我们通过实验环境分别验证：

❏ 编译和部署 Quarkus 应用

❏ Quarkus 的热加载

❏ 在 OpenShift 中部署 Quarkus 应用程序

❏ Quarkus 应用添加 REST Client 扩展

❏ Quarkus 应用的容错能力

3.4.1　编译和部署 Quarkus 应用

实验环境是由两个节点（RHEL 7.6）组成的 OpenShift 集群，如下所示：

```
[root@master ~]# oc get nodes
NAME                    STATUS    ROLES           AGE     VERSION
master.example.com      Ready     infra,master    339d    v1.11.0+d4cacc0
node.example.com        Ready     compute         339d    v1.11.0+d4cacc0
```

从 GitHub 上下载 Quarkus 测试代码，如下所示：

```
[root@master ~]# git clone
https://github.com/redhat-developer-demos/quarkus-tutorial
Cloning into 'quarkus-tutorial'...
remote: Enumerating objects: 86, done.
remote: Counting objects: 100% (86/86), done.
remote: Compressing objects: 100% (60/60), done.
Receiving objects: 100% (888/888), 1.36 MiB | 73.00 KiB/s, done.
remote: Total 888 (delta 44), reused 56 (delta 21), pack-reused 802
Resolving deltas: 100% (439/439), done.
```

在 OpenShift 中创建项目 quarkustutorial，用于后续部署容器化应用。

```
[root@master ~]# oc new-project quarkustutorial
```

设置环境变量，如下所示：

```
[root@master ~]# cd quarkus-tutorial
[root@master quarkus-tutorial]# export TUTORIAL_HOME=`pwd`
[root@master quarkus-tutorial]# export QUARKUS_VERSION=0.21.2
```

在 RHEL 中创建 Quarkus 项目，如下所示：

```
mvn io.quarkus:quarkus-maven-plugin:$QUARKUS_VERSION:create \
    -DprojectGroupId="com.example" \
    -DprojectArtifactId="fruits-app" \
    -DprojectVersion="1.0-SNAPSHOT" \
    -DclassName="FruitResource" \
    -Dpath="fruit"
```

创建成功结果如图 3-14 所示。

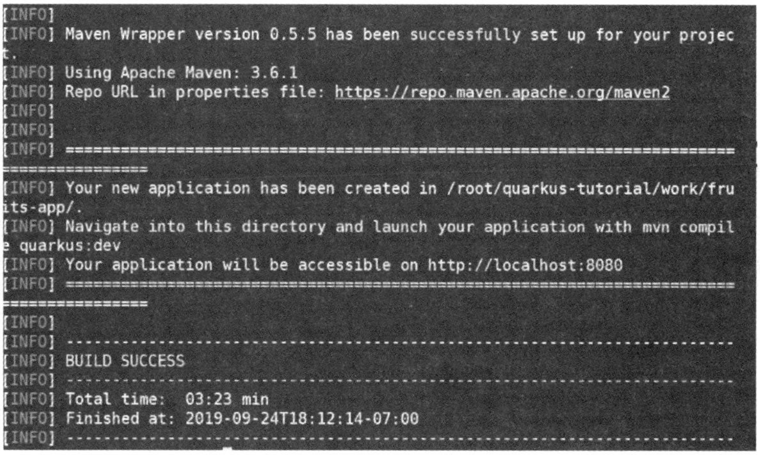

图 3-14　成功创建 Quarkus 项目

查看项目中生成的文件，如下所示：

```
[root@master quarkus-tutorial]# ls -al /root/quarkus-tutorial/work/fruits-app/.
    total 32
```

```
drwxr-xr-x. 4 root root    111 Sep 24 18:12 .
drwxr-xr-x. 3 root root     41 Sep 24 18:08 ..
-rw-r--r--. 1 root root     53 Sep 24 18:11 .dockerignore
-rw-r--r--. 1 root root    295 Sep 24 18:11 .gitignore
drwxr-xr-x. 3 root root     21 Sep 24 18:12 .mvn
-rwxrwxr-x. 1 root root  10078 Sep 24 18:12 mvnw
-rw-rw-r--. 1 root root   6609 Sep 24 18:12 mvnw.cmd
-rw-r--r--. 1 root root   3693 Sep 24 18:11 pom.xml
drwxr-xr-x. 4 root root     30 Sep 24 18:11 src
```

我们查看应用的源码，如下所示：

```
#cat src/main/java/com/example/FruitResource.java
package com.example;
import javax.ws.rs.GET;
import javax.ws.rs.Path;
import javax.ws.rs.Produces;
import javax.ws.rs.core.MediaType;

@Path("/fruit")
public class FruitResource {

    @GET
    @Produces(MediaType.TEXT_PLAIN)
    public String hello() {
        return "hello";
    }
}
```

上面代码定义了一个名为 /fruit 的 URI，通过 get 访问时返回 hello。

接下来，我们分别通过 JVM 和 Native 方式生成并运行 Quarkus 应用程序。首先通过传统的 JVM 模式生成应用，编译成功结果如图 3-15 所示。

```
./mvnw -DskipTests clean package
```

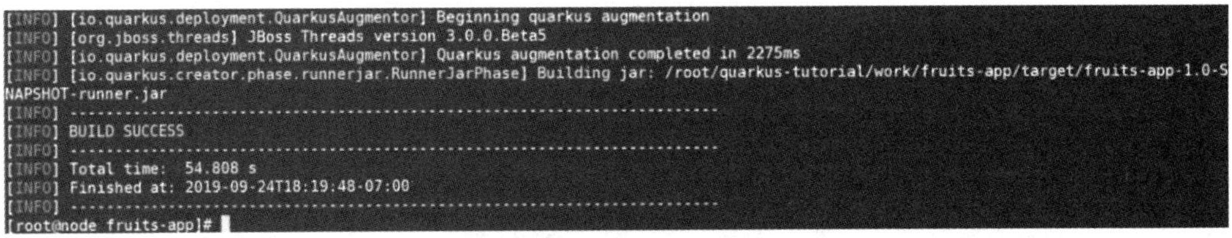

图 3-15　源码编译成功

查看编译生成的 jar 文件，如下所示：

```
[root@node fruits-app]# ls -al target/fruits-app-1.0-SNAPSHOT-runner.jar
-rw-r--r--. 1 root root 114363 Sep 24 18:19 target/fruits-app-1.0-SNAPSHOT-runner.jar
```

接下来，以 JVM 的方式运行应用，如下所示：

```
[root@node fruits-app]# java -jar target/fruits-app-1.0-SNAPSHOT-runner.jar
2019-09-24 18:20:29,785 INFO  [io.quarkus] (main) Quarkus 0.21.2 started in 1.193s.
```

```
Listening on: http://[::]:8080
2019-09-24 18:20:29,837 INFO  [io.quarkus] (main) Installed features: [cdi, resteasy]
```

应用运行以后，通过浏览器访问应用，可以看到返回值是 hello，如图 3-16 所示。

图 3-16　浏览器访问应用

接下来，我们验证 Docker-Native 的模式来编辑应用，生成二进制文件。在编译的过程会使用 Red Hat 提供的 Docker Image，构建成功后在 target 目录中生成独立的二进制文件。执行如下命令启动编译：

```
[root@node fruits-app]# ./mvnw package -DskipTests -Pnative -Dquarkus.native.
container-build=true
```

编译过程如图 3-17 所示，Quarkus 的 Docker-Native 编译过程会先生成 jar 文件 fruits-app-1.0-SNAPSHOT-runner.jar（这个 jar 文件和基于 JVM 方式编译成功的 jar 文件有所区别）。然后调用 Red Hat 的容器镜像 ubi-quarkus-native-image，从 jar 文件生成二进制可执行文件 fruits-app-1.0-SNAPSHOT-runner。

```
[INFO] [io.quarkus.deployment.pkg.steps.JarResultBuildStep] Building native image source jar: /root/quarkus-tutorial/work/fruits-app/target/fruits-app-1.0-SNAPSHOT-native-image-source-jar/fruits-app-1.0-SNAPSHOT-runner.jar
[INFO] [io.quarkus.deployment.pkg.steps.NativeImageBuildStep] Building native image from /root/quarkus-tutorial/work/fruits-app/target/fruits-app-1.0-SNAPSHOT-native-image-source-jar/fruits-app-1.0-SNAPSHOT-runner.jar
[INFO] [io.quarkus.deployment.pkg.steps.NativeImageBuildStep] Running Quarkus native-image plugin on OpenJDK 64-Bit Server VM
[INFO] [io.quarkus.deployment.pkg.steps.NativeImageBuildStep] docker run -v /root/quarkus-tutorial/work/fruits-app/target/fruits-app-1.0-SNAPSHOT-native-image-source-jar/:/project:z --user 0:0 --rm quay.io/quarkus/ubi-quarkus-native-image:19.2.1 -J-Djava.util.logging.manager=org.jboss.logmanager.LogManager -J-Dsun.nio.ch.maxUpdateArraySize=100 -J-Dvertx.logger-delegate-factory-class-name=io.quarkus.vertx.core.runtime.VertxLogDelegateFactory -J-Dvertx.disableDnsResolver=true -J-Dio.netty.leakDetection.level=DISABLED -J-Dio.netty.allocator.maxOrder=1 --initialize-at-build-time= -H:InitialCollectionPolicy=com.oracle.svm.core.genscavenge.CollectionPolicy$BySpaceAndTime -J-Djava.util.concurrent.ForkJoinPool.common.parallelism=1 -H:FallbackThreshold=0 -H:+ReportExceptionStackTraces -H:-AddAllCharsets -H:EnableURLProtocols=http -H:-JNI --no-server -H:-UseServiceLoaderFeature -H:+StackTrace fruits-app-1.0-SNAPSHOT-runner
[fruits-app-1.0-SNAPSHOT-runner:23]     image:   4,112.41 ms
[fruits-app-1.0-SNAPSHOT-runner:23]     write:     653.65 ms
[fruits-app-1.0-SNAPSHOT-runner:23]     [total]: 122,902.75 ms
[INFO] [io.quarkus.deployment.QuarkusAugmentor] Quarkus augmentation completed in 126135ms
[INFO] ------------------------------------------------------------------------
[INFO] BUILD SUCCESS
[INFO] ------------------------------------------------------------------------
[INFO] Total time:  02:08 min
[INFO] Finished at: 2019-11-07T22:28:30-08:00
[INFO] ------------------------------------------------------------------------
```

图 3-17　Quarkus Docker-Native 编译过程

从 fruits-app-1.0-SNAPSHOT-runner.jar 文件到二进制构建过程中会嵌入一些库文件（这些库文件是生成 fruits-app-1.0-SNAPSHOT-runner.jar 文件时产生的），以 class 的形式存到二进制文件中。lib 目录中包含二进制文件 fruits-app-1.0-SNAPSHOT-runner 运行所需要的内容，如 org.graalvm.sdk.graal-sdk-19.2.0.1.jar，如下所示：

```
[root@node target]# cd fruits-app-1.0-SNAPSHOT-native-image-source-jar
[root@node fruits-app-1.0-SNAPSHOT-native-image-source-jar]# ls
fruits-app-1.0-SNAPSHOT-runner  fruits-app-1.0-SNAPSHOT-runner.jar  lib
```

```
[root@node fruits-app-1.0-SNAPSHOT-native-image-source-jar]# ls lib/* |grep -i gra
lib/org.graalvm.sdk.graal-sdk-19.2.0.1.jar
```

查看生成的二进制文件 fruits-app-1.0-SNAPSHOT-runner，直接在 RHEL 7 中运行，如下所示：

```
[root@node fruits-app]# ls -al target/fruits-app-1.0-SNAPSHOT-runner
-rwxr-xr-x. 1 root root 23092264 Nov  7 22:28 target/fruits-app-1.0-SNAPSHOT-runner
[root@node target]# ./fruits-app-1.0-SNAPSHOT-runner
2019-11-08 06:37:13,852 INFO  [io.quarkus] (main) fruits-app 1.0-SNAPSHOT (running
    on Quarkus 0.27.0) started in 0.012s. Listening on: http://0.0.0.0:8080
2019-11-08 06:37:13,852 INFO  [io.quarkus] (main) Profile prod activated.
2019-11-08 06:37:13,852 INFO  [io.quarkus] (main) Installed features: [cdi, resteasy]
```

通过浏览器访问应用，结果正常，如图 3-18 所示。

图 3-18　应用访问结果

从上面内容我们可以了解到：Quarkus Native 的构建环境需要完整的 GraalVM 环境（RHEL 中安装或以容器方式运行），而编译成功的二进制文件已经包含 GraalVM 的运行时，可以直接在操作系统或容器中直接运行。

生成的二进制文件也可以用容器的方式运行，即构建 Docker Image。构建有两种方式：基于传统的 JVM 和基于 Native 的方式。

传统 JVM 模式运行的 docker file 如下所示，我们可以看到 docker file 使用的基础镜像是 openjdk8，如下所示：

```
[root@node docker]# cat Dockerfile.jvm
FROM fabric8/java-alpine-openjdk8-jre
ENV JAVA_OPTIONS="-Dquarkus.http.host=0.0.0.0 -Djava.util.logging.manager=org.
    jboss.logmanager.LogManager"
ENV AB_ENABLED=jmx_exporter
COPY target/lib/* /deployments/lib/
COPY target/*-runner.jar /deployments/app.jar
EXPOSE 8080

# run with user 1001 and be prepared for be running in OpenShift too
RUN adduser -G root --no-create-home --disabled-password 1001 \
    && chown -R 1001 /deployments \
    && chmod -R "g+rwX" /deployments \
    && chown -R 1001:root /deployments
USER 1001

ENTRYPOINT [ "/deployments/run-java.sh" ]
```

Native 模式运行的 docker file 如下所示，使用的基础镜像是 ubi-minimal。UBI 的全称是 Universal Base Image，这是 Red HatRHEL 最轻量级的基础容器镜像，如下所示：

```
[root@node docker]# cat Dockerfile.native
FROM registry.access.redhat.com/ubi8/ubi-minimal
WORKDIR /work/
COPY target/*-runner /work/application
RUN chmod 775 /work
EXPOSE 8080
CMD ["./application", "-Dquarkus.http.host=0.0.0.0"]
```

在构建的时候，推荐使用 Dockerfile.native 模式构建 docker image，构建并运行的命令如下：

```
[root@node fruits-app]# docker build -f src/main/docker/Dockerfile.native -t
    example/fruits-app:1.0-SNAPSHOT . && \
> docker run -it --rm -p 8080:8080 example/fruits-app:1.0-SNAPSHOT
```

命令执行结果如图 3-19 所示。

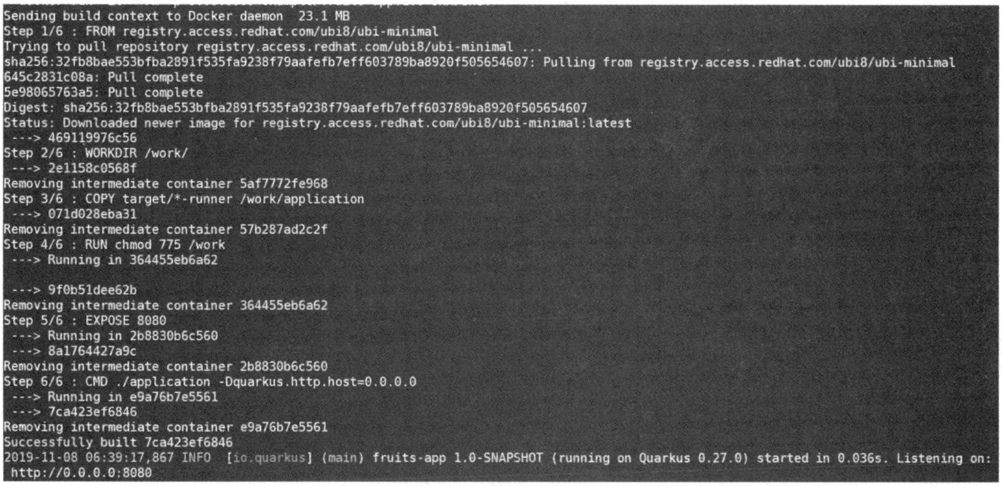

```
Sending build context to Docker daemon  23.1 MB
Step 1/6 : FROM registry.access.redhat.com/ubi8/ubi-minimal
Trying to pull repository registry.access.redhat.com/ubi8/ubi-minimal ...
sha256:32fb8bae553bfba2891f535fa9238f79aafefb7eff603789ba8920f505654607: Pulling from registry.access.redhat.com/ubi8/ubi-minimal
645c2831c08a: Pull complete
5e98065763a5: Pull complete
Digest: sha256:32fb8bae553bfba2891f535fa9238f79aafefb7eff603789ba8920f505654607
Status: Downloaded newer image for registry.access.redhat.com/ubi8/ubi-minimal:latest
 ---> 469119976c56
Step 2/6 : WORKDIR /work/
 ---> 2e1158c0568f
Removing intermediate container 5af7772fe968
Step 3/6 : COPY target/*-runner /work/application
 ---> 071d028eba31
Removing intermediate container 57b287ad2c2f
Step 4/6 : RUN chmod 775 /work
 ---> Running in 364455eb6a62

 ---> 9f0b51dee62b
Removing intermediate container 364455eb6a62
Step 5/6 : EXPOSE 8080
 ---> Running in 2b8830b6c560
 ---> 8a1764427a9c
Removing intermediate container 2b8830b6c560
Step 6/6 : CMD ./application -Dquarkus.http.host=0.0.0.0
 ---> Running in e9a76b7e5561
 ---> 7ca423ef6846
Removing intermediate container e9a76b7e5561
Successfully built 7ca423ef6846
2019-11-08 06:39:17,867 INFO [io.quarkus] (main) fruits-app 1.0-SNAPSHOT (running on Quarkus 0.27.0) started in 0.036s. Listening on:
http://0.0.0.0:8080
```

图 3-19　Native 模式构建应用的 docker image

查看容器运行情况，可以正常运行，docker image 的名称是 fruits-app:1.0-SNAPSHOT。

```
[root@node ~]# docker ps
CONTAINER ID        IMAGE                            COMMAND              CREATED
    STATUS          PORTS                    NAMES
ae46922cd0cf        example/fruits-app:1.0-SNAPSHOT  "./application -Dq..."  57
    seconds ago     Up 57 seconds            0.0.0.0:8080->8080/tcp  nervous_bartik
```

至此，我们完成了对 Quarkus 应用构建和运行的验证。

3.4.2　Quarkus 的热加载

接下来，我们验证 Quarkus 应用在开发模式的热加载功能。以开发模式启动应用后，修改应用源代码无须重新编译和重新运行。如果是 Web 应用，在前台刷新浏览器即可看到更新结果。Quarkus 的开发模式非常适合应用于调试阶段、经常需要调整源码并验证效果的需求。

以开发模式编译并热部署应用，如下所示：

```
[root@master fruits-app]# ./mvnw compile quarkus:dev
[INFO] Scanning for projects...
[INFO]
[INFO] ---------------------< com.example:fruits-app >-----------------------
[INFO] Building fruits-app 1.0-SNAPSHOT
[INFO] ----------------------------[ jar ]-----------------------------------
[INFO]
[INFO] --- maven-resources-plugin:2.6:resources (default-resources) @ fruits-app ---
[INFO] Using 'UTF-8' encoding to copy filtered resources.
[INFO] Copying 2 resources
[INFO]
[INFO] --- maven-compiler-plugin:3.1:compile (default-compile) @ fruits-app ---
[INFO] Nothing to compile - all classes are up to date
[INFO]
[INFO] --- quarkus-maven-plugin:0.21.2:dev (default-cli) @ fruits-app ---
Listening for transport dt_socket at address: 5005
2019-09-24 21:18:06,422 INFO  [io.qua.dep.QuarkusAugmentor] (main) Beginning quarkus
    augmentation
2019-09-24 21:18:07,572 INFO  [io.qua.dep.QuarkusAugmentor] (main) Quarkus augmen-
    tation completed in 1150ms
2019-09-24 21:18:07,918 INFO  [io.quarkus] (main) Quarkus 0.21.2 started in 1.954s.
    Listening on: http://[::]:8080
2019-09-24 21:18:07,921 INFO  [io.quarkus] (main) Installed features: [cdi, resteasy]
```

应用启动成功后，通过浏览器访问效果如图 3-20 所示。

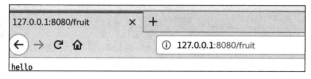

图 3-20　应用访问结果

接下来，修改源码文件 src/main/java/com/example/FruitResource.java，将访问返回从 hello 修改为 hello Davidwei!，如下所示：

```
package com.example;

import javax.ws.rs.GET;
import javax.ws.rs.Path;
import javax.ws.rs.Produces;
import javax.ws.rs.core.MediaType;

@Path("/fruit")
public class FruitResource {
```

```
@GET
@Produces(MediaType.TEXT_PLAIN)
public String hello() {
    return "hello Davidwei!";
}
}
```

直接刷新浏览器，如图 3-21 所示，我们看到浏览的返回与此前在源码中修改的内容一致。

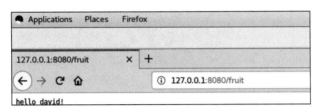

图 3-21　应用访问结果

至此，我们完成了对 Quarkus 应用的热加载功能的验证。

3.4.3　在 OpenShift 中部署 Quarkus 应用程序

要将 Quarkus 应用部署到 OpenShift 中，首先需要添加 Quarkus Kubernetes 扩展。

Quarkers 的扩展是一组依赖项，可以将它们添加到 Quarkus 项目中，从而获得特定的功能，例如健康检查等。扩展将配置或引导框架或技术集成到 Quarkus 应用程序中。通过命令行可以列出 Quarkers 可用和支持的扩展，如下所示：

```
[root@master fruits-app]# ./mvnw quarkus:list-extensions
[INFO] Scanning for projects...
[INFO]
[INFO] ----------------------< com.example:fruits-app >----------------------
[INFO] Building fruits-app 1.0-SNAPSHOT
[INFO] --------------------------------[ jar ]--------------------------------
[INFO]
[INFO] --- quarkus-maven-plugin:0.21.2:list-extensions (default-cli) @ fruits-app ---

Current Quarkus extensions available:
Agroal - Database connection pool            quarkus-agroal
Amazon DynamoDB                              quarkus-amazon-dynamodb
Apache Kafka Client                          quarkus-kafka-client
Apache Kafka Streams                         quarkus-kafka-streams
Apache Tika                                  quarkus-tika
Arc                                          quarkus-arc
AWS Lambda                                   quarkus-amazon-lambda
Flyway                                       quarkus-flyway
Hibernate ORM                               quarkus-hibernate-orm
Hibernate ORM with Panache                  quarkus-hibernate-orm-panache
Hibernate Search + Elasticsearch            quarkus-hibernate-search-elasticsearch
```

Hibernate Validator	quarkus-hibernate-validator
Infinispan Client	quarkus-infinispan-client
JDBC Driver - H2	quarkus-jdbc-h2
JDBC Driver - MariaDB	quarkus-jdbc-mariadb
JDBC Driver - PostgreSQL	quarkus-jdbc-postgresql
Jackson	quarkus-jackson
JSON-B	quarkus-jsonb
JSON-P	quarkus-jsonp
Keycloak	quarkus-keycloak
Kogito	quarkus-kogito
Kotlin	quarkus-kotlin
Kubernetes	quarkus-kubernetes
Kubernetes Client	quarkus-kubernetes-client
Mailer	quarkus-mailer
MongoDB Client	quarkus-mongodb-client
Narayana JTA - Transaction manager	quarkus-narayana-jta
Neo4j client	quarkus-neo4j
Reactive PostgreSQL Client	quarkus-reactive-pg-client
RESTEasy	quarkus-resteasy
RESTEasy - JSON-B	quarkus-resteasy-jsonb
RESTEasy - Jackson	quarkus-resteasy-jackson
Scheduler	quarkus-scheduler
Security	quarkus-elytron-security
Security OAuth2	quarkus-elytron-security-oauth2
SmallRye Context Propagation	quarkus-smallrye-context-propagation
SmallRye Fault Tolerance	quarkus-smallrye-fault-tolerance
SmallRye Health	quarkus-smallrye-health
SmallRye JWT	quarkus-smallrye-jwt
SmallRye Metrics	quarkus-smallrye-metrics
SmallRye OpenAPI	quarkus-smallrye-openapi
SmallRye OpenTracing	quarkus-smallrye-opentracing
SmallRye Reactive Streams Operators	quarkus-smallrye-reactive-streams-operators
SmallRye Reactive Type Converters	quarkus-smallrye-reactive-type-converters
SmallRye Reactive Messaging	quarkus-smallrye-reactive-messaging
SmallRye Reactive Messaging - Kafka Connector	quarkus-smallrye-reactive-messaging-kafka
SmallRye Reactive Messaging - AMQP Connector	quarkus-smallrye-reactive-messaging-amqp
REST Client	quarkus-rest-client
Spring DI compatibility layer	quarkus-spring-di
Spring Web compatibility layer	quarkus-spring-web
Swagger UI	quarkus-swagger-ui
Undertow	quarkus-undertow
Undertow WebSockets	quarkus-undertow-websockets
Eclipse Vert.x	quarkus-vertx

添加 Quarkus Kubernetes 扩展，该扩展使用 Dekorate 生成默认的 Kubernetes 资源模板，如下所示：

```
[root@master fruits-app]# ./mvnw quarkus:add-extension -Dextensions="quarkus-kubernetes"
[INFO] Scanning for projects...
[INFO]
[INFO] ----------------------< com.example:fruits-app >----------------------
```

```
[INFO] Building fruits-app 1.0-SNAPSHOT
[INFO] ----------------------------[ jar ]----------------------------
[INFO]
[INFO] --- quarkus-maven-plugin:0.21.2:add-extension (default-cli) @ fruits-app ---
☐ Adding extension io.quarkus:quarkus-kubernetes
[INFO] ---------------------------------------------------------------
[INFO] BUILD SUCCESS
[INFO] ---------------------------------------------------------------
[INFO] Total time:  2.466 s
[INFO] Finished at: 2019-09-24T23:27:21-07:00
[INFO] ---------------------------------------------------------------
```

配置用于部署到 OpenShift 的容器和组和名称，将以下属性加到 src/main/resources /
application.properties，如下所示：

```
[root@master resources]# cat application.properties
quarkus.kubernetes.group=example
quarkus.application.name=fruits-app
```

接下来，运行 Maven 目标来生成 Kubernetes 资源，命令执行结果如图 3-22 所示。

```
./mvnw package -DskipTests
```

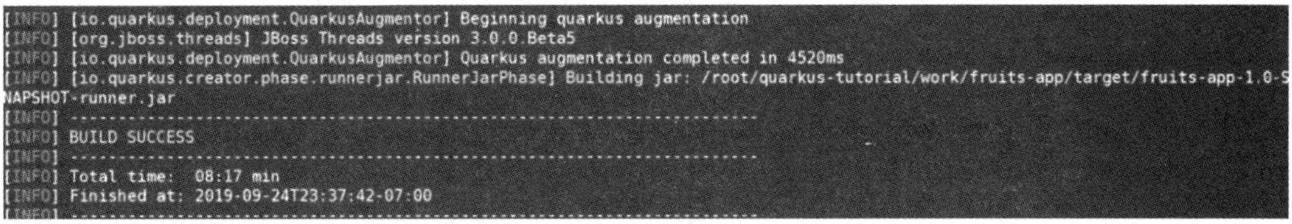

```
[INFO] [io.quarkus.deployment.QuarkusAugmentor] Beginning quarkus augmentation
[INFO] [org.jboss.threads] JBoss Threads version 3.0.0.Beta5
[INFO] [io.quarkus.deployment.QuarkusAugmentor] Quarkus augmentation completed in 4520ms
[INFO] [io.quarkus.creator.phase.runnerjar.RunnerJarPhase] Building jar: /root/quarkus-tutorial/work/fruits-app/target/fruits-app-1.0-S
NAPSHOT-runner.jar
[INFO]
[INFO] BUILD SUCCESS
[INFO]
[INFO] Total time:  08:17 min
[INFO] Finished at: 2019-09-24T23:37:42-07:00
[INFO]
```

图 3-22　生成 Kubernetes 资源

接下来，我们检查自动生成的 Kubernetes 资源，如下所示（这里使用上面步骤中生成
的容器镜像 fruits-app:1.0-SNAPSHOT）：

```
[root@master fruits-app]# cat target/wiring-classes/META-INF/kubernetes/
    kubernetes.yml
---
apiVersion: "v1"
kind: "List"
items:
- apiVersion: "v1"
    kind: "Service"
    metadata:
        labels:
            app: "fruits-app"
            version: "1.0-SNAPSHOT"
            group: "example"
        name: "fruits-app"
    spec:
        ports:
```

```
    - name: "http"
        port: 8080
        targetPort: 8080
    selector:
        app: "fruits-app"
        version: "1.0-SNAPSHOT"
        group: "example"
    type: "ClusterIP"
- apiVersion: "apps/v1"
    kind: "Deployment"
    metadata:
        labels:
            app: "fruits-app"
            version: "1.0-SNAPSHOT"
            group: "example"
        name: "fruits-app"
    spec:
        replicas: 1
        selector:
            matchLabels:
                app: "fruits-app"
                version: "1.0-SNAPSHOT"
                group: "example"
        template:
            metadata:
                labels:
                    app: "fruits-app"
                    version: "1.0-SNAPSHOT"
                    group: "example"
        spec:
            containers:
            - env:
                - name: "KUBERNETES_NAMESPACE"
                    valueFrom:
                        fieldRef:
                            fieldPath: "metadata.namespace"
                image: "example/fruits-app:1.0-SNAPSHOT"
                imagePullPolicy: "IfNotPresent"
                name: "fruits-app"
                ports:
                - containerPort: 8080
                    name: "http"
                    protocol: "TCP"
```

在 OpenShift 中应用 Kubernetes 资源：

```
[root@master fruits-app]# oc apply -f  target/wiring-classes/META-INF/kubernetes/
    kubernetes.yml
service/fruits-app created
deployment.apps/fruits-app created
```

执行上述命令后，包含应用的 Pod 会被自动创建，如图 3-23 所示。

图 3-23　查看生成的 Pod

在 OpenShift 中创建路由。

```
[root@master ~]# oc expose service fruits-app
route.route.openshift.io/fruits-app exposed
```

通过 curl 验证调用应用 fruit URI 的返回值，确保应用运行正常：

```
[root@master ~]# SVC_URL=$(oc get routes fruits-app -o jsonpath='{.spec.host}')
[root@master ~]# curl $SVC_URL/fruit
Hello DavidWei!
```

至此，我们成功将 Quarkus 应用部署到了 OpenShift 上。

3.4.4　Quarkus 应用添加 REST Client 扩展

在微服务架构中，如果应用要访问外部 RESTful Web 服务，那么 Quarkus 需要按照 MicroProfile REST Client 规范提供 REST 客户端。

针对 fruits-app，我们创建一个可以访问 http://www.fruityvice.com 的 REST 客户端，以获取有关水果的营养成分。我们查看 RESTful Web 服务的页面，通过 get 方式可以查看所有水果信息，如图 3-24 所示。

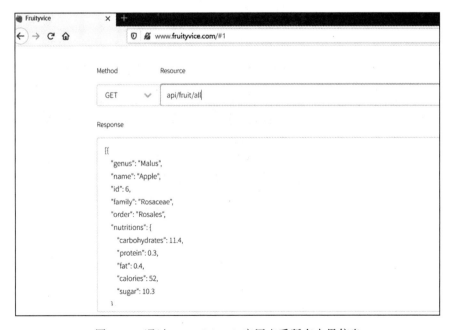

图 3-24　通过 RESTful Web 应用查看所有水果信息

查看香蕉的营养成分，如图 3-25 所示。

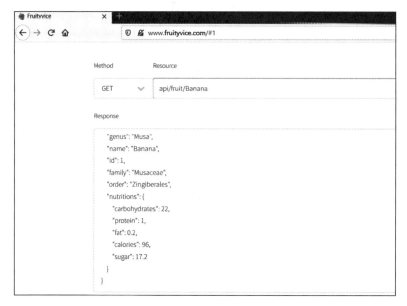

图 3-25　通过 RESTful Web 应用查看香蕉的营养成分

为了让 fruits-app 应用能够访问 RESTful Web 应用，我们对其添加 REST Client 和 JSON-B 扩展（quarkus-rest-client、quarkus-resteasy-jsonb）。运行以下命令进行添加，执行结果如图 3-26 所示。

```
./mvnw quarkus:add-extension -Dextension="quarkus-rest-client, quarkus-resteasy-jsonb"
```

```
[INFO] Scanning for projects...
[INFO]
[INFO] ----------------< com.example:fruits-app >-----------------
[INFO] Building fruits-app 1.0-SNAPSHOT
[INFO] ---------------------------[ jar ]---------------------------
[INFO]
[INFO] --- quarkus-maven-plugin:0.21.2:add-extension (default-cli) @ fruits-app ---
✓ Adding extension io.quarkus:quarkus-resteasy-jsonb
✓ Adding extension io.quarkus:quarkus-rest-client
[INFO] ------------------------------------------------------------
[INFO] BUILD SUCCESS
[INFO] ------------------------------------------------------------
[INFO] Total time:  4.781 s
[INFO] Finished at: 2019-09-25T00:34:46-07:00
[INFO]
```

图 3-26　为 Quarkus 应用添加 REST Client 和 JSON-B 扩展

我们还需要创建一个 POJO 对象，该对象用于将 JSON 消息从 http://www.fruityvice. com 反序列化为 Java 对象。

在 src/main/java/com/example 中创建名为 FruityVice 的新 Java 文件，其内容如下所示：

```
[root@master example]# cat FruityVice
```

```
package com.example;

public class FruityVice {

    public static FruityVice EMPTY_FRUIT = new FruityVice();

    private String name;
    private Nutritions nutritions;

    public String getName() {
        return name;
    }

    public void setName(String name) {
        this.name = name;
    }

    public Nutritions getNutritions() {
        return nutritions;
    }

    public void setNutritions(Nutritions nutritions) {
        this.nutritions = nutritions;
    }

    public static class Nutritions {
        private double fat;
        private int calories;

        public double getFat() {
            return fat;
        }

        public void setFat(double fat) {
            this.fat = fat;
        }

        public int getCalories() {
            return calories;
        }

        public void setCalories(int calories) {
            this.calories = calories;
        }

    }
}
```

接下来创建一个 Java 接口，该接口充当代码和外部服务之间的客户端。在 src/main/java/com/example 中创建名为 FruityViceService 的新 Java 文件，内容如下所示：

```
[root@master example]# cat FruityViceService
```

```
package com.example;

import java.util.List;

import javax.ws.rs.GET;
import javax.ws.rs.Path;
import javax.ws.rs.PathParam;
import javax.ws.rs.Produces;
import javax.ws.rs.core.MediaType;

import org.eclipse.microprofile.rest.client.inject.RegisterRestClient;

@Path("/api")
@RegisterRestClient
public interface FruityViceService {

    @GET
    @Path("/fruit/all")
    @Produces(MediaType.APPLICATION_JSON)
    public List<FruityVice> getAllFruits();

    @GET
    @Path("/fruit/{name}")
    @Produces(MediaType.APPLICATION_JSON)
    public FruityVice getFruitByName(@PathParam("name") String name);

}
```

配置 FruityVice 服务，将以下属性添加到 src/main/resources/application.properties 文件中，如下所示：

```
[root@master fruits-app]# cat src/main/resources/application.properties
quarkus.kubernetes.group=example
quarkus.application.name=fruits-app
com.example.FruityViceService/mp-rest/url=http://www.fruityvice.com
```

最后，修改 src/main/java/com/example/FruitResource.java，增加 FruityViceService 的调用，如下所示：

```
[root@master fruits-app]# cat src/main/java/com/example/FruitResource.java
package com.example;

import javax.ws.rs.GET;
import javax.ws.rs.Path;
import javax.ws.rs.PathParam;
import javax.ws.rs.Produces;
import javax.ws.rs.core.MediaType;

import org.eclipse.microprofile.rest.client.inject.RestClient;

import com.example.FruityViceService;

@Path("/fruit")
```

```
public class FruitResource {

    @GET
    @Produces(MediaType.TEXT_PLAIN)
    public String hello() {
        return "hello";
    }


@RestClient
FruityViceService fruityViceService;
@Path("{name}")
@GET
@Produces(MediaType.APPLICATION_JSON)
public FruityVice getFruitInfoByName(@PathParam("name") String name) {
    return fruityViceService.getFruitByName(name);
}
}
```

我们以开发模式启动应用程序，命令执行结果如图 3-27 所示。

```
./mvnw compile quarkus:dev
```

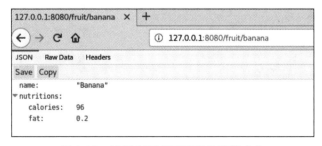

```
[root@master fruits-app]# ./mvnw compile quarkus:dev
[INFO] Scanning for projects...
[INFO]
[INFO] ----------------------< com.example:fruits-app >----------------------
[INFO] Building fruits-app 1.0-SNAPSHOT
[INFO] --------------------------------[ jar ]---------------------------------
[INFO]
[INFO] --- maven-resources-plugin:2.6:resources (default-resources) @ fruits-app ---
[INFO] Using 'UTF-8' encoding to copy filtered resources.
[INFO] Copying 2 resources
[INFO]
[INFO] --- maven-compiler-plugin:3.1:compile (default-compile) @ fruits-app ---
[INFO] Nothing to compile - all classes are up to date
[INFO]
[INFO] --- quarkus-maven-plugin:0.21.2:dev (default-cli) @ fruits-app ---
Listening for transport dt_socket at address: 5005
2019-09-26 01:14:41,369 INFO  [io.qua.dep.QuarkusAugmentor] (main) Beginning quarkus augmentation
2019-09-26 01:14:44,159 INFO  [io.qua.dep.QuarkusAugmentor] (main) Quarkus augmentation completed in 2790ms
2019-09-26 01:14:45,102 INFO  [io.quarkus] (main) Quarkus 0.21.2 started in 4.213s. Listening on: http://[::]:8080
2019-09-26 01:14:45,106 INFO  [io.quarkus] (main) Installed features: [cdi, rest-client, resteasy, resteasy-jsonb]
```

图 3-27　以开发模式启动应用

我们通过浏览器访问应用，查看香蕉的营养成分，成功返回信息，如图 3-28 所示。

图 3-28　访问应用查看香蕉的营养成分

至此，我们成功完成了对 Quarkus 应用添加 REST Client 扩展的验证。

3.4.5　Quarkus 应用的容错能力

在微服务中，容错是非常重要的。在以往的方法中，可以通过微服务治理框架来实现（如 Spring Cloud）；在 Quarkus 应用中，Quarkus 与 MicroProfile Fault Tolerance 规范集成提供原生的容错功能。

我们为 Quarkus 应用程序添加 Fault Tolerance 扩展（quarkus-smallrye-fault-tolerance），执行如下命令，执行结果如图 3-29 所示。

```
./mvnw quarkus:add-extension -Dextension="quarkus-smallrye-fault-tolerance"
```

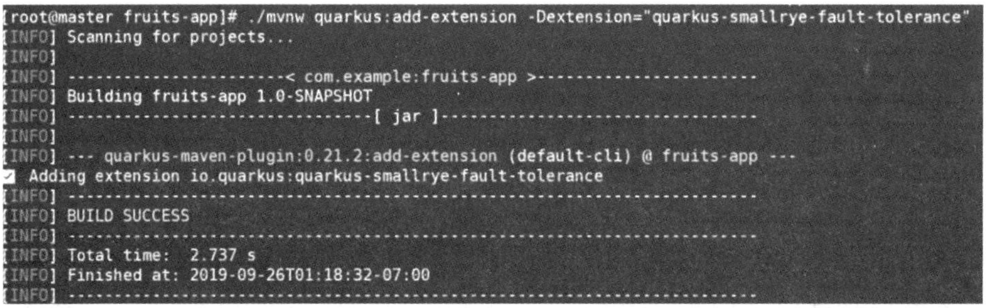

图 3-29　为 Quarkus 添加 Fault Tolernace 扩展

接下来在 FruityViceService 中添加重试策略。添加 org.eclipse.microprofile.fault-tolerance.Retry 到源码文件 src/main/java/java/com/example/FruityViceService.java 中，并添加错误重试的次数和时间（maxRetries = 3, delay = 2000），如下所示：

```
package com.example;
import java.util.List;

import javax.ws.rs.GET;
import javax.ws.rs.Path;
import javax.ws.rs.PathParam;
import javax.ws.rs.Produces;
import javax.ws.rs.core.MediaType;

import org.eclipse.microprofile.faulttolerance.Retry;
import org.eclipse.microprofile.rest.client.inject.RegisterRestClient;

@Path("/api")
@RegisterRestClient
public interface FruityViceService {

    @GET
    @Path("/fruit/all")
    @Produces(MediaType.APPLICATION_JSON)
    public List<FruityVice> getAllFruits();
```

```
@GET
@Path("/fruit/{name}")
@Produces(MediaType.APPLICATION_JSON)
@Retry(maxRetries = 3, delay = 2000)
public FruityVice getFruitByName(@PathParam("name") String name);

}
```

完成配置后，如果访问应用出现任何错误，将自动执行 3 次重试，重试间隔时间为 2 秒钟。
接下来，我们以开发模式编译并加载应用。

```
./mvnw compile quarkus:dev
```

应用启动后，将实验环境访问外部互联网的连接断掉，并再次对应用发起请求：http://
localhost:8080/fruit/banana。在等待大约 6 秒后（3 次重试，每次等待 2 秒）后，将会发出
异常报错，这符合我们的预期，如下所示：

```
Caused by: javax.ws.rs.ProcessingException: RESTEASY004655: Unable to invoke
    request: java.net.UnknownHostException: www.fruityvice.com
Caused by: java.net.UnknownHostException: www.fruityvice.com
```

有时候，我们并不需要在应用前台报错时显示代码内部内容。出于这个目的，我们修
改源 FruityViceService，添加 org.eclipse.microprofile.faulttolerance.Fallback，使用 Micro-
Profile 的 Fallback 框架，这样当应用无法访问时，会返回空（return FruityVice.EMPTY_
FRUIT;），如下所示：

```
package com.example;

import java.util.List;

import javax.ws.rs.GET;
import javax.ws.rs.Path;
import javax.ws.rs.PathParam;
import javax.ws.rs.Produces;
import javax.ws.rs.core.MediaType;

import org.eclipse.microprofile.faulttolerance.ExecutionContext;
import org.eclipse.microprofile.faulttolerance.Fallback;
import org.eclipse.microprofile.faulttolerance.FallbackHandler;
import org.eclipse.microprofile.faulttolerance.Retry;
import org.eclipse.microprofile.rest.client.inject.RegisterRestClient;

@Path("/api")
@RegisterRestClient
public interface FruityViceService {

    @GET
    @Path("/fruit/all")
    @Produces(MediaType.APPLICATION_JSON)
    public List<FruityVice> getAllFruits();
```

```
@GET
@Path("/fruit/{name}")
@Produces(MediaType.APPLICATION_JSON)
@Retry(maxRetries = 3, delay = 2000)
@Fallback(value = FruityViceRecovery.class)
public FruityVice getFruitByName(@PathParam("name") String name);

public static class FruityViceRecovery implements FallbackHandler<FruityVice> {

@Override
public FruityVice handle(ExecutionContext context) {
    return FruityVice.EMPTY_FRUIT;
}

}
}
```

我们断开对外部互联网的访问，再次访问应用，当超时后会返回空值，如图 3-30 所示。

图 3-30　应用访问返回空值

至此，我们成功完成了对 Quarkus 应用的容错能力的验证。

3.5　Quarkus 的事务管理

Java EE 标准定义了 Java Transaction API（JTA），它为运行在 Java EE 兼容应用程序服务器上的应用程序提供事务管理。此 API 为应用程序中的提交和回滚事务提供了一个方便的高级界面。例如，如果 Java 持久性 API（JPA）与 JTA 一起使用，则开发人员不必在应用程序源码中编写跟踪 SQL 提交和回滚的语句。JTA-API 以独立于数据库的方式处理这些操作。

JTA 有两种不同的方式来管理 Java EE 中的事务。

❑ 隐式 / 容器管理事务（Container Managed Transaction，CMT）：应用程序服务器管理事务边界并自动提交和回滚事务，而开发人员不需要编写代码来管理事务。这是默认的方式，因此这种事务管理的方式，会用到 EJB Container。

❑ 显式 /Bean 管理事务（Bean Managed Transaction，BMT）：事务由开发人员在 Bean 级别（EJB 中）的代码中进行管理。开发人员负责明确控制交易范围和边界。

基于 Quarkus 开发框架的应用不会再部署到应用服务器上。因此其事务管理与传统 Java EE 的 CMT 和 BMT 也有所区别。Quarkus 使用 Narayana 进行事务管理。Narayana 是一个 Transactions 工具包，它为使用各种基于标准的交易协议开发的应用程序提供支持，例如，JTA、JTS、Web-Service Transaction、REST Transaction、STM。

Narayana 作为独立的事务管理器，可以以 Extension 的方式加载到 Quarkus 中。

Narayana 的架构如图 3-31 所示。

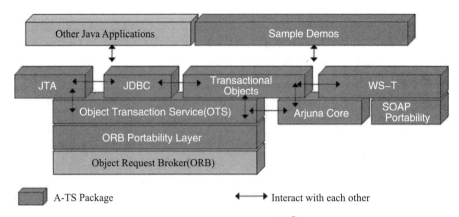

图 3-31　Narayana 架构[⊖]

如果要在 Quarkus 中启用 Narayana，需要在 pom.xml 进行如下设置：

```
<dependencies>
    <!-- Transaction Manager extension -->
    <dependency>
        <groupId>io.quarkus</groupId>
        <artifactId>quarkus-narayana-jta</artifactId>
    </dependency>
</dependencies>
```

更为详细的内容可以参考相关网站（https://quarkus.io/guides/transaction）的内容。

除了 Narayana 以外，消息中间件如 ActiveMQ ARTEMIS 也支持 XT。那么，我们能否借助消息中间件实现 Quarkus 的事务管理呢？

目前，QUARKUS 的 ARTEMIS JMS EXTENSION 技术已经存在，但目前此功能处于技术预览状态。具体的配置步骤见链接 https://quarkus.io/guides/jms#architecture，由于篇幅有限，本文不展开说明。相信后续此功能正式发布后，我们可以通过 ActiveMQ ARTEMIS 来实现 Quarkus 的事务管理。目前阶段来看，我们仍推荐使用 Narayana 来实现 Quarkus 的事务管理。

3.6　本章小结

通过本章，相信你对 Java EE、Spring Boot、Quarkus 开放框架有了一定的理解。随着云原生理念的不断普及，相信越来越多的 Java 开发者会关注 Quarkus 架构，而 Quarkus 的轻量级和性能高的优势，也势必会在未来云原生应用中大放异彩！

⊖　此图源自 https://narayana.io/。

第 4 章

DevOps 和 DevSecOps 的实现

在第 3 章中，我们介绍了云原生 Java 的架构，并通过实验的方式验证了 Quarkus 如何与 Kubernetus/OpenShift 相结合。在云原生应用的构建之路中，发展 DevOps 文化和实践（步骤 1）是重要的一个环节，本章将就此展开介绍。

近 两 年，随着容器、Kubernetes 等技术的兴起，DevOps 和 DevSecOps 这两个概念被广泛提及并被大量使用。本章将结合实验展现的方式，让读者真正理解 DevOps 和 DevSecOps 的含义，以便读者理解它们在企业构建云原生中的重要作用。

4.1 什么是 DevOps

DevOps 中的 Dev 指的是 Development，Ops 指的是 Operations，用一句话来说，DevOps 就是打通开发运维的壁垒，实现开发运维一体化。

4.1.1 从瀑布式开发到敏捷开发

谈到 DevOps 的发展史，我们需要先谈一下敏捷开发。

首先，敏捷开发是面向软件的，而软件依赖于计算硬件。我们知道，世界上第一台计算机是在 1946 年出现的。因此，软件开发相对于人类历史而言，时间并不长。相对于软件开发方法论，人们更擅长工程学，如盖楼、造桥等。为了推动软件开发，1968 年，人们将工程学的方法应用到软件领域，由此产生了软件工程。

软件工程的方式有其优点，但也带来了不少问题。最关键的一点是：人们对于软件的功能和需求是不断变化的。在瀑布式开发的模式下，当客户需求有变化时，软件厂商就必须重新开发软件，这将会使企业的竞争力大幅下降。

　　传统的软件开发流程是：产品经理收集一线业务部门和客户的需求，这些需求可能是新功能需求，也可能是对产品现有功能做变更的需求；然后进行评估、分析，将这些需求制定为产品的路线图，并且分配相应的资源进行相关工作；接下来，产品经理将需求输出给开发部门，由开发工程师写代码；代码写好以后，就由不同部门相关人员进行后续的代码构建、质量检验、集成测试、用户验收测试，最后将成果返回生产部门。这种方式存在的问题是，开发周期比较长，并且如果有任何变更，都要重新走一遍开发流程，在商场如战场的今天，软件一个版本推迟发布，可能到发布时这个版本在市场上就已经过时了；而竞争对手很可能由于在新软件发布上快了一步就抢占了客户和市场。

　　正是由于商业环境的压力，软件厂商需要改进开发方式。

　　2001 年初，在美国滑雪胜地 Snowbird，17 位专家聚集在一起组成了"敏捷联盟"，概括了一些可以让软件开发团队能应对快速变化需求的价值观原则。

　　敏捷开发的核心价值观如表 4-1 所示。

表 4-1　敏捷开发的核心价值观

个体和互动	高于	流程和文档
工作的软件	高于	详尽的文档
客户合作	高于	合同谈判
相应变化	高于	遵循计划

　　有了敏捷联盟，有了敏捷开发价值观，必然会产生开发的流派。主要的敏捷开发流派有：极限编程（XP）、Scrum、水晶方法等。

　　至此，敏捷开发有理念、有方法、有实践。随着云计算概念的兴起，云计算的不断落地，敏捷开发不仅实现了工具化，其价值观也得到了升华。

4.1.2　从敏捷开发到 DevOps

　　敏捷开发和 DevOps 有什么关系呢？

　　敏捷开发是开发域里的概念，在敏捷开发基础之上，有如下阶段：

敏捷开发→持续集成→持续交付→持续部署→ DevOps

　　从敏捷开发到 DevOps，前一个阶段都是后一个阶段的基础；随着阶段的推进，每个阶段概念覆盖的流程越来越多；最终 DevOps 涵盖了整个开发和运维阶段。正是由于每个阶段涉及的范围不同，因此每个概念所提供的工具也是不一样的。具体内容我们可参照图 4-1。

❑ **持续集成**（Continuous Integration）：代码集成到主干之前，必须全部通过自动化测试；只要有一个测试用例失败，就不能集成。持续集成要实现的目标是：在保持高质量的基础上，让产品可以快速迭代。

❑ **持续交付**（Continuous Delivery）：开发人员频繁地将软件的新版本交付给质量团队

或者用户，以供评审。如果评审通过，代码就被发布。如果评审不通过，那么需要
开发进行变更后再提交。
- **持续部署**（Continuous Deployment）：代码通过评审并发布后，自动部署，以交付使用。
- DevOps：一组完整的实践，可以自动化软件开发和 IT 团队之间的流程，以便可以
更快、更可靠地构建、测试和发布软件，如图 4-2 所示。

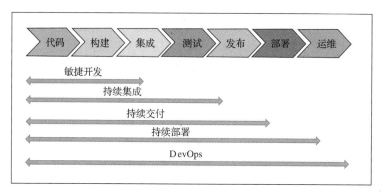

图 4-1　从敏捷开发到 DevOps 的进阶

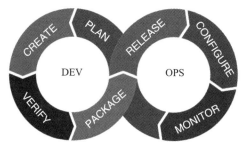

图 4-2　DevOps 示意图

4.2　DevOps 的技术实现

DevOps 的技术实现需要三个方面：标准交付物、容器调度平台、DevOps 工具链。接
下来，我们详细看一下这三个方面的内容。

DevOps 的技术实现 1：标准交付物

DevOps 的目的在于让开发和运维一体化，让开发和运维相互之间的沟通更加顺畅、迅
捷，从而使企业更能适应市场的变化。

当然，真正实现开发运维一体化，并非只是让开发和运维的人坐在一起那么简单。从
技术角度，DevOps 首先需要有一个包含了"操作系统 +Runtime+ 应用"的标准交付物。除
此之外，还需要通过整个 DevOps 流程来打通。

在 IT 早期，厂商硬件和系统平台的差异过大，在不同硬件和系统平台进行应用的无缝

迁移几乎是不可能的。随着 x86 服务器以及 vSphere 等虚拟化技术的普及，操作系统（包括操作系统上的应用）可以在不同 x86 服务器厂商的硬件平台上在线无缝迁移。硬件差异化不断缩小甚至消失，软件的重要性不断提升，IT 界真正进入软件定义一切的时代。在这个背景下，业务提出了更高的要求，即如何将应用在不同操作系统之间实现无缝迁移，将开发和生产统一，做到"构建一次，到处运行"。

　　容器技术的概念最初出现在 2000 年，当时称为 FreeBSD Jail，这种技术可将 FreeBSD 系统分区为多个子系统。但直到 Docker 的出现（2008 年），容器才真正具备了较好的可操作性和实用性。因为 Docker 提供了容器的镜像构建、打包等技术，使容器具备了一次打包、到处运行的能力。

　　只是，对于客户而言，Docker 只能在一个 Linux 上运行，是"单机版"，很难符合企业对高可用的需求。此外，Docker 也缺乏与持久存储、虚拟网络相关的功能。

DevOps 的技术实现 2：容器调度平台

2014 年 Kubernetes 的出现，奠定了今天容器调度平台的事实标准的基础。

　　因为通过 Kubernetes，我们不仅实现了容器在多个计算节点上的统一调度，还可以将容器对接持久存储、虚拟网络等。换句话说，Kubernetes 使容器具备企业级的功能，如图 4-3 所示。

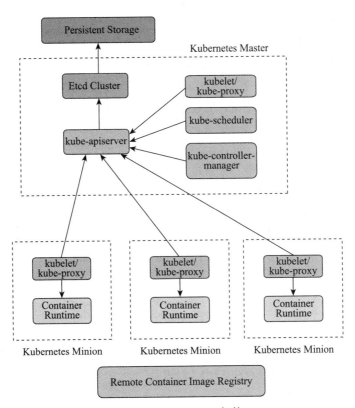

图 4-3　Kubernetes 架构

DevOps 的技术实现 3：DevOps 工具链

在有了容器和 Kubernetes 以后，我们还需要相关的 DevOps 工具链。

目前在 IT 界，DevOps 相关的工具很多，其中大多数是开源的，如图 4-4 所示。

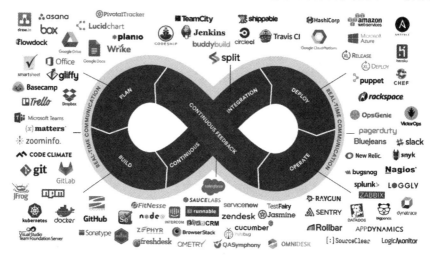

图 4-4　DevOps 工具链

在后面的内容中，我们会选择几种常用的 DevOps 工具，然后进行试验展现。

总结：DevOps 与容器和 Kubernetes 的关系

PaaS、DevOps 的概念，在容器和 Kubernetes 普及之前就存在了。广义上的 PaaS、DevOps 的建设，会包含人、流程、工具等多方面内容。IT 厂商提供的 PaaS、DevOps 以工具层面的落地为主、以流程咨询为辅。

在 Kubernetes 和容器普及之前，我们通过虚拟机也可以实现 PaaS、CI/CD，只是速度相对较慢，因此普及性不高（想象一下通过 x86 虚拟化来实现中间件集群弹性伸缩的效率）。而容器的出现，为 PaaS、DevOps 工具层面的落地提供了非常好的承载平台，使得这两年容器云风生水起。这就好比 4G（2014 年出现）和微信（2011 年出现）之间的关系：在 3G 时代，流量按兆收费的时候，即使大家对于微信语音聊天、视频聊天感兴趣，这个 App 也不会太普及。

所以说，Docker 使容器具备了较好的可操作性、可移植性，Kubernetes 使容器具备企业级使用的条件。而 IT 界众多基于 Kubernetes 和 Docker 企业级的容器平台 OpenShift，又成为了 DevOps 工具落地的新一代基础架构。

4.3　在 OpenShift 上实现 DevOps

在 OpenShift 上，很多时候我们直接部署包含应用的容器镜像。但客户的开发人员在使用 OpenShift 平台时，会要求应用能够在 OpenShift 上自动化构建，并进一步实现 CI/CD 和 DevOps，这就涉及如何在 OpenShift 中构建应用。接下来，我们先介绍 OpenShift 上应用的构建方式，然后分析如何在 OpenShift 上实现 CI/CD 和 DevOps。

在 OpenShift 上应用的构建方式包括三种：

❑ Dockerfile 构建

❑ Jenkins 构建

❑ Source to Image 构建（简称 S2I）

在这三种方式中，使用 Dockerfile 进行构建最为常见，这也是应用容器化的一种方式。但在大规模的 CI/CD 环境中，通过 Dockerfile 方式构建应用显然效率较低。

在企业环境中，大多数客户的应用构建都是通过 Jenkins 方式完成的。Jenkins 面向多种构建环境，容器环境只是其中一种使用场景。在容器环境中，Jenkins 集群在 CI 流程中调用 Maven 执行构建，生成应用包。

S2I 是 Red Hat OpenShift 原创的应用构建和部署方式。Red Hat 官方会提供很多 S2I Builder Image（如果客户需要的 Builder Image Red Hat 官网没有提供，则需要自行制作）。在这种模式下，我们在构建应用时，需要选择应用所在的代码库（如 Git）和 S2I Builder Image（例如 Tomcat），然后由 OpenShift 自动构建源码，并自动将编译打包好的软件包复制到容器镜像的对应目录中，完成应用容器化的步骤。

在 OpenShift 上，应用构建方式推荐使用 Jenkins 还是 S2I 呢？实际上，这两种方式并不冲突。在很多场景中，它们是相互补充的。单一使用 Jenkins 构建应用的缺点是微服务多语言、多版本混合构建时无隔离，此外 Jenkins 也比较消耗内存资源；单一使用 S2I 的缺点是难以实现 CI/CD 流水线管理。

接下来，我们介绍 S2I 和 Jenkins 结合使用构建应用并实现 CI/CD 的方式。

4.3.1　S2I 与 Jenkins 结合使用实现 CI/CD

S2I 与 Jenkins 相结合实现 CI/CD 主要有以下三种方式。

❑ Jenkins 负责 CI，S2I 负责 CD。

❑ Jenkins 管理 Pipeline，调度 OpenShift S2I 完成 CI/CD。

❑ 在 OpenShift 上使用 Jenkins File，调用 Jenkins 实现 CI、OpenShift 负责 CD。我们称这种方式为 OpenShift Pipeline。

在第一种方式中，Jenkins 负责 CI，输出物是应用软件包（如 jar、war 包），然后应用包以 B2I 的方式注入 Builder Image 中。本质上，B2I 是 S2I 的一个特殊使用场景，如图 4-5 所示。

在第二种方式中，整个 CI/CD 的动作都是由 S2I 完成，但由 Jenkins 控制整个 Pipeline。在这种方式下，Pipeline 的触发是在 Jenkins 上完成的，如图 4-6 所示。

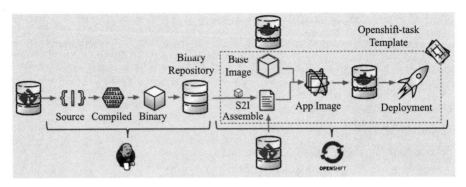

图 4-5 第一种 CI/CD 实现方式

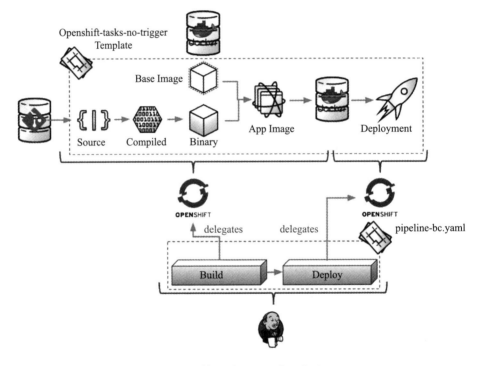

图 4-6 第二种 CI/CD 实现方式

第三种即 OpenShift Pipeline 方式。在这种方式下，通过 Jenkins File 定义整个 Pipeline，Pipeline 的触发在 OpenShift 界面上完成。CI 通过 Jenkins 完成，CD 通过 OpenShift 完成，如图 4-7 所示。

在以上三种方式中，我们推荐使用第三种 OpenShift Pipeline 方式。这种方式的好处如下。

❑ 便于管理：Pipeline 的管理由 OpenShift 完成，避免客户反复切换界面。

❑ 可维护性强：如果我们想要修改 CI/CD 流水线的环节（如增加 UAT），只需要修改 Jenkins file 即可。

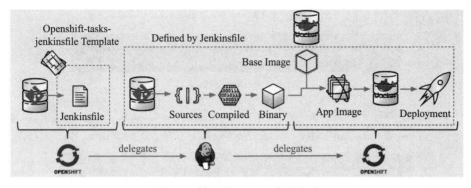

图 4-7　第三种 CI/CD 实现方式

Red Hat OpenShift 平台提供 Jenkins 的容器化镜像，如图 4-8 所示。在 OpenShift 上部署的 Jenkins，可以实现与 OpenShift 账户的单点登录。

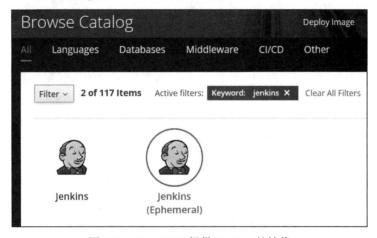

图 4-8　OpenShift 提供 Jenkins 的镜像

如上文所述，此前 OpenShift Pileline 是通过 Jenkins 实现的。在 OpenShift 最新版本 4.2 中，OpenShift Pipeline 又有了新的实现方式，具体我们将在 4.4 节详细阐述。

4.3.2　常用 DevOps 工具介绍

在介绍 3.11 版本 OpenShift Pipeline 之前，先来了解几种常用的 CI/CD 工具。

❑ Kubernetes 集群：包含 Docker 和 OpenShift。

❑ Gogs: 通过 Go 语言编写的本地代码仓库，功能与 GitHub 类似。

❑ Jenkins/Jenkins Slave Pods：持续集成工具。

❑ Nexus：工件管理器，能够解决本地缓存构建依赖项。

❑ SonarQube：开源代码分析工具，可以分析常见编程错误的源代码。

以上 DevOps 工具，都可以容器方式部署到 OpenShift 集群中。在实验环境中，有一个两个节点的 OpenShift 集群，用于实验展现，如图 4-9 所示。

```
[root@master ~]# oc get nodes
NAME                 STATUS    ROLES                  AGE       VERSION
master.example.com   Ready     compute,infra,master   290d      v1.11.0+d4cacc0
node.example.com     Ready     compute                290d      v1.11.0+d4cacc0
[root@master ~]#
```

图 4-9　OpenShift 集群

在 OpenShift 集群中创建三个 Namespace，分别为 cicd、dev、stage。其中，cicd 项目存放的是 DevOps 相关工具链，dev、stage 是模拟开发和生产两个环境，如图 4-10 所示。

```
[root@master ~]# oc new-project dev;oc new-project cicd;oc new-project stage
Now using project "dev" on server "https://master.example.com:8443".

You can add applications to this project with the 'new-app' command. For example, try:

    oc new-app centos/ruby-25-centos7~https://github.com/sclorg/ruby-ex.git

to build a new example application in Ruby.
Now using project "cicd" on server "https://master.example.com:8443".

You can add applications to this project with the 'new-app' command. For example, try:

    oc new-app centos/ruby-25-centos7~https://github.com/sclorg/ruby-ex.git

to build a new example application in Ruby.
Now using project "stage" on server "https://master.example.com:8443".

You can add applications to this project with the 'new-app' command. For example, try:

    oc new-app centos/ruby-25-centos7~https://github.com/sclorg/ruby-ex.git

to build a new example application in Ruby.
[root@master ~]#
```

图 4-10　OpenShift 集群中创建项目

接下来，我们看一下在 cicd 中部署的 DevOps 工具链，如图 4-11 所示。

```
              HOST/PORT                              PATH
TERMINATION     WILDCARD
/gogs         gogs-cicd.apps.example.com
                None
/jenkins      jenkins-cicd.apps.example.com
edge/Redirect   None
/nexus        nexus-cicd.apps.example.com
                None
/sonarqube    sonarqube-cicd.apps.example.com
edge            None
```

图 4-11　OpenShift 集群中部署的 DevOps 工具

在工具链部署成功以后，我们分别登录工具的 UI 界面进行查看。我们首先查看代码仓库 Gogs 中的源码，如图 4-12 所示。

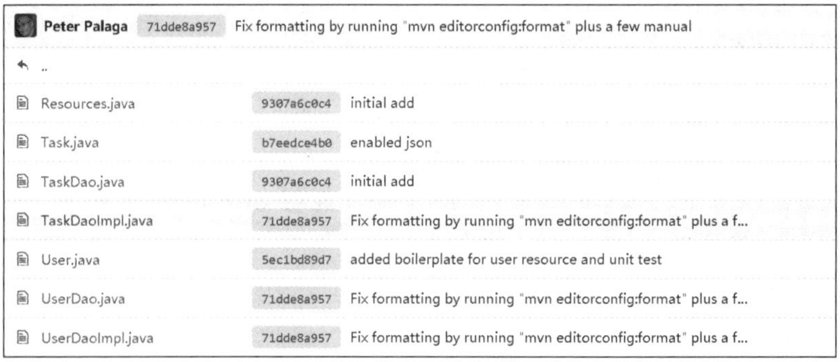

图 4-12　Gogs 中的源码

接下来，我们登录 Jenkins（后续的主要操作将会基于 Jenkins），如图 4-13 所示。

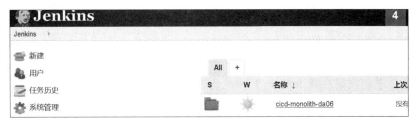

图 4-13　Jenkins 界面

Nexus 用于存放构建成功，并经过 Code Review 的 war 包，我们查看 Nexus 的界面，如图 4-14 所示。

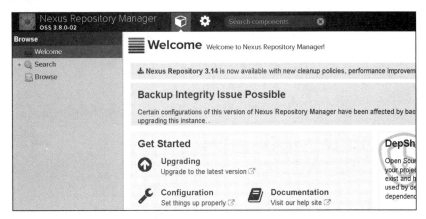

图 4-14　Nexus 界面

SonarQube 负责 Code review，如图 4-15 所示。

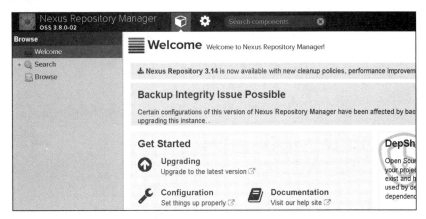

图 4-15　SonarQube 界面

4.3.3 OpenShift 3 Jenkins Pipeline 工作流分析

整个 Devops 的流程，是通过 Jenkins 的 Pipeline 串接起来的。在 Jenkins 中，我们可以通过编写 Jenkins File，或者通过 Jenkins 浏览器页面的操作来完成 Pipeline 的定制。两者的实现效果是一样的，本文以书写 Jenkins File 方式展现。通过一个 Jenkins File，打通整个 DevOps 流程。下面我们查看 Jenkins File 的内容并进行解释。

第一步，从 Gogs 拉取源代码，然后调用 maven 进行代码编译。

```
pipeline {
    agent {
        label 'maven'
    }
    stages {
        stage('Build App') {
            steps {
                git branch: 'eap-7', url: 'http://gogs:3000/gogs/openshift-tasks.git'
                script {
                    def pom = readMavenPom file: 'pom.xml'
                    version = pom.version
                }
                sh "${mvnCmd} install -DskipTests=true"
            }
```

第二步，构建成功以后，调用 mvn 进行测试。

```
stage('Test') {
    steps {
        sh "${mvnCmd} test"
        step([$class: 'JUnitResultArchiver', testResults: '**/target/surefire-
            reports/TEST-*.xml'])
    }
}
```

第三步，调用 SonarQube 进行代码 review。

```
stage('Code Analysis') {
    steps {
        script {
            sh "${mvnCmd} sonar:sonar -Dsonar.host.url=http://sonarqube:9000
                -Dskip-Tests=true"
        }
    }
}
```

第四步，将测试成功的代码存档到 Nexus。

```
stage('Archive App') {
    steps {
        sh "${mvnCmd} deploy -DskipTests=true -P nexus3"
    }
}
```

第五步，Pipeline 会将构建成功的 war 包，以二进制的方式注入 JBoss EAP 的 Docker Image 中。

```
stage('Build Image') {
    steps {
        sh "rm -rf oc-build && mkdir -p oc-build/deployments"
        sh "cp target/tasks.war oc-build/deployments/ROOT.war"
```

接下来，Pipeline 先将这个 Docker Image 部署到开发环境，然后引入审批工作流，批准后再部署到生产环境中。

```
stage('Promote to STAGE?') {
        steps {
            timeout(time:15, unit:'MINUTES') {
                input message: "Promote to STAGE?", ok: "Promote"
        }
```

登录到 Jenkins 上，查看已经创建好的 Pipeline，如图 4-16 所示。

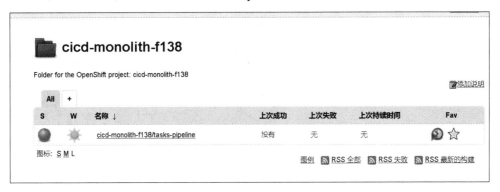

图 4-16　Jenkins 的 Pipeline

点击"开始构建"，触发工作流（工作流也可以通过提交代码自动触发），如图 4-17 所示。

图 4-17　触发工作流

Pipeline 的第一个阶段是 Build App，如图 4-18 所示。

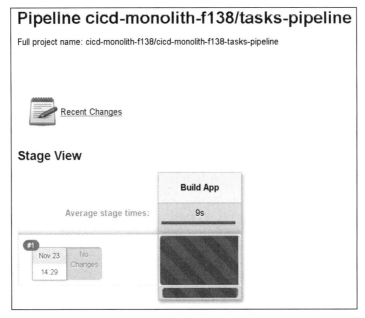

图 4-18　工作流第一个阶段

Build App 成功后会显示如下信息，我们可以看到生成了 war 包：

```
[INFO] Installing /tmp/workspace/cicd-monolith-f138/cicd-monolith-f138-tasks-
    pipeline/target/tasks.war to /home/jenkins/.m2/repository/org/jboss/quickstarts/
    eap/jboss-tasks-rs/7.0.0-SNAPSHOT/jboss-tasks-rs-7.0.0-SNAPSHOT.war
[INFO] Installing /tmp/workspace/cicd-monolith-f138/cicd-monolith-f138-tasks-
    pipeline/pom.xml to /home/jenkins/.m2/repository/org/jboss/quickstarts/eap/
    jboss-tasks-rs/7.0.0-SNAPSHOT/jboss-tasks-rs-7.0.0-SNAPSHOT.pom
```

Pipeline 继续执行，在 Test 成功以后，开始进行 Code Analysis，如图 4-19 所示。
Test 阶段执行成功后的日志信息如下所示：

```
-------------------------------------------------------
 T E S T S
-------------------------------------------------------
Running org.jboss.as.quickstarts.tasksrs.service.UserResourceTest
Tests run: 1, Failures: 0, Errors: 0, Skipped: 1, Time elapsed: 1.798 sec - in
    org.jboss.as.quickstarts.tasksrs.service.UserResourceTest
Running org.jboss.as.quickstarts.tasksrs.service.TaskResourceTest
Tests run: 3, Failures: 0, Errors: 0, Skipped: 0, Time elapsed: 0.604 sec - in
    org.jboss.as.quickstarts.tasksrs.service.TaskResourceTest

Results :

Tests run: 4, Failures: 0, Errors: 0, Skipped: 1
```

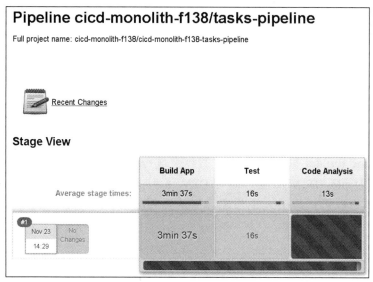

图 4-19　工作流阶段 2-3

　　Code Analysis 阶段执行成功的日志如下，我们看到日志显示代码分析成功，并建议通过浏览器访问 SonarQube：

```
[INFO] ANALYSIS SUCCESSFUL, you can browse http://sonarqube:9000/dashboard/index/
    org.jboss.quickstarts.eap:jboss-tasks-rs
[INFO] Note that you will be able to access the updated dashboard once the server
    has processed the submitted analysis report
[INFO] More about the report processing at http://sonarqube:9000/api/ce/
    task?id=AWc_R_EGIPI_jn5vc3mt
[INFO] Task total time: 18.918 s
```

我们登录 SonarQube，查看结果如图 4-20 所示。

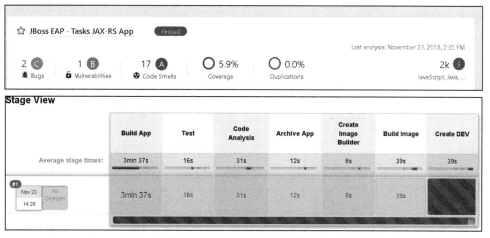

图 4-20　SonarQube 执行结果

接下来，Pipepine 进入 Create Image Builder 阶段，其关键步骤是将构建成功的 war 包以二进制的方式注入 Docker Image 中：

```
[cicd-monolith-f138-tasks-pipeline] Running shell script
+ rm -rf oc-build
+ mkdir -p oc-build/deployments
[Pipeline] sh
[cicd-monolith-f138-tasks-pipeline] Running shell script
+ cp target/tasks.war oc-build/deployments/ROOT.war
```

Create Image Builder 执行成功以后，会生成包含应用的 Docker Image。接下来是 Create DEV 和 Deploy DEV 阶段，即在 DEV 环境部署包含应用的 Docker Image。当 Deploy DEV 成功以后，会引入工作流，提示是否批准将应用部署到 Stage，如图 4-21 所示。

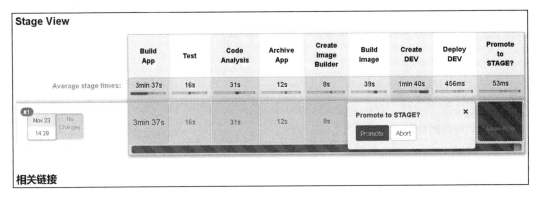

图 4-21　工作流审批流程

选择 Promote，应用会部署到 Stage，Pipeline 流程走完，如图 4-22 所示。

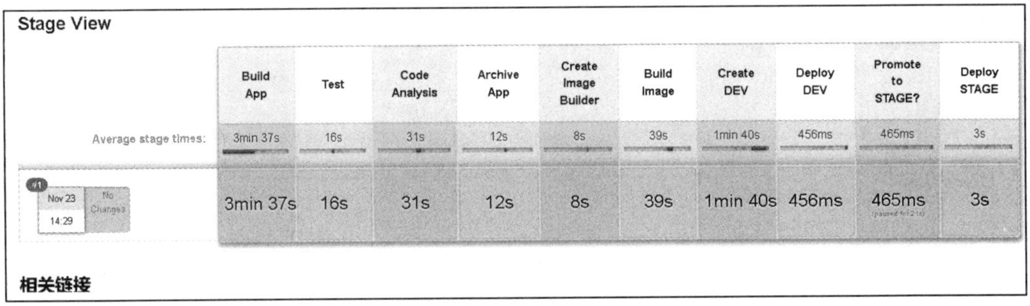

图 4-22　工作流执行完毕

最后，通过浏览器访问成功部署到 Dev/Stage Namespace 中的应用，如图 4-23 所示。至此，我们可以看到应用访问结果，说明 CI/CD 全流程已经打通。

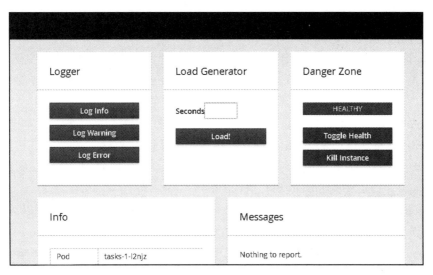

图 4-23　应用 UI 访问

4.4　OpenShift 4.2 中的 OpenShift Pipeline

在上文中我们提到过，CI 工具中 Jenkins 的功能较强，使用范围很广。OpenShift 3 的 Pipeline 就是使用 Jenkins。但是对于容器和 Kubernetes 来说，Jenkins 的劣势在于：

❑ Jenkins 不是为容器环境构建的；

❑ Jenkins 不适合微服务团队结构；

❑ Jenkins 插件太多，增加了微服务实现 CI/CD 的复杂度。

在 OpenShift 4.2 中，OpenShift Pipeline 使用云原生的 CI/CD 工具 Tekton，Tekton 具有如下优势：

❑ 具有基于 Tekton 的标准 Kubernetes 自定义资源（CRD）的声明性 Pipeline；

❑ 在容器中运行 Pipeline；

❑ 使用 Kubernetes 上的容器按需扩展 Pipeline 执行；

❑ 使用 Kubernetes 工具构建 Image；

❑ 可以自行选择（source-to-image、buildah、kaniko、jib 等）来构建容器镜像，然后部署到多个平台，如无服务器架构、虚拟机和 Kubernetes。

接下来，我们先介绍 Tekton 的概念，再介绍如何在 OpenShift 上使用 Tekton 实现 CI/CD。

4.4.1　Tekton 概述

Tekton 是由谷歌主导的开源项目，它是一个功能强大且灵活的 Kubernetes 原生开源框架，用于创建持续集成和交付（CI/CD）。通过抽象底层实现细节，用户可以跨多云平台和**本地系统进行构建、测试和部署**。

Tekton 将许多 Kubernetes 自定义资源（CRD）定义为构建块，这些自定义资源是 Kubernetes 的扩展，允许用户使用 kubectl 和其他 Kubernetes 工具创建这些对象并与之交互。

Tekton 的自定义资源包括：

❑ Step：在包含卷、环境变量等内容的容器中运行命令。

❑ Task：执行特定 Task 的可重用、松散耦合的 Step（例如，building a container image）。Task 中的 Step 是串行执行的。

❑ Pipeline：Pipeline 由多个 Task 组成，按照指定的顺序执行，Task 可以运行在不同的节点上，它们之间有相互的输入输出。

❑ PipelineResource：Pipeline 的资源，如输入（例如，git 存储库）和输出（例如，image registry）。

❑ TaskRun：是 CRD 运行时，运行 task 实例的结果。

❑ PipelineRun：是 CRD 运行时，运行 pipeline 实例的结果，其中包含许多 TaskRun。

OpenShift Pipeline 的工作流程图如图 4-24 所示，通过 Task 定义 Pipeline；Tekton 执行 Pipeline，Task 和 Pipeline 变成运行时状态，并且 OpenShift 中启动 Pod 来运行 Pipeline。

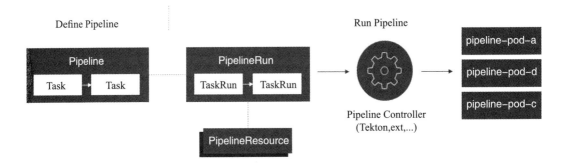

图 4-24　OpenShift Pipeline 工作流程

虽然 OpenShift 4.2 Pipeline 默认使用 Teckton，但 OpenShift 会继续发布并支持 Jenkins Image 和 Plugin，如图 4-25 所示，OpenShift 4 的 Operator Hub 提供 Jenkins Operator。

在介绍了 Tekton 的概念后，接下来我们学习如何在 OpenShift 4.2 中部署 OpenShift Pipeline。

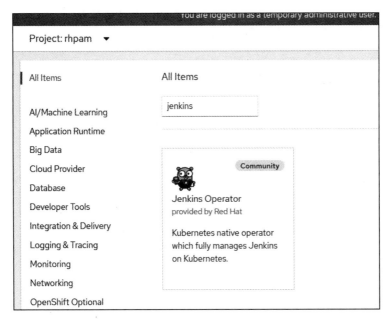

图 4-25　OpenShift 4 上的 Jenkins Operator

4.4.2　安装 OpenShift Pipeline

在 OpenShift 4.2 中，可 以 通 过 OpenShift Operator Hub 中 提 供 的 Operator 安 装 OpenShift Pipelines。在 Operator Hub 中搜索到 OpenShift Pipeline Operator，如图 4-26 所示。

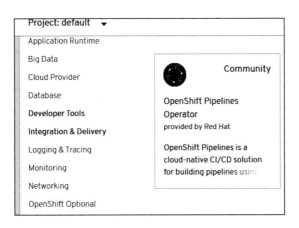

图 4-26　Operator Hub 界面

点击 Install 安装 OpenShift Pipeline Operator，如图 4-27 所示。

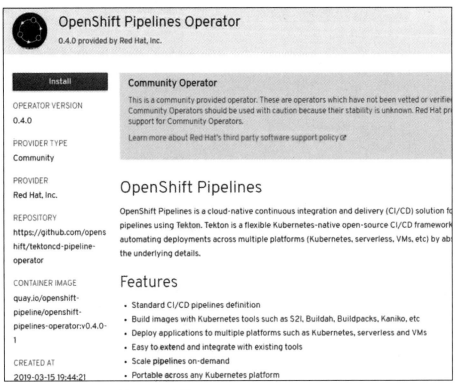

图 4-27　安装 OpenShift Pipeline Operator

接下来，创建 Operator 订阅，指定要部署的项目，如图 4-28 所示，点击 Subscribe。然后以 Operator 的方式安装 OpenShift Pipeline。

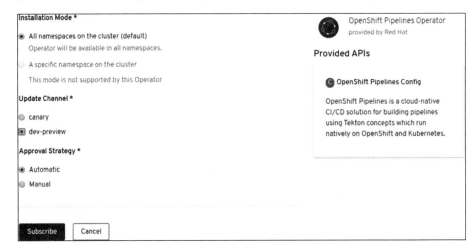

图 4-28　创建 Operator 订阅

在 OpenShift 中创建运行 OpenShift Pipeline 的项目:

```
[root@master ~]# oc new-project pipelines-tutorial
```

4.4.3　验证 OpenShift Pipeline

我们使用一个 Spring PetClinic 示例进行测试,这是一个简单的 Spring Boot 应用程序。

首先应用如下配置,它会创建应用的 ImageStream、DeploymentConfig、Route 和 Service 等资源。由于配置文件内容较多,我们将它放在 GitHub 上:https://github.com/ocp-msa-devops/teckton/blob/master/petclinic.yaml。

```
# oc create -f petclinic.yaml
```

我们可以在 OpenShift Web 控制台中看到部署的内容,如图 4-29 所示。

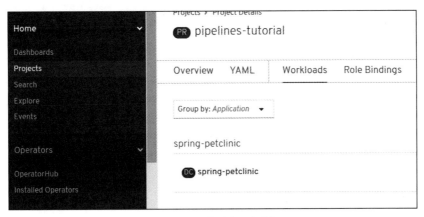

图 4-29　看到应用部署

接下来,我们展示创建 Task 的一个示例。Task 含许多按顺序执行的 Step。一个 Task 的 Step 顺序地在同一个 Pod 的单独容器中执行。它们具有输入和输出,以便与 Pipeline 中的其他 Task 进行交互。

我们创建两个 Task:openshift-client 和 s2i-java-8。第一个 Task 执行参数传入的 oc 命令,第二个 Task 是基于 OpenJDK 做 S2I 的模板。配置文件内容如下所示:

openshift-client-task.yaml 配置文件内容如下:

```
apiVersion: tekton.dev/v1alpha1
kind: Task
metadata:
    name: openshift-client
spec:
    inputs:
        params:
            - name: ARGS
            description: The OpenShift CLI arguments to run
```

```
            default: help
    steps:
        - name: oc
            image: quay.io/openshift-pipeline/openshift-cli:latest
            command: ["/usr/local/bin/oc"]
    args:
        - "${inputs.params.ARGS}"
```

s2i-java-8-task.yaml 配置文件内容如下：

```
apiVersion: tekton.dev/v1alpha1
kind: Task
metadata:
    name: s2i-java-8
spec:
    inputs:
        resources:
            - name: source
                type: git
        params:
            - name: PATH_CONTEXT
                description: The location of the path to run s2i from.
                default: .
            - name: TLSVERIFY
                description: Verify the TLS on the registry endpoint (for push/pull
                    to a non-TLS registry)
                default: "true"
    outputs:
        resources:
            - name: image
                type: image
    steps:
        - name: generate
            image: quay.io/openshift-pipeline/s2i
            workingdir: /workspace/source
            command: ['s2i', 'build', '${inputs.params.PATH_CONTEXT}', 'registry.
                access.redhat.com/redhat-openjdk-18/openjdk18-openshift', '--image-
                scripts-url', 'image:///usr/local/s2i', '--as-dockerfile', '/gen-
                source/Dockerfile.gen']
            volumeMounts:
                - name: gen-source
                    mountPath: /gen-source
        - name: build
            image: quay.io/buildah/stable
            workingdir: /gen-source
            command: ['buildah', 'bud', '--tls-verify=${inputs.params.TLSVERIFY}',
                '--layers', '-f', '/gen-source/Dockerfile.gen', '-t', '${outputs.
                resources.image.url}', '.']
            volumeMounts:
                - name: varlibcontainers
                    mountPath: /var/lib/containers
```

```
        - name: gen-source
          mountPath: /gen-source
      securityContext:
        privileged: true
  - name: push
    image: quay.io/buildah/stable
    command: ['buildah', 'push', '--tls-verify=${inputs.params.TLSVERIFY}',
        '${outputs.resources.image.url}', 'docker://${outputs.resources.
        image.url}']
    volumeMounts:
        - name: varlibcontainers
          mountPath: /var/lib/containers
      securityContext:
        privileged: true
  volumes:
    - name: varlibcontainers
      emptyDir: {}
    - name: gen-source
      emptyDir: {}
```

应用两个配置文件：

```
# oc create -f openshift-client-task.yaml
# oc create -f s2i-java-8-task.yaml
```

为了方便管理，我们下载 Teckton 的 cli。

通过 tkn 命令行查看 Task，可以看到上面步骤创建的两个 Task，如图 4-30 所示。

```
[root@master /]# ./tkn task ls
```

```
[root@oc132-lb /]# tkn task ls
NAME                AGE
openshift-client    1 hour ago
s2i-java-8          1 hour ago
```

图 4-30　查看 Tekton 任务

接下来创建 Pipeline。Pipeline 定义了执行的 Task 以及它们如何通过输入和输出进行交互。Pipeline 从 GitHub 获取 PetClinic 应用程序的源代码，然后使用 S2I 在 OpenShift 上构建和部署，如图 4-31 所示。

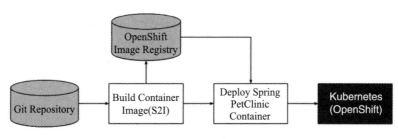

图 4-31　构建过程

图 4-31 中 Pipeline 的 YAML 文件（pipeline.yaml）配置代码如下所示。Pipeline 将我们之前创建的两个 Task（openshift-client 和 s2i-java-8）串联。

```
apiVersion: tekton.dev/v1alpha1
kind: Pipeline
metadata:
    name: deploy-pipeline
spec:
    resources:
    - name: app-git
      type: git
    - name: app-image
      type: image
    tasks:
    - name: build
      taskRef:
          name: s2i-java-8
      params:
          - name: TLSVERIFY
            value: "false"
        resources:
            inputs:
            - name: source
              resource: app-git
            outputs:
            - name: image
              resource: app-image
    - name: deploy
      taskRef:
          name: openshift-client
      runAfter:
          - build
      params:
      - name: ARGS
        value: "rollout latest spring-petclinic"
```

此 Pipeline 执行以下操作。

❑ 从 Git 存储库（app-git 资源）复制应用程序的源代码。

❑ 使用 s2i-java-8 构建容器镜像，该 Task 为应用程序生成 Dockerfile 并使用 Buildah 构建镜像。

❑ 应用程序镜像被推送到容器镜像注册表。

❑ 使用 openshift-cli 在 OpenShift 上部署新的应用程序镜像。

我们注意到，在上面的配置中没有指定 PetClinic Git 的源码地址，而是会在 Pipeline 执行的时候用参数将地址传递进去。一个 Pipeline 中 Task 的执行顺序，通过输入和输出在 Task 之间定义的依赖关系以及 runAfter 定义的显式顺序确定。

通过运行以下命令创建 Pipeline：

```
# oc create -f pipeline.yaml
```

查看创建好的 Pipeline：

```
[root@master /]# ./tkn pipeline ls
NAME               AGE              LAST RUN    STARTED     DURATION    STATUS
deploy-pipeline    30 seconds ago   ---         ---         ---         ---
```

接下来，我们传入参数，启动 PipelineRun：

```
[root@oc132-lb /]# tkn pipeline start petclinic-deploy-pipeline \
>            -r app-git=petclinic-git \
>            -r app-image=petclinic-image \
>            -s pipeline
Pipelinerun started: petclinic-deploy-pipeline-run-gwxlz
```

当然，我们也可以通过 OpenShift 4.2 的 Developer 界面启动 Pipeline，如图 4-32 所示。

图 4-32　通过 OpenShift Developer 界面启动 Pipeline

查看 Pipeline 的运行结果，如图 4-33 所示。

```
[root@master /]# ./tkn pr ls
```

```
[root@master /]# ./tkn pr ls
NAME                                     STARTED         DURATION    STATUS
petclinic-deploy-pipelinerun-9r7hw       8 seconds ago   ---         Running
[root@master /]#
```

图 4-33　查看 Tekton 的运行情况

查看 Pipeline 的运行日志，运行正常，如图 4-34 所示。

```
[root@master /]# ./tkn pr logs petclinic-deploy-pipelinerun-9r7hw -f
```

```
[build : create-dir-image-frrvh] {"level":"warn","ts":1573617212.316611,"logger":"fallback-logger","caller":"logging/config.
go:69","msg":"Fetch GitHub commit ID from kodata failed: \"KO_DATA_PATH\" does not exist or is empty"}
[build : create-dir-image-frrvh] {"level":"info","ts":1573617212.3271074,"logger":"fallback-logger","caller":"bash/main.go:6
4","msg":"Successfully executed command \"sh -c mkdir -p /workspace/output/image\"; output "}

[build : git-source-petclinic-git-5gc67] {"level":"warn","ts":1573617212.5606413,"logger":"fallback-logger","caller":"loggin
g/config.go:69","msg":"Fetch GitHub commit ID from kodata failed: \"KO_DATA_PATH\" does not exist or is empty"}
[build : git-source-petclinic-git-5gc67] {"level":"info","ts":1573617218.5484755,"logger":"fallback-logger","caller":"git/gi
t.go:102","msg":"Successfully cloned https://github.com/spring-projects/spring-petclinic @ master in path /workspace/source"}

[build : gen-env-file] Generated Env file
[build : gen-env-file] -------------------------
[build : gen-env-file] MAVEN_CLEAR_REPO=false
[build : gen-env-file] -------------------------
```

图 4-34　查看 Pipeline 的运行日志

通过 Red Hat OpenShift 4.2 的 Developer 界面，可以监控 Pipeline 的运行情况，如图 4-35 所示。

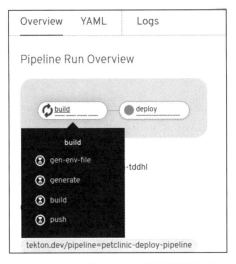

图 4-35 查看 Pipeline 的图形化界面

过一段时间后，Pipeline 运行完毕，如图 4-36 所示。

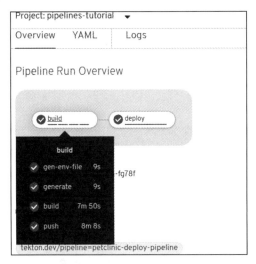

图 4-36 Pipeline 运行成功

查看部署好的应用 Pod，如图 4-37 所示。

```
[root@oc132-lb ~]# oc get pods
NAME                                                    READY   STATUS      RESTARTS   AGE
petclinic-deploy-pipeline-run-fg78f-deploy-dms75-pod-4eb048   0/1     Completed   0          171m
spring-petclinic-1-4pnlx                                1/1     Running     0          170m
spring-petclinic-1-deploy                               0/1     Completed   0          171m
[root@oc132-lb ~]#
```

图 4-37 查看部署好的应用

使用 oc get route 查看应用的路由后，可以通过浏览器访问应用，如图 4-38 所示。

图 4-38　通过浏览器访问应用

至此，我们通过 Tekton 的 Pipeline，在 OpenShift 上成功构建并部署应用。

在本节中，我们介绍了如何在 OpenShift 3 中通过 S2I 和 Jenkins 配合的方式实现 CI/CD。此外，我们还介绍了在 OpenShift 4.2 中通过 Tekton 实现 OpenShift Pipeline 的方式，并通过具体的实验进行了展示。在未来，Tekton 会逐渐成为主流。

4.5　DevSecOps 在 OpenShift 上的实现

2018 年和 2019 年，全球爆发了多起由于安全引发的数据泄露事件，给企业和个人带来了巨大的损失。目前，安全合规是企业 IT 建设的重点之一。随着 Kubernetes 迅速普及，企业容器平台 OpenShift 为 DevOps 提供了良好的技术实现基础，很多企业客户基于 OpenShift 实现了 DevOps。我们知道，DevOps 能够大幅提升企业应用迭代的速度（通常是传统模式的几倍）。通过 DevOps 将应用迭代速度提升了数倍后，如果安全管理能力不能同步提升，将会使安全合规成为 DevOps 的瓶颈。因此，如何实现 DevOps 时代的安全合规，对企业 IT 建设而言具有重大的意义，本节将就此展开介绍。

我们会先介绍 DevSecOps 的架构，再介绍 DevSecOps 常用的安全工具。

4.5.1　DevSecOps 的架构

针对 DevOps 领域的安全治理问题，Gartner 提出了 DevSecOps 概念。DevSecOps，顾名思义，是对于 DevOps 的安全治理。DevSecOps 是一种旨在将安全性嵌入 DevOps 链条中每个部分的新方法，它有助于在开发过程早期而不是产品发布后识别安全问题，目标是让每个人对信息安全负责，而不仅仅是安全部门。DevSecOps 架构如图 4-39 所示。

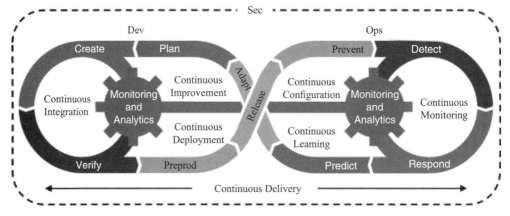

图 4-39 DevSecOps 架构图

广义上，DevOps 的建设会包含人、流程、工具等多方面内容。IT 厂商提供的 DevOps 主要指的是工具层面的落地。本节所讨论的 DevSecOps 也是围绕工具层面的实现。

4.5.2 DevSecOps 中的安全工具

OpenShift 既可以承载无状态应用，如 Web 类应用，也可以承载有状态应用，如 Redis 等。从安全角度看，Web 类应用由于直接对外暴露，显然更容易受到黑客攻击。因此目前在 DevSecOps 引用的安全工具中，大多也是针对 Web 类应用展开的。

DevSevOps 的 Web 安全工具大体分为静态安全工具和动态应用安全工具。静态安全工具，主要是通过分析或者检查 Web 应用程序源代码的语法、结构、过程、接口等来检查程序的正确性。静态安全工具使我们能在开发阶段（而非应用开发完成后）探测出源码中的安全漏洞，从而大大降低修复安全问题的成本。

相比于静态安全分析工具能在开发阶段发现问题，动态应用安全工具则是在 Web 应用运行时模拟黑客攻击，从而无须源代码即可识别安全漏洞，并确定组织的实际风险。

在开源界，静态应用安全工具如 SonaQube，动态应用安全工具如 OWASP（Open Web Application Security Project）都被广泛使用。

在介绍了 DevSecOps 中的静态和动态安全工具后，接下来我们介绍 DevSecOps 在 OpenShift 上的实现。

4.5.3 DevSecOps 在 OpenShift 上的架构

本节我们会通过一个基于 OpenShift 的 DevSecOps 模型展示 DevSecOps 实现的方式。OpenShift 通过将安全嵌入应用开发中来实现 DevSecOps，主要包含以下三部分内容。

❑ CI/CD 的实现：通过 OpenShift Pipeline（OpenShift 3 通过 Jenkins 实现，OpenShift 4 通过 Teckton 实现）、S2I 实现 CI/CD。

❑ 内置的安全检查：将安全检查工具部署在 OpenShift 中，并通过 OpenShift Pipeline
串接，安全工具包括 SonarQube、OWASP、OpenSCAP 等。

❑ 自动化操作：利用 OpenShift 资深的监控功能，监控并响应不断变化的需求、负载、
威胁等。例如，当有应用代码提交时，自动触发构建；当应用性能不足时，自动扩
展 Pod 的实例；当发现安全相关的问题时，发送告警等。

接下来，我们查看基于 OpenShift 实现 DevSecOps 的模型架构图，如图 4-40 所示。

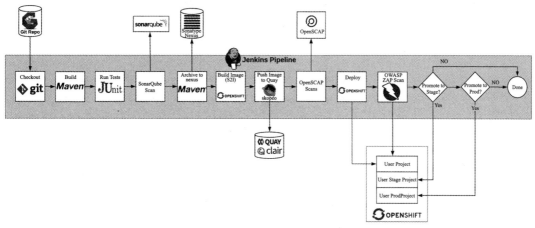

图 4-40　DevSecOps 模型架构图

图 4-40 所示模型是基于 OpenShift 3.11，通过 Jenkins 实现 Pipeline 管理。整个 Dev-
SecOps 包含如下 7 个阶段。

1）启动 Pipeline 后，首先将从 git 存储库中获取 JavaWeb 应用程序源代码。

2）调用 maven 进行代码构建。

3）调用 JNnit 运行自动化测试。

4）使用 SonarQube 执行静态代码分析扫描，将生成的工件（jar 包）推送到 Nexus 进行存储。

5）通过 OpenShift S2I 构建包含应用程序的容器镜像，并将其推送到 Red Hat 企业级镜
像仓库 Quay，以便进行额外的 OpenSCAP 安全扫描。

6）将应用容器镜像部署到 OpenShift，以便 OWASP ZAP 可以扫描该应用程序的 Web
漏洞。

7）根据 OWASP ZAP 扫描的结果，引入人工判断工作流，决定将应用自动部署到
Stage 和 Prod 环境。

在介绍了 DevSecOps 模型的实现架构后，接下来我们查看 DevSecOps 实现的 OpenShift
环境，并进一步通过实验进行验证。

4.5.4　DevSecOps 所依赖的 OpenShift 实验环境

使用具有集群管理员权限的 admin 用户登录 OpenShift 进行环境确认。这是一套由 4 个

节点组成的 OpenShift 3.11 集群：包含一个 Master 节点、一个基础架构节点、两个计算节点。

```
[root@bastion 0 ~]# oc get nodes
NAME                       STATUS   ROLES    AGE   VERSION
infranode1.73d6.internal   Ready    infra    17h   v1.11.0+d4cacc0
master1.73d6.internal      Ready    master   17h   v1.11.0+d4cacc0
node1.73d6.internal        Ready    compute  17h   v1.11.0+d4cacc0
node2.73d6.internal        Ready    compute  17h   v1.11.0+d4cacc0
```

当前整个 DevSecOps 工具链已经部署到了这套 OpenShift 集群上。ocp-workshop 项目中部署了 gogs、nexus、sonarqube。

```
[root@bastion 0 ~]# oc get Pods -n ocp-workshop
NAME                      READY   STATUS      RESTARTS   AGE
gogs-2-4smdz              1/1     Running     5          17h
gogs-postgresql-1-jglw9   1/1     Running     1          17h
nexus-1-d2dnc             1/1     Running     1          11h
postgresql-1-xts2t        1/1     Running     1          16h
sonarqube-1-build         0/1     Completed   0          16h
sonarqube-4-tbjhr         1/1     Running     1          16h
```

quay-enterprise 项目中部署了企业级镜像仓库 quay 和镜像安全扫描工具 clair。

```
[root@bastion 130 ~]# oc get Pods -n quay-enterprise
NAME                                   READY   STATUS    RESTARTS   AGE
clair-postgres-txkl8                   1/1     Running   1          1d
clair-rrfqv                            1/1     Running   0          4h
quay-operator-8c96575c8-bppx8          1/1     Running   1          1d
quayecosystem-quay-b7df7f799-hgmkd     1/1     Running   0          4h
quayecosystem-redis-5db5896699-l6kvm   1/1     Running   1          1d
```

接下来，我们使用普通用户（user1）登录 OpenShift 集群，模拟技术人员使用这套基于 OpenShift 的 DevSecOps 环境的具体场景。

使用 user1 登录：

```
[root@bastion 0 ~]# oc whoami
user1
```

查看 user1 用户所拥有的三个项目：user1、user1-stage、user1-prod。其中，user1-stage 和 user1-prod 两个项目模拟 user1 用户应用的 stage 环境和 prod 环境。初始情况下，这两个项目是空的。

```
[root@bastion 0 ~]# oc projects
You have access to the following projects and can switch between them with 'oc
   project <projectname>':

   * user1
      user1-prod
      user1-stage

Using project "user1" on server "https://master1.73d6.internal:443".
```

user1 项目中运行了 jenkins Pod，用于执行 Pipeline。

```
[root@bastion 0 ~]# oc get Pods -n user1
NAME                   READY        STATUS        RESTARTS      AGE
jenkins-2-rs9vb        1/1          Running       1             16h
```

在介绍了 DevSecOps 模型所依赖的 OpenShift 环境后，接下来我们分析 DevSecOps 模型的核心，即 Jenkins Pipeline。

4.5.5　DevSecOps Pipeline 分析

登录 Jenkins，查看名为 user1/user1-ecommerce-pipeline 的 Jenkins Pipeline，如图 4-41 所示。

图 4-41　查看 Jenkins Pipeline

查看 user1/user1-ecommerce-pipeline 的启动参数，指向了在 OpenShift 上部署的 gogs 中的 git，如图 4-42 所示。

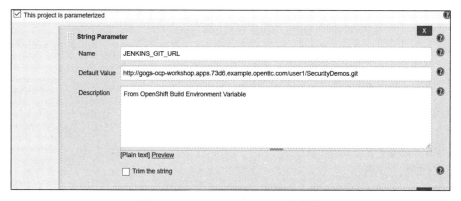

图 4-42　Jenkins Pipeline 启动参数

我们访问图 4-42 中列出的 gogs 链接，可以看到对应的 git 中包含 Jenkinsfile、Docker-file 和应用源代码等文件，如图 4-43 所示。

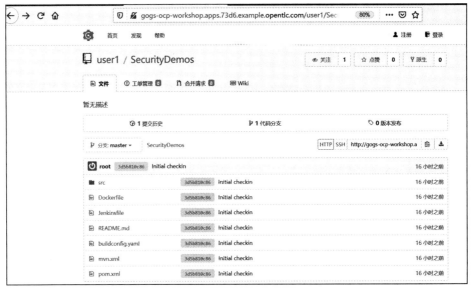

图 4-43 查看 gogs 上 git 地址中的内容

接下来，我们查看 Jenkinsfile 文件的内容，并对 Pipeline 的各个阶段进行分析，一共有 14 个阶段。第一阶段，从 gogs 上的 git 获取内容，如下所示：

```
// Jenkinsfile
pipeline {
    agent { label 'maven' }

    stages {

        stage('Checkout') {
            steps {
                git url: "http://gogs-ocp-workshop.${JENKINS_APP_DOMAIN}/${JENKINS_
                    GOGS_USER}/SecurityDemos.git"
            } // steps
        } // stage
```

第二阶段，调用 mvn 进行应用源码构建，如下所示：

```
stage('Build') {
steps {
        sh "mvn -Dmaven.test.skip=true clean package"
    } // steps
} // stage
```

第三阶段，调用 junit 进行单元测试，如下所示：

```
stage('Run tests') {
steps {
        sh "mvn test"
        junit 'target/surefire-reports/*.xml'
```

```
    } // steps

} // stage
```

第四阶段，调用 SonarQube 进行静态代码分析。从下面的代码可以看出，这里是通过 mvn 指向了 SonarQube 在 OpenShift 中的 ServiceName，如下所示：

```
stage('SonarQube Scan') {
    steps {
        sh "mvn sonar:sonar -Dsonar.host.url=http://sonarqube.ocp-workshop.
            svc:9000 -Dsonar.projectkey=${JENKINS_GOGS_USER}-ecommerce -Dsonar.
            projectName=\"${JENKINS_GOGS_USER} E-Commerce Project\""
    } // steps
} // stage
```

第五阶段，将通过静态分析的 jar 包推送到 nexus 中，如下所示：

```
stage('Archive to nexus') {
    steps {
        sh "mvn --settings mvn.xml deploy -Dmaven.test.skip=true"
    } // steps
} // stage
```

第六阶段，将 jar 包以 B2I 的方式注入 Docker Image 中（OpenJDK），即生成应用容器镜像，如下所示：

```
stage('Build Image') {
    steps {
        sh "oc new-build --name ecommerce --strategy=docker --binary || true"
        sh "mkdir deploy || true"
        sh "cp target/spring-boot-angular-ecommerce-0.0.1-SNAPSHOT.jar deploy"
        sh "cp Dockerfile deploy"
        sh "oc start-build ecommerce --from-dir=deploy --follow --wait"
    } // steps
} // stage
```

第七阶段，应用容器镜像推送到 Quay 中，如下所示：

```
stage('Push Image to Quay') {
    agent { label 'image-management' }
    steps {
        sh "oc login -u ${JENKINS_GOGS_USER} -p r3dh4t1! --insecure-skip-tls-
            verify ${JENKINS_OCP_API_ENDPOINT}"
        sh 'skopeo --debug copy --src-creds="$(oc whoami)":"$(oc whoami -t)" --src-
            tls-verify=false --dest-tls-verify=false' + " --dest-creds=admin:admin123
            docker://${JENKINS_INTERNAL_REGISTRY}/${JENKINS_GOGS_USER}/
            ecommerce:latest docker://quay-secure-quay-enter-prise.${JENKINS_APP_
            DOMAIN}/admin/ecommerce:${JENKINS_GOGS_USER} || true"
    } // steps
} //stage
```

第八阶段，对应用容器镜像进行漏洞扫描，如下所示：

```
stage('OpenSCAP Scans') {
    agent { label 'master' }
    steps {

    script {
        def remote = [:]
        remote.name = "bastion"
        //remote.host = "bastion.${JENKINS_GUID}.openshiftworkshop.com"
        remote.host = "${JENKINS_BASTION}"
        remote.allowAnyHosts = true
        remote.user="${JENKINS_GOGS_USER}"
        remote.password="${JENKINS_SSH_PASSWORD}"

        sshCommand remote: remote, command: "oc login -u ${JENKINS_GOGS_USER} -p
            r3dh4t1! --insecure-skip-tls-verify ${JENKINS_OCP_API_ENDPOINT}"
        sshCommand remote: remote, command: "docker login -u ${JENKINS_GOGS_USER}
            -p " + '"$(oc whoami -t)"' + " ${JENKINS_INTERNAL_REGISTRY}"
        sshCommand remote: remote, command: "docker pull ${JENKINS_INTERNAL_
            REGISTRY}/${JENKINS_GOGS_USER}/ecommerce:latest"
        sshCommand remote: remote, command: "sudo oscap-docker image ${JENKINS_
            INTERNAL_REGISTRY}/${JENKINS_GOGS_USER}/ecommerce:latest xccdf eval
            --profile xccdf_org.ssgproject.content_ profile_stig-rhel7-disa
            --report report.html /usr/share/xml/scap/ssg/content/ssg-rhel7-ds.
            xml"
        sshCommand remote: remote, command: "sudo oscap-docker image-cve
            ${JENKINS_INTERNAL_REGISTRY}/${JENKINS_GOGS_USER}/ecommerce: latest
            --report report-cve.html"
        sshGet remote: remote, from: "/home/${JENKINS_GOGS_USER}/report.html",
            into: 'openscap-compliance-report.html', override: true
        sshGet remote: remote, from: "/home/${JENKINS_GOGS_USER}/report-cve.
            html", into: 'openscap-cve-report.html', override: true
        publishHTML([alwaysLinkToLastBuild: false, keepAll: false, reportDir:
            './', reportFiles: 'openscap-compliance-report.html', reportName:
            'OpenSCAP Compliance Report', reportTitles: 'OpenSCAP Compliance
            Report'])
        publishHTML([alwaysLinkToLastBuild: false, keepAll: false, reportDir:
            './', reportFiles: 'openscap-cve-report.html', reportName: 'OpenSCAP
            Vulnerability Report', reportTitles: 'OpenSCAP Vulnerability Report'])
        archiveArtifacts 'openscap-compliance-report.html,openscap-cve-report.
            html'
    } // script
    } // steps
} // stage
```

第九阶段，在 user1 项目中部署应用容器镜像，如下所示：

```
stage('Deploy') {
    steps {
        sh "oc new-app ecommerce || true"
        sh "oc set env dc/ecommerce JAVA_ARGS=/deployments/root.jar"
        sh "oc expose svc/ecommerce || true"
```

```
        sh "oc rollout status dc/ecommerce"
    } // steps
} // stage
```

第十阶段，通过 OWASP ZAP 对应用进行动态扫描，访问的是 user1 项目中应用的 ServiceIP，如下所示：

```
stage('OWASP ZAP Scan') {
    agent { label 'zap' }
    steps {
        script {
            sh "/zap/zap-baseline.py -r owasp-zap-baseline.html -t http://
                ecommerce.${JENKINS_GOGS_USER}.svc:8080/ -t http://
                ecommerce.${JENKINS_GOGS_USER}.svc:8080/api/products -t http://
                ecommerce.${JENKINS_GOGS_USER}.svc:8080/api/orders || true"
            sh "cp /zap/wrk/owasp-zap-baseline.html ."
            publishHTML([alwaysLinkToLastBuild: false, keepAll: false, reportDir:
                './', reportFiles: 'owasp-zap-baseline.html', report-Name: 'OWASP
                ZAP Baseline Report', reportTitles: ''])
            archiveArtifacts 'owasp-zap-baseline.html'
        } // script
    } // steps
} // stage
```

第十一阶段，为应用的 Stage 项目创建 ImageStream、DeploymentConfig 以及应用的路由，但不执行应用部署，如下所示：

```
stage('Configure Stage Project') {
    steps {
        script {
            sh "set +x ; oc login -u ${JENKINS_GOGS_USER} -p ${JENKINS_SSH_
                PASSWORD} --insecure-skip-tls-verify https://kubernetes.default.
                svc"
            sh "oc create is ecommerce -n ${JENKINS_GOGS_USER}-stage || true"
            sh "oc new-app ecommerce --image-stream=ecommerce --allow-missing-
                images --allow-missing-imagestream-tags -n ${JENKINS_GOGS_USER}-
                stage || true"
            sh "oc expose dc/ecommerce -n ${JENKINS_GOGS_USER}-stage || true"
            sh "oc expose dc/ecommerce --port 8080 -n ${JENKINS_GOGS_USER}-stage
                || true"
            sh "oc expose svc/ecommerce -n ${JENKINS_GOGS_USER}-stage || true"
        } // script
    }// steps
} // stage
```

第十二阶段，引入审批流，询问是否批准在 Stage 环境中部署应用，如果批准的话，触发 DeploymentConfig 部署应用，如下所示：

```
stage('Promote to Stage?') {
    steps {
```

```
            timeout(time: 7, unit: 'DAYS') {
                input message: "Do you want to deploy to ${JENKINS_GOGS_USER}-stage?"
            } // timeout
            sh "oc tag ${JENKINS_GOGS_USER}/ecommerce:latest ${JENKINS_GOGS_USER}-
                stage/ecommerce:latest"
            sh "oc rollout status dc/ecommerce -n ${JENKINS_GOGS_USER}-stage"
        } // steps
    } // stage
```

第十三阶段，为应用的 Prod 项目创建 ImageStream、DeploymentConfig 以及应用的路由，但不执行应用部署，如下所示：

```
stage('Configure Prod Project') {
    steps {
        script {
            sh "set +x ; oc login -u ${JENKINS_GOGS_USER} -p ${JENKINS_SSH_PASSWORD}
                --insecure-skip-tls-verify https://kubernetes.default.svc"
            sh "oc create is ecommerce -n ${JENKINS_GOGS_USER}-prod || true"
            sh "oc new-app ecommerce --image-stream=ecommerce --allow-missing-images
                --allow-missing-imagestream-tags -n ${JENKINS_GOGS_USER}-prod ||
                true"
            sh "oc expose dc/ecommerce -n ${JENKINS_GOGS_USER}-prod || true"
            sh "oc expose dc/ecommerce --port 8080 -n ${JENKINS_GOGS_USER}-prod ||
                true"
            sh "oc expose svc/ecommerce -n ${JENKINS_GOGS_USER}-prod || true"
        } // script
    }// steps
} // stage
```

第十四阶段，引入审批流，询问是否批准在 Prod 环境中部署应用，如果批准的话，触发 DeploymentConfig 部署应用，如下所示：

```
stage('Promote to Prod?') {
    steps {
        timeout(time: 7, unit: 'DAYS') {
            input message: "Do you want to deploy to ${JENKINS_GOGS_USER}-prod?"
        } // timeout
        sh "oc tag ${JENKINS_GOGS_USER}-stage/ecommerce:latest ${JENKINS_GOGS_
            USER}-prod/ecommerce:latest"
        sh "oc rollout status dc/ecommerce -n ${JENKINS_GOGS_USER}-prod"
        } // steps
    } // stage

    } // stages

} // pipeline
```

在分析了 DevSecOps 的 Pipeline 后，接下来我们执行 Pipeline 观察效果。

4.5.6 执行 DevSecOps Pipeline

在 Jenkins 界面中启动 Pipeline，如图 4-44 所示。

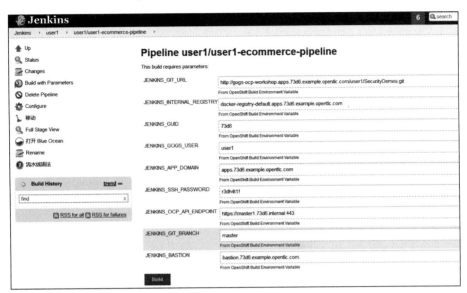

图 4-44 启动 Jenkins Pipeline

启动 Pipeline 后，通过 Jenkins Blue Ocean 界面进行观测，如图 4-45 所示。

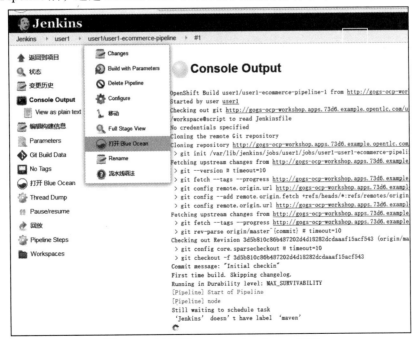

图 4-45 切换到 Jenkins Blue Ocean 界面

在 Jenkins Blue Ocean 界面观测 Pipeline 的执行。在执行到 Promote to Stage 时，引入人工审批，如图 4-46 所示。

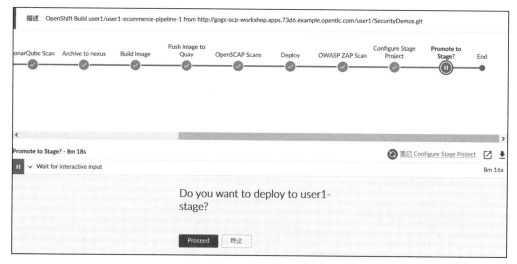

图 4-46　Pipeline 引入人工审批

此时，可以根据动态扫描和静态扫描的报告来做决策。在 Jenkins Blue Ocean 界面点击"制品"，如图 4-47 所示，可以看到生成的三个检查报告和 pipeline.log。三个检查结果分别是 OpenSCAP 扫描结果和 OWASP ZAP 动态扫描结果。

图 4-47　查看 Pipeline 执行过程中生成的制品

为了判断是否批准 Pipeline 继续执行，可以查看 openscap-compliance-report.html，分析应用容器镜像的漏洞扫描结果。从图 4-48 中可以看出，检查通过了 34 项，失败了 35 项。

查看 openscap-cve-report.html 报告中对应用容器镜像的 CVE 扫描结果，如图 4-49 所示。

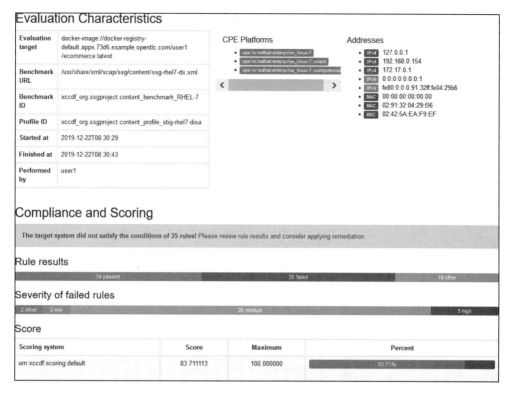

图 4-48　查看 openscap-compliance-report.html

图 4-49　查看 openscap-compliance-report.html

查看 owasp-zap-baseline.html 报告中应用动态安全扫描的结果。我们可以看到不同风险级别对应的数量，中等级别（Medium）有 2 个、低级别告警（Informational）有 2 个，如图 4-50 所示。

ZAP Scanning Report

Summary of Alerts

Risk Level	Number of Alerts
High	0
Medium	2
Low	3
Informational	2

Alert Detail

Medium (Medium)	X-Frame-Options Header Not Set
Description	X-Frame-Options header is not included in the HTTP response to protect against 'ClickJacking' attacks.
URL	http://ecommerce.user1.svc:8080/
Method	GET
Parameter	X-Frame-Options
URL	http://ecommerce.user1.svc:8080
Method	GET
Parameter	X-Frame-Options
Instances	2
Solution	Most modern Web browsers support the X-Frame-Options HTTP header. Ensure it's set on all web pages returned by your site (if you expect the page to be framed only by pages on your server (e.g. it's part of a FRAMESET) then you'll want to use SAMEORIGIN, otherwise if you never expect the page to be framed, you should use DENY. ALLOW-FROM allows specific websites to frame the web page in supported web browsers).

图 4-50　查看 owasp-zap-baseline.html 报告

查看 owasp 报告中一个中等级别的问题，如图 4-51 所示，发现是属于较为常见的 Web 安全问题。

Medium (Medium)	X-Frame-Options Header Not Set
Description	X-Frame-Options header is not included in the HTTP response to protect against 'ClickJacking' attacks.
URL	http://ecommerce.user1.svc:8080/
Method	GET
Parameter	X-Frame-Options
URL	http://ecommerce.user1.svc:8080
Method	GET
Parameter	X-Frame-Options
Instances	2
Solution	Most modern Web browsers support the X-Frame-Options HTTP header. Ensure it's set on all web pages returned by your site (if you expect the page to be framed only by pages on your server (e.g. it's part of a FRAMESET) then you'll want to use SAMEORIGIN, otherwise if you never expect the page to be framed, you should use DENY. ALLOW-FROM allows specific websites to frame the web page in supported web browsers).
Reference	http://blogs.msdn.com/b/ieinternals/archive/2010/03/30/combating-clickjacking-with-x-frame-options.aspx
CWE Id	16
WASC Id	15
Source ID	3

图 4-51　查看一个中等级别的安全漏洞

在分析了动态扫描结果和 OpenSCAP 扫描结果后，接下来我们查看静态代码扫描结果。登录 SonarQube，可以看到应用扫描发现 3 个漏洞、11 个 Code Smell、单元测试代码的覆盖率为 56.9% 等信息，如图 4-52 所示。

图 4-52　查看静态代码扫描结果

我们检查 3 个漏洞的具体描述，如图 4-53 所示。

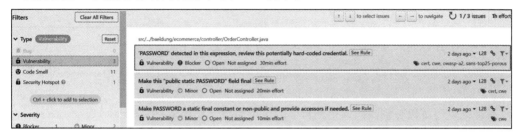

图 4-53　查看 3 个漏洞的描述

查看扫描结果中 11 个 Code Smell 的具体内容，如图 4-54 所示。

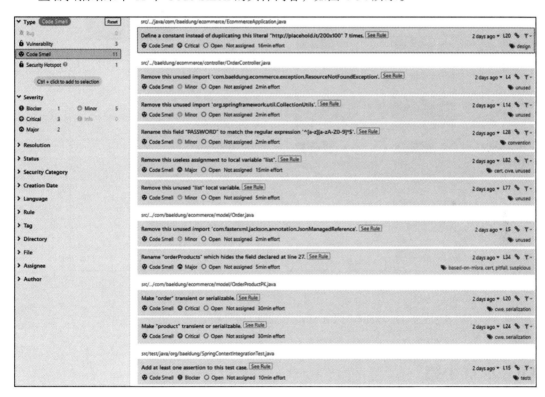

图 4-54　查看 11 个 Code Smell 的具体内容

在查看了动态扫描、OpenSCAP 扫描和静态代码扫描结果后，如果能够符合我们的要求，可以分别批准将应用部署到 Stage 和 Prod。

我们批准应用在 Stage 和 Pod 环境部署，然后可以看到 user1-stage 和 user1-prod 项目中会部署应用。

```
[root@bastion 0 ~]# oc get Pods -n user1-stage
```

```
NAME                        READY    STATUS     RESTARTS    AGE
ecommerce-1-1-147rq         1/1      Running    0           3m
ecommerce-1-bllkf           1/1      Running    0           3m

[root@bastion 0 ~]# oc get Pods -n user1-prod
NAME                        READY    STATUS     RESTARTS    AGE
ecommerce-1-1-b9h9x         1/1      Running    0           3m
ecommerce-1-9w5lf           1/1      Running    0           3m
```

通过浏览器可以分别访问两个项目中的应用路由，如图 4-55 所示。

图 4-55　浏览器访问部署好的应用

至此，我们完成了 DevSecOps Pipeline 的展示和分析。

4.6　本章小结

通过本章，相信读者对基于 OpenShift 实现 DevOps 和 DevSecOps 有了一定了解。如第 1 章所述，DevOps 实践是构建云原生的重要一步。随着 DevOps 的普及，越来越多的客户会将安全治理嵌入 DevOps 中，通过 DevSecOps 的方式，解决快速创新和安全合规之间的冲突。

第 5 章 *Chapter 5*

构建分布式消息中间件和数据流平台

在第 4 章，我们介绍了 DevOps 和 DevSecOps 的实践，这是云原生应用构建中的重要一步。采用模块化程度更高的架构，即采用微服务架构，是云原生应用构建中另一个重要步骤（步骤 6）。关于如何构建微服务，笔者在《OpenShift 在企业中的实践：PaaS DevOps 微服务》中已经做过详尽介绍，这里不再赘述。本章着重介绍微服务 / 云原生应用之间的通信问题。

随着容器和 Kubernetes 的兴起，微服务逐渐受到越来越多企业客户的关注。与此同时，微服务之间的通信也成为企业必须考虑的问题。本章将着重分析 ActiveMQ 和 Kafka 这两款优秀消息中间件的架构以及它们在 OpenShift 上的实现。在正式介绍之前，我们先简单了解下服务之间的通信机制。

5.1 服务之间的通信

在本节中，我们会先介绍服务之间的通信方式，然后介绍异步通信的实现以及消息的分类。这将有助于我们理解消息中间件和实时数据流平台在云原生应用中的作用。

5.1.1 服务之间的通信方式

服务之间的通信遵循 IPC（Inter-Process Communication，进程间通信）标准。它们之间的通信方式可以按照以下两个维度进行分析。

1. 同步通信或异步通信

服务之间的同步通信，可以采取基于 gRPC 的方式或 HTTP 的 REST 方式，如图 5-1 所示。在 REST 方式中，调用 HTTP 的方法进行同步访问，如 GET、POST、PUT、DELETE。服务之间的异步通信，需要借助于标准消息队列或数据流平台。

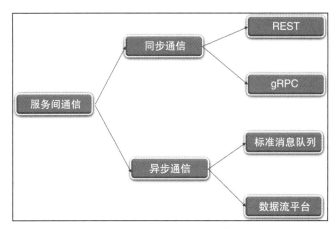

图 5-1　同步 / 异步通信

2. 一对一通信或一对多通信

从同步或异步方式分析了服务之间的通信方式后，下面我们从另一个维度来看服务间的通信，即一对一或一对多通信，如图 5- 2 所示。

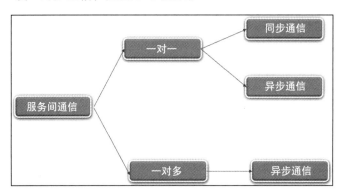

图 5-2　一对一 / 一对多通信

在程序之间一对一通信的情况下，有同步和异步两种通信方式。

❑ 同步通信：一个客户端向服务端发起请求，等待响应，这也是阻塞模式。可通过上文提到的 REST 或 gRPC 方式实现。

❑ 异步通信：客户端请求发送到服务端，但是并不强制服务端立即响应，服务端对请求可以进行异步响应。一对一的异步通信主要通过消息队列（Queue）实现。

程序之间的一对多通信，只有异步通信的方式，主要通过发布 / 订阅模式实现，即客户端发布通知消息，被一个或多个相关联（订阅了主题）的服务消费。

接下来，我们将重点介绍服务之间异步通信的实现方式。

5.1.2　异步通信实现

在一个分布式系统中，服务之间相互异步通信的最常见方式是发送消息。我们把负责将发送方的正式消息传递协议转换为接收方的正式消息传递协议的工具叫作消息代理（Message Broker）。市面上有不少消息代理软件，如 ActiveMQ、RabbitMQ、Kafka 等。

服务之间消息传递主要有两种模式：队列（Queue）和主题（Topic）。

❑ Queue 模式是一种一对一的消息传输模式。在这种模式下，消息的生产者（Producer）传递消息的目的地类型是 Queue。Queue 中一条消息只能传递给一个消费者（Consumer）。如果没有消费者在监听队列，消息将会一直保留在队列中，直至消息消费者连接到队列为止。消费者会从队列中请求获得消息。

❑ Topic 模式是一种一对多的消息传输模式。在这种模式下，消息的生产者（Producer）传递消息的目的地类型是 Topic。消息到达 Topic 后，消息服务器会将消息发送至所有订阅此主题的消费者。

5.1.3　消息的分类

严格意义上讲，服务之间发送的消息通常有三种：普通消息（Message）、事件（Event）和命令（Command），如图 5-3 所示。

1）Message 是服务之间沟通的基本单位，消息可以是 ID、字符串、对象、命令、事件等。消息是通用的，它没有特殊意图，也没有特殊的目的和含义。也正是由于这个原因，Event 和 Command 才应运而生。

2）Event 是一种 Message，它的目的是向监听者（Listener）通知发生了什么事情。Event 由生产者发送，生产者不关心 Event 的消费者，如图 5-4 所示。

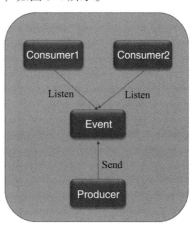

图 5-3　消息的分类　　　　　　　　　图 5-4　Event 的传递

例如，有一个电商系统，当 Consumer 下订单时电商平台会发布 OrderSubmittedEvent，
以通知其他系统（如物流系统）新订单的信息。此
时，电商平台作为 Event 的 Producer，并不关心 Event
的 Consumer。只有订阅了此 Topic 的 Consumer 才能
获取到这个 OrderSubmittedEvent。

3）Command 是 Producer 给 Consumer 发送的一对
一的指令。Producer 会将 Command 发送到消息队列，
然后 Consumer 主动从队列获取 Command。与 Event
不同，Command 触发将要发生的事情，如图 5-5 所示。

例如，在电商系统中的客户下订单后，电商平
台会将 BillCustomerCommand 命令发送到计费系统
以触发发送发票动作。

在介绍了服务之间的异步通信实现和消息的分
类后，我们接下来介绍一种消息中间件 ActiveMQ。

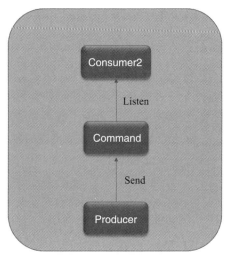

图 5-5　Command 的传递

5.2　AMQ 在 OpenShift 上的企业级实现

在本节中，我们先介绍标准消息中间件的规范，然后介绍 ActiveMQ 在 RHEL 操作系
统和 OpenShift 上的企业级实现。

5.2.1　标准消息中间件规范

目前业内主要的异步消息传递协议有如下几种。

❑ Java 消息传递服务（Java Messaging Service，JMS），它面向 Java 平台的标准消息传
递 API。

❑ 面向流文本的消息传输协议（Streaming Text Oriented Messaging Protocol，STOMP）：
WebSocket 通信标准。

❑ 高级消息队列协议（Advanced Message Queueing Protocol，AMQP）：独立于平台的
底层消息传递协议，用于集成多平台应用程序。

❑ 消息队列遥测传输（Message Queueing Telemetry Transport，MQTT）：为小型无声
设备之间通过低带宽发送短消息而设计。使用 MQTT 可以管理 IoT 设备。

目前市面上消息中间件的种类很多，Apache ActiveMQ Artemis 是最流行的开源、基于 Java
的消息服务器。ActiveMQ Artemis 支持点对点的消息传递（Queue）和订阅 / 发布模式（Topic）。

ActiveMQ Artemis 支持标准 Java NIO（New I/O，同步非阻塞模式）和 Linux AIO 库
（Asynchronous I/O，异步非阻塞 I/O 模型）。AMQ 支持多种协议，包括 MQTT、STOMP、
AMQP 1.0、JMS 1.1 和 TCP。

Red Hat JBoss AMQ Broker 是基于 Apache ActiveMQ Artemis 项目的企业级消息中间件，在客户生产系统被大量使用。功能上 JBoss AMQ Broker 与 Apache ActiveMQ Artemis 是一一对应的，其支持的协议如图 5-6 所示。因为本章主要是面向生产环境进行介绍，因此下文我们使用 JBoss AMQ Broker 进行功能验证，部署过程不再赘述。

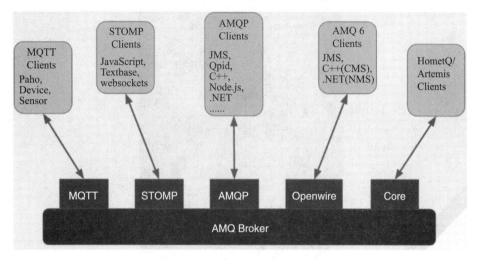

图 5-6　AMQ Broker 支持的协议

接下来，我们在 RHEL 上配置 JBoss AMQ Broker。首先创建目录：

```
$sudo mkdir -p /opt/install/amq7
$sudo chown -R jboss:jboss /opt/install/amq7
```

然后创建名为 broker0 的 JBoss AMQ Broker 实例，并指定 guest 用户和角色的凭据，执行结果如图 5-7 所示。

```
$ ./bin/artemis create \
>     --user jboss --password jboss --role amq --allow-anonymous \
>     /opt/install/amq7/broker0
```

```
[jboss@rhtamq amq7]$ ./bin/artemis create \
>     --user jboss --password jboss --role amq --allow-anonymous \
>     /opt/install/amq7/broker0
OpenJDK 64-Bit Server VM warning: If the number of processors is expected to inc
rease from one, then you should configure the number of parallel GC threads appr
opriately using -XX:ParallelGCThreads=N
Creating ActiveMQ Artemis instance at: /opt/install/amq-broker-7.0.1/broker0

Auto tuning journal ...
done! Your system can make 0.72 writes per millisecond, your journal-buffer-time
out will be 1392000

You can now start the broker by executing:

  "/opt/install/amq-broker-7.0.1/broker0/bin/artemis" run

Or you can run the broker in the background using:

  "/opt/install/amq-broker-7.0.1/broker0/bin/artemis-service" start
```

图 5-7　创建 AMQ Broker

执行完上述命令后，可以看到 RHEL 中的 /opt/install/amq7/broker0 目录中有一个 broker instance，其中包含运行 JBoss AMQ Broker 所需的库、配置和实用程序，如图 5-8 所示。

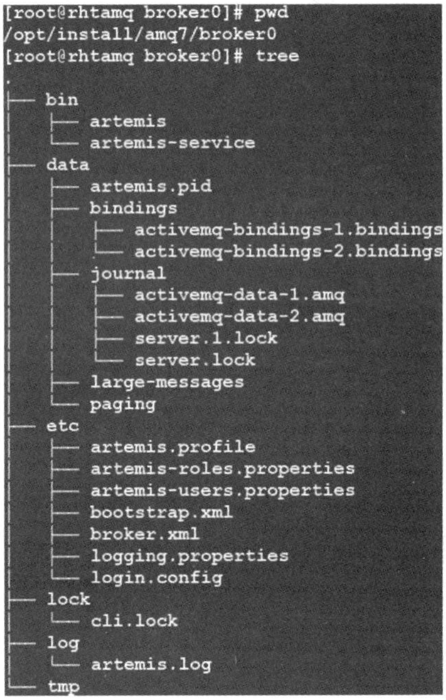

```
[root@rhtamq broker0]# pwd
/opt/install/amq7/broker0
[root@rhtamq broker0]# tree
├── bin
│   ├── artemis
│   └── artemis-service
├── data
│   ├── artemis.pid
│   ├── bindings
│   │   ├── activemq-bindings-1.bindings
│   │   └── activemq-bindings-2.bindings
│   ├── journal
│   │   ├── activemq-data-1.amq
│   │   ├── activemq-data-2.amq
│   │   ├── server.1.lock
│   │   └── server.lock
│   ├── large-messages
│   └── paging
├── etc
│   ├── artemis.profile
│   ├── artemis-roles.properties
│   ├── artemis-users.properties
│   ├── bootstrap.xml
│   ├── broker.xml
│   ├── logging.properties
│   └── login.config
├── lock
│   └── cli.lock
├── log
│   └── artemis.log
└── tmp
```

图 5-8　AMQ Broker 目录结构

执行以下命令启动 broker0：

```
$ "/opt/install/amq7/broker0/bin/artemis-service" start
Starting artemis-service
artemis-service is now running (20240)
```

通过 ps 命令行确认 Broker 已经启动，如图 5-9 所示。

```
[jboss@rhtamq amq7]$ ps -aef | grep java
jboss    20240     1  1 00:25 pts/1    00:00:14 java -XX:+UseParallelGC -XX:+AggressiveOpts -XX:+Us
eFastAccessorMethods -Xms512M -Xmx1024M -Dhawtio.realm=activemq -Dhawtio.role=amq -Dhawtio.rolePrin
cipalClasses=org.apache.activemq.artemis.spi.core.security.jaas.RolePrincipal -Djon.id=amq -Xbootcl
asspath/a:/opt/install/amq-broker-7.0.1/lib/jboss-logmanager-2.0.3.Final-redhat-1.jar -Djava.securi
ty.auth.login.config=/opt/install/amq-broker-7.0.1/broker0/etc/login.config -classpath /opt/install
/amq-broker-7.0.1/lib/artemis-boot.jar -Dartemis.home=/opt/install/amq-broker-7.0.1 -Dartemis.insta
nce=/opt/install/amq-broker-7.0.1/broker0 -Djava.library.path=/opt/install/amq-broker-7.0.1/bin/lib
/linux-x86_64 -Djava.io.tmpdir=/opt/install/amq-broker-7.0.1/broker0/tmp -Ddata.dir=/opt/install/am
q7/broker0/data -Djava.util.logging.manager=org.jboss.logmanager.LogManager -Dlogging.configuration
=file:/opt/install/amq7/broker0/etc/logging.properties org.apache.activemq.artemis.boot.Artemis run
jboss    20340 20093  0 00:39 pts/1    00:00:00 grep --color=auto java
[jboss@rhtamq amq7]$
```

图 5-9　确认 Broker 已经启动

在图 5-9 的执行结果中，我们需要找到如下参数。

❑ -Ddata.dir=/opt/install/amq7/broker0/data，这是 Broker 文件系统的绝对路径。

❑ -Xms512M -Xmx1024M，表示确定为 Broker 分配的内存的最小值和最大值。

5.2.2　查看 AMQ 的多协议支持

AMQ Broker 默认启动多种协议侦听与其通信的客户端连接（CORE、MQTT、AMQP、STOMP、HORNETQ 和 OPENWIRE）。

首先查看系统的 Java 监听端口，如图 5-10 所示。

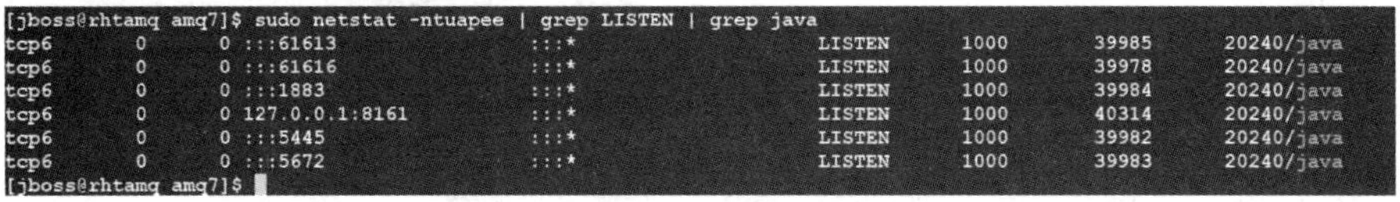

```
[jboss@rhtamq amq7]$ sudo netstat -ntuapee | grep LISTEN | grep java
tcp6       0      0 :::61613              :::*                LISTEN      1000       39985      20240/java
tcp6       0      0 :::61616              :::*                LISTEN      1000       39978      20240/java
tcp6       0      0 :::1883               :::*                LISTEN      1000       39984      20240/java
tcp6       0      0 127.0.0.1:8161        :::*                LISTEN      1000       40314      20240/java
tcp6       0      0 :::5445               :::*                LISTEN      1000       39982      20240/java
tcp6       0      0 :::5672               :::*                LISTEN      1000       39983      20240/java
[jboss@rhtamq amq7]$
```

图 5-10　查看 AMQ 的监听端口

从图 5-10 中可以看出，Broker 正在监听的端口包括 61613、61616、1883、8161、5445 和 5672。通过查看 Broker 日志文件，确认每个端口侦听对应的协议。例如 AMQP 的监听端口是 5672，如下所示：

```
$ cat /opt/install/amq7/broker0/log/artemis.log
00:25:40,638 INFO  [org.apache.activemq.artemis.core.server] AMQ221020: Started
    EPOLL Acceptor at 0.0.0.0:61616 for protocols [CORE,MQTT,AMQP,STOMP,HORNETQ,
    OPENWIRE]
00:25:40,640 INFO  [org.apache.activemq.artemis.core.server] AMQ221020: Started
    EPOLL Acceptor at 0.0.0.0:5445 for protocols [HORNETQ,STOMP]
00:25:40,664 INFO  [org.apache.activemq.artemis.core.server] AMQ221020: Started
    EPOLL Acceptor at 0.0.0.0:5672 for protocols [AMQP]
00:25:40,666 INFO  [org.apache.activemq.artemis.core.server] AMQ221020: Started
    EPOLL Acceptor at 0.0.0.0:1883 for protocols [MQTT]
00:25:40,668 INFO  [org.apache.activemq.artemis.core.server] AMQ221020: Started
    EPOLL Acceptor at 0.0.0.0:61613 for protocols [STOMP]
00:25:40,671 INFO [org.apache.activemq.artemis.core.server] AMQ221007: Server is
    now live
00:25:40,672 INFO  [org.apache.activemq.artemis.core.server] AMQ221001: Apache
    ActiveMQ Artemis Message Broker version 2.0.0.amq-700008-redhat-2 [0.0.0.0,
    nodeID=3b75e2e5-c170-11e9-a53c-080027f33d64]
```

5.2.3　创建持久队列

接下来，使用 JBoss AMQ Broker 提供的 Artemis 创建持久的消息传递地址和队列。

如前文所述，AMQ 支持队列和主题模式。JBOSS AMQ Broker 中的 Topic 是用 Queue 实现的。在创建 Queue 时可以通过指定参数实现。Multicast 方式是 Topic，Anycast 是 Queue。

如下创建名为 DavidAddress 的 Anycast 地址，执行结果如图 5- 11 所示。

```
$ ./bin/artemis address create --name DavidAddress --anycast --no-multicast
```

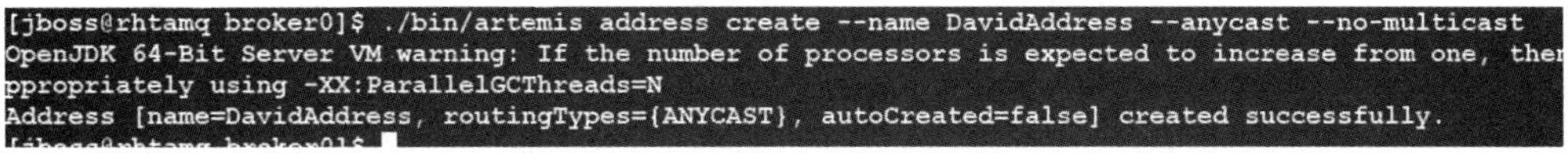

```
[jboss@rhtamq broker0]$ ./bin/artemis address create --name DavidAddress --anycast --no-multicast
OpenJDK 64-Bit Server VM warning: If the number of processors is expected to increase from one, the
ppropriately using -XX:ParallelGCThreads=N
Address [name=DavidAddress, routingTypes={ANYCAST}, autoCreated=false] created successfully.
```

图 5-11　创建 AMQ Anycast 地址

接下来，创建持久的 Anycast 队列与此前创建的 Anycast 地址相关联：

```
$ ./bin/artemis queue create --name gpteQueue --address DavidAddress --anycast
  --durable --purge-on-no-consumers --auto-create-address
```

队列创建成功以后，可以在 AMQ Broker 管理控制台中查看新创建的地址和队列，如图 5-12 所示。

至此，我们已经创建了消息地址和队列。需要关注队列的如下几个数值。

❑ Consumer count：访问此队列 Consumer 的数量。

❑ Message count：队列中消息数。

❑ Messages acknowledged：队列中消耗的消息数。

❑ Messages added：队列中被添加的消息数。

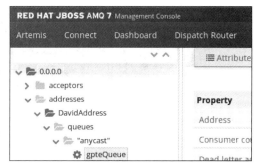

图 5-12　在 AMQ Console 中查看新创建的地址和队列

目前这几个数值均为零，如图 5-13 所示。

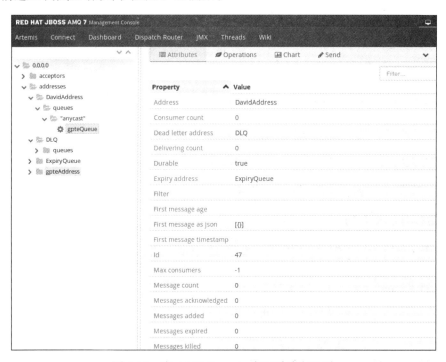

图 5-13　在 AMQ Console 中查看消息队列

接下来，使用 Artemis 创建两个并行线程，向消息队列发送 20 条 10 字节消息，每条消息之间有 1s 休眠时间，执行结果如图 5-14 所示。

```
$./bin/artemis producer --destination gpteAddress --message-count 10 --message-
size 10 --sleep 1000 --threads 2 --url tcp://localhost:61616
```

```
[jboss@rhtamq broker0]$ ./bin/artemis producer --destination DavidAddress --message-count 10 --message-size 10 --sleep 1000 --threads 2 --url tcp://localhost
:61616
OpenJDK 64-Bit Server VM warning: If the number of processors is expected to increase from one, then you should configure the number of parallel GC threads a
ppropriately using -XX:ParallelGCThreads=N
Producer ActiveMQQueue[DavidAddress], thread=0 Started to calculate elapsed time ...

Producer ActiveMQQueue[DavidAddress], thread=1 Started to calculate elapsed time ...

Producer ActiveMQQueue[DavidAddress], thread=1 Produced: 10 messages
Producer ActiveMQQueue[DavidAddress], thread=1 Elapsed time in second : 10 s
Producer ActiveMQQueue[DavidAddress], thread=1 Elapsed time in milli second : 10035 milli seconds
Producer ActiveMQQueue[DavidAddress], thread=0 Produced: 10 messages
Producer ActiveMQQueue[DavidAddress], thread=0 Elapsed time in second : 10 s
Producer ActiveMQQueue[DavidAddress], thread=0 Elapsed time in milli second : 10045 milli seconds
```

图 5-14　向队列发送 20 条消息

启动两个 Consumer，第一个 Consumer 读取队列中的一条消息，第二个 Consumer 读取队列中其余的消息。

启动第一个 Consumer，执行结果如图 5-15 所示，获取到一条消息后 Consumer 程序退出。

```
$ ./bin/artemis consumer --destination gpteQueue --url tcp://localhost:61616
  --message-count 1
```

```
OpenJDK 64-Bit Server VM warning: If the number of processors is expected to increase from one,
ppropriately using -XX:ParallelGCThreads=N
Consumer:: filter = null
Consumer ActiveMQQueue[gpteQueue], thread=0 wait until 1 messages are consumed
Consumer ActiveMQQueue[gpteQueue], thread=0 Received ID:c210472e-c17d-11e9-8a5b-080027f33d64
Consumer ActiveMQQueue[gpteQueue], thread=0 Consumed: 1 messages
Consumer ActiveMQQueue[gpteQueue], thread=0 Consumer thread finished
```

图 5-15　启动第一个 Consumer

启动第二个 Consumer，执行结果如图 5-16 所示，获取到 19 条消息后 Consumer 程序退出。

```
$ ./bin/artemis consumer --destination gpteQueue --url tcp://localhost:61616
```

```
OpenJDK 64-Bit Server VM warning: If the number of processors is expected to increase from one
ppropriately using -XX:ParallelGCThreads=N
Consumer:: filter = null
Consumer ActiveMQQueue[gpteQueue], thread=0 wait until 1000 messages are consumed
Consumer ActiveMQQueue[gpteQueue], thread=0 Received ID:c210e36f-c17d-11e9-8a5b-080027f33d64
Consumer ActiveMQQueue[gpteQueue], thread=0 Received ID:c2ac3810-c17d-11e9-8a5b-080027f33d64
Consumer ActiveMQQueue[gpteQueue], thread=0 Received ID:c2adbeb1-c17d-11e9-8a5b-080027f33d64
Consumer ActiveMQQueue[gpteQueue], thread=0 Received ID:c3462e22-c17d-11e9-8a5b-080027f33d64
Consumer ActiveMQQueue[gpteQueue], thread=0 Received ID:c347dbd3-c17d-11e9-8a5b-080027f33d64
Consumer ActiveMQQueue[gpteQueue], thread=0 Received ID:c3e02434-c17d-11e9-8a5b-080027f33d64
Consumer ActiveMQQueue[gpteQueue], thread=0 Received ID:c3e2bc45-c17d-11e9-8a5b-080027f33d64
Consumer ActiveMQQueue[gpteQueue], thread=0 Received ID:c479f336-c17d-11e9-8a5b-080027f33d64
Consumer ActiveMQQueue[gpteQueue], thread=0 Received ID:c47bc7f7-c17d-11e9-8a5b-080027f33d64
Consumer ActiveMQQueue[gpteQueue], thread=0 Received ID:c513e948-c17d-11e9-8a5b-080027f33d64
Consumer ActiveMQQueue[gpteQueue], thread=0 Received ID:c514fab9-c17d-11e9-8a5b-080027f33d64
Consumer ActiveMQQueue[gpteQueue], thread=0 Received ID:c5acf4fa-c17d-11e9-8a5b-080027f33d64
Consumer ActiveMQQueue[gpteQueue], thread=0 Received ID:c5aea2ab-c17d-11e9-8a5b-080027f33d64
Consumer ActiveMQQueue[gpteQueue], thread=0 Received ID:c64675dc-c17d-11e9-8a5b-080027f33d64
Consumer ActiveMQQueue[gpteQueue], thread=0 Received ID:c647ae5d-c17d-11e9-8a5b-080027f33d64
Consumer ActiveMQQueue[gpteQueue], thread=0 Received ID:c6e01dce-c17d-11e9-8a5b-080027f33d64
Consumer ActiveMQQueue[gpteQueue], thread=0 Received ID:c6e1082f-c17d-11e9-8a5b-080027f33d64
Consumer ActiveMQQueue[gpteQueue], thread=0 Received ID:c779c5c0-c17d-11e9-8a5b-080027f33d64
Consumer ActiveMQQueue[gpteQueue], thread=0 Received ID:c77ab021-c17d-11e9-8a5b-080027f33d64
```

图 5-16　启动第二个 Consumer

我们再次查看 AMQ Console，如图 5-17 所示，几个主要数值如下。

- ❑ Consumer count：访问此队列的 Consumer 的数量，数值为 2。

- Message count：队列中的消息数，数值为 0，因为消息已经被读取。
- Messages acknowledged：队列中消耗的消息数，数值为 20，即队列中被消耗了 20 条消息。
- Messages added：队列中被添加的消息数，数值为 20，这里队列中被发送了 20 条消息。

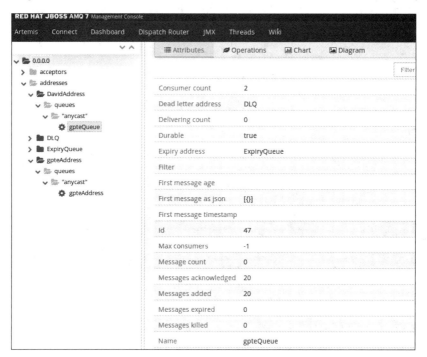

图 5-17　在 AMQ Console 中查看消息队列

由图 5-17 可知，从 AMQ Console 得到的反馈结果符合我们的预期。

在介绍了 AMQ Broker 的架构后，接下来我们介绍 AMQ Broker 的 HA 和 Cluster。HA 解决的是 Broker 实例的高可用问题，比如在一个主 Broker 实例出现故障时，由备用 Broker 接管功能，继续工作。Cluster 解决的是多个 Broker 的负载均衡和分布式问题。实际上，HA 和 Cluster 可以结合使用。

5.2.4　AMQ 的 HA

AMQ Broker 的高可用实现有两种，网络复制和共享消息存储，如图 5-18 所示。

- 在网络复制模式下，Broker 之间的数据同步通过网络完成。在这种模式下，Master Broker 接收到的所有持久数据都将复制到 Slave Broker 中。当 Master Broker 出现故障时，Slave Broker 将会检测到 Master Broker 的故障，并开始运行。
- 在共享消息存储模式下，通过共享存储实现主从架构消息的存储落地，当 Master 节点出现故障时，应用切换到 Slave 节点，之前的消息通过共享存储仍可访问，不会丢失。

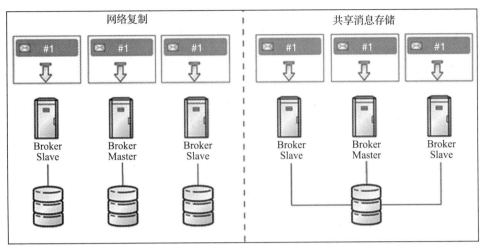

图 5-18　AMQ HA 模式

默认情况下，我们在一个 AMQ Broker 实例中创建 Queue，消息 Producer 可以将消息发送到 Queue 中，我们通常称这种为 Physical Queue。在 AMQ 中还存在 Logical Queue 的概念。也就是说，在多个 Physical Queue 上创建一个 Logical Queue。我们将这个工作模式称为 Sharded Queue，其配置文件 BROKER_INSTANCE_DIR/etc/broker.xml 如下所示：

```
<configuration ...>
    <core ...>
        ...
        <addresses>
            <address name="sharded">
                <anycast>
                    <queue name="q1" />
                    <queue name="q2" />
                    <queue name="q3" />
                </anycast>
            </address>
        </addresses>
    </core>
</configuration>
```

这样，发送给 Sharded Queue 的消息会在 q1、q2 和 q3 之间平均分配。

在介绍了 AMQ Broker 的 HA 以后，接下来我们介绍 AMQ Broker 的 Cluster。

5.2.5　AMQ 的 Cluster

使用 AMQ Broker，集群使 Broker 可以组合在一起并共享消息处理负载。集群有很多优点。

❑ 多个 Broker 可以用不同的拓扑方式连在一起。

❑ 客户端连接可以在整个集群之间保持平衡。

❑ 可以重新分发消息以便 Broker 之间做到负载均衡。

❑ 客户端和 Broker 可以使用最少的信息连接到集群。

AMQ Broker 集群有两种模式：对称集群和链状集群。在对称集群中，集群中的每个节点都连接到集群中的每个其他节点。这意味着集群中的每个节点与其他每个节点相距不超过一跳，如图 5-19 所示。

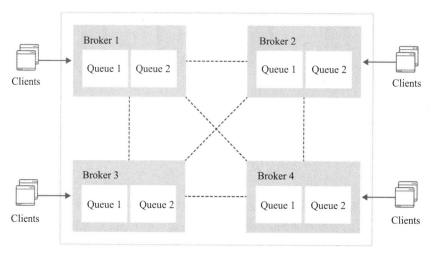

图 5-19　对称集群模式

对称集群中的每个 Broker 都知道集群中其他 Broker 上存在的所有队列，以及正在侦听这些队列的使用者，因此对称集群能够比链状集群更好地重新分配消息，实现负载均衡。

链状集群比对称集群配置复杂一些，但是当 Broker 位于单独的网络上且无法直接连接时，链状集群很有用。通过使用链状集群，中间 Broker 可以间接连接两个 Broker，以使消息在它们之间流动，即使两个 Broker 没有直接连接也是如此，如图 5-20 所示。

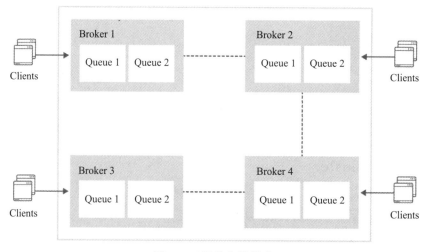

图 5-20　链状集群模式

5.2.6　AMQ 在 OpenShift 上的部署

在 OpenShift 中，如果 AMQ 项目中正在运行两个或多个 Broker Pod，则 Pod 会自动形成一个 Broker Cluster。集群配置使 Broker 可以相互连接并根据需要重新分发消息，以实现负载均衡。具体的配置步骤可以参考 Red Hat 官网。

传统的 HA 模式无法实现在 OpenShift 上部署 AMQ Broker。在 OpenShift 中，AMQ 的高可用是通过对一个 AMQ 创建多个 Pod 来实现的，而无须通过 AMQ 本身的 HA 机制。当 AMQ 的一个 Pod 出现问题，OpenShift 的 Scaledown Controller 可以实现 AMQ 的 HA。

在 OpenShift 中，StatefulSet 用于保证有状态应用。当 StatefulSet 发生缩容时，有状态 Pod 实例会被删除，与被删除 Pod 关联的 PersistentVolumeClaim 和 PersistentVolume 将保持不变。当 Pod 新创建以后，PVC 会被重新挂到 Pod 中，之前的数据可以访问。

但如果 AMQ 使用 Queue sharding，则用 StatefulSet 这种方式就不太合适。使用 sharding 的应用，当应用实例减少时，会要求将数据重新分发到剩余的应用程序实例上，而不是一直等待故障 Pod 的重启。这种情况下就需要用到 Scaledown Controller。Scaledown Controller 允许我们在 StatefulSet 规范中指定 Cleanup Pod 的 Template，该模板将用于创建一个新的 Cleanup Pod，该 Cleanup Pod 将挂在被删除的 Pod 释放的 PersistentVolumeClaim。Cleanup Pod 可以访问已删除的 Pod 实例的数据，并且可以执行 App 所需的任何操作。当 Cleanup Pod 完成任务后，控制器将删除 Pod 和 PersistentVolumeClaim，释放 PersistentVolume，如图 5-21 所示。

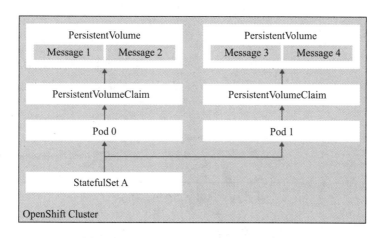

图 5-21　OpenShift 上 AMQ Broker 架构图

我们知道，OpenShift 3 和 OpenShift 4 的架构有所区别，应用的生命周期管理主要采用 Operator 的方式，但 OpenShift 4 上仍可采用模板的方式部署 AMQ。

Red Hat OpenShift 的 Operator Hub 提供 AMQ 的 Operator，如图 5-22 所示。

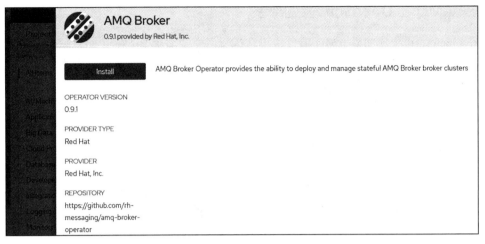

图 5-22　安装 AMQ Operator

选择此前创建的 amq 项目，然后点击 Subscribe 按钮，如图 5-23 所示。

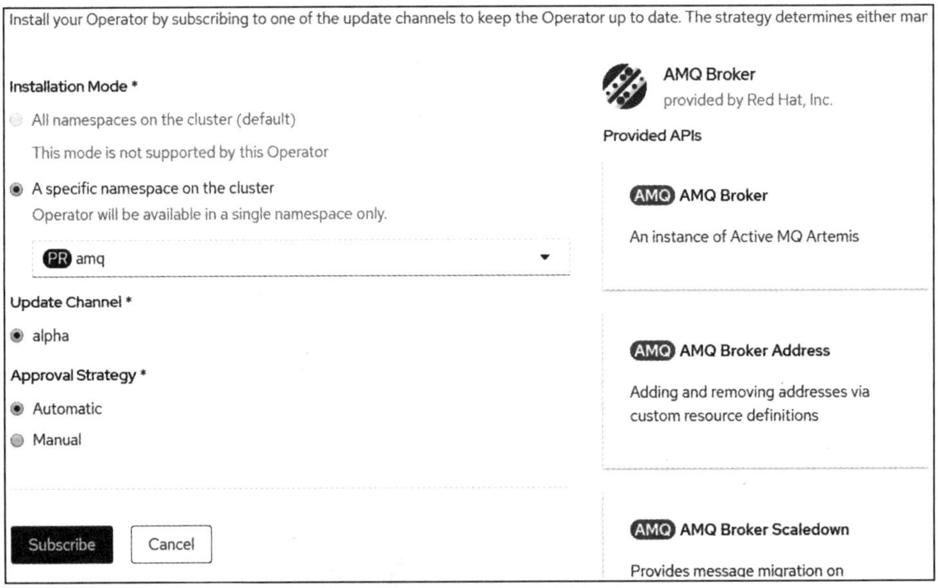

图 5-23　部署 AMQ Operator

AMQ Operator 安装成功以后，会部署三个 API ：AMQ Broker、AMQ Broker Address、AMQ Broker Scaledown，如图 5-24 所示。

　　然后根据 AMQ Operator 提供的 API 依次创建实例。这三个 API 满足上文提到的针对生产环境需要注意的事项（包含 Scale-Down Controller API）。由于操作较为便捷，因此本章不展开说明。接下来，我们展示如何通过模板方式在 OpenShift 上部署 AMQ。

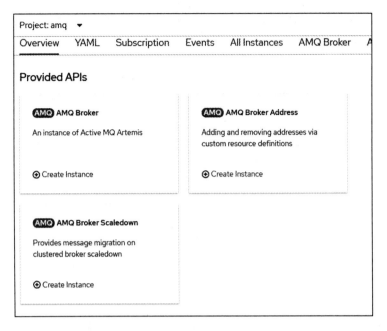

图 5-24 AMQ Operator 提供的三个 API

我们首先基于一个基础模板部署一个单实例的 AMQ。这种部署方式适合于测试环境。
使用模板创建 AMQ：

```
# oc new-app --template=amq-broker-72-basic    -e AMQ_PROTOCOL=openwire,amqp,stom
    p,mqtt,hornetq    -e AMQ_QUEUES=demoQueue    -e AMQ_ADDRESSES=demoTopic    -e
    AMQ_USER=amq-demo-user    -e ADMIN_PASSWORD=password
```

接着查看 Pod，AMQ Broker 已经创建成功：

```
[root@workstation-46de ~]# oc get Pods
NAME               READY       STATUS        RESTARTS     AGE
broker-amq-1-94zkz             1/1         Running       0            4m
```

然后登录 AMQ Pod，通过 Producer 向队列中发送消息，显示发送成功，如下所示。

```
# oc rsh broker-amq-1-94zkz
sh-4.2$  ./broker/bin/artemis producer
OpenJDK 64-Bit Server VM warning: If the number of processors is expected to
    increase from one, then you should configure the number of parallel GC
    threads appropriately using -XX:ParallelGCThreads=N
Producer ActiveMQQueue[TEST], thread=0 Started to calculate elapsed time ...

Producer ActiveMQQueue[TEST], thread=0 Produced: 1000 messages
Producer ActiveMQQueue[TEST], thread=0 Elapsed time in second : 2 s
Producer ActiveMQQueue[TEST], thread=0 Elapsed time in milli second : 2072 milli
    seconds
```

AMQ Console 用于图形化管理。我们为 AMQ Console 在 OpenShift 中创建路由，首先创建路由配置文件，如下所示：

```
# cat console.yaml
apiVersion: v1
kind: Route
metadata:
    labels:
        app: broker-amq
        application: broker-amq
    name: console-jolokia
spec:
    port:
        targetPort: console-jolokia
    to:
        kind: Service
        name: broker-amq-headless
        weight: 100
    wildcardPolicy: Subdomain
    host: star.broker-amq-headless.amq-demo.svc
```

应用配置如下：

```
[root@workstation-46de ~]# oc apply -f console.yaml
route.route.openshift.io/console-jolokia created
```

查看新创建的 Console 路由：

```
# oc get route
NAME     HOST/PORT    PATH    SERVICES  PORT  TERMINATION           WILDCARD
amq                           console-amq-demo.apps-46de.generic.opentlc.com
    broker-amq-amqp          <all>               passthrough           None
```

通过浏览器可以访问 Console，如图 5-25 所示。

图 5-25　通过浏览器访问 AMQ Console

接下来，在 OpenShift 上部署 AMQ Cluster。OpenShift 提供面向生产的 AMQ Cluster 部署模板，这个模板创建的 AMQ 包含持久化存储。查看模板：

```
# oc get template
NAME              DESCRIPTION   PARAMETERS   OBJECTS
amq-broker-72-persistence-clustered      Application template for Red Hat AMQ
    brokers. This template doesn't feature S...   21 (6 blank)   6
```

使用模板创建 AMQ 集群。以使用 OpenShift UI 为例（使用命令行效果相同），如图 5-26 所示。

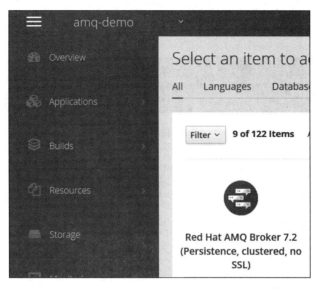

图 5-26　选择 AMQ Cluster 模板

填写 AMQ 集群相应的参数，如图 5-27 所示。

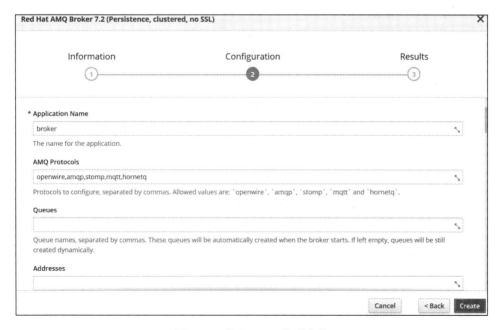

图 5-27　输入 AMQ 集群参数

部署成功以后，将 AMQ 的 StatefulSet 增加到 3 个，代码如下，设置完成后，Open Shift 中会部署 3 个 AMQ Broker 的 Pod，如图 5-28 所示。

```
# oc scale statefulset broker-amq --replicas=3
statefulset.apps/broker-amq scaled
```

```
[root@workstation-46de ~]# oc get pods
NAME                                                          READY
amq-broker-72-scaledown-controller-openshift-deployment-ddv5gkq  1/1
broker-amq-0                                                  1/1
broker-amq-1                                                  1/1
broker-amq-2                                                  1/1
```

图 5-28　查看 AMQ Pod

在 AMQ 的 Pod 中发起 Producer，向 demoQueue 中发送消息：

```
artemis producer --url tcp:// 129.146.152.123:30001 --message-count 300
    --destination queue://demoQueue
```

在客户端启动 Consumer，连接 demoQueue，可以读取到消息，如下所示。

```
#./artemis consumer --url tcp://129.146.152.123:30001 --message-count 100
    --destination queue://demoQueue

Consumer:: filter = null
Consumer ActiveMQQueue[demoQueue], thread=0 wait until 100 messages are
    consumed
Consumer ActiveMQQueue[demoQueue], thread=0 Consumed: 100 messages
Consumer ActiveMQQueue[demoQueue], thread=0 Consumer thread finished
```

此外，如果 OpenShift 集群外部的应用想要访问 OpenShift 中的 AMQ，也可以在 OpenShift 上为 AMQ 对应的 Service 创建路由。

AMQ 部署好以后，查看 Service：

```
# oc get svc
NAME                   TYPE        CLUSTER-IP       EXTERNAL-IP    PORT(S)      AGE
amq-broker-operator    ClusterIP   172.30.209.80    <none>         8383/TCP     7h2m
broker-amq-amqp        ClusterIP   172.30.44.6      <none>         5672/TCP     5m50s
broker-amq-amqp-ssl    ClusterIP   172.30.108.77    <none>         5671/TCP     5m49s
broker-amq-mesh        ClusterIP   None             <none>         61616/TCP    5m49s
broker-amq-mqtt        ClusterIP   172.30.122.82    <none>         1883/TCP     5m49s
broker-amq-mqtt-ssl    ClusterIP   172.30.185.137   <none>         8883/TCP     5m49s
broker-amq-stomp       ClusterIP   172.30.142.217   <none>         61613/TCP    5m49s
broker-amq-stomp-ssl   ClusterIP   172.30.214.82    <none>         61612/TCP    5m49s
broker-amq-tcp         ClusterIP   172.30.169.217   <none>         61616/TCP    5m49s
broker-amq-tcp-ssl     ClusterIP   172.30.92.91     <none>         61617/TCP    5m49s
```

如果想对外暴露 amqp 的协议访问，针对这个 Service 创建路由即可，如图 5-29 所示。

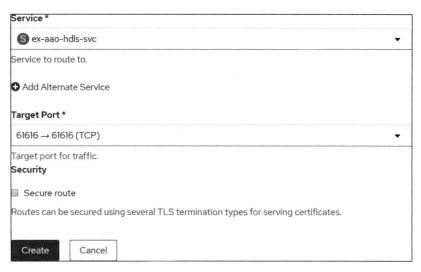

图 5-29　创建路由

在本节中，我们主要介绍了 ActiveMQ 的架构以及它在 OpenShift 上的实现。我们知道，传统的应用大多使用 Java EE 架构，这种框架下开发的应用之间的异步通信大多采用 JMS 的方式，以一对一通信为主，因此 ActiveMQ Queue 方式被广泛应用。

随着微服务的兴起，一个单体应用被拆分成多个微服务，服务之间的调用骤然增多，服务之间交换的信息量也迅速增加，要求的吞吐量比传统模式下高很多。例如，在常见的日志收集系统 EFK 中，Fluentd 作为数据收集器会收集多个对象（如操作系统、容器等）的大量日志，然后将数据传递到 Elasticsearch 集群。多个 Fluentd 收集的大量日志，在向 Elasticsearch 传递时往往会造成大量阻塞，这时如果使用 ActiveMQ 的消息队列就不是很合适，需要用到数据流平台。而在数据流平台中，Kafka 是性能很高、被大量使用的一个开源解决方案。

Kafka 是一个分布式数据流平台，其设计目的是使微服务与其他应用程序组件尽可能快地交换大量数据，以进行实时事件处理。

接下来，我们介绍 Kafka 的架构以及它在 OpenShift 上的实现。

5.3　Kafka 在 OpenShift 上的实现

5.3.1　Kafka 的架构

Kafka 是提供发布 / 订阅功能的分布式数据流平台，它适用于两类应用：

❑ 构建实时流式数据管道，在系统或应用程序之间可靠地获取数据；
❑ 构建对数据流进行转换或响应的实时流应用程序。

Kafka 有 4 个核心 API，它们的作用如下。

❑ Producer API：应用将记录流发布到一个或多个 Topic 上。

❑ Consumer API：应用订阅一个或多个 Topic 并处理生成的记录流。

❑ Streams API：应用程序充当流处理器，消耗来自一个或多个 Topic 的输入流并生成到一个或多个输出 Topic 的输出流，从而有效地将输入流转换为输出流。

❑ Connector API：允许将 Kafka Topic 连接到现有应用程序或数据系统的可重用 Producer 或 Consumer。例如，关系数据库的 Connector 可以捕获对表的每个更改。

Kafka 中每个 Topic 可以有一个或多个 Partition（分区）。不同的分区对应着不同的数据文件，不同的数据文件可以存放到不同的节点上，以实现数据的高可用。此外，Kafka 使用分区支持物理上的并发写入和读取，从而大大提高了吞吐量，如图 5-30 所示。

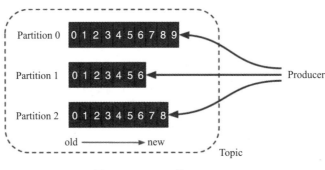

图 5-30　Kafka 的 Partition

5.3.2　Kafka 集群在 OpenShift 集群上的实现方式

随着越来越多的应用程序被部署到 OpenShift 上，Kafka 集群运行 OpenShift 的场景也越来越多。将 Kafka 部署到 OpenShift 集群上主要有如下两个好处：

❑ 可以为 event-driven microservices 提供服务；

❑ 可以利用 OpenShift 平台的功能，如弹性伸缩、高可用等。

Topic 本身是无状态的，但 Kafka 作为分布式数据流平台，需要实现状态保持。因此需要实现以下几点：

❑ Kafka 集群中多个 Broker 之间的通信；

❑ Broker 的状态持久化（即消息）；

❑ Broker 出现问题后可以快速恢复。

原生 Kubernetes 实现 Kafka 的有状态化较为烦琐，需要使用 Stateful Sets 和 Persistent Volumes。在 OpenShift 中可以通过 Operator 来方便地管理 Kafka 集群，实现状态化。

OpenShift 通过 Operator 管理 Kafka 集群会用到 Strimzi。Strimzi 是一个开源项目，它为在 Kubernetes 和 OpenShift 上运行的 Kafka 提供了 Container Image 和 Operator。

Kafka 使用 ZooKeeper 进行以下操作：

❑ 管理 Kafka Broker 和 Topic Partition 的 Leader 选举；

❑ 管理构成集群的 Kafka Broker 服务发现；

❑ 将拓扑更改发送到 Kafka，因此集群中的每个节点都知道新 Broker 何时加入与退出，Topic 是否被删除或被添加等。

如图 5-31 所示，这种 Kafka 在 OpenShift 集群的实现方式，是 Red Hat 支持的 AMQ Streams 企业级方案。

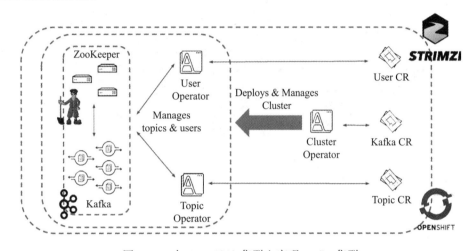

图 5-31　在 OpenShift 集群上实现 Kafka 集群

一个 Kafka 集群可以配置很多个 Broker。在生产环境中，至少要部署 3 个 Broker。接下来，我们展示如何在 OpenShift 上部署 Kafka 集群。

5.3.3　在 OpenShift 上部署 Kafka 集群

在 OpenShift 4 的 Operator Hub 中包含 AMQ Streams 的 Operator，这是 Red Hat 企业版的 Kafka 集群，可以实现 Kafka 集群全自动安装。AMQ Streams 架构及其功能与上一节的介绍一致，但 Red Hat 公司提供企业级支持。为了方便读者理解 Kafka 的具体配置步骤，我们以手动方式进行安装。

首先下载 Kafka 在 OpenShift 上的安装文件，解压缩，如图 5-32、图 5-33 所示。

由于篇幅有限，我们不会详细介绍配置文件的内容。这些配置文件是在 OpenShift 集群上设置 AMQ Streams 所需的完整资源集合。文件包括：

❑ Service Account

❑ cluster roles and bindings

❑ 一组 CRD（自定义资源定义），用于 AMQ Streams 集群 Operators 管理的对象

❑ Operator 的部署

图 5-32 下载 Kafka 安装包

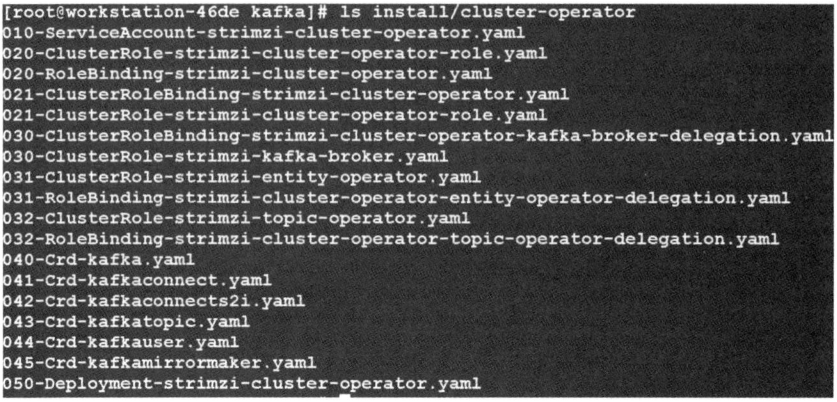

图 5-33 解压后的 Kafka 安装包

在安装集群 Operator 之前，我们需要配置它运行的 Namespace。我们将通过修改 RoleBinding.yaml 文件以指向新创建的项目 amq-streams 来完成此操作。通过 sed 编辑所有文件即可完成此操作。

```
[root@workstation-46de kafka]# sed -i 's/namespace: .*/namespace: amq-streams/'
    install/cluster-operator/*RoleBinding*.yaml
```

确认更改生效：

```
# more install/cluster-operator/020-RoleBinding-strimzi-cluster-operator.yaml
apiVersion: rbac.authorization.k8s.io/v1beta1
kind: RoleBinding
metadata:
    name: strimzi-cluster-operator
    labels:
        app: strimzi
subjects:
- kind: ServiceAccount
    name: strimzi-cluster-operator
    namespace: amq-streams
roleRef:
    kind: ClusterRole
    name: strimzi-cluster-operator-namespaced
    apiGroup: rbac.authorization.k8s.io
```

接下来，部署 Kafka Operator，执行结果如图 5-34 所示。

```
# oc new-project amq-demo
# oc apply -f install/cluster-operator
```

```
serviceaccount/strimzi-cluster-operator created
clusterrole.rbac.authorization.k8s.io/strimzi-cluster-operator-namespaced created
rolebinding.rbac.authorization.k8s.io/strimzi-cluster-operator created
clusterrole.rbac.authorization.k8s.io/strimzi-cluster-operator-global created
clusterrolebinding.rbac.authorization.k8s.io/strimzi-cluster-operator created
clusterrolebinding.rbac.authorization.k8s.io/strimzi-kafka-broker created
clusterrolebinding.rbac.authorization.k8s.io/strimzi-cluster-operator-kafka-broker-delegation created
clusterrole.rbac.authorization.k8s.io/strimzi-entity-operator created
rolebinding.rbac.authorization.k8s.io/strimzi-cluster-operator-entity-operator-delegation created
clusterrole.rbac.authorization.k8s.io/strimzi-topic-operator created
rolebinding.rbac.authorization.k8s.io/strimzi-cluster-operator-topic-operator-delegation created
customresourcedefinition.apiextensions.k8s.io/kafkas.kafka.strimzi.io created
customresourcedefinition.apiextensions.k8s.io/kafkaconnects.kafka.strimzi.io created
customresourcedefinition.apiextensions.k8s.io/kafkaconnects2is.kafka.strimzi.io created
customresourcedefinition.apiextensions.k8s.io/kafkatopics.kafka.strimzi.io created
customresourcedefinition.apiextensions.k8s.io/kafkausers.kafka.strimzi.io created
customresourcedefinition.apiextensions.k8s.io/kafkamirrormakers.kafka.strimzi.io created
deployment.extensions/strimzi-cluster-operator created
```

图 5-34　部署 Kafka Operator

查看部署结果，如图 5-35 所示。

```
[root@workstation-46de kafka]# oc get pods
NAME                                        READY   STATUS    RESTARTS   AGE
strimzi-cluster-operator-584879fdf8-v7vtw   1/1     Running   0          4m
[root@workstation-46de kafka]#
```

图 5-35　确认 Kafka Operator 部署成功

我们通过配置文件部署 Kafka 集群，配置文件中包含如下设置。

❑ 3 个 Kafka Broker：这是生产部署的最小建议数量。

❑ 3 个 ZooKeeper 节点：这是生产部署的最小建议数量。

❑ 持久声明存储，确保将持久卷分配给 Kafka 和 ZooKeeper 实例。

```
# cat production-ready.yaml
apiVersion: kafka.strimzi.io/v1alpha1
kind: Kafka
metadata:
    name: production-ready
spec:
    kafka:
        replicas: 3
        listeners:
            plain: {}
            tls: {}
        config:
            offsets.topic.replication.factor: 3
            transaction.state.log.replication.factor: 3
            transaction.state.log.min.isr: 2
        storage:
            type: persistent-claim
            size: 3Gi
            deleteClaim: false
    zookeeper:
        replicas: 3
        storage:
            type: persistent-claim
            size: 1Gi
```

```
            deleteClaim: false
    entityOperator:
        topicOperator: {}
        userOperator: {}
```

应用配置，查看部署结果，如图 5-36 所示。

```
# oc apply -f production-ready.yaml
kafka.kafka.strimzi.io/production-ready created
```

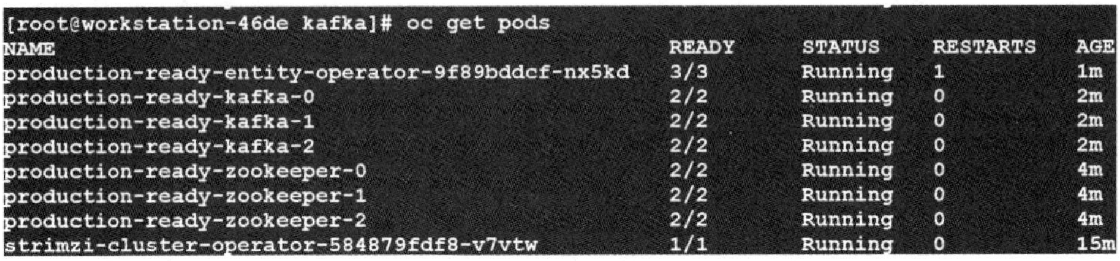

```
[root@workstation-46de kafka]# oc get pods
NAME                                            READY   STATUS    RESTARTS   AGE
production-ready-entity-operator-9f89bddcf-nx5kd 3/3    Running   1          1m
production-ready-kafka-0                         2/2    Running   0          2m
production-ready-kafka-1                         2/2    Running   0          2m
production-ready-kafka-2                         2/2    Running   0          2m
production-ready-zookeeper-0                     2/2    Running   0          4m
production-ready-zookeeper-1                     2/2    Running   0          4m
production-ready-zookeeper-2                     2/2    Running   0          4m
strimzi-cluster-operator-584879fdf8-v7vtw        1/1    Running   0          15m
```

图 5-36　Kafka 集群部署成功

通过配置文件创建 Kafka Topic，配置文件如下：

```
# cat lines.yaml
apiVersion: kafka.strimzi.io/v1alpha1
kind: KafkaTopic
metadata:
    name: lines
    labels:
        strimzi.io/cluster: production-ready
spec:
    partitions: 2
    replicas: 2
    config:
        retention.ms: 7200000
        segment.bytes: 1073741824
```

在上面的配置中，各参数说明如下。

❑ metadata.name：Topic 的名称。

❑ metadata.labels [strimzi.io/cluster]：Topic 的目标集群。

❑ spec.partitions：Topic 的分区数。

❑ spec.replicas：每个分区的副本数。

❑ spec.config：包含其他配置选项，例如保留时间和段大小。

应用配置代码如下：

```
# oc apply -f lines.yaml
kafkatopic.kafka.strimzi.io/lines created
```

接下来获取 Topic 信息。首先登录 Kafka 的 Pod，然后利用 kafka-topics.sh 脚本查看 Topic 的信息，如下所示，可以看到有 2 个分区：

```
# oc rsh production-ready-kafka-0
Defaulting container name to kafka.
Use 'oc describe Pod/production-ready-kafka-0 -n amq-streams' to see all of the
    containers in this Pod.

sh-4.2$ cat bin/kafka-topics.sh
#!/bin/bash
exec $(dirname $0)/kafka-run-class.sh kafka.admin.TopicCommand "$@"


sh-4.2$  bin/kafka-topics.sh --zookeeper localhost:2181 --topic lines -describe
OpenJDK 64-Bit Server VM warning: If the number of processors is expected to
    increase from one, then you should configure the number of parallel GC
    threads appropriately using -XX:ParallelGCThreads=N
Topic:lines        PartitionCount:2        ReplicationFactor:2        Configs:segment.
    bytes=1073741824,retention.ms=7200000
        Topic: lines    Partition: 0    Leader: 2    Replicas: 2,1    Isr: 2,1
        Topic: lines    Partition: 1    Leader: 0    Replicas: 0,2    Isr: 0,2
```

增加分区数量，首先需要修改配置文件，如下所示：

```
# cat lines-10.yaml
apiVersion: kafka.strimzi.io/v1alpha1
kind: KafkaTopic
metadata:
    name: lines
    labels:
        strimzi.io/cluster: production-ready
spec:
    partitions: 10
    replicas: 2
    config:
        retention.ms: 14400000
segment.bytes: 1073741824
```

应用配置文件如下：

```
#  oc apply -f lines-10.yaml
kafkatopic.kafka.strimzi.io/lines configured
```

首先登录 Kafka 的 Pod，然后利用 kafka-topics.sh 脚本查看 Topic 的信息，分区数量已经从 2 个增加到了 10 个，如下所示：

```
[root@workstation-46de kafka]# oc rsh production-ready-kafka-0
Defaulting container name to kafka.
Use 'oc describe Pod/production-ready-kafka-0 -n amq-streams' to see all of the
    containers in this Pod.
sh-4.2$ bin/kafka-topics.sh --zookeeper localhost:2181 --topic lines --describe
OpenJDK 64-Bit Server VM warning: If the number of processors is expected to
    increase from one, then you should configure the number of parallel GC
    threads appropriately using -XX:ParallelGCThreads=N
Topic:lines ·      PartitionCount:10       ReplicationFactor:2        Configs:segment.
    bytes=1073741824,retention.ms=14400000
```

```
Topic: lines     Partition: 0    Leader: 2    Replicas: 2,1   Isr: 2,1
Topic: lines     Partition: 1    Leader: 0    Replicas: 0,2   Isr: 0,2
Topic: lines     Partition: 2    Leader: 1    Replicas: 1,2   Isr: 1,2
Topic: lines     Partition: 3    Leader: 2    Replicas: 2,1   Isr: 2,1
Topic: lines     Partition: 4    Leader: 0    Replicas: 0,2   Isr: 0,2
Topic: lines     Partition: 5    Leader: 1    Replicas: 1,0   Isr: 1,0
Topic: lines     Partition: 6    Leader: 2    Replicas: 2,0   Isr: 2,0
Topic: lines     Partition: 7    Leader: 0    Replicas: 0,1   Isr: 0,1
Topic: lines     Partition: 8    Leader: 1    Replicas: 1,2   Isr: 1,2
Topic: lines     Partition: 9    Leader: 2    Replicas: 2,1   Isr: 2,1
```

接下来，通过 kafka-console-producer.sh 脚本启动 Producer，如下所示：

```
sh-4.2$ cat bin/kafka-console-producer.sh
if [ "x$KAFKA_HEAP_OPTS" = "x" ]; then
    export KAFKA_HEAP_OPTS="-Xmx512M"
fi
exec $(dirname $0)/kafka-run-class.sh kafka.tools.ConsoleProducer "$@"
```

启动一个 Producer：

```
sh-4.2$ bin/kafka-console-producer.sh --broker-list localhost:9092 --topic test-
    topic
OpenJDK 64-Bit Server VM warning: If the number of processors is expected to
    increase from one, then you should configure the number of parallel GC
    threads appropriately using -XX:ParallelGCThreads=N
```

发送信息到 Topic 中，第一次发送 "david wei"，第二次发送 "is doing the test!!!"，如图 5-37 所示。

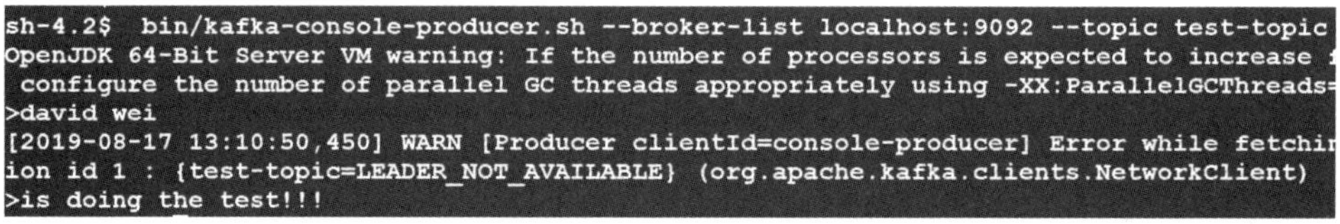

图 5-37　向 Topic 中发送信息

接下来，使用 kafka-console-consumer.sh 脚本启动 Consumer 监听 Topic，如下所示：

```
sh-4.2$ cat bin/kafka-console-consumer.sh
if [ "x$KAFKA_HEAP_OPTS" = "x" ]; then
    export KAFKA_HEAP_OPTS="-Xmx512M"
fi

exec $(dirname $0)/kafka-run-class.sh kafka.tools.ConsoleConsumer "$@"

sh-4.2$ bin/kafka-console-consumer.sh --bootstrap-server localhost:9092 --topic
    test-topic --from-beginning
```

Consumer 可以读取到 Topic 中此前 Producer 发送的消息，如图 5-38 所示。

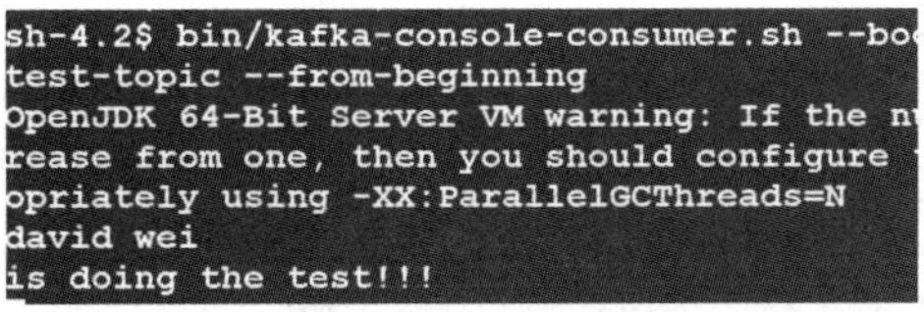

图 5-38　Consumer 读取 Topic 信息

5.3.4　配置 Kafka 外部访问

在某些情况下，需要从外部访问部署在 OpenShift 中的 Kafka 群集。接下来我们介绍具体的配置方法。首先，使用包含外部 Listener 配置内容的文件重新部署 Kafka 集群，如下所示：

```
[root@workstation-46de ~]# cat production-ready-external-routes.yaml
apiVersion: kafka.strimzi.io/v1alpha1
kind: Kafka
metadata:
    name: production-ready
spec:
    kafka:
        replicas: 3
        listeners:
            plain: {}
            tls: {}
            external:
                type: route
        config:
            offsets.topic.replication.factor: 3
            transaction.state.log.replication.factor: 3
            transaction.state.log.min.isr: 2
        storage:
            type: persistent-claim
            size: 3Gi
            deleteClaim: false
    zookeeper:
        replicas: 3
        storage:
            type: persistent-claim
            size: 1Gi
            deleteClaim: false
    entityOperator:
        topicOperator: {}
userOperator: {}
```

应用配置文件如下所示：

```
# oc apply -f production-ready-external-routes.yaml
kafka.kafka.strimzi.io/production-ready configured
```

应用配置文件以后，Operator 会对 Kafka 集群启动滚动更新，逐个重新启动每个代理以更新其配置，如图 5-39 所示，以使在 OpenShift 中的每个 Broker 都有一个路由。

```
[root@workstation-46de ~]# oc get pods
NAME                                              READY   STATUS        RESTARTS   AGE
production-ready-entity-operator-9f89bddcf-nx5kd  3/3     Running       11         2h
production-ready-kafka-0                          2/2     Running       0          1m
production-ready-kafka-1                          2/2     Running       0          38s
production-ready-kafka-2                          0/2     Terminating   3          2h
production-ready-zookeeper-0                       2/2     Running       2          2h
production-ready-zookeeper-1                       2/2     Running       2          2h
production-ready-zookeeper-2                       2/2     Running       2          2h
strimzi-cluster-operator-584879fdf8-v7vtw         1/1     Running       1          2h
```

图 5-39　Kafka 集群滚动升级

查看 Kafka Broker 的路由，如下所示：

```
[root@workstation-46de ~]# oc get routes
NAME                                HOST/PORT                                              PATH
   SERVICES                         PORT        TERMINATION   WILDCARD
production-ready-kafka-0             production-ready-kafka-0-amq-streams.apps-
   46de.generic.opentlc.com                               production-ready-kafka-0
   9094        passthrough   None
production-ready-kafka-1             production-ready-kafka-1-amq-streams.apps-
   46de.generic.opentlc.com                               production-ready-kafka-1
   9094        passthrough   None
production-ready-kafka-2             production-ready-kafka-2-amq-streams.apps-
   46de.generic.opentlc.com                               production-ready-kafka-2
   9094        passthrough   None
production-ready-kafka-bootstrap     production-ready-kafka-bootstrap-amq-streams.
   apps-46de.generic.opentlc.com                          production-ready-kafka-external-
   bootstrap   9094        passthrough   None
```

接下来，我们在 OpenShift 集群外部配置代理与 OpenShift 中的 Kafka 进行交互，外部客户端必须使用 TLS。首先，我们需要提取服务器的证书。

```
# oc extract secret/production-ready-cluster-ca-cert --keys=ca.crt --to=- >certificate.
   crt
# ca.crt
```

然后，将其安装到 Java keystore。

```
# keytool -import -trustcacerts -alias root -file certificate.crt -keystore
   keystore.jks -storepass password -noprompt
Certificate was added to keystore
```

下载 Producer 和 Consumer 两个应用的 JAR 包。

```
#wget -O log-consumer.jar https://github.com/RedHatWorkshops/workshop-amq-
   streams/blob/master/bin/log-consumer.jar?raw=true
#wget -O timer-producer.jar https://github.com/RedHatWorkshops/workshop-amq-
   streams/blob/master/bin/timer-producer.jar?raw=true
```

使用新的配置设置启动这两个应用程序。首先启动 Consumer 应用，访问 OpenShift 内部的 Kafka Broker，执行结果如下所示：

```
java -jar log-consumer.jar \
--camel.component.kafka.configuration.brokers=production-ready-kafka-bootstrap-
amq-streams.apps-46de.generic.opentlc.com:443 \
    --camel.component.kafka.configuration.security-protocol=SSL \
    --camel.component.kafka.configuration.ssl-truststore-location=keystore.jks \
    --camel.component.kafka.configuration.ssl-truststore-password=password
```

启动 Producer 应用：

```
java -jar timer-producer.jar \
--camel.component.kafka.configuration.brokers=production-ready-kafka-bootstrap-
    amq-streams.apps-46de.generic.opentlc.com:443 \
    --camel.component.kafka.configuration.security-protocol=SSL \
    --camel.component.kafka.configuration.ssl-truststore-location=keystore.jks \
    --camel.component.kafka.configuration.ssl-truststore-password=password --server.
        port=0
```

两个应用都启动后，观察日志可以看到，Producer 从外部通过 OpenShift 上 Kafka 的路由向 Topic 中发送消息，Consumer 应用从外部通过 OpenShift 上 Kafka 的路由监听 Topic，获取 Topic 中的信息，如图 5-40、图 5-41 所示。

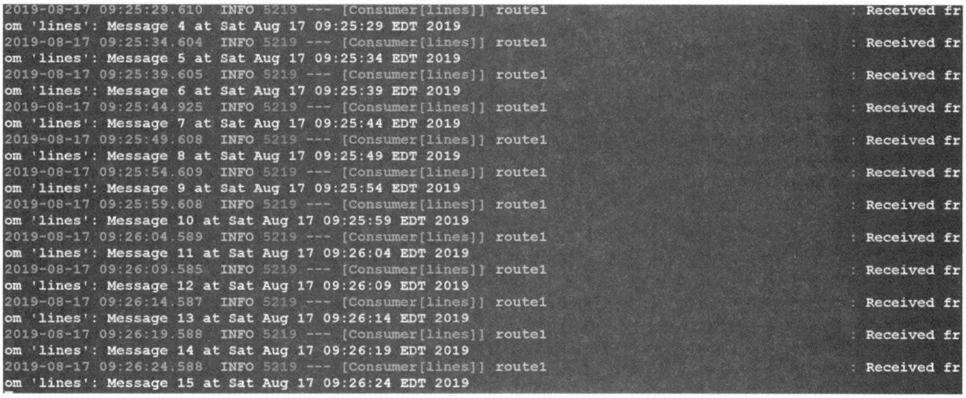

```
2019-08-17 09:25:29.610  INFO 5219 --- [Consumer[lines]] route1                                   : Received fr
om 'lines': Message 4 at Sat Aug 17 09:25:29 EDT 2019
2019-08-17 09:25:34.604  INFO 5219 --- [Consumer[lines]] route1                                   : Received fr
om 'lines': Message 5 at Sat Aug 17 09:25:34 EDT 2019
2019-08-17 09:25:39.605  INFO 5219 --- [Consumer[lines]] route1                                   : Received fr
om 'lines': Message 6 at Sat Aug 17 09:25:39 EDT 2019
2019-08-17 09:25:44.925  INFO 5219 --- [Consumer[lines]] route1                                   : Received fr
om 'lines': Message 7 at Sat Aug 17 09:25:44 EDT 2019
2019-08-17 09:25:49.608  INFO 5219 --- [Consumer[lines]] route1                                   : Received fr
om 'lines': Message 8 at Sat Aug 17 09:25:49 EDT 2019
2019-08-17 09:25:54.609  INFO 5219 --- [Consumer[lines]] route1                                   : Received fr
om 'lines': Message 9 at Sat Aug 17 09:25:54 EDT 2019
2019-08-17 09:25:59.608  INFO 5219 --- [Consumer[lines]] route1                                   : Received fr
om 'lines': Message 10 at Sat Aug 17 09:25:59 EDT 2019
2019-08-17 09:26:04.589  INFO 5219 --- [Consumer[lines]] route1                                   : Received fr
om 'lines': Message 11 at Sat Aug 17 09:26:04 EDT 2019
2019-08-17 09:26:09.585  INFO 5219 --- [Consumer[lines]] route1                                   : Received fr
om 'lines': Message 12 at Sat Aug 17 09:26:09 EDT 2019
2019-08-17 09:26:14.587  INFO 5219 --- [Consumer[lines]] route1                                   : Received fr
om 'lines': Message 13 at Sat Aug 17 09:26:14 EDT 2019
2019-08-17 09:26:19.588  INFO 5219 --- [Consumer[lines]] route1                                   : Received fr
om 'lines': Message 14 at Sat Aug 17 09:26:19 EDT 2019
2019-08-17 09:26:24.588  INFO 5219 --- [Consumer[lines]] route1                                   : Received fr
om 'lines': Message 15 at Sat Aug 17 09:26:24 EDT 2019
```

图 5-40　Consumer 应用

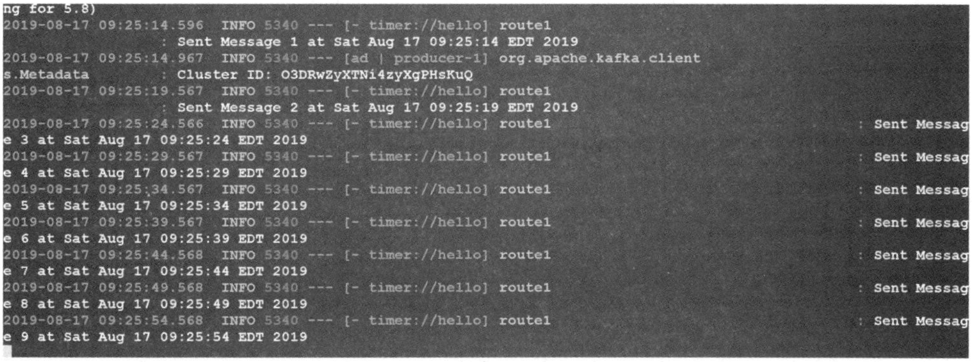

```
ng for 5.8)
2019-08-17 09:25:14.596  INFO 5340 --- [- timer://hello] route1
                         : Sent Message 1 at Sat Aug 17 09:25:14 EDT 2019
2019-08-17 09:25:14.967  INFO 5340 --- [ad | producer-1] org.apache.kafka.client
s.Metadata               : Cluster ID: O3DRwZyXTNi4zyXgPHsKuQ
2019-08-17 09:25:19.567  INFO 5340 --- [- timer://hello] route1
                         : Sent Message 2 at Sat Aug 17 09:25:19 EDT 2019
2019-08-17 09:25:24.566  INFO 5340 --- [- timer://hello] route1                                   : Sent Messag
e 3 at Sat Aug 17 09:25:24 EDT 2019
2019-08-17 09:25:29.567  INFO 5340 --- [- timer://hello] route1                                   : Sent Messag
e 4 at Sat Aug 17 09:25:29 EDT 2019
2019-08-17 09:25:34.567  INFO 5340 --- [- timer://hello] route1                                   : Sent Messag
e 5 at Sat Aug 17 09:25:34 EDT 2019
2019-08-17 09:25:39.567  INFO 5340 --- [- timer://hello] route1                                   : Sent Messag
e 6 at Sat Aug 17 09:25:39 EDT 2019
2019-08-17 09:25:44.568  INFO 5340 --- [- timer://hello] route1                                   : Sent Messag
e 7 at Sat Aug 17 09:25:44 EDT 2019
2019-08-17 09:25:49.568  INFO 5340 --- [- timer://hello] route1                                   : Sent Messag
e 8 at Sat Aug 17 09:25:49 EDT 2019
2019-08-17 09:25:54.568  INFO 5340 --- [- timer://hello] route1                                   : Sent Messag
e 9 at Sat Aug 17 09:25:54 EDT 2019
```

图 5-41　Producer 应用

在 OpenShift 集群中启动 Consumer 监听 Topic，可以看到结果如图 5-42 所示，与外部 Consumer 看到的信息一致：

```
sh-4.2$ bin/kafka-console-consumer.sh --bootstrap-server localhost:9092 --topic
    lines --from-beginning
```

```
Message 34 at Sat Aug 17 09:27:59 EDT 2019
Message 44 at Sat Aug 17 09:28:49 EDT 2019
Message 54 at Sat Aug 17 09:29:39 EDT 2019
Message 64 at Sat Aug 17 09:30:29 EDT 2019
Message 74 at Sat Aug 17 09:31:19 EDT 2019
Message 84 at Sat Aug 17 09:32:09 EDT 2019
Message 94 at Sat Aug 17 09:32:59 EDT 2019
Message 104 at Sat Aug 17 09:33:49 EDT 2019
Message 114 at Sat Aug 17 09:34:39 EDT 2019
Message 124 at Sat Aug 17 09:35:29 EDT 2019
Message 134 at Sat Aug 17 09:36:19 EDT 2019
Message 144 at Sat Aug 17 09:37:09 EDT 2019
Message 154 at Sat Aug 17 09:37:59 EDT 2019
Message 164 at Sat Aug 17 09:38:49 EDT 2019
Message 174 at Sat Aug 17 09:39:39 EDT 2019
Message 184 at Sat Aug 17 09:40:29 EDT 2019
Message 194 at Sat Aug 17 09:41:19 EDT 2019
Message 204 at Sat Aug 17 09:42:09 EDT 2019
Message 214 at Sat Aug 17 09:42:59 EDT 2019
```

图 5-42　获取 Topic 中的消息

5.3.5　配置 Mirror Maker

很多情况下，应用程序需要跨 Kafka 集群在彼此之间进行通信。数据可能在数据中心的 Kafka 中被摄取并在另一个数据中心中被消费。接下来，我们将展示如何使用 Mirror Maker 在 Kafka 集群之间复制数据，如图 5-43 所示。

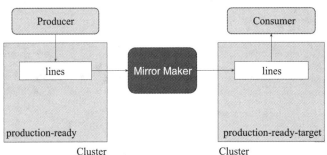

图 5-43　Kafka 集中的 Mirror Maker

部署第二套 Kafka 集群 production-ready-target，作为现有 Kafka 集群 production-ready 的目标端。集群部署配置文件如下所示：

```
# cat production-ready-target.yaml
apiVersion: kafka.strimzi.io/v1alpha1
kind: Kafka
metadata:
    name: production-ready-target
spec:
```

```
    kafka:
        replicas: 3
        listeners:
            plain: {}
            tls: {}
        config:
            offsets.topic.replication.factor: 3
            transaction.state.log.replication.factor: 3
            transaction.state.log.min.isr: 2
        storage:
            type: persistent-claim
            size: 3Gi
            deleteClaim: false
    zookeeper:
        replicas: 3
        storage:
            type: persistent-claim
            size: 1Gi
            deleteClaim: false
    entityOperator:
        topicOperator: {}
userOperator: {}
```

应用配置文件，执行结果如图 5-44 所示，两个 Kafka 集群已经部署成功。

```
# oc apply -f production-ready-target.yaml
```

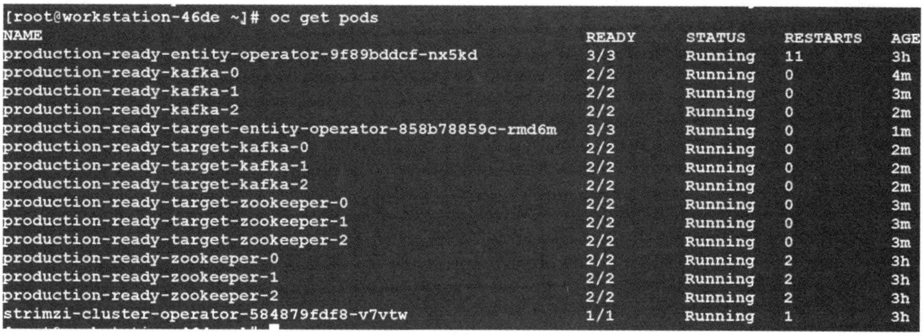

图 5-44　Kafka 集群部署成功

接下来，timer-producer 应用程序将在主 Kafka 集群上创建 Producer，Consumer 应用程序将从目标 Kafka 集群的 Topic 中读取消息。

首先部署 Mirror Maker，配置文件如下所示，它创建了两个 Kafka 集群 SVC 的联系。

```
# cat mirror-maker-single-namespace.yaml
apiVersion: kafka.strimzi.io/v1alpha1
kind: KafkaMirrorMaker
metadata:
    name: mirror-maker
spec:
    image: strimzi/kafka-mirror-maker:latest
```

```
    replicas: 1
    consumer:
        bootstrapServers: production-ready-kafka-bootstrap.amq-streams.svc:9092
        groupId: mirror-maker-group-id
    producer:
        bootstrapServers: production-ready-target-kafka-bootstrap.amq-streams.svc:9092
    whitelist: "lines|test-topic"
```

应用配置如下，执行结果如图 5-45 所示，显示 Mirror Maker Pod 创建成功。

```
[root@workstation-46de ~]# oc apply -f mirror-maker-single-namespace.yaml
kafkamirrormaker.kafka.strimzi.io/mirror-maker created
```

```
[root@workstation-46de ~]# oc get pods
NAME                                                 READY   STATUS    RESTARTS   AGE
mirror-maker-mirror-maker-7bdfcc7bc6-76812           1/1     Running   0          1m
production-ready-entity-operator-9f89bddcf-nx5kd     3/3     Running   11         3h
production-ready-kafka-0                             2/2     Running   0          9m
production-ready-kafka-1                             2/2     Running   0          8m
production-ready-kafka-2                             2/2     Running   0          7m
production-ready-target-entity-operator-858b78859c-rmd6m  3/3  Running   0          6m
production-ready-target-kafka-0                      2/2     Running   0          7m
production-ready-target-kafka-1                      2/2     Running   0          7m
production-ready-target-kafka-2                      2/2     Running   0          7m
production-ready-target-zookeeper-0                  2/2     Running   0          8m
production-ready-target-zookeeper-1                  2/2     Running   0          8m
production-ready-target-zookeeper-2                  2/2     Running   0          8m
production-ready-zookeeper-0                         2/2     Running   2          3h
production-ready-zookeeper-1                         2/2     Running   2          3h
production-ready-zookeeper-2                         2/2     Running   2          3h
strimzi-cluster-operator-584879fdf8-v7vtw            1/1     Running   1          3h
```

图 5-45   Mirror Maker Pod 创建成功

现在从目标 Kafka 集群中部署 Consumer，如下所示：

```
# cat log-consumer-target.yaml
apiVersion: extensions/v1beta1
kind: Deployment
metadata:
    name: log-consumer
    labels:
        app: kafka-workshop
spec:
    replicas: 1
    template:
        metadata:
            labels:
                app: kafka-workshop
                name: log-consumer
        spec:
            containers:
                - name: log-consumer
                  image: docker.io/mbogoevici/log-consumer:latest
                  env:
                      - name: CAMEL_COMPONENT_KAFKA_CONFIGURATION_BROKERS
                        value: "production-ready-target-kafka-bootstrap.amq-
                            streams.svc:9092"
                      - name: CAMEL_COMPONENT_KAFKA_CONFIGURATION_GROUP_ID
```

```
                    value: test-group
```

应用配置文件如下：

```
# oc apply -f log-consumer-target.yaml
deployment.extensions/log-consumer created
```

将 timer-producer 应用程序写入主 Kafka 集群，配置文件如下所示：

```
# cat timer-producer.yaml
apiVersion: extensions/v1beta1
kind: Deployment
metadata:
    name: timer-producer
    labels:
        app: kafka-workshop
spec:
    replicas: 1
    template:
        metadata:
            labels:
                app: kafka-workshop
                name: timer-producer
        spec:
            containers:
                - name: timer-producer
                    image: docker.io/mbogoevici/timer-producer:latest
                    env:
                        - name: CAMEL_COMPONENT_KAFKA_CONFIGURATION_BROKERS
                            value: "production-ready-kafka-bootstrap.amq-streams.
                                svc:9092"
```

应用配置如下，执行结果如图 5-46 所示。

```
# oc apply -f timer-producer.yaml
deployment.extensions/timer-producer created
```

```
[root@workstation-46de ~]# oc get pods
NAME                                                      READY    STATUS     RESTARTS    AGE
log-consumer-99f64f699-qbk86                              1/1      Running    0           2m
mirror-maker-mirror-maker-7bdfcc7bc6-76812                1/1      Running    0           5m
production-ready-entity-operator-9f89bddcf-nx5kd          3/3      Running    11          3h
production-ready-kafka-0                                  2/2      Running    0           13m
production-ready-kafka-1                                  2/2      Running    0           12m
production-ready-kafka-2                                  2/2      Running    0           11m
production-ready-target-entity-operator-858b78859c-rmd6m  3/3      Running    0           11m
production-ready-target-kafka-0                           2/2      Running    0           11m
production-ready-target-kafka-1                           2/2      Running    0           11m
production-ready-target-kafka-2                           2/2      Running    0           11m
production-ready-target-zookeeper-0                       2/2      Running    0           12m
production-ready-target-zookeeper-1                       2/2      Running    0           12m
production-ready-target-zookeeper-2                       2/2      Running    0           12m
production-ready-zookeeper-0                              2/2      Running    2           3h
production-ready-zookeeper-1                              2/2      Running    2           3h
production-ready-zookeeper-2                              2/2      Running    2           3h
strimzi-cluster-operator-584879fdf8-v7vtw                 1/1      Running    1           3h
timer-producer-78d7b5667-zh5bw                            1/1      Running    0           1m
```

图 5-46　timer-producer Pod 部署成功

接下来我们查看 timer-producer 和 log-consumer Pod 的日志，可以看到消息之间的正常交互，如图 5-47、图 5-48 所示。

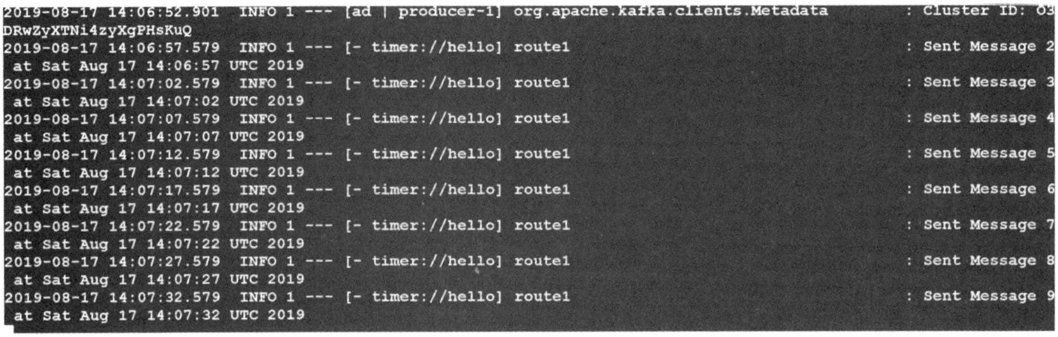

图 5-47　timer-producer Pod 日志

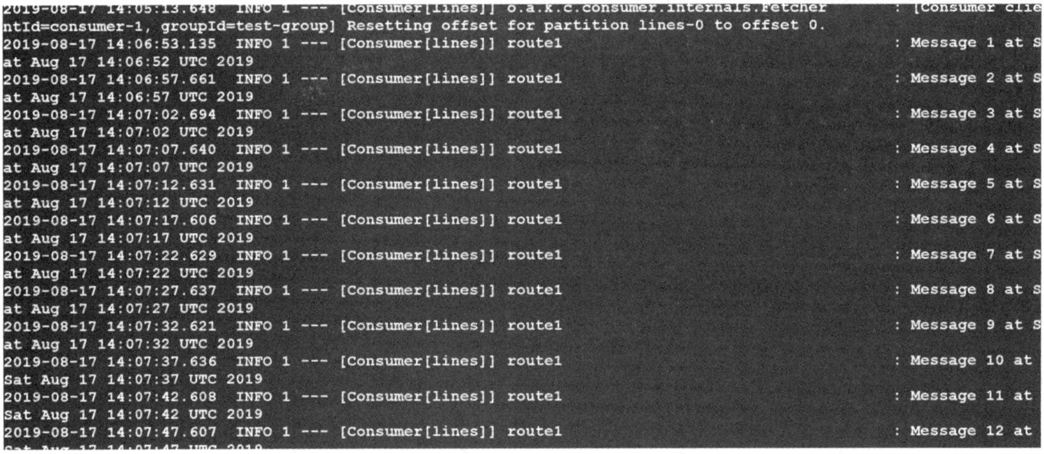

图 5-48　log-consumer Pod 日志

由此可以证明，Mirror Maker 配置成功。至此，Kafka 集群在 OpenShift 集群上成功实现。

5.4　本章小结

通过本章的学习，相信你已经对 AMQ 和 Kafka 的架构以及两者在 OpenShift 上的实现有了较为清晰的了解。消息中间件和分布式缓存是构建微服务的重要组成部分，而采用微服务架构是云原生应用构建中的一个重要步骤（步骤 6）。随着微服务和云原生应用在 OpenShift 上的大量部署，AMQ 和 Kafka 必将发挥重要的作用。

第 6 章 *Chapter 6*

构建分布式缓存

在第 5 章中，我们介绍了分布式消息中间件和数据流平台。构建云原生的第二步是借助于轻量级应用服务器，为现有单体应用提速。也就是说，企业中未必所有的应用都适合改造成微服务，针对重要性较高的单体应用，我们的策略是先将它们迁移到轻量级的应用服务器上，如 Red Hat JBoss EAP。当应用迁移到轻量级的应用服务器后，应用的横向扩展能力会得到提升，但当面临业务量激增时，仍有可能出现性能不足的情况，这时我们需要为运行在轻量级应用服务器上的应用构建分布式缓存。本章将就此展开介绍。

6.1　IT 架构的演进

随着数字化时代到来，互联网业务发展，企业线上业务系统越来越多。线上业务有时会面临突发大业务量访问的情况，如银行发行纪念币、节假日的旅游景点购票等。在面临业务量突增时，传统集中式 IT 架构与分布式 IT 架构的处理方式是不同的，具体会在本章进行说明。

6.1.1　传统 IT 架构

在传统集中式的 IT 架构中，Web/App/DB 层都使用高端的服务器作为支撑，当遇到业务量增加时，可以为 App 所在的虚拟机进行纵向扩展（增加虚拟机的 CPU、内存），如图 6-1 所示。但如果业务量的增加超过预期，现有应用实例的处理能力不足以满足需求时，业务系统就会出现问题。

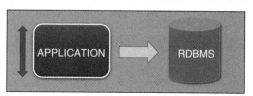

图 6-1　纵向扩展

6.1.2　分布式 IT 架构

在分布式架构中，面对业务量突增的情况，App 可以进行横向扩展，通过动态增加应用实例的数量提供更强的业务处理能力，这种方式显然比横向扩展的效果更好，如图 6-2 所示。横向扩展需要较快的速度，否则不能及时应对突发的大流量。目前，应用的秒级弹性横向扩展需要借助基于容器的 PaaS 平台实现。

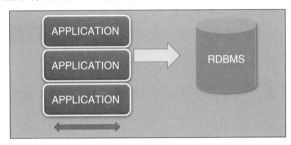

图 6-2　横向扩展

6.1.3　分布式 IT 架构下的缓存

在分布式架构中，PaaS 为 App 层提供了秒级弹性横向扩展的能力。为了保证客户端的良好体验，降低数据库端的压力，通常还需要设置应用层缓存或分布式缓存。

许多应用程序在关系数据库中查询数据，这为数据库带来了很大的负载。对于许多重复的、相对静态的查询，则可以通过缓存查询的结果来减少开销，缓存会设置到期功能，即在设定的一段时间后删除过时的查询。应用层缓存指的是在应用服务器本地部署一套缓存，称为 local cache。本地缓存适用于数据量访问不是特别大的情况。如果数据量特别大，需要将缓存部署成分布式集群，并部署到应用服务器外部，即分布式缓存，如图 6-3 所示。

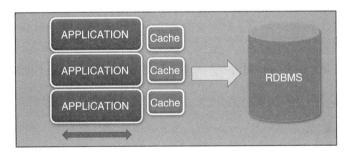

图 6-3　分布式缓存

为应用提供本地缓存或分布式缓存的技术，我们称之为内存数据网格（In-Memory Data Grid，IMDB）。数据网格通常与传统数据存储（例如关系数据库）协同工作，通过在内存中缓存数据以便更快地访问。数据网格也会作为主要数据存储而出现，其内存中包含最新的相关数据，而较旧的、相关性较低的数据则被丢弃或存储在磁盘上。

6.1.4 内存数据网格的应用场景

数据网格在企业客户有大量使用场景。

❑ 运输和物流：运输业务通常需要实时的全球路线、跟踪和物流信息。存储在数据网格中的数据包括地理位置、目的地、来源、交付优先级等。

❑ 零售：在零售应用程序中，需要为数百万并发用户提供即时、最新的目录。存储在网格中的数据可以包括库存水平、价格、仓库位置、用户跟踪、用户个性化、销售、折扣和促销。

❑ 金融服务：金融服务应用程序包括通过股票交易模拟检查选项、使用实时准确信息进行计算。

❑ 媒体和娱乐：在线娱乐行业向数百万并发用户提供大量数据。数据网格可用于缓存流视频，同时管理安全性、用户数据和后台集成。

在介绍了缓存在分布式系统中的作用后，接下来我们来看内存数据网格的技术实现。

6.2 内存数据网格技术实现：Infinispan

在开源社区，Infinispan 和 Redis 是常用的内存数据网格技术，首先介绍 Infinispan。

Infinispan 是 Red Hat 开发的分布式缓存和键值 NoSQL 数据存储软件。它既可以用作嵌入式 Java 库，也可以用作通过各种协议 TCP/IP 远程访问的与语言无关的服务（Hot Rod、REST、Memcached 和 WebSockets）。针对 Infinispan，Red Hat 的企业级解决方案是 Red Hat Data Grid。

Infinispan 提供诸如事务、事件、查询和分布式处理等高级功能，可以与 JCache API 标准，CDI、Hibernate、WildFly、Spring Cache、Spring Session、Lucene、Spark 和 Hadoop 等框架大量集成。

Infinispan 在业务系统中所处的位置如图 6-4 所示。

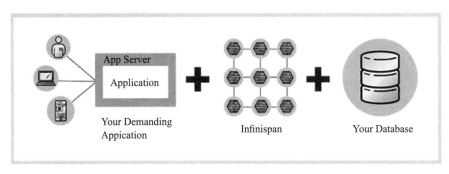

图 6-4 Infinispan 在业务系统中的位置

Infinispan 包含如下组件。

❑ 客户端 / 服务端库模块：提供 Infinispan 被调用的接口。

❑ in-memory store：内存存储，是存储和检索键值条目的主要组件。

❑ persistent cache store：持久性缓存存储，用于永久存储缓存条目以及数据网格异常关闭后的数据恢复。

❑ Amin Console：提供图形化管理工具，用于部署单点控制、管理和监控 Infinispan。

6.2.1　Infinispan 的两种部署模式

Infinispan 有库模式和客户端 / 服务器两种部署模式。在库模式下，Infinispan（JAR 文件）随应用一起部署到应用服务器（如 JBoss EAP 和 JBoss Web Server，即 Red Hat 企业版 Tomcat），如图 6-5 所示。

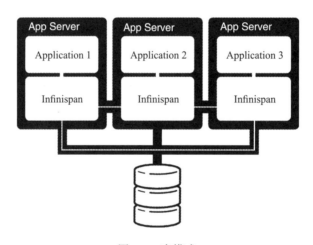

图 6-5　库模式

在库模式下，Infinispan 与应用程序在相同的 JVM 中运行。用户应用程序调用 InfinispanCache API 来创建缓存管理器。高速缓存管理器根据其配置参数管理高速缓存实例的创建和操作。

客户端 / 服务器模式将应用程序与缓存分开，这有利于 Infinispan 弹性扩展和独立维护。JBoss Data Grid 支 持 Hot Rod、REST 和 Memcached 协 议，供客户端调用。在客户端 / 服务器部署模式下，客户端仅部署给定协议和核心 API 所需的库即可，如图 6-6 所示。

在客户端 / 服务器模式下，客户端是一个单独的应用程序，需要使用 Cache API 远程访问服务器上维护的缓存，如图 6-7 所示。

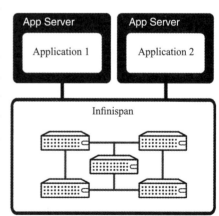

图 6-6　客户端 / 服务器模式

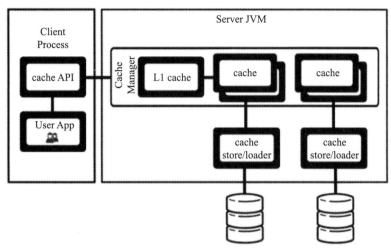

图 6-7　客户端 / 服务器客户端访问模式

在介绍了 Infinispan 的两种部署模式后，接下来我们介绍 Infinispan 的三种配置模式。

6.2.2　Infinispan 的三种配置模式

Infinispan 有三种配置模式：本地缓存（Local cache）、复制缓存（Replicated cache）和分布式缓存（Distributed cache）。Infinispan 的两种部署模式都支持这三种配置模式。

本地缓存只有一个缓存副本，其架构示意图如图 6-8 所示。本地缓存适合如下应用场景：

❑ 单个流程；

❑ 流程特有的数据；

❑ 非共享数据。

在复制缓存中，数据存储在集群中的每个节点上。复制缓存提供故障转移保护的功能，如果一个节点发生故障，可以从另一个节点检索缓存值。

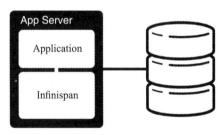

图 6-8　本地缓存

复制缓存的架构示意图如图 6-9 所示，它适合如下场景：

❑ 小型固定数据集；

❑ 需要极高容错能力的场景；

❑ 多个应用程序的实时读取访问权限。

分布式缓存使用一致性散列的分布算法将数据存储在集群中的几个节点上，如图 6-10 所示。分布式缓存适合如下场景：

❑ 跨全球数据中心管理和海量数据集处理；

❑ 具有大波动、周期性或不可预测性的弹性数据集；

❑ 承载从本地缓存和传统数据库转移出来的事务负载。

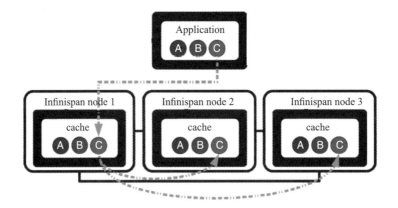

图 6-9　复制缓存

　　在介绍了 Infinispan 的三种配置方式后，我们通过测试验证 Infinispan 的功能。

6.2.3　Infinispan 功能验证

　　JBoss Data Grid 集群的模式配置，通过修改配置文件进行编辑。复制模式分为同步复制和异步复制。异步复制可以使用复制队列：JBoss Data Grid 集群成员发送的消息存储在队列里。这些消息会定期或当队列达到大小阈值时批量传输到其他集群成员，如下所示：

```
<clustering ...
    <async
        useReplQueue="true"
        replQueueInterval="10000" <! -- milliseconds -->
        replQueueMaxElements="500"
    />
```

图 6-10　分布式缓存

　　Infinispan 分布式模式配置如图 6-11 所示。配置分布式缓存的名称为 teams、数据同步为异步复制、每份数据的副本是 2。在分布式模式下，多个 Infinispan 实例可以实现双向复制。也就是说，在 Infinispan 分布式模式下，我们可以同时连接 Infinispan 的多个实例，同时向缓存中插入数据，Infinispan 实例会向其他 Infinispan 实例进行数据复制。

```
<distributed-cache name="teams" start="EAGER" batching="false" mode="ASYNC" owners="2">
<locking acquire-timeout="20000" concurrency-level="500" striping="false"/>
<string-keyed-jdbc-store datasource="java:jboss/datasources/ExampleDS" passivation="false" preload="false" purge="false">
            <!-- specifies information about database table/column names and data types -->
            <string-keyed-table prefix="JDG">
                <id-column name="id" type="VARCHAR"/>
                <data-column name="datum" type="BINARY"/>
                <timestamp-column name="version" type="BIGINT"/>
            </string-keyed-table>
        </string-keyed-jdbc-store>
</distributed-cache>
```

图 6-11　分布式缓存

由于篇幅有限，本文不进行 Infinispan 的详细部署介绍。Infinispan 部署完成之后，可以通过 Admin Console 进行管理，登录到图形化管理界面，查看 Infinispan 集群的 Cache containers，如图 6-12 所示。

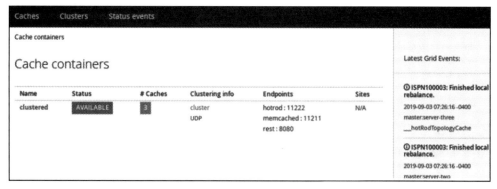

图 6-12　查看 Infinispan 集群的 Cache containers

可以看到上文配置的名为 teams 的分布式缓存，如图 6-13 所示。

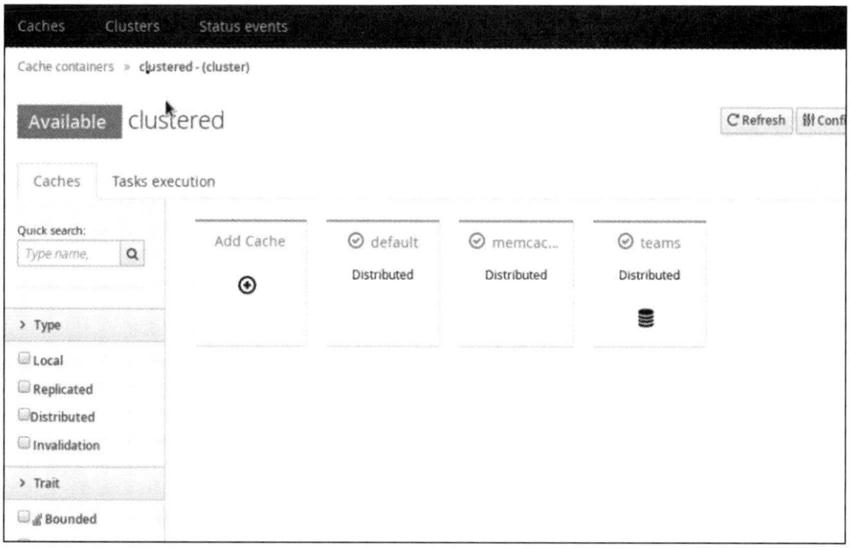

图 6-13　查看分布式缓存

查看分布式缓存 teams 的三个节点，如图 6-14 所示，此时 Total entries 的数量为 0。

接下来，我们配置客户端程序来连接缓存。在客户端配置连接 Infinispan 的配置文件，书写 Infinispan 的 IP 地址和 hotrod 端口号，如下所示：

```
#cat jdg.properties
jdg.host=10.0.0.1
jdg.hotrod.port=11222
```

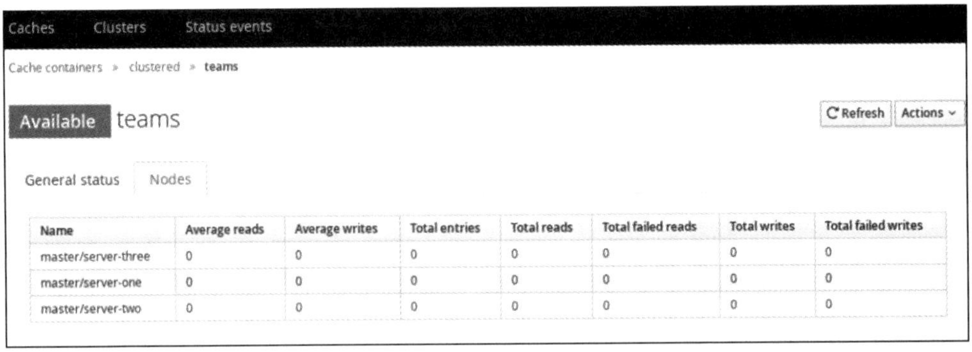

Name	Average reads	Average writes	Total entries	Total reads	Total failed reads	Total writes	Total failed writes
master/server-three	0	0	0	0	0	0	0
master/server-one	0	0	0	0	0	0	0
master/server-two	0	0	0	0	0	0	0

图 6-14 查看分布式缓存条目

在客户端源码中配置对 Infinispan 的访问，首先加载 Infinispan 配置文件，如图 6-15 所示。

```
public class FootballManager {

    private static final String JDG_HOST = "jdg.host";
    private static final String HOTROD_PORT = "jdg.hotrod.port";
    private static final String PROPERTIES_FILE = "jdg.properties";
    private static final String msgTeamMissing = "The specified team \"%s\" does
```

图 6-15 客户端源码加载配置

代码定义了客户端的 addTeam 方法，我们可以看到其中定义了应用与 Infinispan 的交互，如图 6-16 所示。

```
public void addTeam() {
    String teamName = con.readLine(msgEnterTeamName);
    @SuppressWarnings("unchecked")
    List<String> teams = (List<String>) cache.get(teamsKey);
    if (teams == null) {
        teams = new ArrayList<String>();
    }
    Team t = new Team(teamName);
    cache.put(teamName, t);
    teams.add(teamName);
    // maintain a list of teams under common key
    cache.put(teamsKey, teams);
}
```

图 6-16 客户端源码调用缓存

客户端编译后运行，如图 6-17 所示，可以看到增加了两个 team。

```
Choose action:
==============
at  -  add a team
ap  -  add a player to a team
rt  -  remove a team
rp  -  remove a player from a team
p   -  print all teams and players
q   -  quit
>at
Enter team name: davidwei
>at
Enter team name: weixinyu
>
```

图 6-17 运行客户端

此时，再次查看分布式缓存的信息，Total entries 已经有了两条数据，分别在 server-two 和 server-three 上，如图 6-18 所示。

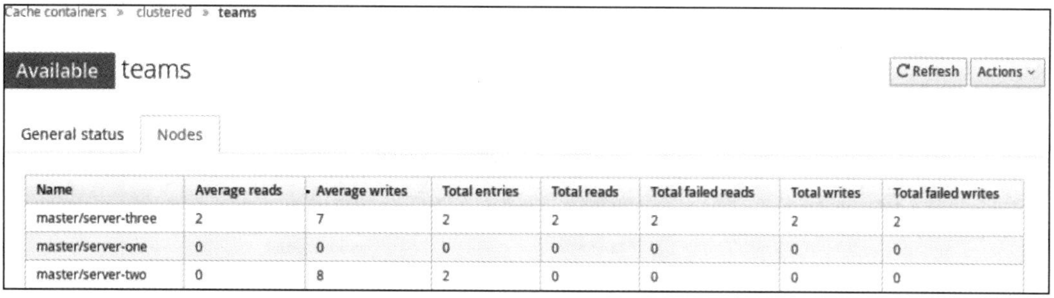

Name	Average reads	Average writes	Total entries	Total reads	Total failed reads	Total writes	Total failed writes
master/server-three	2	7	2	2	2	2	2
master/server-one	0	0	0	0	0	0	0
master/server-two	0	8	2	0	0	0	0

图 6-18　查看分布式缓存条目

查看 Infinispan 日志可以看到 Cache 的 rebalance 记录，如图 6-19 所示。

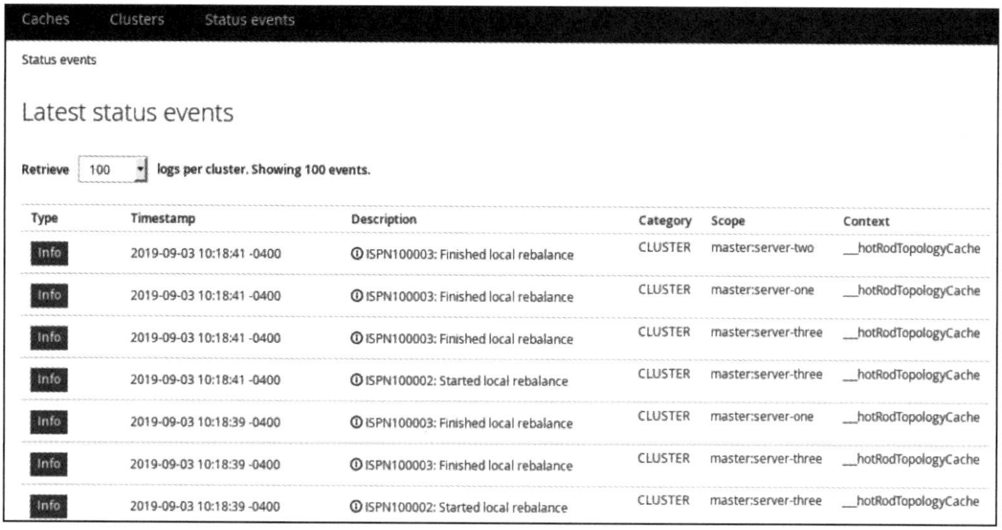

Type	Timestamp	Description	Category	Scope	Context
Info	2019-09-03 10:18:41 -0400	ISPN100003: Finished local rebalance	CLUSTER	master:server-two	__hotRodTopologyCache
Info	2019-09-03 10:18:41 -0400	ISPN100003: Finished local rebalance	CLUSTER	master:server-one	__hotRodTopologyCache
Info	2019-09-03 10:18:41 -0400	ISPN100003: Finished local rebalance	CLUSTER	master:server-three	__hotRodTopologyCache
Info	2019-09-03 10:18:41 -0400	ISPN100002: Started local rebalance	CLUSTER	master:server-three	__hotRodTopologyCache
Info	2019-09-03 10:18:39 -0400	ISPN100003: Finished local rebalance	CLUSTER	master:server-one	__hotRodTopologyCache
Info	2019-09-03 10:18:39 -0400	ISPN100003: Finished local rebalance	CLUSTER	master:server-three	__hotRodTopologyCache
Info	2019-09-03 10:18:39 -0400	ISPN100002: Started local rebalance	CLUSTER	master:server-three	__hotRodTopologyCache

图 6-19　查看日志

通过 Infinispan 的图形化管理界面，还可以观察 Cache 的性能数据，如图 6-20 所示。

截至目前，本文验证了 Infinispan 分布式缓存的功能。随着在 OpenShift 上部署的应用种类越来越多，如何为 OpenShift 上的应用提供分布式缓存也是很多企业客户面临的问题。如果将分布式缓存部署到物理机或者虚拟机，那么从 OpenShift 上的容器化应用调用分布式缓存的网络开销将会比较大，将分布式缓存和容器化应用部署到相同 OpenShift 集群是更好的方案。接下来将介绍 Infinispan 在 OpenShift 上的实现。

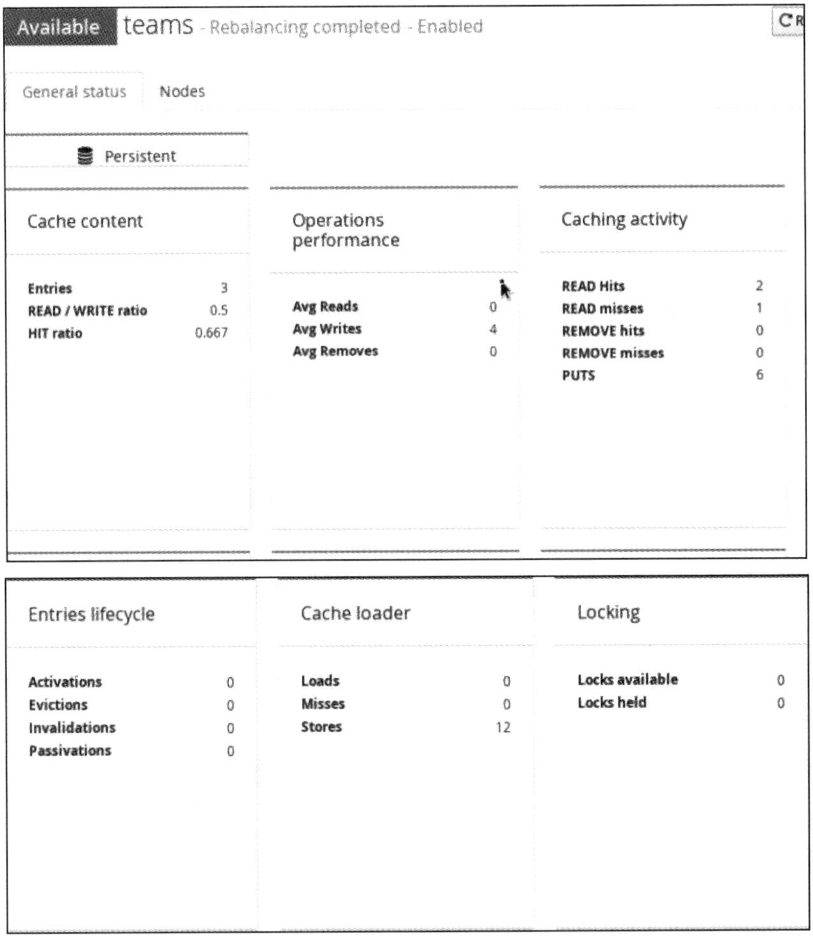

图 6-20　查看性能数据

6.2.4　在 OpenShift 上实现 Infinispan

针对 OpenShift 3.11 和 4.2 版本，我们可以通过 Operator 的方式，在 OpenShift 上部署 Infinispan。在 OpenShift 4 的 Operator Hub 中，可以选择 Data Grid Operator，它是 Infinispan 的 Red Hat 企业版，功能相同，但提供企业级支持。由于篇幅有限，我们仅展示手工安装 Infinispan 的步骤。

首先，为 Infinispan Operator 添加自定义资源定义（CRD）和基于角色的访问控制（RBAC）资源。

```
[root@master ~]# oc apply -f https://raw.githubusercontent.com/infinispan/
    infinispan-operator/master/deploy/crd.yaml
customresourcedefinition.apiextensions.k8s.io/infinispans.infinispan.org configured
```

安装 RBAC 资源：

```
[root@master ~]# oc apply -f https://raw.githubusercontent.com/infinispan/
    infinispan-operator/master/deploy/rbac.yaml
role.rbac.authorization.k8s.io/infinispan-operator created
serviceaccount/infinispan-operator created
rolebinding.rbac.authorization.k8s.io/infinispan-operator created
```

通过模板部署 Infinispan Operator：

```
[root@master ~]# oc apply -f https://raw.githubusercontent.com/infinispan/
    infinispan-operator/master/deploy/operator.yaml
deployment.apps/infinispan-operator created
```

至此，Infinispan Operator 已经创建成功，如图 6-21 所示。

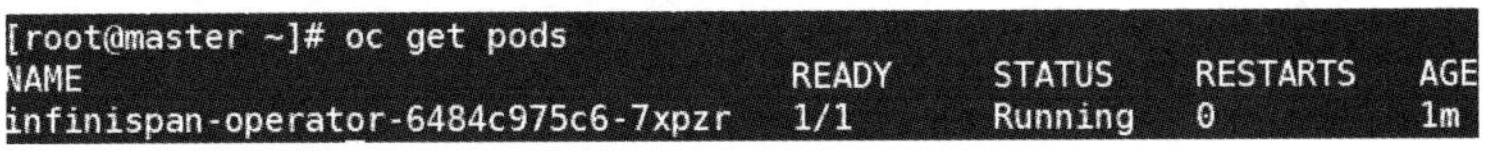

```
[root@master ~]# oc get pods
NAME                                  READY   STATUS    RESTARTS   AGE
infinispan-operator-6484c975c6-7xpzr  1/1     Running   0          1m
```

图 6-21　查看部署成功的 Infinispan Operator

接下来，我们在 OpenShift 中创建包含凭证的 secret，以便应用程序访问 Infinispan 节点时，可以进行身份验证。

```
[root@master ~]#  oc apply -f https://raw.githubusercontent.com/infinispan/
    infinispan-operator/master/deploy/cr/auth/connect_secret.yaml
secret/connect-secret created
```

创建 Infinispan 部署的 yaml，如下所示。在配置文件中：Infinispan 集群名称为 david-infinispan，集群节点数为 2，指定包含身份验证的 secret 为 connect-secret（上文创建的）。

```
[root@master ~]# cat > cr_minimal_with_auth.yaml<<EOF
> apiVersion: infinispan.org/v1
> kind: Infinispan
> metadata:
>   name: david-infinispan
> spec:
>   replicas: 2
>   security:
>     endpointSecret: connect-secret
> EOF
```

应用配置如下：

```
[root@master ~]# oc apply -f cr_minimal_with_auth.yaml
infinispan.infinispan.org/david-infinispan created
```

Infinispan 集群创建成功后，Pod 如图 6-22 所示。

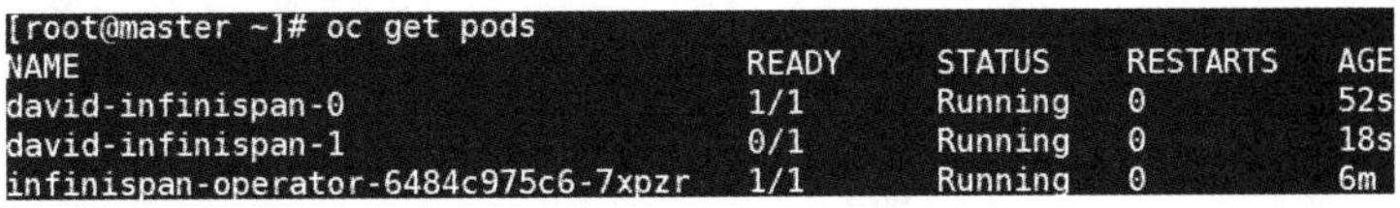

```
[root@master ~]# oc get pods
NAME                                  READY   STATUS    RESTARTS   AGE
david-infinispan-0                    1/1     Running   0          52s
david-infinispan-1                    0/1     Running   0          18s
infinispan-operator-6484c975c6-7xpzr  1/1     Running   0          6m
```

图 6-22　查看部署成功的 Infinispan 集群

查看两个 Infinispan Pod 的日志，如下所示，可以看到两个 Pod 能够获取到集群视图的信息。

```
[root@master ~]# oc logs david-infinispan-0 | grep ISPN000094
07:10:05,536 INFO  [org.infinispan.CLUSTER] (main) ISPN000094: Received new
    cluster view for channel infinispan: [david-infinispan-0-59271|0] (1) [david-
    infinispan-0-59271]

[root@master ~]# oc logs david-infinispan-1 | grep ISPN000094
07:09:35,541 INFO  [org.infinispan.CLUSTER] (main) ISPN000094: Received new
    cluster view for channel infinispan: [david-infinispan-1-62958|0] (1) [david-
    infinispan-1-62958]
```

至此，我们可以确认 Infinispan 集群创建成功。

我们知道，为了保证 OpenShift 上应用的正常运行，OpenShift 可以对容器化应用进行容器检查（liveness）和应用健康检查（readiness）。Infinispan 的容器化镜像为 OpenShift 提供了检查脚本，并且已经自动配置。登录到 Infinispan Pod，可以查看 liveness 和 readiness 脚本。

Liveness 健康检查脚本如下所示：

```
sh-4.4$ cat /opt/infinispan/bin/livenessProbe.sh
#!/bin/bash
set -e

source $(dirname $0)/probe-common.sh
curl --http1.1 --insecure ${AUTH} --fail --silent --show-error --output /
    dev/null --head ${HTTP}://${HOSTNAME}:11222/rest/v2/cache-managers/
    DefaultCacheManager/health
```

Readiness 健康检查脚本如下所示：

```
sh-4.4$ cat /opt/infinispan/bin/readinessProbe.sh
#!/bin/bash
set -e

source $(dirname $0)/probe-common.sh
curl --http1.1 --insecure ${AUTH} --fail --silent --show-error -X GET
${HTTP}://${HOSTNAME}:11222/rest/v2/cache-managers/DefaultCacheManager/health \
    | grep -Po '"health_status":.*?[^\\]",' \
    | grep -q '\"HEALTHY\"'
```

Infinispan Operator 会自动创建服务来处理网络流量，我们查看 Infinispan 的 Service，共有三个，如图 6-23 所示。

```
[root@master ~]# oc get svc
NAME                        TYPE           CLUSTER-IP      EXTERNAL-IP                     PORT(S)         AGE
david-infinispan            ClusterIP      172.30.214.73   <none>                          11222/TCP       26m
david-infinispan-external   LoadBalancer   172.30.153.5    172.29.21.214,172.29.21.214     11222:30070/TCP 26m
david-infinispan-ping       ClusterIP      None            <none>                          8888/TCP        26m
```

图 6-23　查看 Service

三个 Service 的作用如下：

❑ david-infinispan：提供与 david-infinispan 同一个 OpenShift 项目中应用对 Infinispan 的访问。

❑ david-infinispan-ping：提供 Infinispan 集群服务发现。

❑ david-infinispan-external：提供与 david-infinispan 不同 OpenShift 项目中应用对 Infinispan 的访问。

至此，我们已经验证可以基于 OpenShift 实现 Infinispan。接下来，我们介绍另外一种内存数据网格技术：Redis。

6.3　内存数据网格技术实现：Redis

Redis 是一个基于内存（in-memory）、键值对（Key-value）的数据库。Redis 可以将数据保留在内存中以提升读写速度，还可以将数据以键值对的方式持久化存储，为应用缓存、用户会话、消息代理、高速交易等场景提供持久数据存储。

Redis 支持多种开发语言，如 Java、Python、Go、Node.js 等。Redis 最重要的使用场景是分布式缓存。在基于 OpenShift 的微服务中，Redis 可以保存微服务 Session 数据、状态数据。

单实例的 Redis 存在单点故障。Redis 的集群实现模式有两种，Redis Sentinel（HA）模式和 Redis Cluster 模式，如表 6-1 所示。

表 6-1　两种集群实现模式

集群实现模式	数据高可用实现
Redis Sentinel	一主多从：异步复制
Redis Cluster	多主多从：Redis Sharding+ 异步复制

Redis Sentinel（HA）与 Redis 的主从复制配合，实现 Redis 的一主多从。Redis Cluster 可以实现 Redis 的多主多从，我们将在下文展开详细说明。

6.3.1　Sentinel + Redis 一主多从

Redis 主从复制（Master-Slave）采用异步复制的模式，当用户向 Redis 的 Master 节点写入数据时，会通过 Redis Sync 机制将数据文件发送至 Slave 节点，Slave 节点也会执行相同的操作确保数据一致。Redis 主从模式下，每个 Redis 节点可以有一个或者多个 Slave。在主从复制模式下，Redis Master 数据可读写、Slave 数据可读，有利于实现程序的读写分离，避免 I/O 瓶颈，如图 6-24 所示。

Redis Sentinel 用于管理 Redis 的多实例，如 Redis 的一主多从模式。Sentinel 监控 Redis 实例的状态。当 Redis Master 出现问题时，Sentinel 会将一个 Slave 提升为 Master 并向客户端返回新 Master 的地址。

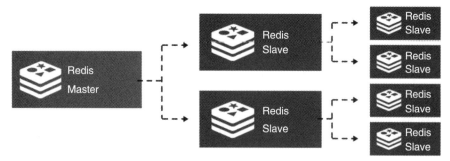

图 6-24　Redis 的一主多从模式

由于 Sentinel 本身也存在单点故障，在生产环境中，Sentinel 需要至少使用三个节点组成集群的方式来避免故障，这样即使一个 Sentinel 进程宕掉，其他 Sentinel 依然可以对 Redis 集群进行监控和主备切换。在一个一主双从的 Redis 中，对每个 Redis 实例所在节点都部署一个 Sentinel 实例，如图 6-25 所示。

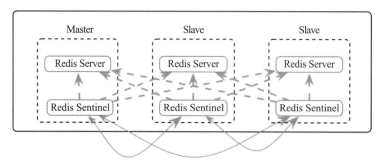

图 6-25　Redis 的一主多从与 Sentinel 的配合

Sentinel + Redis 一主多从的模式，在 Redis 的早期版本（Redis3 之前）中使用较多。但是这种方案存在一些劣势，主要包括：

❑ 应用端必须采用 Sentinel 的接入方式，接口 API 部分需要相应调整；
❑ 此模式如果想实现 Redis 数据分片（sharding），需要前置 Codis 或 Twemproxy 等组件，这进一步增加了配置的复杂度。

随着 Redis 3 版本中 Redis Cluster 技术逐渐成熟，Redis Sentinel + Redis 一主多从的模式已经不被官方所推荐。

6.3.2　Redis Cluster + Redis 多主多从

在 Redis 主从复制中，只有一个 Master。当数据量较大时，单一 Redis Master 无法承载，这就要求进行数据分片。前文提到的 Sentinel + Redis 一主多从模式，是通过配置实现的客户端分片，但配置步骤较为复杂。Redis Cluster 可以通过较为便捷的方式实现 Redis Server 端的数据分片。

Redis 3 已经自带了 Redis Cluster 功能。Redis 3 自带的 Cluster 功能除了可以实现 Redis Service 端的数据分片，还提供了 Sentinel 中主从检测切换的功能。Redis 3 Cluster 使用哈希槽（hash slot）的方式来分配数据，实现数据分片。Redis 3 Cluster 默认分配了 16384 个 slot，当执行 set 设置 key 操作时，会对 key 使用 CRC16 算法取模得到所属的 slot，然后将这个 key 分到哈希槽区间的节点上。架构如图 6-26 所示。

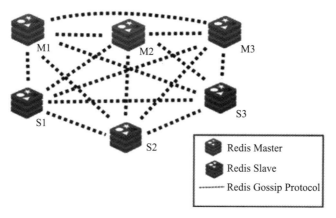

图 6-26　Redis 的多主多从

相比第一种方案，Redis Cluster+ Redis 多主多从有如下优点：

❑ 应用端对调用 Redis 的 API 接入不需要进行调整；

❑ Redis 的主从切换由 Redis Cluster 直接完成，极大地简化了部署架构，这为 Redis 容器 PaaS 平台（如 OpenShift）的实现提供了基础。

接下来我们介绍 Redis 在 OpenShift 上的实现。

6.3.3　Redis 在 OpenShift 上的实现

OpenShift 提供 Redis 的单实例部署模板，如图 6-27 所示。

图 6-27　OpenShift 上的 Redis 模板

通过模板创建 Redis，如图 6-28 所示。

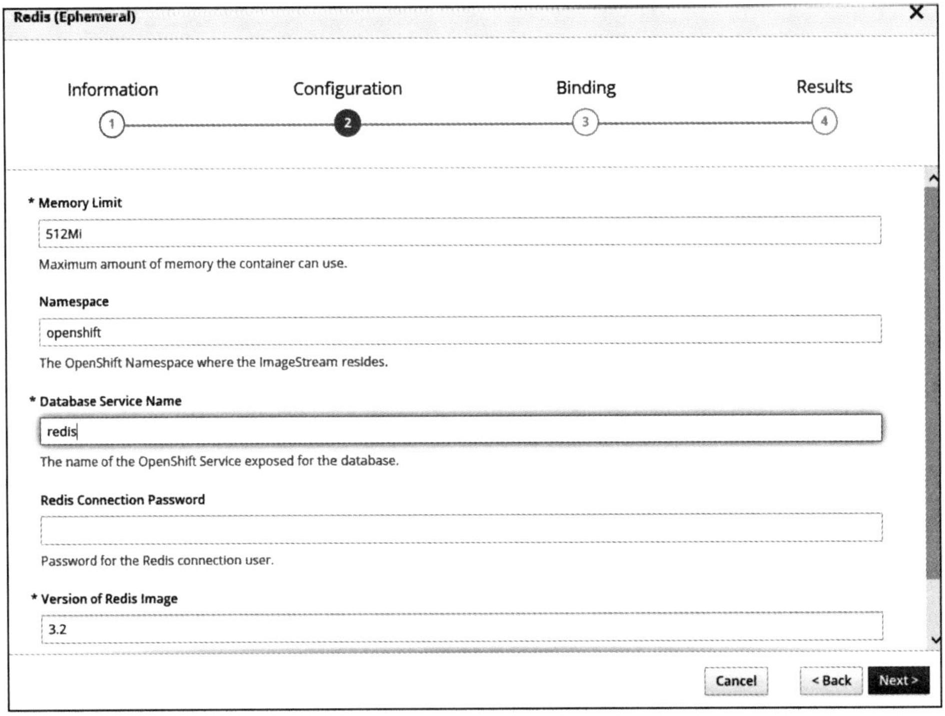

图 6-28　通过模板创建 Redis

查看 Redis 部署成功。

```
# oc get Pods
NAME              READY      STATUS      RESTARTS      AGE
redis-1-v98sn     1/1        Running     0             8m
```

登录 Pod，连接 Redis。

```
# oc rsh redis-1-v98sn
sh-4.2$  redis-cli -c -h 10.1.8.17 -p 6379
10.1.8.17:6379>
```

前文我们展示了通过 OpenShift 实现 Redis 的单实例部署方式。如果想在 OpenShift 上实现 Redis Sentinel 部署，需要进行容器镜像的定制化，下面展开具体介绍。

为了简化配置、便于管理，Redis Labs 公司针对 OpenShift 推出了 Operator 的部署方式。Redis Enterprise Operator 充当自定义资源 Redis Enterprise Cluster 的自定义控制器，它通过 Kubernetes CRD 定义并使用 yaml 文件进行部署。

Redis Enterprise Operator 针对 Redis Cluster 进行如下操作：

❑ 验证部署的 Cluster 规范（例如，需要部署奇数个节点）；

❑ 监控资源；
❑ 记录事件；
❑ 提供 yaml 格式部署集群的入口。

Redis Enterprise Operator 会在 OpenShift 上创建如下资源，具体架构如图 6-29 所示。

❑ Service account。
❑ Service account role。
❑ Service account role binding。
❑ Secret：用户保存 Redis 集群的用户名、密码。
❑ Statefulset：保证 Redis Enterprise nodes 正常运行。
❑ Redis UI 管理工具 service。
❑ The Services Manager deployment。
❑ REST API + Sentinel Service。
❑ The Services Manager deployment。
❑（可选）Service Broker Service（包含一个 PVC）。

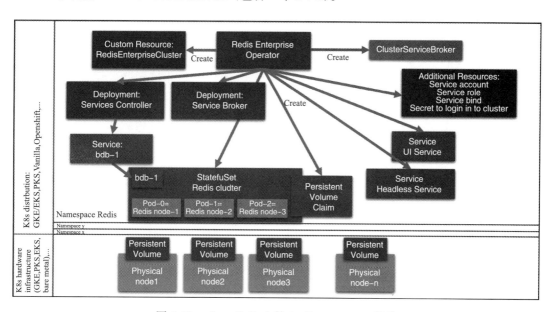

图 6-29　OpenShift 上的 Redis Enterprise 架构

在 OpenShift 4 的 Operator Hub 中，有 Redis Enterprise Operator，可以直接点击自动化安装，如图 6-30 所示。

由于篇幅有限，本文不展示基于 Redis Enterprise Operator 在 OpenShift 上部署的具体步骤。

Operator 部署要求 OpenShift 至少有三个 Node，以实验中使用的模板为例，如下所示：

```
# cat redis-enterprise-cluster.yaml
apiVersion: "app.redislabs.com/v1alpha1"
kind: "RedisEnterpriseCluster"
metadata:
    name: "david-redis-enterprise"
spec:
    nodes: 5
    uiServiceType: ClusterIP
    username: "weixinyu@david.com"
    redisEnterpriseNodeResources:
        limits:
            cpu: "4000m"
            memory: 4Gi
        requests:
            cpu: "4000m"
            memory: 4Gi
```

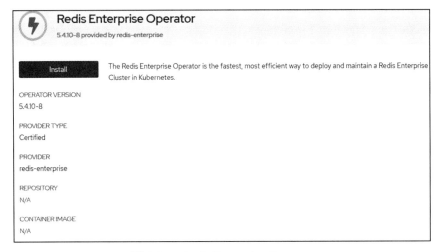

图 6-30　Redis Enterprise Operator

部署完的 Redis Pod 如下所示：

```
# oc get Pods
NAME                                                    READY   STATUS    RESTARTS   AGE
david-redis-enterprise-0                                1/1     Running   0          4h
david-redis-enterprise-1                                1/1     Running   0          4h
david-redis-enterprise-2                                1/1     Running   0          4h
david-redis-enterprise-3                                1/1     Running   0          4h
david-redis-enterprise-4                                1/1     Running   0          4h
david-redis-enterprise-services-rigger-5f85564c66-2w7td 1/1     Running   0          4h
```

查看部署的 Service，如下所示：

```
# oc get svc
NAME                    TYPE       CLUSTER-IP   EXTERNAL-IP   PORT(S)            AGE
david-redis-enterprise             ClusterIP   None          <none>         9443/TCP,
```

```
8001/TCP,8070/TCP    1d
david-redis-enterprise-ui    ClusterIP    172.30.135.160    <none>    8443/TCP    1d
```

我们为 david-redis-enterprise-ui 创建路由后，可以通过图形化配置 Redis，如图 6-31 所示。可以创建单区域或多区域的 Redis 数据库，如图 6-32 所示。

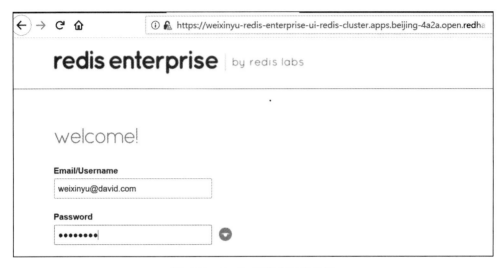

图 6-31　Redis 图形化配置公户

图 6-32　选择数据库的部署模式

输入 Redis 的相关参数，创建单实例 Redis，如图 6-33 所示。

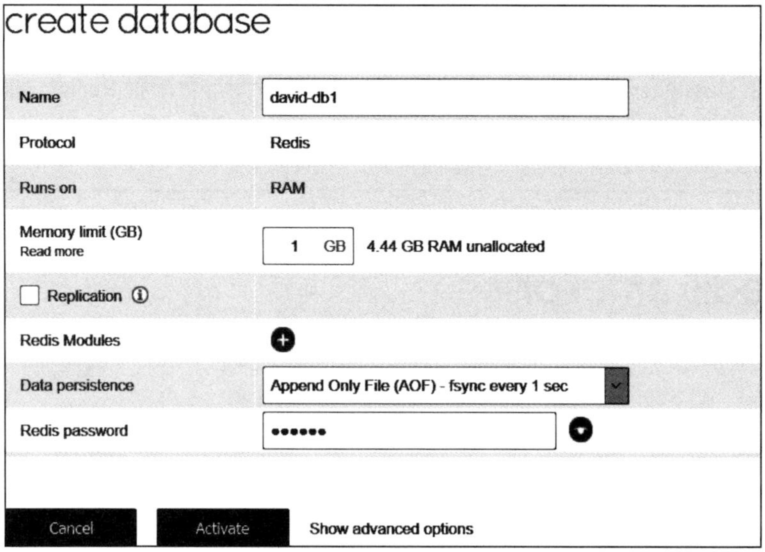

图 6-33   创建 Redis

创建成功以后，可以获取到登录方式等信息，如图 6-34 所示。

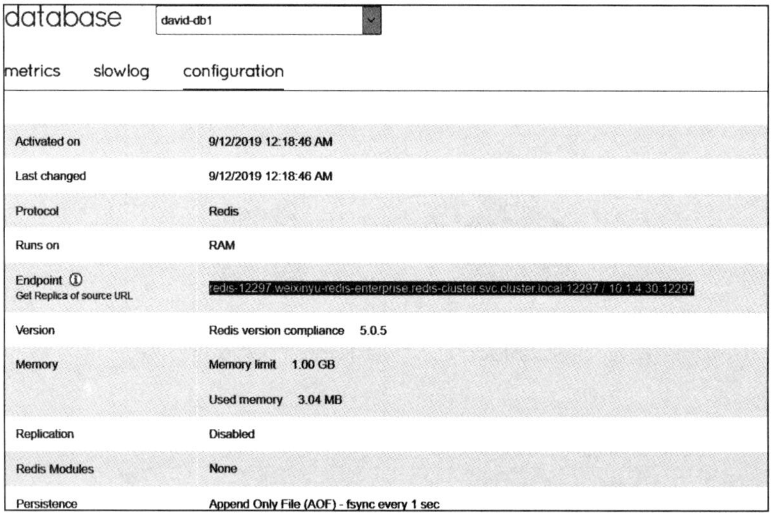

图 6-34   查看 Redis 的信息

使用命令行连接创建好的 Redis 数据库：

```
# oc rsh weixinyu-redis-enterprise-0
$ redis-cli -c -h  10.1.4.30 -p 12297
10.1.4.30:12297> auth 111111
OK
```

设置 key 并查询，返回正常。

```
10.1.4.30:12297> set rh 111
OK
10.1.4.30:12297> get rh
"111"
```

接下来，我们使用 Redis 图形化配置工具创建 Redis 的双主双从模式，如图 6-35 所示。
创建成功后，查看数据库信息，如图 6-36 所示。

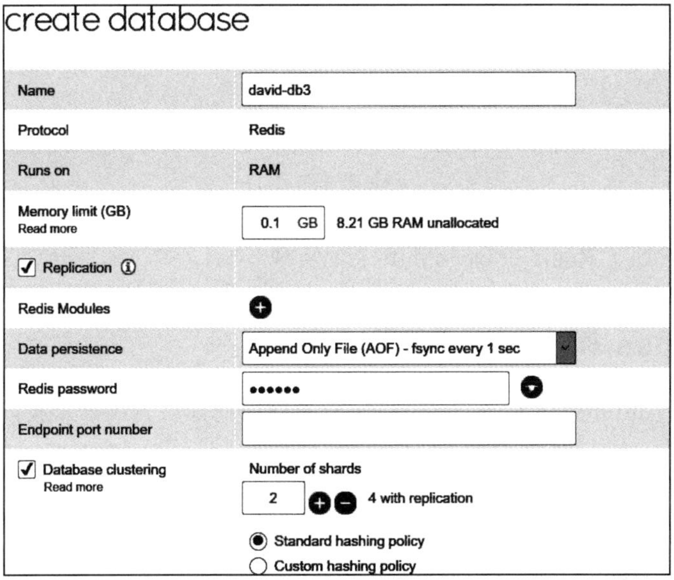

图 6-35　配置双主双从数据库

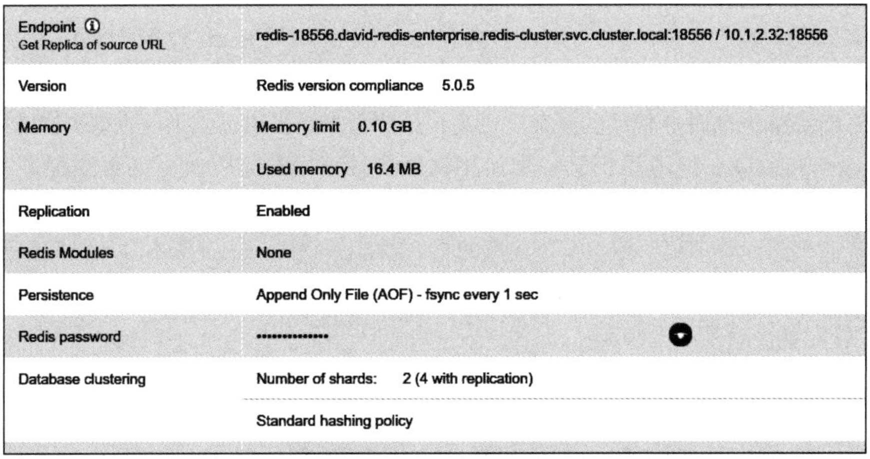

图 6-36　创建数据库的信息

Redis 的图形化界面可以监控性能，如图 6-37 所示。

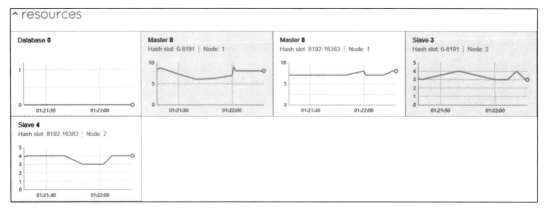

图 6-37 查看数据库的性能数据

至此，我们验证了 Redis 在 OpenShift 上的实现。

6.4 Infinispan 和 Redis 的对比

上文已经针对 Infinispan 和 Redis 进行了较为详细的介绍，接下来我们从数据保护和配置管理两方面对两者进行对比。

❑ 数据保护：Infinispan 和 Redis 都可以为应用提供分布式缓存，两者都支持复制模式。Infinispan 的复制有同步和异步两种，Redis 目前只支持异步复制。因此，在数据的强一致的场景下，Infinispan 变现要强于 Redis。

❑ 配置管理：目前 Infinispan 可以很方便地通过 Operator 在 OpenShift 上实现集群模式部署和管理（Infinispan 开源项目和 OpenShift 对应的开源项目 OKD 均为 Red Hat 主导，因此集成性很好）。我们可以通过 OpenShift 中的 Redis 模板部署 Redis 单实例模式，但无法配置主从复制、数据分片等高级功能。Sentinel + Redis 一主多从的 HA 模式在 OpenShift 管理和使用的复杂度较高，虽然开源社区也提供了这种部署模式的 Kubernetes Operator，但考虑到管理和使用的便捷性以及稳定性，不推荐这种方案。Redis Enterprise Operator 极大简化了 Redis Cluster 在 OpenShift 上的部署和配置复杂度，通过 UI 管理界面管理很便捷。需要注意的是，Redis 的 Enterprise 版本并不是完全开源的。

因此，针对企业越来越多的分布式缓存的需求，基于 OpenShift 的 Infinispan 的整体可管理性、可配置性要高于 Redis。

6.5 本章小结

通过本章，相信你对 Infinispan 和 Redis 的架构以及两者在 OpenShift 上的实现有了较为清晰的了解。随着越来越多的单体应用向基于 OpenShift 的轻量级应用服务器迁移，分布式缓存 Infinispan 和 Redis 必将发挥重要的作用，这也是我们构建云原生的重要步骤。

第 7 章 *Chapter 7*

构建业务流程自动化

在第 6 章中，我们介绍了通过构建分布式缓存提升应用运行速度，这有助于实现为单体应用提速（云原生构建之路的步骤 2）。在云原生的构建之路中，借助可重复的流程、规则和框架，实现 IT 自动化、加速应用交付是重要的一个步骤（步骤 5）。在本章中，我们将介绍如何构建业务规则与流程自动化。

7.1 规则与流程

流程自动化包含两部分内容：规则和流程。

广义上，规则指的是：设置一个或多个条件，当满足这些条件时会触发一个或多个操作。流程指的是：事务进行中的次序或顺序的布置和安排；或指由两个及以上的业务步骤，完成一个完整的业务行为的过程。

在开源界，与规则和流程相关的三个开源项目是 Drools、jBPM 和 BPMN。

Drools（JBoss Rules）是一个规则引擎，具有一个易于访问企业策略、易于调整以及易于管理的开源业务规则引擎，符合业内标准，速度快、效率高。业务分析师或审核人员可以利用它轻松查看业务规则，从而检验是否已编码的规则执行了所需的业务规则。GitHub 地址为 https://github.com/kiegroup/drools，如图 7-1 所示。

jBPM（Java Business Process Management，业务流程管理）是一个覆盖了业务流程管理、工作流、服务协作等领域的开源的、灵活的、易扩展的可执行流程语言框架。GitHub 地址为 https://github.com/kiegroup/jbpm，如图 7-2 所示。

BPMN，即业务流程建模与标注，包括这些图元如何组合成一个业务流程图（Business Process Diagram）。GitHub 地址为 https://github.com/bpmn-io/bpmn-js，如图 7-3 所示。

图 7-1 Drools GitHub 源码仓库

图 7-2 jBPM GitHub 源码仓库

图 7-3 BPMN GitHub 源码仓库

三个项目的关系是：Drools 负责规则、jBPM 负责流程；jBPM 是流程的运行时，BPMN 是流程的配置程序文件。我们可以在 UI 上以拖拽的方式生流程图，而流程图就是 .bpmn 文件。

7.2 企业规则的开源实现

规则本质上是用一个文件去描述业务逻辑，目的是让企业应用的结构更加健壮。与业务代码不同，规则是时常变化的。以零售平台的折扣规则为例：不同节假日产品促销的折扣有区别、不同款式衣服的折扣也有区别。如果用业务代码实现规则，就需要时常修改源码并重新编译。如果用规则表（参见 7.2.2 节）的方式来实现规则，那么需要变化时，只需调整规则参数而不需要调整整个代码。

此外，还有一些复杂业务场景，使用代码比较难实现。例如股票价交易所，判断恶意交易的方法是：判断一个账户一段时间内的交易行为，如果一次交易的数额是过去十次交易平均值的 1000 倍，会认为是非法恶意并购。这种业务逻辑通过源码比较难实现，此时可以考虑使用规则，这也是规则引擎的重要应用场景。目前很多企业都通过规则引擎实现了规则自动化。

在开源界，最受欢迎的规则引擎是 Drools。Drools 的代码包含在 KIE（Knowledge Is Everything）开源项目中。KIE 主要包含如下三类代码。

❑ Drools：规则引擎。
❑ OptaPlanner：一种轻量级、可嵌入的约束满足引擎。
❑ jBPM：工作流引擎。

7.2.1 KIE 的架构

KIE API 的核心组件有：KieServices、KieContainer、KieBase、KieSession、KieRepository、KieProject 和 KieModule 等。核心组件功能介绍如下。

❑ KieServices：访问 KIE 构建和运行时的接口。通过 KieServices，Java 代码和 KIE 资源可以被编译并部署到 KieContainer 中，使其内容可在运行时使用。
❑ KieContainer：KieBase 的容器。KieContainer 根据 kmodule.xml 里描述的 KieBase 信息来获取具体的 KieSession。启动 Container 实现的 Class 名称是 KieContainerImpl。
❑ KieBase：KIE 的知识库。它包含规则、流程、函数和类型模型。KieBase 本身不包含运行时的数据，从 KieBase 创建的 KieSession 可以插入相应的数据，最终启动流程实例。创建 KieBase 需要较多资源，而创建 KieSession 需要很少的资源。因此需要尽可能缓存 KieBase 以允许重复创建 KieSession，缓存机制由 KieContainer 自动提供。
❑ KieSession：存储并执行运行时数据，它通常由 KieBase 创建。KieSession 就是一个到规则引擎的链接，通过它可以跟规则引擎通信，并且发起执行规则的操作。

❑ KieModule：定义在 kmodule.xml 中，它包含了一个或多个 Kiebase 定义的容器。

❑ KieProject：KieContainer 通过 KieProject 来查找 KieModule 定义的信息（通过 Class-pathKieProject 实现 KieProject 的接口，它提供了根据 kmodule.xml 文件来构造 KieModule 的能力），并根据这些信息构造 KieBase 和 KieSession。

❑ KieRepository：一个存放 KieModule 的仓库，它由 kmodule.xml 文件定义。用于启动 repository 实现的基类是 KieRepositioryImpl。

KieContainer 是 KIE API 中最重要的概念，其架构如图 7-4 所示。一个或多个 Kjar 运行在一个 KieContainer 中，每个 Kjar 都有 kmodule.xml 配置文件。kmodule.xml 文件定义了 kmodule，每 kmodule 包含一个或多个 kbase。此外，kmodule.xml 同样定义了 ksession。

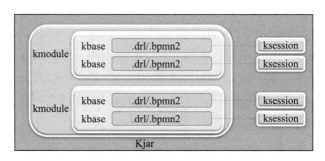

图 7-4　KieContainer 架构

KIE API 的整体调用流程如图 7-5 所示。我们首先编写为 Rules 提供数据的 POJO，然后创建 KieContainer 等组件，最后 POJO 被插入 Kession 中 fire rules。在整个过程中，注意不要把规则文件与应用代码混在一起。

本文以部分实验代码配置文件为例，完整实验代码链接：https://github.com/gpe-mw-training/bxms_decision_mgmt_foundations_lab/tree/master/mortgages/src/main/resources/META-INF。

kmodule.xml 内容如下所示：

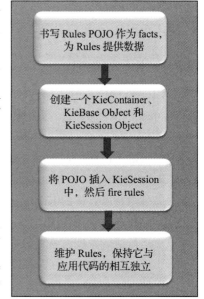

图 7-5　Kie API 调用逻辑

```
<kmodule xmlns="http://www.drools.org/xsd/
    kmodule" xmlns:xsi="http://www.w3.org/2001/
    XMLSchema-instance">
    <kbase name="kbase1" default="false" event
        ProcessingMode="stream" equalsBehavior
        ="identity">
        <ksession name="ksession.stateless" type=
            "stateless" default="true" clockType
            ="realtime">
            <listeners>
            <ruleRuntimeEventListener type="org.
                drools.core.event.DebugRuleRuntimeEventListener"/>
```

```
                <agendaEventListener type="org.drools.core.event.DebugAgenda-
                    EventListener"/>
            </listeners>
        </ksession>
        <ksession name="ksession.stateful" type="stateful" default="false" clockType=
            "realtime">
            <listeners>
                <ruleRuntimeEventListener type="org.drools.core.event.DebugRule-
                    untimeEventListener"/>
                <agendaEventListener type="org.drools.core.event.DebugAgendaEvent-
                    Liste-ner"/>
            </listeners>
        </ksession>
    </kbase>
</kmodule>
```

我们看到，kmodule.xml 定义了 Kmodule。Kmodule 只定义了一个 kbase，它的名字为 kbase1。同时，kmodule.xml 定义了 ksession 的类型为 stateless 和 stateful。

7.2.2　Drools 的架构

前文提到，Drools 的代码包含在 KIE 开源项目中，其开发语言是 Drools Rule Language （DRL）。DRL 是一种声明式语言，目前支持两种语言：Java 和 MVFLEX Expression Language（MVEL）。

Drools 规则引擎支持四种格式的规则。

❑ DRL 文件（*.drl，*.rdrl）。

❑ 邻域专家规则文件（*.dsl，*.rdslr）。

❑ DMN 文件（*.dmn）：OMG（Object Management Group）发布的、用于在组织内描述和建模可重复决策的标准方法。DMN 的目标是让决策模型可跨组织互换。

❑ 规则表（Decision Table）（*.xsl，*.xslx，*.csv）。

在四种格式规则中，前三种主要面向 IT 技术人员，第四种主要面向业务人员。如负责金融贷款审批的业务专员，通常通过 Excel 制定规则，然后根据规则引擎通过导入 Excel 来实现规则加载。第四种格式较为容易理解，由于篇幅有限，本文进行验证时将使用前三种面向 IT 技术人员的规则文件格式。

接下来，我们介绍 Drool 几个比较重要的概念：事实（Facts）、工作内存（Working Memory）、规则（Rules）、推理引擎。

事实是向推理引擎中输入数据的数据结构，模型用 Java POJO 描述。Drools 用 Facts 来评估条件并触发相应的操作。Facts 可以从数据库中加载。通常有两种类型有效的事实对象。

❑ 状态事实：调用端为规则引擎提供的事实数据。

❑ 推断事实：基于状态事实推导得出的事实，这种事实数据可以根据表达式或某种计算的结果而改变。

针对事实的两种情况，我们举例进行说明。以人体 BMI 指标与身高（Height）和体重（Weight）的关系举例：

❑ Height 和 Weight 是状态事实；

❑ BMI 是推断事实。

工作内存保存着业务规则处理相关的对象，如事实。工作内存提供临时存储 Facts POJO 对象的功能，并支持对 Facts POJO 的相关操作。事实可以被插入工作内存中，也支持在工作内存中被修改。工作内存是有状态的对象，可以是短期的也可以是长期的。

对工作内存的主要操作有：

❑ 插入（Insertion）；

❑ 撤回（Retraction）；

❑ 修改（Modification）。

规则以 Java packages 的形式保存在 DRL 文件中。通常，保存一系列相关联的规则文件到相同的 package 中，关于规则的示意图如图 7-6 所示。

针对图 7-6，我们需要注意以下几点。

❑ 当一组特定的左侧（Left Hand Side，LHS）条件发生时，右侧（Right Hand side，RHS）的指定列表将会执行。

❑ 关键字 when 条件的评估没有特定的时间和序列。规则评估持续发生在规则引擎中，只要满足条件，就会执行相应的操作。

❑ 规则的动作（action）可以是以下几种方式：

○ 断言（Assert）事实；

○ 收回（Retract）事实；

○ 更新（Update）事实。

❑ 规则不会直接被调用，它也不会直接调用其他规则。规则会回应内存中的事实数据的变化，而由规则引擎触发。

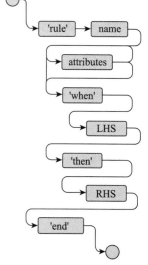

图 7-6 规则示意图

RHS Action（Right Hand side Action）主要包括对事实进行如下操作。

❑ Update：修改工作内存中的对象。

❑ Insert：添加新事实到工作内存。

❑ insertLogical：添加一个新的事实，但当该事实不能够满足 LHS 发生时自动删除。

❑ retract：从工作内存中移除相应事实。

推理引擎是规则引擎的大脑。推理引擎将事实与规则相匹配。当找到匹配项时，规则操作被放置在议程（Agenda）中进行排队，由引擎确定议程中的哪个规则应该触发。议程（Agenda）是规则排队的地方，在那里，已经准备好了要开始执行的动作，如图 7-7 所示。

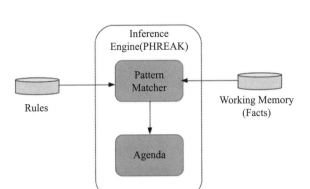

图 7-7　推理引擎架构图

在介绍了 Drools 的基本概念以后，接下来我们看企业级规则引擎。

虽然 Drools 规则处理能力很强，但它无法独立运行，需要依赖应用服务器。此外，Drools 缺乏友好的管理配置方式，企业很难直接使用。因此，我们需要一种基于 Drools 的企业级规则自动化解决方案。

7.3　企业级规则自动化方案

7.3.1　Red Hat Decision Manager 架构

Red Hat Decision Manager（简称 RHDM）是企业级规则自动化方案。RHDM 以 Drools 作为核心规则引擎，提供了企业级应用服务器 JBoss EAP、便捷的图形化管理工具。传统模式下，RHDM 和 JBoss EAP 一起部署到 RHEL（Red Hat Enterprise Linux）上。此外，RHDM 也可以部署到 OpenShift 上。Red Hat 提供基于 OpenShift 的 RHDM 容器镜像，它包含两个 Container Image，如图 7-8 所示。

❏ Decision Central 镜像：用于规则制定和管理并将项目存储在 Git 存储库中。因此在 OpenShift 中需要为 Decision Central 的 Pod 创建外部共享的持久卷。

❏ Decision Server 镜像：用于部署 kie-server。此 kie-server 是规则的运行时环境。镜像中包含 JBoss EAP、Drools 和 OptaPlanner。由于 Decision Manager 项目执行是无状态的，因此不需要配置持久化存储。

随着 OpenShift 在企业中的应用越来越广泛，将 RHDM 部署到 OpenShift 上有如下优势。

❏ 实现一键式部署：OpenShift 提供 RHDM 一键式部署模板。

❏ 实现弹性：OpenShift 可以根据 RHDM 所在容器的性能情况，在资源不足时增加 RHDM 的实例数量，在资源空闲时减少 RHDM 的实例数量。

❏ 便于为微服务提供服务：目前企业中大多数微服务都是基于容器方式运行。将 RHDM 部署到 OpenShift 上会方便与微服务的内部通信，提高效率和统一管理。

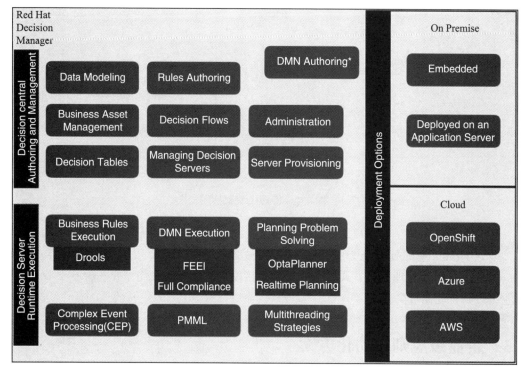

图 7-8　RHDM 产品架构图

下面，我们来看一下 RHDM 在 OpenShift 上的实现架构。

7.3.2　RHDM 在 OpenShift 上的实现架构

基于 OpenShift 的 RHDM 工作架构如图 7-9 所示。Decision Central 和 Decision Server 以容器的方式部署到 OpenShift 上，Decision Central 通过 PVC 连接持久化存储提供 Git。

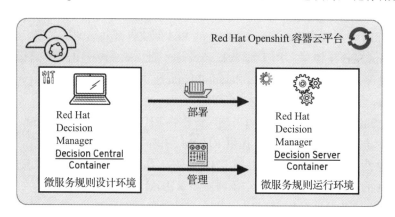

图 7-9　RHDM 在 OpenShift 上的部署架构

在 Decision Central 上配置、设置规则然后部署到 Decision Server 上，并在 Decision Central 对规则的生命周期进行管理。

在 OpenShift 3 和 OpenShift 4 上，均可以通过模板的方案单独部署 RHDM 和下文将要提到的 Red Hat 流程自动化方案（简称 RHPAM）。实际上，在 RHPAM 的方案中包含了 RHDM 的部分。如果想在 OpenShift 4 上进行 Operator 全自动部署，需要使用 Business Automation Operator。这个 Operator 既包含 RPDM，又包含 RHPAM，如图 7-10 所示。

安装的 Business Automation Operator 可以提供 KieApp 的 API，我们以此创建实例，如图 7-11、图 7-12 所示。

Business Automation
provided by Red Hat, Inc.

Business Automation
Operator for deployment and
management of
RHPAM/RHDM environme

图 7-10　Business Automation Operator

图 7-11　创建 KieApp 实例

KieApp 实例创建成功后，会部署新的 Pod，如图 7-13 所示。

查看创建的路由，如图 7-14 所示。我们可以根据需要访问对应的路由。具体步骤这里暂不展开说明。

如果我们用模板部署，是可以单独使用 RHDM 的。查看 OpenShift 3.11 上部署好的 RHDM，有三个 Pod，如下所示：

```
# oc get Pods
NAME                             READY    STATUS     RESTARTS    AGE
angular-dmf-ng-dmf-1-2pjdp       1/1      Running    2           183d
dm-foundations-kieserver-1-tjf29 1/1      Running    2           183d
dm-foundations-rhdmcentr-1-dqtwc 1/1      Running    2           183d
```

图 7-12　确认 KieApp 实例配置

```
[root@lb.weixinyucluster ~]# oc get pods
NAME                                          READY   STATUS    RESTARTS   AGE
business-automation-operator-c4b796d9b-pwdnj  1/1     Running   0          29m
console-cr-form                               2/2     Running   0          29m
```

图 7-13　新部署的 Pod

```
[root@lb.weixinyucluster ~]# oc get route
NAME                     HOST/PORT                                                       PATH   SERVICES
      PORT    TERMINATION        WILDCARD
console-cr-form          console-cr-form-rhpam.apps.weixinyucluster.bluecat.ltd                 console-cr-form
      <all>   reencrypt          None
rhpam-trial-kieserver    rhpam-trial-kieserver-rhpam.apps.weixinyucluster.bluecat.ltd           rhpam-trial-kieserv
er    https   passthrough/Redirect None
rhpam-trial-kieserver-http rhpam-trial-kieserver-http-rhpam.apps.weixinyucluster.bluecat.ltd    rhpam-trial-kieserv
er    http                       None
rhpam-trial-rhpamcentr   rhpam-trial-rhpamcentr-rhpam.apps.weixinyucluster.bluecat.ltd          rhpam-trial-rhpamce
ntr   https   passthrough/Redirect None
rhpam-trial-rhpamcentr-http rhpam-trial-rhpamcentr-http-rhpam.apps.weixinyucluster.bluecat.ltd  rhpam-trial-rhpamce
ntr   http                       None
```

图 7-14　查看创建的路由

三个 Pod 的功能如下所示。

❏ dm-foundations-kieserver: 执行规则的 Decision Server 组件。一个 kie-server 上，运行一个或多个 Kjar。

❏ angular-dmf-ng-dmf: 与 Decision Server 容器的 RESTful API 交互的 Angular Web 应用程序，用于验证测试应用。

❏ dm-foundations-rhdmcentr: Decision Central 组件，是管理和控制台。

介绍了 RHDM 在 OpenShift 上的实现方式后，接下来，我们基于在 OpenShift 上部署的 RHDM，通过抵押贷款案例进行功能演示。

7.4　以抵押贷款应用展示 RHDM 功能

抵押贷款（mortages）是一个 RHDM 的演示项目，它是一个基于 Java EE 的应用，在其独立源码目录中包含多个规则文件。应用部署以后，RHDM 根据申请人提交的信息（如年龄、贷款的数额），以及规则文件定义的规则，自动批准或拒绝申请（无须人为干预）从而实现规则自动化。首先，我们在 RHDM 上部署抵押贷款应用。

7.4.1　在 RHDM 上导入抵押贷款应用源码

我们在 OpenShift 中查看 RHDM Pod 的路由，如下所示。

```
#oc get route
NAME                                    HOST/PORT
    PATH        SERVICES                    PORT        TERMINATION    WILDCARD
angular-dmf-ng-dmf                      angular-dmf-ng-dmf-bxms-dm-dm1.apps-c0de.
    generic.opentlc.com                     angular-dmf-ng-dmf          <all>
    None
dm-foundations-kieserver                dm-foundations-kieserver-bxms-dm-dm1.apps-
    c0de.generic.opentlc.com                dm-foundations-kieserver    http
    None
dm-foundations-rhdmcentr                dm-foundations-rhdmcentr-bxms-dm-dm1.apps-
    c0de.generic.opentlc.com                dm-foundations-rhdmcentr    http
    None
```

通过路由登录 rhdmcentr，如图 7-15 所示。

图 7-15　rhdmcentr 登录界面

然后，导入项目，输入源码地址，如图 7-16 所示。

导入代码后，可以看到 mortages 和 policy-qouta 两个项目，如图 7-17 所示。

构建并部署抵押贷款（mortages）项目，如图 7-18 所示，先点击 Build，成功后再点击 Deploy。

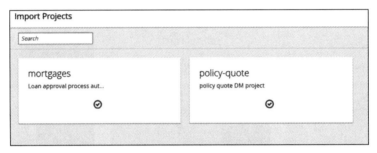

图 7-16　导入 GitHub 代码

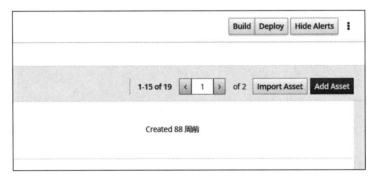

图 7-17　导入项目

图 7-18　构建和部署项目

接着，验证抵押贷款应用是否部署成功，如图 7-19 所示。

图 7-19　验证抵押贷款应用部署

目前，抵押贷款应用已经在 RHDM 部署成功。为了能够理解 RHDM 的工作原理，下面我们来分析抵押贷款规则的源码。

7.4.2　抵押贷款应用源码分析

抵押贷款源码地址为 https://github.com/gpe-mw-training/bxms_decision_mgmt_foundations_lab/tree/master/mortgages，页面如图 7-20 所示。

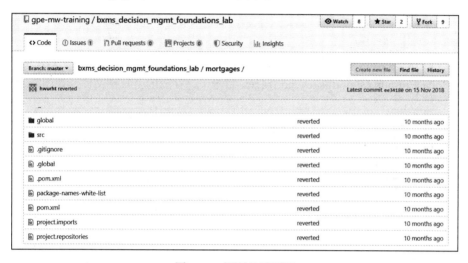

图 7-20　源码地址页面

jar 文件本质上是一个包含可选 META-INF 目录的 zip 文件。Kjar 专门针对规则和流程，这些规则和流程往往被标记为 XML 或纯文本。一个 Kjar 比一个 jar 多了 kmodule.xml 文件，kmodule.xml 内容上文已经分析过，此处不再赘述。

kmodule.xml 所在目录中的 kie-deployment-descriptor.xml，定义了 Kjar 部署到 kie-server 的配置文件。这些参数定义了 Kjar 的运行时模式，如 SINGLETON。如下所示：

```
<?xml version="1.0" encoding="UTF-8" standalone="yes"?>
<deployment-descriptor xsi:schemaLocation="http://www.jboss.org/jbpm deployment-
descriptor.xsd" xmlns:xsi="http://www.w3.org/2001/XMLSchema-instance">
    <persistence-unit>org.jbpm.domain</persistence-unit>
    <audit-persistence-unit>org.jbpm.domain</audit-persistence-unit>
    <audit-mode>JPA</audit-mode>
    <persistence-mode>JPA</persistence-mode>
    <runtime-strategy>SINGLETON</runtime-strategy>
    <marshalling-strategies>
        <marshalling-strategy>
            <resolver>mvel</resolver>
            <identifier>new org.drools.persistence.jpa.marshaller.JPAPlaceholderRes
                olverStrategy("mortgages:mortgages:7.0.0-SNAPSHOT", classLoader)</
                identifier>
            <parameters/>
```

```
        </marshalling-strategy>
    </marshalling-strategies>
    <event-listeners/>
    <task-event-listeners/>
    <globals/>
    <work-item-handlers/>
    <environment-entries/>
    <configurations/>
    <required-roles/>
    <remoteable-classes/>
    <limit-serialization-classes>true</limit-serialization-classes>
</deployment-descriptor>
```

目录中的 persistence.xml 则定义了 Kjar 与持久化存储的对接（调用的是 JTA）。

在 src/main/resources/mortgages/mortgages/ 目录下，存放的是规则文件，如图 7-21 所示。

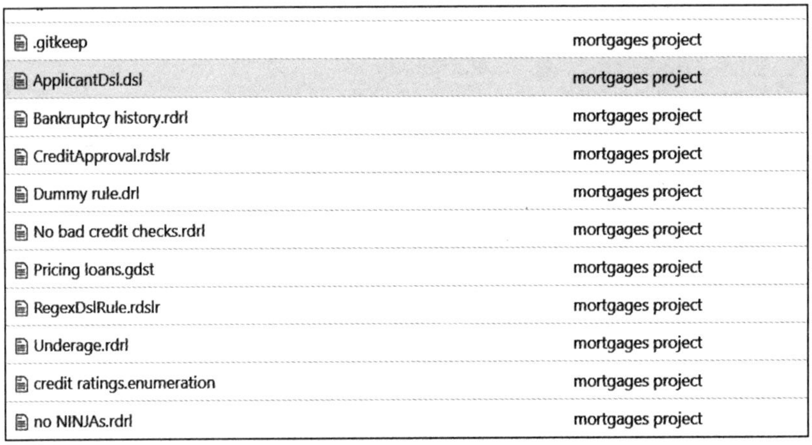

.gitkeep	mortgages project
ApplicantDsl.dsl	mortgages project
Bankruptcy history.rdrl	mortgages project
CreditApproval.rdslr	mortgages project
Dummy rule.drl	mortgages project
No bad credit checks.rdrl	mortgages project
Pricing loans.gdst	mortgages project
RegexDslRule.rdslr	mortgages project
Underage.rdrl	mortgages project
credit ratings.enumeration	mortgages project
no NINJAs.rdrl	mortgages project

图 7-21　规则文件页面

以其中某几个规则文件举例说明，可以看到规则文件的格式包含了上文提到的格式，在规则文件目录中，并未掺杂业务代码。

在规则文件中，ApplicantDsl.dsl 是以信用评级、申请日期、年龄判断是否通过贷款申请审核的，如下所示：

```
[when]When the credit rating is {rating:ENUM:Applicant.creditRating} = appli-
    cant:Applicant(creditRating=="{rating}")
    [then]Approve the loan = applicant.setApproved(true)

    [when]When the applicant dates is after {dos:DATE:default} = applicant:A-
        pplicant(applicationDate>"{dos}")

    [when]When the applicant approval is {bool:BOOLEAN:checked} = applicant:Ap-
        plicant(approved=={bool})

    [when]When the ages is less than {num:1?[0-9]?[0-9]} = applicant:Applicant
        (age<{num})
```

Bankruptcy history.rdrl 是破产史的规则：即如果在 1990 年后有贷款申请，并且总额大于 1 万美元，则认为申请已经破产，并拒绝批准抵押贷款申请，如下所示：

```
package mortgages.mortgages

import mortgages.mortgages.LoanApplication
import mortgages.mortgages.Bankruptcy

rule "Bankruptcy history"
    salience 10
    dialect "mvel"
    when
        a : LoanApplication( )
        exists (Bankruptcy( yearOfOccurrence > "1990" || amountOwed > "10000" ))
    then
        a.setApproved( false );
        a.setExplanation( "has been bankrupt" );
        retract( a );
end
```

CreditApproval.rdslr 是信用审批规则：当信用的级别为 OK 时，批准贷款申请，如下所示：

```
package mortgages.mortgages

rule "CreditApproval"
    dialect "mvel"
    when
        When the credit rating is OK
    then
        Approve the loan
end
```

在进行了规则文件源码分析后，接下来我们展示抵押贷款应用的实现效果。

7.4.3　探索抵押贷款应用

登录 angular-dmf-ng-dmf Pod 的路由。首先配置与 kie-server 的正常通信，输入 kie-server 的路由、用户名和密码，如图 7-22 所示。

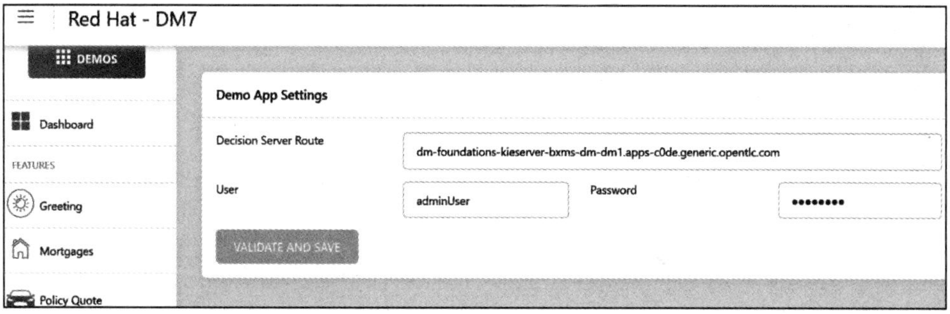

图 7-22　登录 angular-dmf-ng-dmf

配置成功以后，就可以看到抵押贷款应用了，如图 7-23 所示。

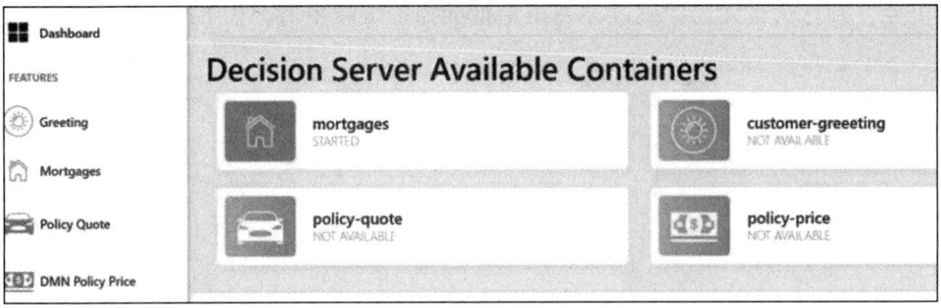

图 7-23　查看 angular-dmf-ng-dmf 对接的应用

点击 mortgages 后，输入申请人的信息，如图 7-24 所示（注意图中表格处填写的信息）。

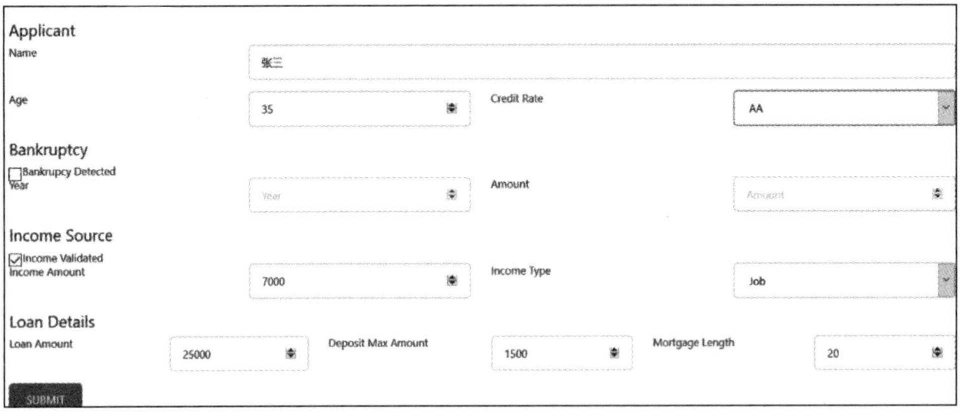

图 7-24　填写申请人信息

提交后，申请被批准，如图 7-25 所示。

图 7-25　填写申请人信息

接下来，我们查看源码文件或者在 rhdmcentr 的页面中找到 Underage 规则，如图 7-26 所示。

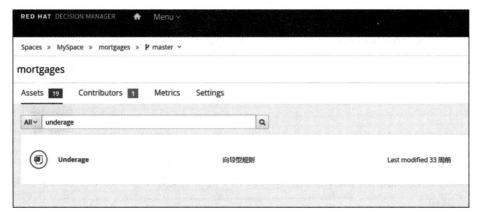

图 7-26　查看 Underage 规则

查看规则如图 7-27 所示，即 Underage 的定义是 age 小于 21，当申请人的 age 小于 21 时，拒绝抵押贷款申请。

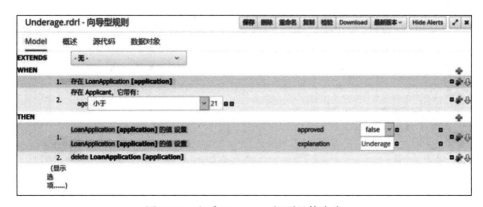

图 7-27　查看 Underage 规则具体内容

修改申请信息，将年龄从 35 调整为 20，其余内容不变，如图 7-28 所示。

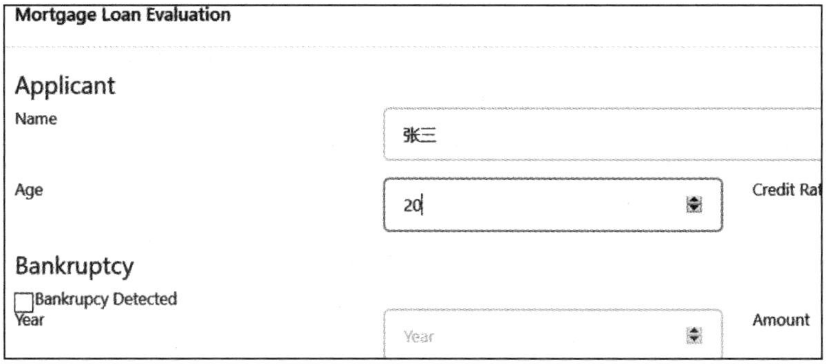

图 7-28　填写申请

可以看到，再次提交申请后被拒绝，这符合 Underage 中定义的规则，如图 7-29 所示。

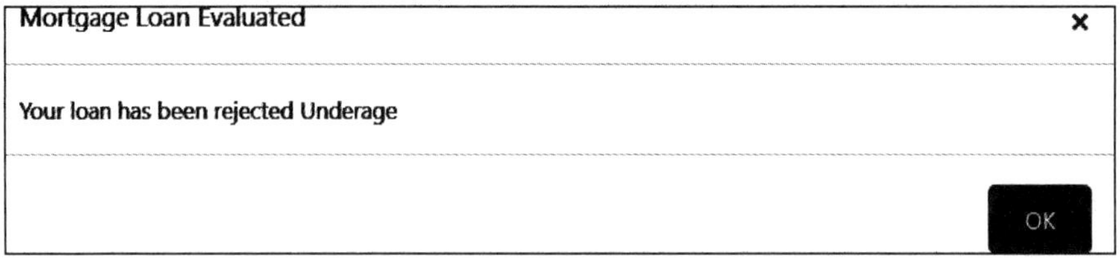

图 7-29　申请被拒绝

将申请人的年龄改回 35 并将信用评级从 AA 更改为 OK，重新提交，如图 7-30 所示。

图 7-30　重新提交申请

发现提交申请后再次被拒绝，如图 7-31 所示。这符合 CreditApproval.rdslr 中设定的规则（上文已经分析过源码）。

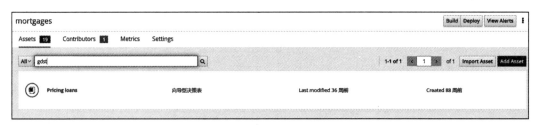

图 7-31　申请被拒绝

7.4.4　复杂规则的处理

上文中，我们展示了简单规则的处理方式，而对于比较复杂的规则就需要使用决策表进行建模，使规则更为直观、有效、易于变更。

查看源码中的 Pricing loans.gdst 源码文件，它是 guided dtable 格式（guided decision tables 的缩写，基于 RHDM 图形化向导创建的 decision table），如图 7-32 所示。

图 7-32　查看 Pricing loans 规则

查看 RHDM 解析出的规则，共设置了三行 Pricing loans 规则，如下所示：

```
package mortgages.mortgages;

//from row number: 1
rule "Row 1 Pricing loans"
    dialect "mvel"
    when
        application : LoanApplication( amount > 131000 , amount <= 200000 ,
            lengthYears == 30 , deposit < 20000 )
        income : IncomeSource( type == "Asset" )
    then
        application.setApproved( true );
        application.setInsuranceCost( 0 );
        application.setApprovedRate( 2 );
end

//from row number: 2
rule "Row 2 Pricing loans"
    dialect "mvel"
    when
        application : LoanApplication( amount > 10000 , amount <= 100000 ,
            lengthYears == 20 , deposit < 2000 )
        income : IncomeSource( type == "Job" )
    then
        application.setApproved( true );
        application.setInsuranceCost( 0 );
        application.setApprovedRate( 4 );
end

//from row number: 3
rule "Row 3 Pricing loans"
    dialect "mvel"
    when
        application : LoanApplication( amount > 100001 , amount <= 130000 , length-
            Years == 20 , deposit < 3000 )
        income : IncomeSource( type == "Job" )
    then
        application.setApproved( true );
        application.setInsuranceCost( 10 );
        application.setApprovedRate( 6 );
end
```

在 RHDM 中查看 decision table 会更为直观，如图 7-33 所示。

从图 7-33 中可以看到定价贷款的审批规则，我们以第二条为例在申请表中填写如下内容（注意 Deposit Max Amount 为 1999，满足 decision table 第二行中 deposit max 为 2000 的要求），如图 7-34 所示。

提交申请后被批准，如图 7-35 所示。

接下来，我们将申请表中的 Deposit Max Amount 调整为 2000，其余内容不变，如图 7-36 所示。

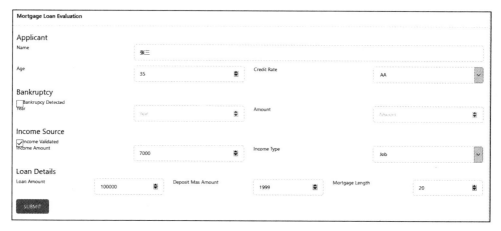

图 7-33　查看 decision table

图 7-34　提交申请

图 7-35　申请被批准

图 7-36　提交申请

提交申请被拒绝，如图 7-37 所示。这符合 decision table 中第二行的规则。

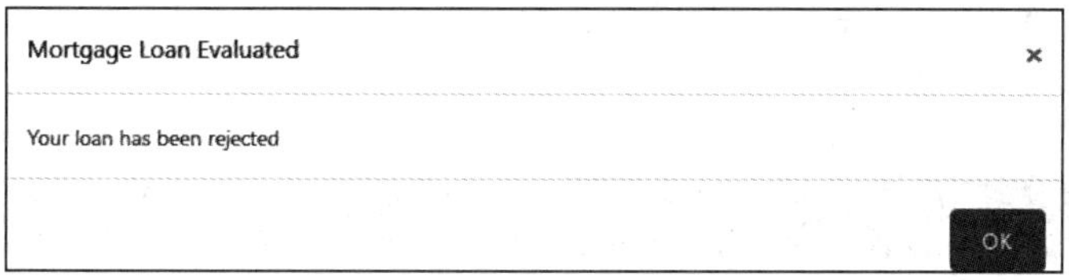

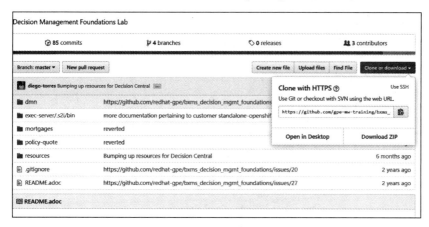

图 7-37　申请被拒绝

在本节中，我们展示了如何在 RHDM 中通过 decision table 实现了负载的规则。接下来，我们展示 DMN 格式规则文件在 RHDM 中的应用。

7.4.5　验证决策模型和表示法（DMN）格式规则

首先在 GitHub 上下载包含 DMN 规则文件的源码，如图 7-38 所示。

在 RHDM 中创建新的项目，并导入 insurance-pricing.dmn 文件，如图 7-39 所示。

图 7-38　下载包含 DMN 规则文件的源码

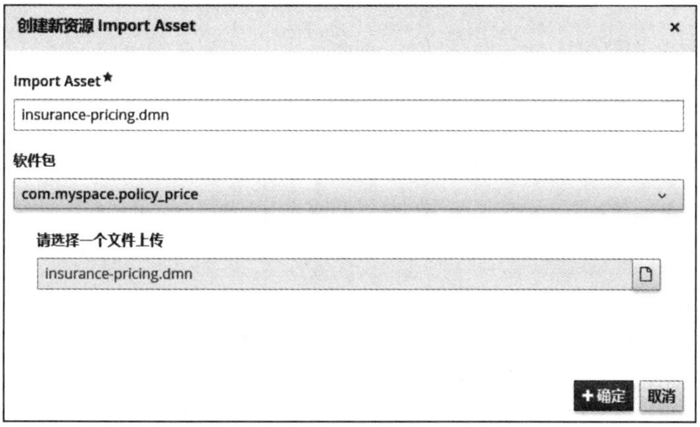

图 7-39　导入 insurance-pricing.dmn 文件

构建并部署，确保部署成功，如图 7-40 所示。

在 RHDM 中查看 insurance-pricing.dmn 的规则，显示了不同年龄投保人的保费，如图 7-41 所示。

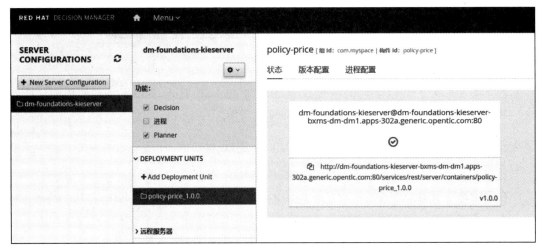

图 7-40　insurance-pricing.dmn 部署成功

DecisionTable

U	Age (number)	I previous incide (boolean)	surance Total Pri (number)	Description
1	>25	false	1000	
2	>25	true	1250	
3	[18..25]	false	2000	
4	[18..25]	true	3000	

图 7-41　查看 decision table

我们在申请表年龄输入 25，不勾选"Has previous incidents"，然后提交申请，如图 7-42 所示。

审批结果是保单费用是 2000，如图 7-43 所示，这符合规则表中的第三行规则。

我们再次提交申请，输入年龄 27，不勾选"Has previous incidents"，如图 7-44 所示。

此次投保的费用是 1000，如图 7-45 所示，这符合规则表中的第一行规则。

通过本节展示，可以证明 DMN 格式规则能够在 RHDM 上正常运行。

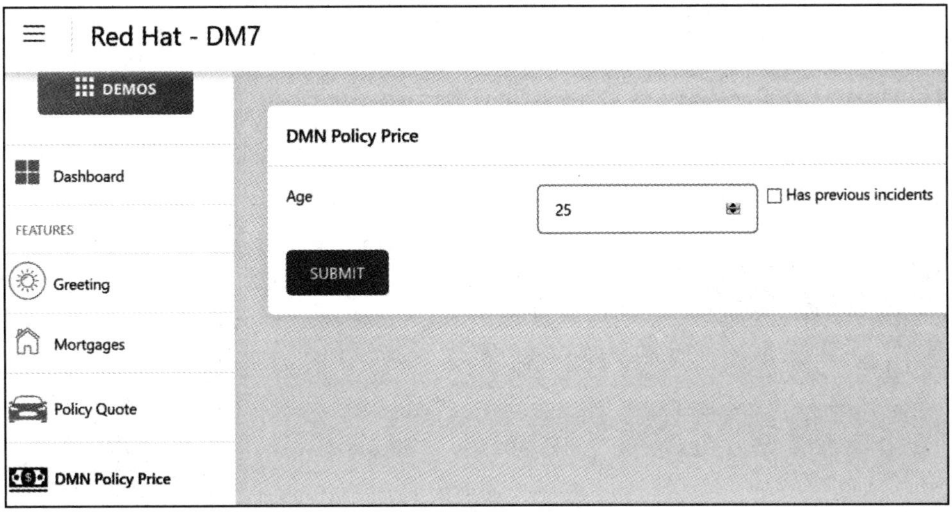

图 7-42　提交申请

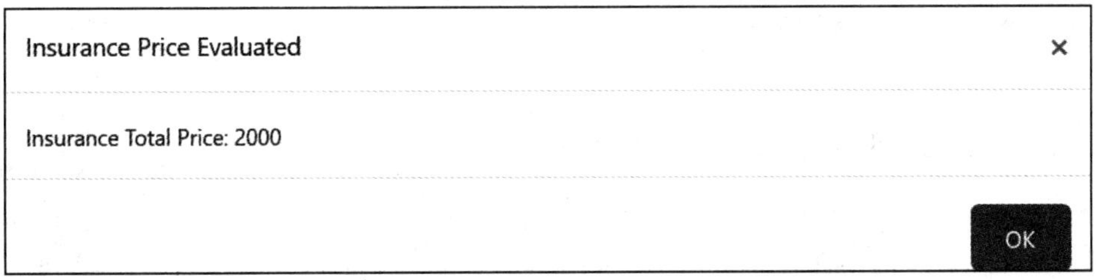

图 7-43　审批批准的保费

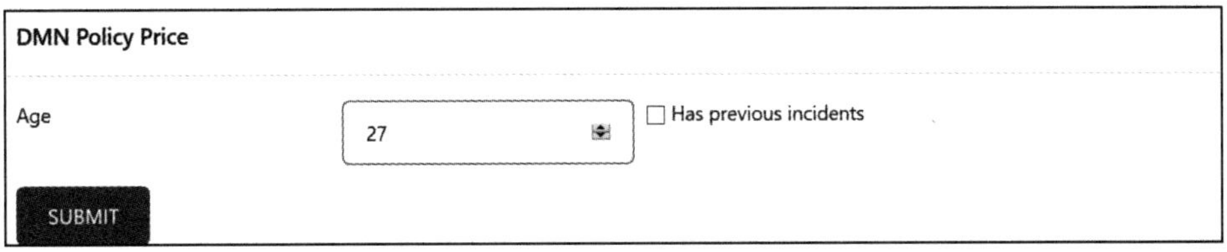

图 7-44　提交申请

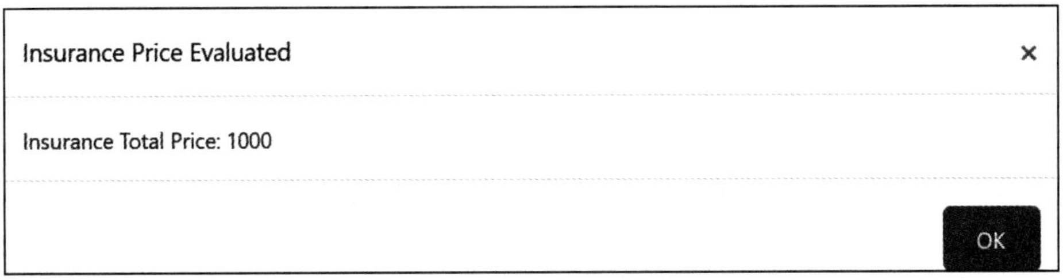

图 7-45　审批批准的保费

7.5 Red Hat 流程自动化方案

7.5.1 Red Hat Process Automation Manager 架构

Red Hat 的流程自动化产品名称为 Red Hat Process Automation Manager，简称 RHPAM。其架构如图 7-46 所示，可以看到 RHPAM 的核心组件是 Drools 和 jBPM。

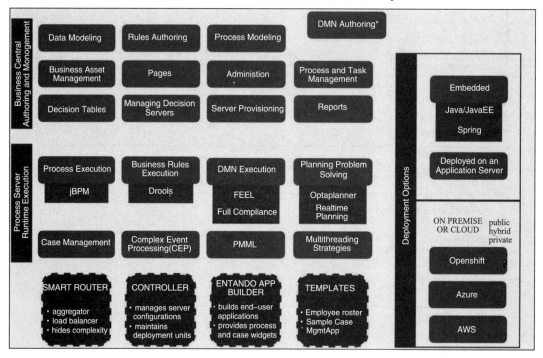

图 7-46　RHPAM 架构

RHPAM 有多种部署方式可以基于 OpenShift 的微服务实现流程自动化，这里我们推荐将 RHPAM 部署到 OpenShift 上，以容器的方式运行。RHPAM 的两大核心组件是：Kie Server 和 Business Center。

Business Central 负责流程和规则的开发。开发人员可以登录 Business Center，通过 UI 方式生成规则和历程，然后推送到 Kie Server 上执行。Kie Server 是 runtime 执行服务器，它可以执行规则和流程，如图 7-47 所示。

业务流程通常使用明确定义的路径建模来实现业务目标。业务流程的特点如下：

❑ 明确定义的路径导致业务目标；

❑ 可重复的任务；

❑ 具有共同模式的任务；

❑ 专注于优化；

❏ 以明确定义的路径建模；

❏ 端到端的工作和数据流；

❏ 可预测的；

❏ 通常基于大规模生产原则。

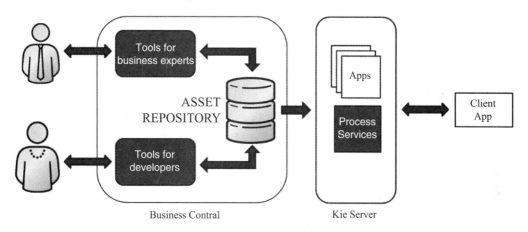

图 7-47　RHPAM 架构实现

但是，许多实际应用程序无法从头到尾完全描述，可能会出现各种意外、偏差和异常。也就是我们日常说的"事情没按剧本发展"。针对这种情况，RHPAM 支持三种流程模式：Straight Through 模式、Human-Intensive 模式、Case Management 模式。

在 Straight Through 使用流中，使用 Process Automation Manager 引擎来编排一系列自动化活动，仅仅在例外处理时需要人工介入。这种模式的适用业务场景包括：

❏ 交易流程

❏ 自动索赔处理

❏ 自动记录系统

❏ 库存管理

❏ 由订单到现金的自动化流

在 Human-Intensive 使用流中，企业使用过程自动化管理器来定义人们必须以预定的预定方式执行的下一个操作。这种模式的适用业务场景包括：

❏ 订单处理

❏ 索赔处理

❏ 贷款批准

❏ 抵押贷款发起

❏ 出差申请

❏ 采购申请

在 Case Management 使用流中，Process Automation Manager 会建议可能的后续步骤，

并让人们决定下一个最佳操作。在这种情况下，Process Automation Manager 可用作任务和文档组织器。这种模式的适用业务场景包括：

- ❏ 事件管理解决方案
- ❏ 新一代客户入职系统
- ❏ 客户保留计划
- ❏ 个性化的客户服务
- ❏ 全渠道互动营销

从上面的介绍可以看出：业务流程管理的三种模式的核心区别是谁来做决策。流程自己做，流程给人几个选项，还是流程等待人给出最佳决策？显然第三种更适合现代参与交互型系统。这种业务系统通常更关注快速交付和业务敏捷，属于敏态 IT，如互联网类业务、电子渠道类的业务等。所以说，PAM 中的 Case Management 模式是与 Openshift 及微服务较好的协同工作方式。

7.5.2　RHPAM 与微服务的集成案例环境准备

在本节，我们会通过一个案例验证微服务与 RHPAM 的集成。在案例中，RHPAM 将使用 Case Management 模式。案例源代码地址为 https://github.com/ocp-msa-devops/rhpam7-order-it-hw-demo。

案例展示了一个笔记本电脑的订购系统。订购系统软件和 RHPAM 都运行在 OpenShift 上。具体描述如下：

- ❏ 本案例流程的运行模式为 Case Management。IT 订单流程是作为动态的数据驱动 Case 实施的。数据的变化触发 case/process 的执行。
- ❏ PAM 的 Kie Server 和 Business Central 基于 JBoss EAP 运行在 Openshift 上。
- ❏ Order App 的 AngularJS UI 通过 RESTful API 与 PAM Kie Server 集成。
- ❏ Order Management 使用 Vert.x 实现。 Vert.x 应用程序和 Kie Server 的集成是通过 RESTful API 完成的。
- ❏ 当订单时间超时时，订单服务中的订单通过 BPMN2 补偿流程而取消（Saga 模式）。

应用的架构图如图 7-48 所示。

登录 OpenShift，查看部署好的 RHPAM 和微服务：

```
# oc  get Pods -n rhpam7-oih-9c74
NAME                                    READY    STATUS     RESTARTS    AGE
rhpam7-oih-kieserver-1-6ppfk            1/1      Running    0           21m
rhpam7-oih-order-app-1-9k9dg            1/1      Running    0           16m
rhpam7-oih-order-mgmt-app-1-x2rqv       1/1      Running    0           19m
rhpam7-oih-rhpamcentr-1-vxw4k           1/1      Running    0           19m
```

每个 Pod 的作用如下。

- ❏ rhpam7-oih-rhpamcentr-1-vxw4k：运行 Business Central。

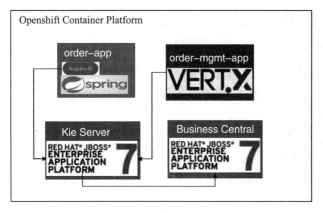

图 7-48　微服务逻辑

❑ rhpam7-oih-kieserver-1-6ppfk：运行 Kie Server。

❑ rhpam7-oih-order-mgmt-app-1-x2rqv：运行订单管理系统。

❑ rhpam7-oih-order-app-1-9k9dg：订购 IT 硬件应用程序。

我们查看 4 个应用的 Router（Kie Server 和 Business Central 各有两条路由，基于 HTTP 和 HTTPS）。如图 7-49 所示。

Routes	Learn More 🗗		
Filter by label			Add
Name	**Hostname**	**Service**	**Target Port**
rhpam7-oih-order-mgmt-app	http://rhpam7-oih-order-mgmt-app-rhpam7-oih-9c74.apps.rhpds311.openshift.opentlc.com 🗗	rhpam7-oih-order-mgmt-app	8080-tcp
rhpam7-oih-order-app	http://rhpam7-oih-order-app-rhpam7-oih-9c74.apps.rhpds311.openshift.opentlc.com 🗗	rhpam7-oih-order-app	8080-tcp
rhpam7-oih-kieserver	http://rhpam7-oih-kieserver-rhpam7-oih-9c74.apps.rhpds311.openshift.opentlc.com 🗗	rhpam7-oih-kieserver	http
rhpam7-oih-rhpamcentr	http://rhpam7-oih-rhpamcentr-rhpam7-oih-9c74.apps.rhpds311.openshift.opentlc.com 🗗	rhpam7-oih-rhpamcentr	http
secure-rhpam7-oih-kieserver	https://secure-rhpam7-oih-kieserver-rhpam7-oih-9c74.apps.rhpds311.openshift.opentlc.com 🗗	rhpam7-oih-kieserver	https
secure-rhpam7-oih-rhpamcentr	https://secure-rhpam7-oih-rhpamcentr-rhpam7-oih-9c74.apps.rhpds311.openshift.opentlc.com 🗗	rhpam7-oih-rhpamcentr	https

图 7-49　路由展示

使用图 7-49 中获取到的路由，登录 Business Central，导入 GitHub 上已经配置好的流程和规则，如图 7-50 所示。

输入 repo 的 URL，导入 IT_Orders 项目，如图 7-51 所示。

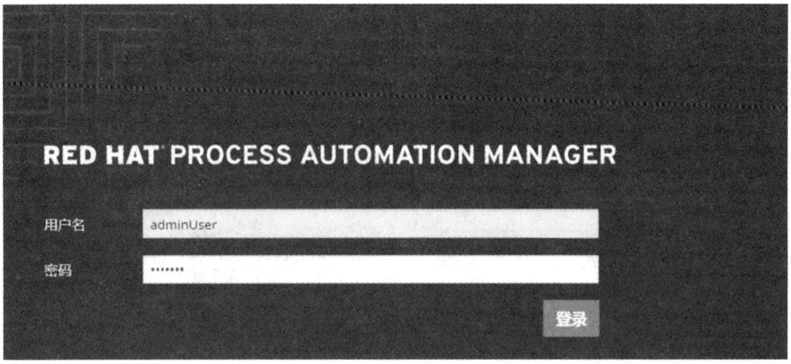

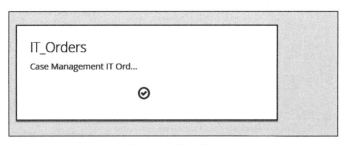

图 7-50　Business Central 首页面

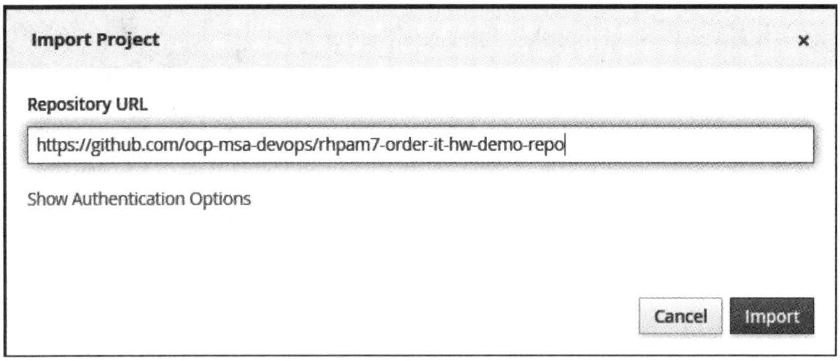

Import Project　　　　　　　　　　　　　　　　　　　　　✕

Repository URL

https://github.com/ocp-msa-devops/rhpam7-order-it-hw-demo-repo

Show Authentication Options

Cancel　Import

图 7-51　导入 repo

导入成功，如图 7-52 所示。

IT_Orders

Case Management IT Ord...

图 7-52　导入成功

接下来，将导入的项目部署到 Kie Server 上，如图 7-53 所示，点击 Deploy。
输入对应信息，如图 7-54 所示。

大约 20 秒以后部署成功，如图 7-55 所示。

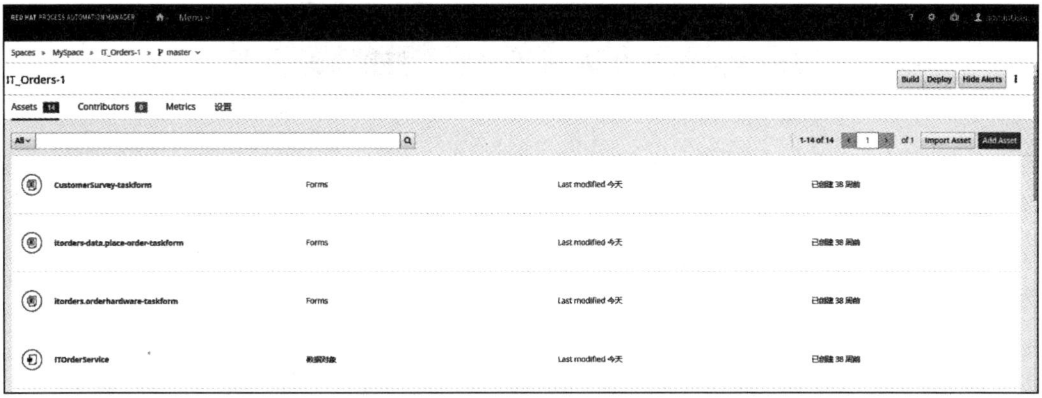

图 7-53　Kie Server 部署项目

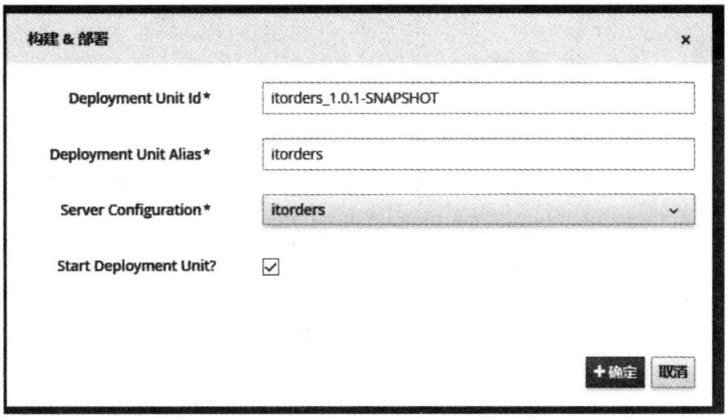

图 7-54　Kie Server 部署项目

图 7-55　部署成功

接下来，我们对规则流程的源码进行分析，首先通过 IDE 导入，其目录结构如图 7-56 所示。源码目录 /src/main/resources/META-INF 中包含文件如图 7-57 所示。

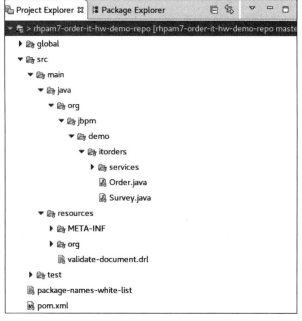

图 7-56 源码项目

maciek (/src/main/resources/META-INF/kie-deployment-descriptor.xml)		Latest commit 5313d5e on 17 Aug 2018
.gitkeep	(/src/test/resources/org/jbpm/demo/itorders/services/.gitignore)	9 months ago
kie-deployment-descriptor.xml	(/src/main/resources/META-INF/kie-deployment-descriptor.xml)	8 months ago
kmodule.xml	Batch mode	8 months ago
persistence.xml	Default persistence descriptor generated by system (/src/main/resourc...	9 months ago

图 7-57 GitHub META-INF 目录

kie-deployment-descriptor.xml 描述整个规则流程作为一个 Kjar 部署到 Kie Server 时的配置参数，如 runtime-strategy、marshalling-strategy 等。

```xml
<?xml version="1.0" encoding="UTF-8" standalone="yes"?>
<deployment-descriptor xsi:schemaLocation="http://www.jboss.org/jbpm deployment-
    descriptor.xsd" xmlns:xsi="http://www.w3.org/2001/XMLSchema-instance">
    <persistence-unit>org.jbpm.domain</persistence-unit>
    <audit-persistence-unit>org.jbpm.domain</audit-persistence-unit>
    <audit-mode>JPA</audit-mode>
    <persistence-mode>JPA</persistence-mode>
    <runtime-strategy>PER_CASE</runtime-strategy>
    <marshalling-strategies>
        <marshalling-strategy>
            <resolver>mvel</resolver>
            <identifier>org.jbpm.casemgmt.impl.marshalling.CaseMarshallerFactory.
                builder().withDoc().get();</identifier>
            <parameters/>
```

```
            </marshalling-strategy>
            <marshalling-strategy>
                <resolver>mvel</resolver>
                <identifier>new org.jbpm.document.marshalling.DocumentMarshalling-
                    Strategy ();</identifier>
                <parameters/>
            </marshalling-strategy>
        </marshalling-strategies>
        <event-listeners/>
        <task-event-listeners/>
        <globals/>
        <work-item-handlers>
            <work-item-handler>
                <resolver>mvel</resolver>
                <identifier>new org.jbpm.process.workitem.bpmn2.ServiceTaskHandler
                    (ksession, classLoader)</identifier>
                <parameters/>
                <name>Service Task</name>
            </work-item-handler>
            <work-item-handler>
                <resolver>mvel</resolver>
                <identifier>new org.jbpm.process.workitem.rest.RESTWorkItemHandler( "
                    kieserver", "kieserver1!", classLoader)</identifier>
                <parameters/>
                <name>Rest</name>
            </work-item-handler>
        </work-item-handlers>
        <environment-entries/>
        <configurations/>
        <required-roles/>
        <remoteable-classes/>
        <limit-serialization-classes>true</limit-serialization-classes>
</deployment-descriptor>
```

kmodule.xml 文件：KieContainer 根据 kmodule.xml 定义的 ksession 名称找到 KieSession 的定义，然后创建一个 KieSession 的实例。

```
<kmodule xmlns="http://www.drools.org/xsd/kmodule" xmlns:xsi="http://www.w3.org/
    2001/XMLSchema-instance"/>
```

persistence.xml 则定义了 KJAR 与持久化存储的对接。调用的是 JPA。

```
<?xml version="1.0" encoding="UTF-8" standalone="yes"?>
<persistence xmlns="http://java.sun.com/xml/ns/persistence" xmlns:orm="http://
    java.sun.com/xml/ns/persistence/orm" xmlns:xsi="http://www.w3.org/2001/
    XMLSchema-instance" version="2.0" xsi:schemaLocation="http://java.sun.com/
    xml/ns/persistence http://java.sun.com/xml/ns/persistence/persistence_2_0.
    xsd http://java.sun.com/xml/ns/persistence/orm http://java.sun.com/xml/ns/
    persistence/orm_2_0.xsd">
    <persistence-unit name="itorders:itorders:1.0.0-SNAPSHOT" transaction-
        type="JTA">
        <provider>org.hibernate.jpa.HibernatePersistenceProvider</provider>
        <jta-data-source>java:jboss/datasources/ExampleDS</jta-data-source>
        <exclude-unlisted-classes>true</exclude-unlisted-classes>
```

```
      <properties>
        <property name="hibernate.dialect" value="org.hibernate.dialect.
          H2Dialect"/>
        <property name="hibernate.max_fetch_depth" value="3"/>
        <property name="hibernate.hbm2ddl.auto" value="update"/>
        <property name="hibernate.show_sql" value="false"/>
        <property name="hibernate.id.new_generator_mappings" value="false"/>
        <property name="hibernate.transaction.jta.platform" value="org.
          hibernate.service.jta.platform.internal.JBossAppServerJtaPlatform"/>
      </properties>
    </persistence-unit>
  </persistence>
```

源码目录 src/main/resources/org/jbpm/demo/itorders 下的源码主要是两个 bpmn 流程和一些表单文件（使用 PAM 的 form model design 生成的这些文件。这些 form 将会是我们在调用流程时填写的表单，bpmn 流程会调用这些表单）。

两个核心的流程，第一个流程文件是 orderhardware.bpmn2。在 Business Central 中查看该流程，这是一个 Case Management 模式的流程，如图 7-58 所示。

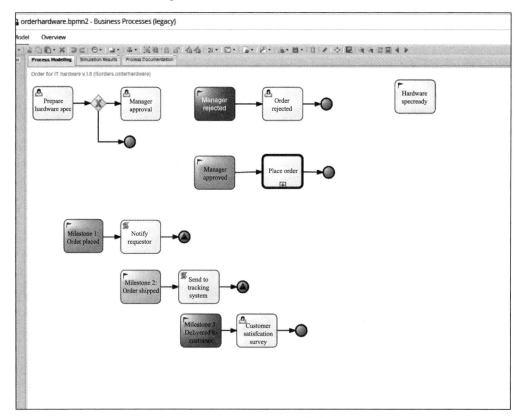

图 7-58　Case Management 模式流程图

第二个流程文件是 place-order.bpmn2。在 Business Central 中查看该流程，如图 7-59 所示。

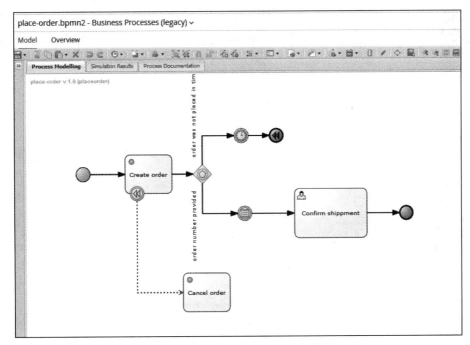

图 7-59　Business Central 中流程图

由于篇幅有限，我们简单分析第一个流程：orderhardware.bpmn2（https://github.com/ ocp-msa-devops/rhpam7-order-it-hw-demo-repo/blob/master/src/main/resources/org/jbpm/ demo/itorders/orderhardware.bpmn2）。每个 Case Management 项目的 AdHoc、Case ID 前缀 和 Case Roles 属性都是唯一的，如图 7-60 所示。

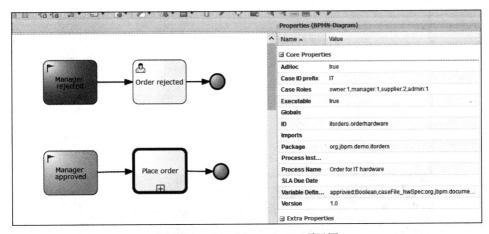

图 7-60　Case Management 项目图

检查 Place order 子流程节点属性，可以看到该节点有两个数据输入，没有数据输出，见图 7-61。

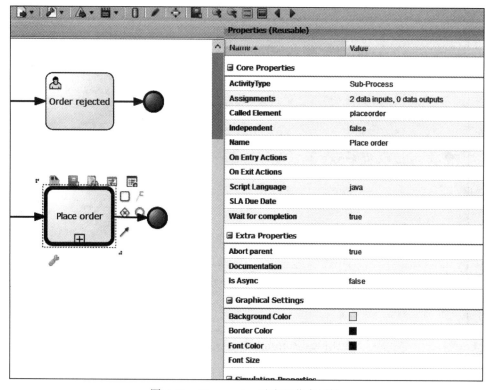

图 7-61　Place order 子流程节点属性

查看 Data I/O，可以看到数据输入是 Case ID 和 Requestor 两个变量，见图 7-62。

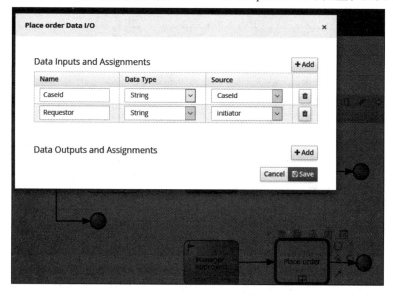

图 7-62　Data I/O 配置

查看 Manager approved 节点的 Data I/O，可以看到 Source 是 kie 的 api，见图 7-63。

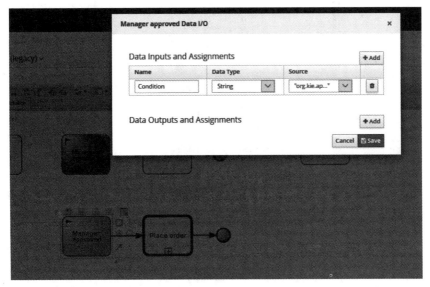

图 7-63　Manager approved 节点的 Data I/O

7.5.3　RHPAM 与微服务的集成实验流程验证

接下来，我们验证整个流程。对于 Order App 这个应用，它有三个登录用户（用户名 / 密码）。

❑ maciek/maciek1!：订单发起者。

❑ tihomir/ tihomir1!：具备 supplier 角色的用户。

❑ krisv/ krisv1!：具备 manager 角色的用户。

首先通过 maciek 用户登录，见图 7-64。

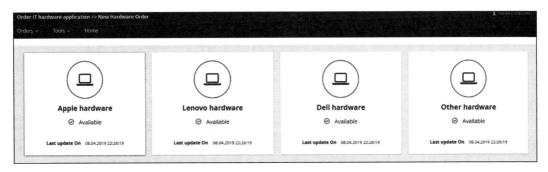

图 7-64　通过 maciek 用户登录

分别申请 Apple 笔记本电脑和 Lenovo 笔记本电脑，Manager 都选择 Kris，见图 7-65。

图 7-65　选择 Manager

接下来，使用 tihomir 供应商角色账号重新登录系统，发现有两个 pending task，如图 7-66 所示（由 maciek 发起的笔记本申请）。

图 7-66　用 tihomir 登录系统

批准两个申请（批准的时候，需要上传硬件设备清单），如图 7-67 所示。批准以后，查看流程状态，可以看到当前进入等待 Manager 进行审批的阶段，如图 7-68 所示。

接下来，使用 krisv 账号重新登录系统，可以看到有两个 pending 的 case，批准两个 case，如图 7-69 所示。由于 Manager 批准了申请，触发了新的 place-order 流程，因此流程实例数量变成了 4 个，如图 7-70 所示。此时查看 place-order 工作流，见图 7-71。

工作流会触发 Order Management 系统，将 maciek 的两个申请单转到这个系统上，如果我们不在这个系统上继续操作，系统会超时，订单服务中的订单通过 BPMN2 补偿流程而取消（Saga 模式）。我们在 Order Management 系统编辑两个订单，如图 7-72 所示。

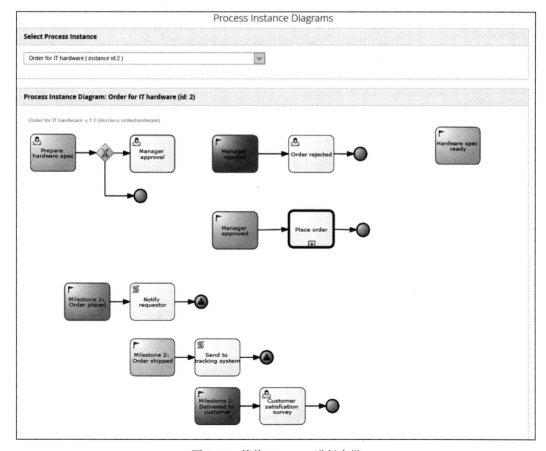

图 7-67　批准两个申请

图 7-68　等待 Manager 进行审批

图 7-69 批准 pending 的 case

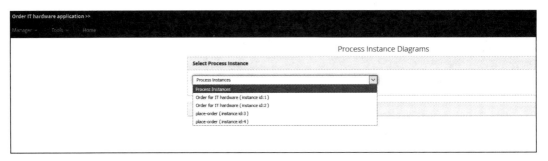

图 7-70 触发新的 place-order 流程

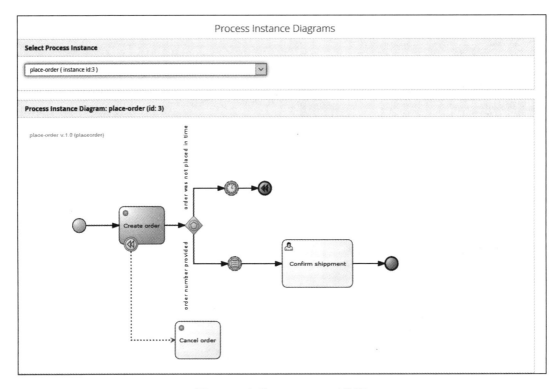

图 7-71 查看 place-order 工作流

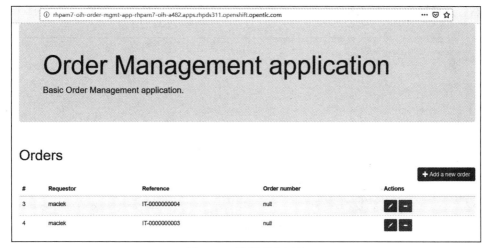

图 7-72　编辑两个订单

输入 Order Number，见图 7-73 和图 7-74。

图 7-73　输入 Order Number（1）

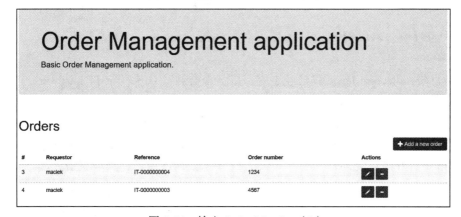

图 7-74　输入 Order Number（2）

然后，看到 Place Order 流程已经到了 Confirm shippment 阶段，如图 7-75 所示。

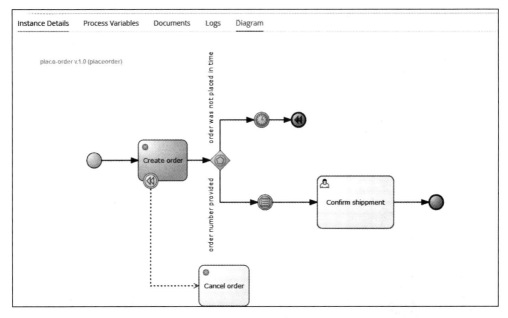

图 7-75　流程已经到了 Confirm shippment

接下来，在流程中触发 Confirm shipment，即供应商确认发货，如图 7-76 所示。

Task	Process Definition Id	Status
Confirm shippment	placeorder	Ready
10 Items ⌄		

图 7-76　供应商确认发货

确认的时候，可以看到硬件配置文件、Order Nmuber、申请人等信息，如图 7-77 所示。

截至目前，place-order 流程已经走完。接下来会触发 Order for IT hardware 中的流程，激活该流程中的 Delivered to customer milestone，如图 7-78 所示。

使用账号 maciek 登录 Order App，选择订单，点击 Received Order，表示已经收到申请的笔记本电脑，如图 7-79 所示。这会触发 Customer satisfcation 环节，如图 7-80 所示。在 Order App 中打开满意度调查问卷，如图 7-81 所示。输入信息，然后点击完成，如图 7-82 和图 7-83 所示。至此，流程全部走完，如图 7-84 所示。

_hwSpec

?? Microsoft Excel ??? (3).xlsx (9.785 Kb)

OrderNumber

1234

Requestor

maciek

Outputs:

Info_

*Info_*

☑ Shipped_

Save　Release　**Complete**

图 7-77　确认信息

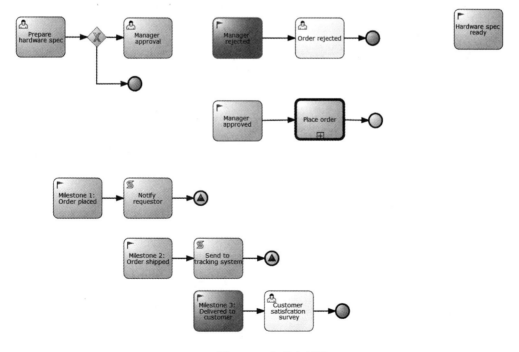

图 7-78　查看流程图

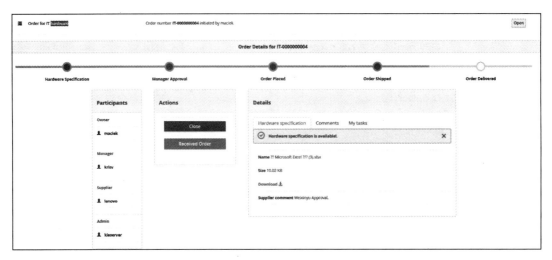

图 7-79　查看订单

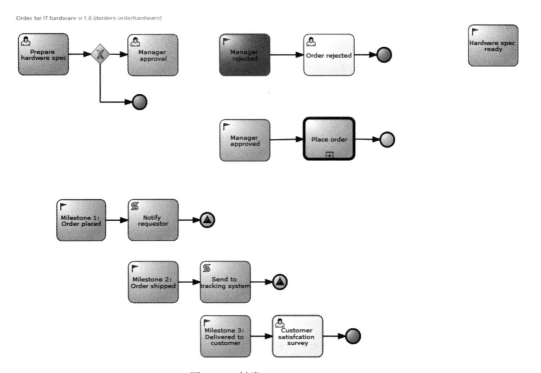

图 7-80　触发 Customer satisfcation

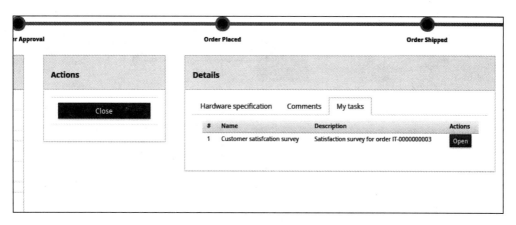

图 7-81　满意度调查问卷

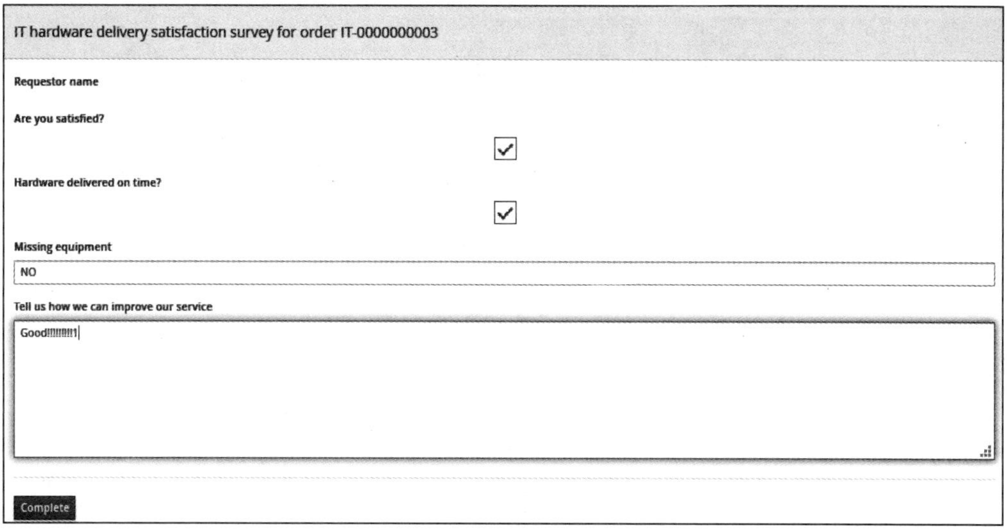

图 7-82　输入信息

图 7-83　输入信息

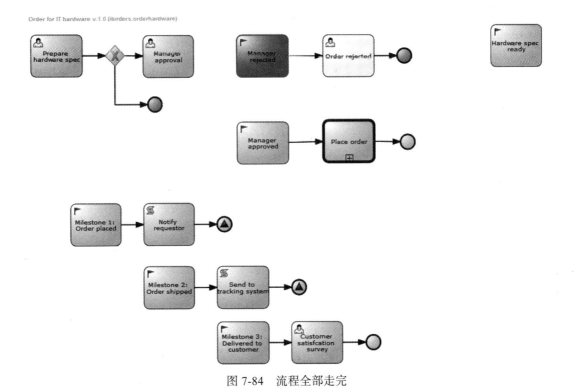

图 7-84　流程全部走完

7.6　本章小结

通过阅读本章，相信你对构建企业规则和流程自动化有了一定的理解。随着微服务在 OpenShift 集群上的大量部署，业务规则的处理和流程自动化显得愈发重要，这也是我们云原生的构建之路中重要的一个步骤（步骤 5）。

第 8 章 *Chapter 8*

云原生应用的安全

在前几章中，我们介绍了如何借助容器化中间件构建云原生应用。在云原生应用构建之路的步骤 6（推动变革，采用模块化程度更高的架构）中，我们需要考虑微服务和云原生应用的安全。在云原生时代，应用大多以容器的方式运行在容器云平台上，因此如何保证容器化应用的安全是企业需要关注的问题。本章将从容器化应用的身份认证、授权管理、单点登录以及容器应用流量管理这几方面进行介绍。

8.1 云原生应用的认证与授权

在谈到认证和授权时，通常会涉及很多专业术语，如 AD、LDAP、JWT、Token、OpenID Connect 等。在云原生时代，认证授权的目的还是保证容器化应用的安全。容器化应用的认证与授权整体上包含如下三层。

- ❑ OpenID：Authentication，负责认证。
- ❑ OAuth ：Authorization，负责授权。
- ❑ Token：令牌。在云原生时代，令牌通常使用 JWT（JSON Web Token）的方式。

OpenID 是一种开放的身份验证标准。用户通过 OpenID 身份提供商获取 OpenID 账户。然后，用户将使用该账户登录任何接受 OpenID 身份验证的网站。OpenID 建立在 OAuth 2.0 协议之上，允许客户端验证最终用户的身份并获取基本配置文件信息 RESTful HTTP API，使用 JSON 作为数据格式。

OAuth（开放授权）是一个开放标准，即用户允许第三方应用访问该用户在某一网站上存储的私密资源，而无须将用户名和密码提供给第三方应用。OAuth 2.0 是 OAuth 协议的下一版本，相比于 OAuth 1.0，更关注客户端开发者的简易性；它为移动应用（手机、平板电脑、Web 等）提供了专门的认证流程。

OAuth 2.0+OpenID 的方式已经在互联网中大量应用。举一个我们身边的例子，我们可以通过微信认证登录很多手机 App 或者网站，例如今日头条。在这个认证和授权的过程中，微信就是 OpenID 身份提供方，而今日头条就是 OpenID 身份依赖方。

下面以通过微信登录今日头条为例来演示 API 的身份认证与授权过程。

打开浏览器，登录今日头条网站，如图 8-1 所示。点击通过微信授权登录，这时候，相当于客户端向今日头条的服务器发起授权请求。

图 8-1　今日头条网站登录页

今日头条会向客户端发回一个重定向地址，这个地址指向微信授权登录。浏览器接到重定向地址后会再次发起访问，这次是向微信授权服务器发起请求，屏幕会出现二维码。

在这个过程中，微信认证服务器也对用户进行了身份认证，只是因为在用户扫描的时候，微信已经在手机登录了，所以这里不再介绍。用户在微信认证服务器上，首先验证了自己的身份，然后用微信同意今日头条客户端发起的授权请求，即打开手机微信扫描电脑屏幕的二维码，并且在手机微信上点击同意授权登录，如图 8-2 所示。

接下来，微信授权服务器会向浏览器返回一个 code。浏览器通过获取到的 code，向认证服务器发起申请有效 Token 的请求，再由认证服务器返回 Token。浏览器拿到 Token 后，向认证服务器申请获取用户信息。认证服务器返回用户信息，并在浏览器展示出来。至此，登录过程完毕。

图 8-2　确认登录今日头条

登录后，用户在客户端通过 Token 向资源服务器申请资源（很多资源有访问权限设置，例如，今日头条的一些文章或者视频只对会员开放）。当今日头条的服务器确认该 Token 有效时，会同意向客户端开放资源，如图 8-3 所示。

图 8-3　今日头条登录成功

8.2　OpenShift 的单点登录

8.2.1　OpenShift 的认证方式

在 OpenShift 容器平台体系结构中，用户（User）是与 API Server 进行交互的实体，通过直接向用户或用户所属的组（Group）添加角色（Role）来分配权限。Identity 是一种资源，用于记录来自特定用户和身份提供者的成功身份验证尝试。有关身份验证来源的任何数据都存储在身份上。

OpenShift API 有两种验证请求的方法：

❑ OAuth 访问令牌
❑ X.509 客户端证书

OpenShift 4.3 包含 OAuth Server，这是一个 Cluster Operator，当安装 OpenShift 4 时，这个 Operator 会被自动安装。当用户尝试向 API 进行身份验证时，OAuth Server 会向用户提供 OAuth 访问令牌。在 OpenShift 中，我们必须配置 Identity Providers，并且该身份提供者可用于 OAuth 服务器。OAuth 服务器使用 Identity Providers 来验证请求者的身份。服务器将用户与身份进行协调，并创建 OAuth Token，然后将其授予用户。身份和用户资源是在登录时自动创建的。

我们可以将 OpenShift OAuth Server 对接多个 Identity Providers。主要包括如下内容。

❑ HTPasswd：根据存储使用 htpasswd 生成的 credentials 的 secret 验证用户名和密码。
❑ Keystone：启用与 OpenStack Keystone v3 服务器的共享身份验证。
❑ LDAP：使用简单绑定身份验证，配置 LDAP 身份提供程序以针对 LDAPv3 服务器验证用户名和密码。
❑ GitHub 或 GitHub 企业版：配置 GitHub 身份提供者以针对 GitHub 或 GitHub 企业版 OAuth 身份验证服务器验证用户名和密码。
❑ OpenID Connect：使用授权代码流与 OpenID Connect 身份提供者集成。

我们可以在同一个 OAuth 自定义资源上定义相同或不同种类的多个身份提供者。例如，既有通过 HTPasswd 认证的方式，又有通过 OpenID Connect 认证的方式。此外，我们既可以使用 OpenShift 内置的 OAuth 做授权管理，也可以对接外部的 OΛuth 服务器做授权管理，尤其是我们在做微服务的单点登录时（这部分内容会在下文介绍）。

8.2.2　OpenShift 与 Keycloak 的集成

在 8.2.1 节中，我们介绍了身份认证与授权的实现方式。在云原生时代，应用实例和种类会比较多，这时候我们就需要用到单点登录（Single Sign-On，SSO）。单点登录的作用是：当用户成功进行身份认证并授权后，就可以获取该用户被赋予的所有系统的访问权限，不用再逐一登录每个单一系统。

在单点登录解决方案中，目前业内使用较多的是 Red Hat Single Sign-On，简称 RH-SSO（社区项目是 keycloak）。Red HatOpenShift 提供 RH-SSO 的容器镜像：registry.redhat.io/redhat-sso-7/sso73-openshift。在 OpenShift 3 和 OpenShift 4 中，均可以通过模板方式部署 RH-SSO。此外，OpenShift 4 的 Operator Hub 提供 Keycloak Operator，如图 8-4 所示。

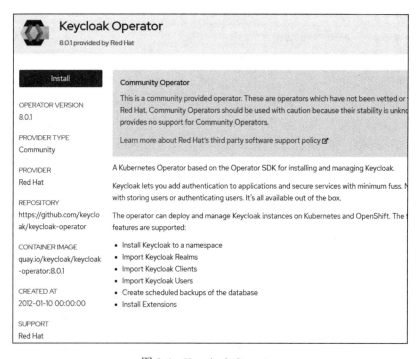

图 8-4　Keycloak Operator

订阅 Keycloak Operator，如图 8-5 所示。

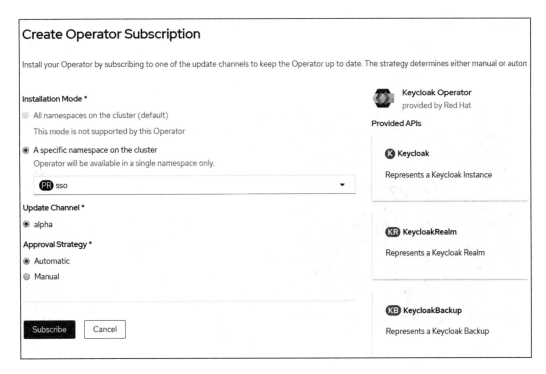

图 8-5　订阅 Keycloak Operator

Operator 安装完成后，会提供如图 8-6 所示的 API。

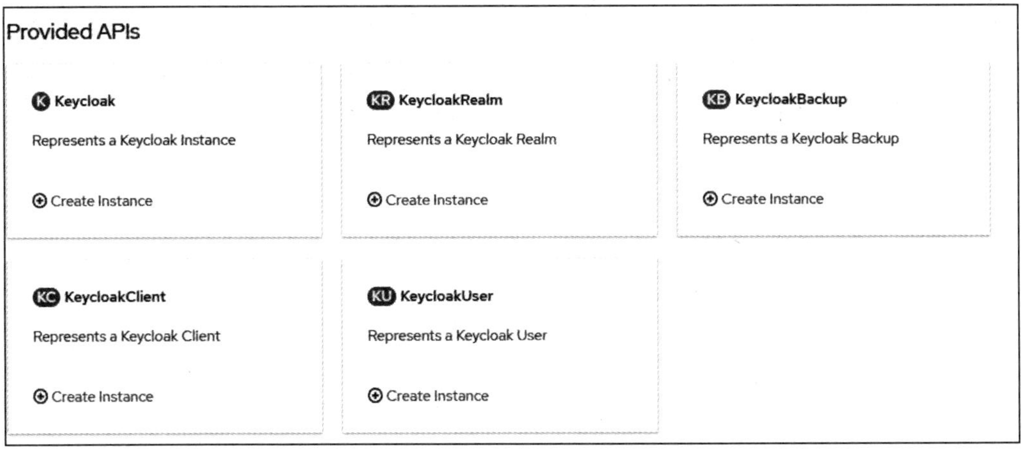

图 8-6　Keycloak Operator 提供的 API

我们依次创建 API 实例，仅以 Keycloak 实例为例，如图 8-7 所示。

图 8-7　创建 Keycloak 实例

创建实例，如下所示：

```
# oc get Pods
NAME                                    READY    STATUS       RESTARTS    AGE
example-keycloakbackup-hkxkj            1/1      Running      0           2m25s
keycloak-0                              1/1      Running      2           2m48s
keycloak-operator-75c4cbf547-756br      1/1      Running      0           5m51s
keycloak-postgresql-78dbf8d8bc-177bq    1/1      Running      0           2m48s
```

接下来，我们以在 OpenShift 3.11 上通过模板部署的 Keycloak 为例进行讲解。具体的安装步骤不再赘述。

在 OpenShift 上部署好 RH-SSO 并为它提供持久化数据库 PostgreSQL，如图 8-8 所示。

```
NAME                 READY    STATUS     RESTARTS    AGE
sso-2-9r79n          1/1      Running    0           2m
sso-postgresql-1-7rvc6    1/1    Running    1           8m
```

图 8-8　部署持久化数据库

登录 RH-SSO 的主页面，如图 8-9 所示。

在 Add realm 表单上的 Name 字段中输入 OpenShift，然后单击 Create 按钮，如图 8-10 所示。

在 OpenShift realm 中创建 contractordev1 用户。在左侧窗格中单击 Users→Add user。在

Add user 表单的 Userame 字段中输入 contractordev1，然后单击 Save 按钮，如图 8-11 所示。

图 8-9　RH-SSO 登录页面

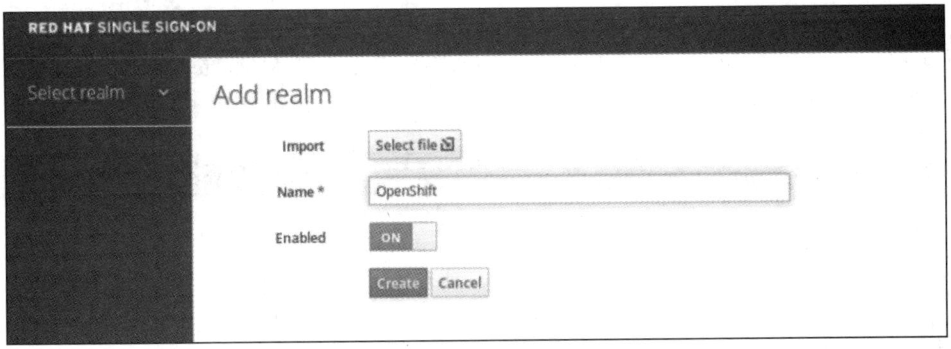

图 8-10　创建 realm

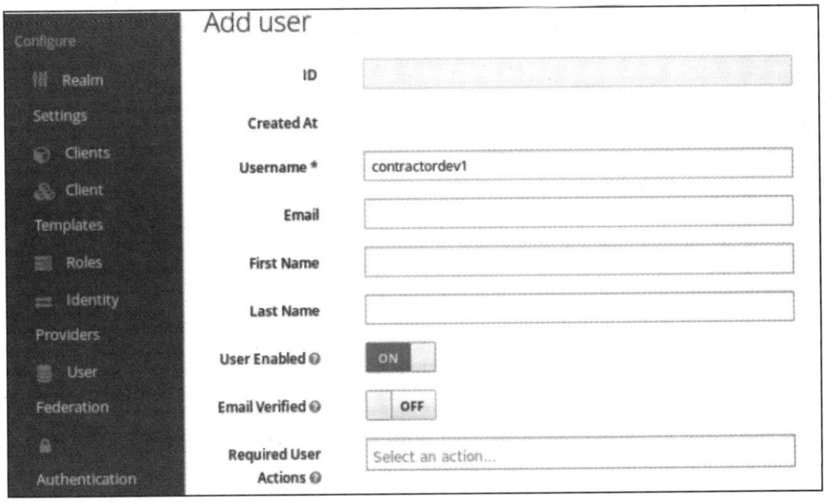

图 8-11　在 realm 中添加用户

为 contractordev1 用户分配一个非临时密码。单击 Credentials 选项卡，并在两个密码字段中输入 redhat。单击 Temporary 字段，使其显示为 Off，然后单击 Reset Password 按钮。弹出提示框时单击 Change password 按钮，如图 8-12 所示。

图 8-12　为用户创建密码

在 OpenShift 域中创建名为 MasterAPI 的客户端。在左侧窗格的 Configure 类别下单击 Clients→Create。在 Add Client 表单上的 Client ID 字段中输入 Master API，并保留 Client Protocol 字段中的默认值 openid-connect，如图 8-13 所示。

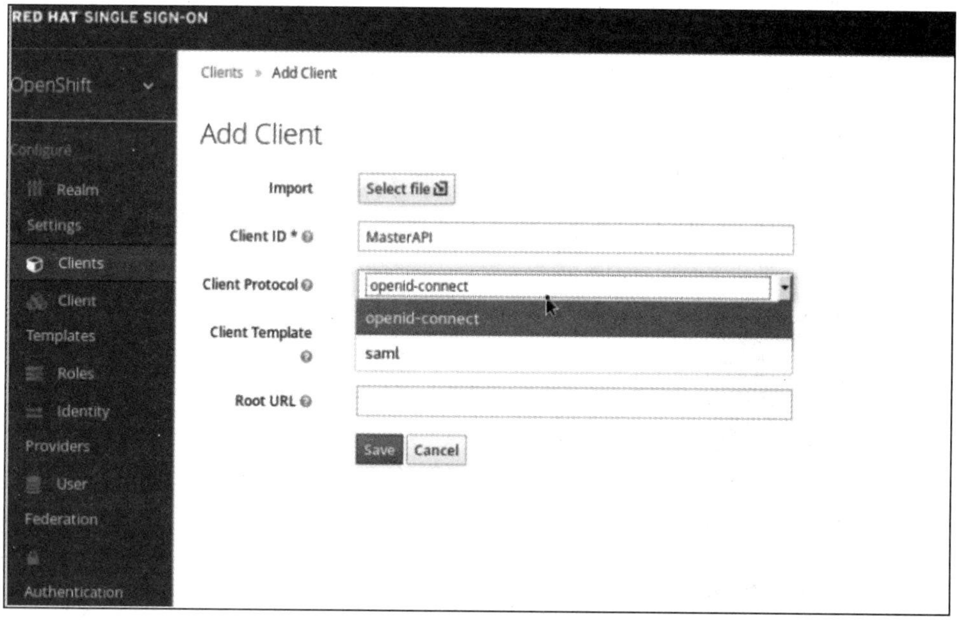

图 8-13　创建 MasterAPI 客户端

配置名为 MasterAPI 的客户端，以对接 OpenShift。在 MasterAPI 客户端设置页面中单击 Settings 选项卡，在 Access Type 字段中选择 confidential，然后在 Valid Redirect URIs 中输入 https://master.lab.example.com:443/*，如图 8-14 所示。如果是 OpenShift 4，则应输入负载均衡器上指向三个 Master 的 HAProxy 的域名。

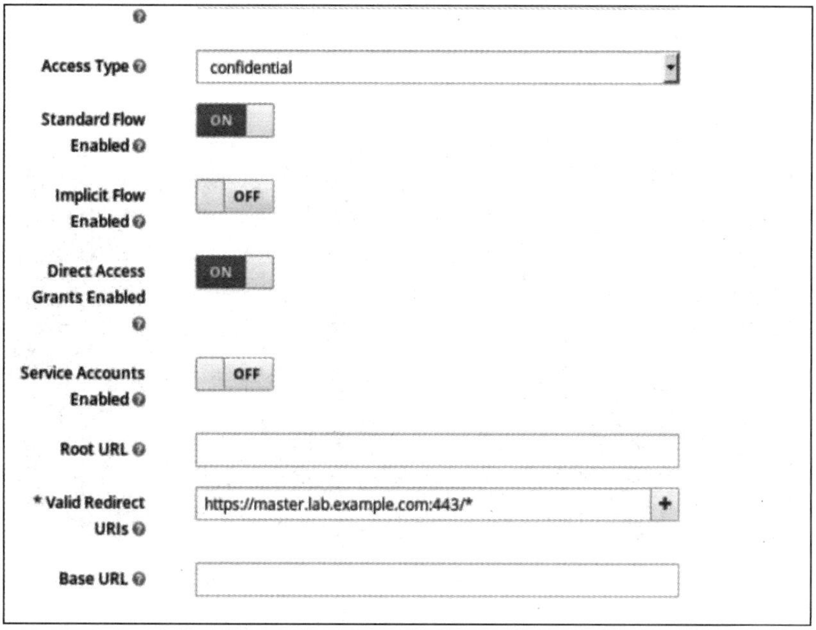

图 8-14　对接 OpenShift Master

　　复制 MasterAPI 客户端的 Secret。在 MasterAPI 客户端页面中，单击 Credentials 选项卡，并将 Secret 字段的值复制到一个临时文本文件中。稍后我们将需要这个值来配置 OpenShift 身份提供商，如图 8-15 所示。

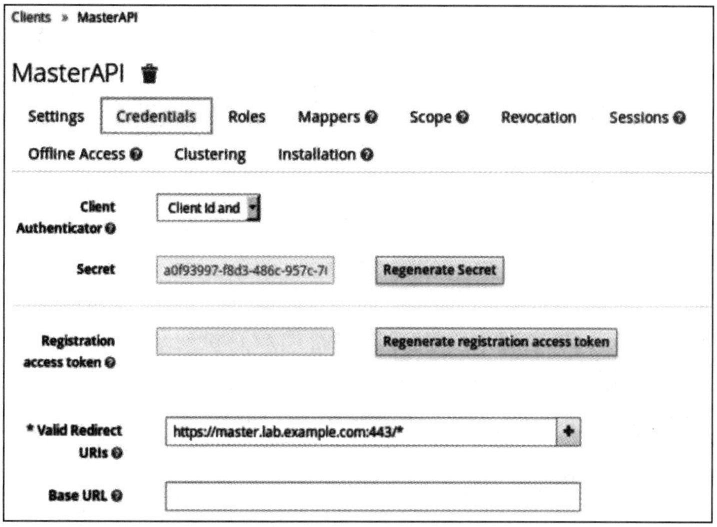

图 8-15　查看 MasterAPI 客户端的 Secret

通过单点登录访问自助服务用户页面。打开新的 Web 浏览器选项卡，访问 https://sso-websso.apps.lab.example.com/auth/realms/OpenShift/account。以 contractordev1 用户身份登录，如图 8-16 所示。

图 8-16　使用 contractordev1 用户登录 RH-SSO

登录成功后，可以设置 contractordev1 用户的信息，如图 8-17 所示。

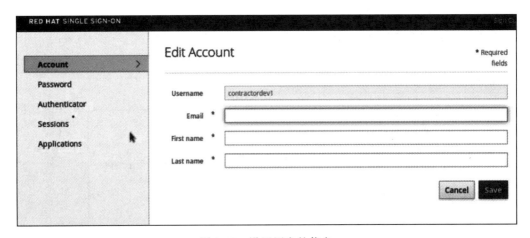

图 8-17　设置用户的信息

接下来，我们在 OpenShift 侧进行配置，以将用户身份验证委派给 RH-SSO。修改所有 Master 节点上的配置文件 /etc/origin/master/master-config.yaml，增加如图 8-18 所示的方框标识部分，在 clientSecret 部分填入前文中复制的 MasterAPI Secret。

重启 master 节点上的服务：

```
# master-restart api
# master-restart controllers
# systemctl restart atomic-openshift-node
```

```
- challenge: true
  login: true
  mappingMethod: claim
  name: htpasswd_auth
  provider:
    apiVersion: v1
    file: /etc/origin/master/htpasswd
    kind: HTPasswdPasswordIdentityProvider
- challenge: true
  login: true
  mappingMethod: claim
  name: sso
  provider:
    apiVersion: v1
    kind: OpenIDIdentityProvider
    clientID: MasterAPI
    clientSecret: a0f93997-f8d3-486c-957c-700ebb2b9863
    ca: /etc/origin/master/ca-bundle.crt
    urls:
      authorize: https://sso-websso.apps.lab.example.com/auth/realms/OpenShift/protocol/openid-connect/auth
      token: https://sso-websso.apps.lab.example.com/auth/realms/OpenShift/protocol/openid-connect/token
      userInfo: https://sso-websso.apps.lab.example.com/auth/realms/OpenShift/protocol/openid-connect/userinfo
    claims:
      id:
      - sub
      preferredUsername:
      - preferred_username
      name:
      - name
      email:
      - email
masterCA: ca-bundle.crt
masterPublicURL: https://master.lab.example.com:443
masterURL: https://master.lab.example.com:443
```

图 8-18　修改 OpenShift 配置文件

重新通过浏览器登录 OpenShift 的地址，我们会看到两种认证方式：htpasswd_auth 和 sso。这两种方式可以同时存在。验证 SSO 的认证方式，点击图 8-19 中方框标识的 SSO 按钮。

图 8-19　OpenShift 登录界面

我们看到，页面会跳转到 SSO 的链接页面。然后输入用户名密码，如图 8-20 所示，认证后就可以登录到 OpenShift 界面了。

如前文所述，RH-SSO 默认使用 OpenID，但它也可以对接外部的 Identity Provider，如图 8-21 所示。

图 8-20 OpenShift 登录界面

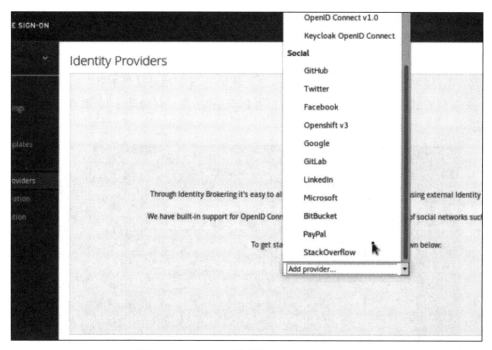

图 8-21 RH-SSO 可对接 Identity Provider

　　RH-SSO 还可以对接外部的用户数据库，如 LDAP、AD，如图 8-22 所示。在 RH-SSO 中，我们还可以定义多个认证流程，如图 8-23 所示。

　　查看名为 Direct Grant 的认证流程，如图 8-24 所示，其中，REQUIRED 表示必须执行，OPTIONAL 表示由用户决定是否启用。我们看到，用户名和密码的认证是必需的，OTP 是可选的。

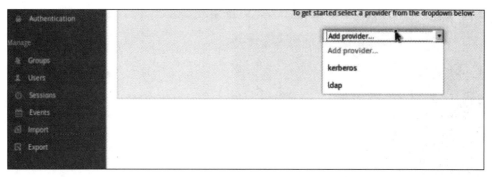

图 8-22　RH-SSO 可对接外部用户数据库

图 8-23　RH-SSO 定义认证流程

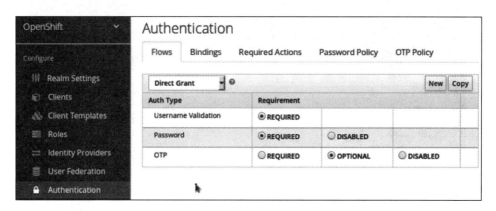

图 8-24　查看认证流程

接下来，我们修改 OpenShift 中 Realm 的 Login 要求，启用（之前未启用）用户注册和
忘记密码，如图 8-25 所示。

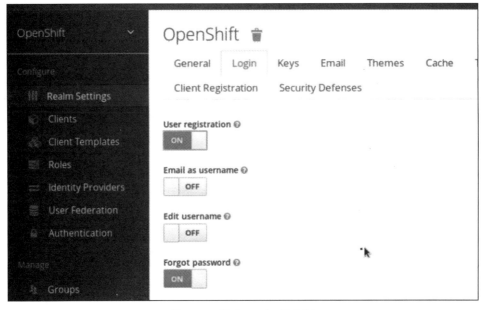

图 8-25　修改 Login 的内容

重新登录 OpenShift，并选择 SSO 认证后，登录页面比之前多了注册用户和忘记密码的选项，如图 8-26 所示，证明此前修改 Login 成功。

图 8-26　修改后的登录界面

OpenShift 4.3 对接 OpenID 的方式与 OpenShift 3 有所区别，其工作原理是创建 OpenID Connect CRs，然后应用配置。如果使用 OpenShift 4.3 的 Web UI 进行配置，步骤较为简单，本文不再赘述。具体步骤可以参考：https://docs.openshift.com/container-platform/4.3/authentication/identity_providers/configuring-oidc-identity-provider.html。

8.3 实现 Web 应用单点登录

在 8.2 节中，我们实现了 OpenShift 集群与 RH-SSO 的集成，实现了 OpenShift 用户的身份认证和授权的集成。在本节中，我们通过一个示例展示如何实现一套云原生容器化应用（Ntier 应用）与 RH-SSO 的集成。我们会配置供 Ntier 应用使用的 SSO 域，并为应用的 Web 前端和 REST 后端配置 SSO 客户端。

Ntier 应用由三个 Pod 组成，如图 8-27 所示。

❑ nodejs-app：容器提供含有两个部分的 JavaScript 前端，即基于 Angular 浏览器的应用和基于 Node.js 的应用。基于 Node.js 的应用提供 HTML/Angular 内容，同时提供基于浏览器的应用使用的 REST API。Angular 前端调用 Node.js 应用 REST API。此外，Node.js 还会调用由 Java EE 和 Spring Boot 后端提供的 REST API。

❑ eap-app：容器提供基于 Java EE 的后端应用，它可以从数据库检索数据。

❑ springboot-app：容器提供运行 REST API 的 Spring Boot 后端。这些 REST API 目前仅报告一个健康状态（在 Web 页面），以证明 RH-SSO 支持混合利用了不同应用框架开发的微服务的应用。

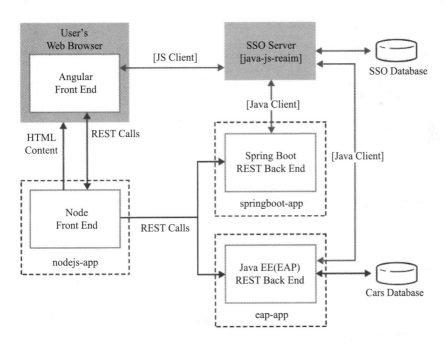

图 8-27 Ntier 应用与 RH-SSO 的集成

访问 RH-SSO Web 控制台，为 Ntier 应用创建一个名为 java-js-realm 的域，如图 8-28 所示。复制 java-js-realm 公钥，在后面的 Ntier 应用配置中会用到这个公钥，如图 8-29 和图 8-30 所示。

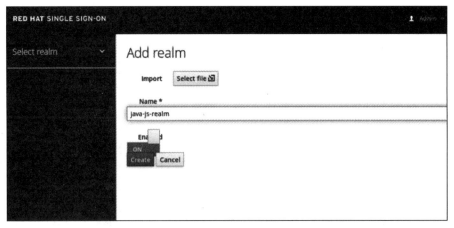

图 8-28 创建 realm

图 8-29 复制 realm 的公钥 1

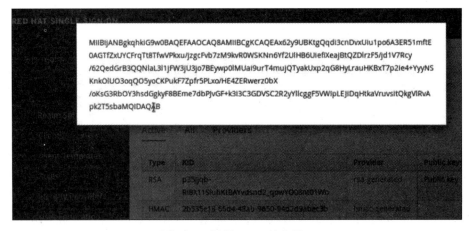

图 8-30 复制 realm 的公钥 2

在 java-js-realm 域中创建 js 客户端，Client Protocol 使用默认的 openid-connect，如图 8-31 所示。

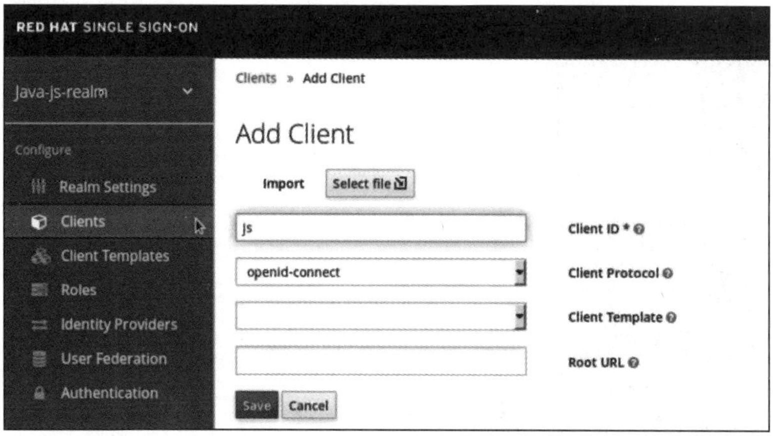

图 8-31　创建名为 js 的客户端

接下来，将 Ntier 应用的 Web 前端和 realm 的 js 客户端对接。将 Access Type 字段设为 public、启用授权直接访问，在 Valid Redirect URIs 字段中输入 https://nodejs-app-webapp.apps.lab.example.com/*，即 nodejs-app 应用在 OpenShift 中的路由。在 Web Origins 字段中输入 *，如图 8-32 所示。

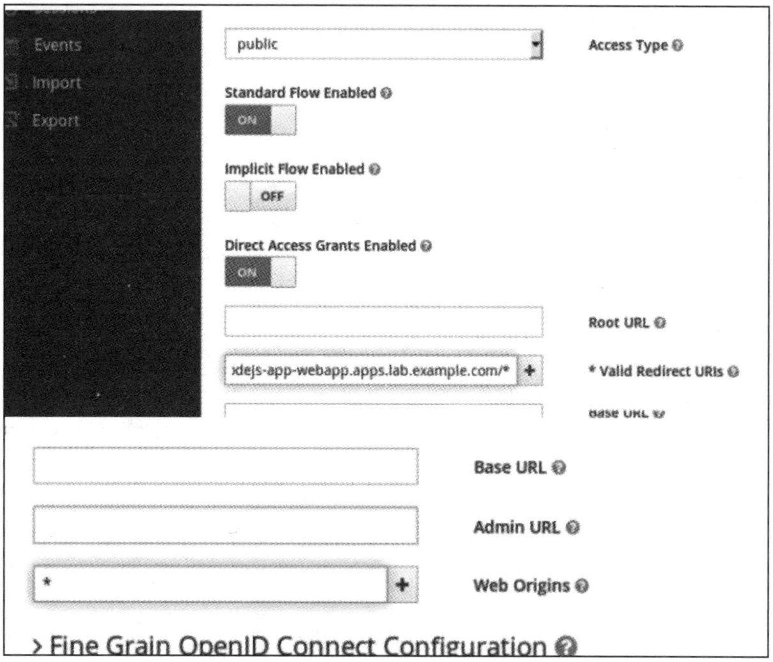

图 8-32　配置 Web 前端和 realm 中的 js 客户端对接

在 java-js-realm 域中创建 java 客户端，Client Protocol 保持默认的 openid-connect 不变，如图 8-33 所示。

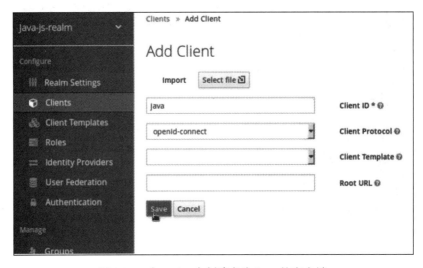

图 8-33　在 realm 中创建名为 java 的客户端

Access Type 选择 bearer-only，如图 8-34 所示。

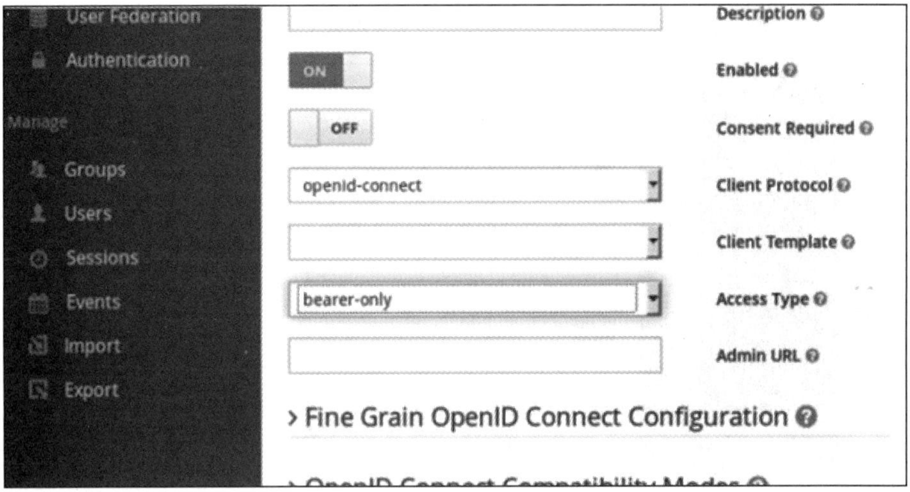

图 8-34　选择 Access Type

为 Ntier 应用创建一个访问用户。在 java-js-realm 域中创建 appuser 用户，并填写该用户的配置集数据，如图 8-35 所示。

为 appuser 用户分配一个非临时密码，如图 8-36 所示。

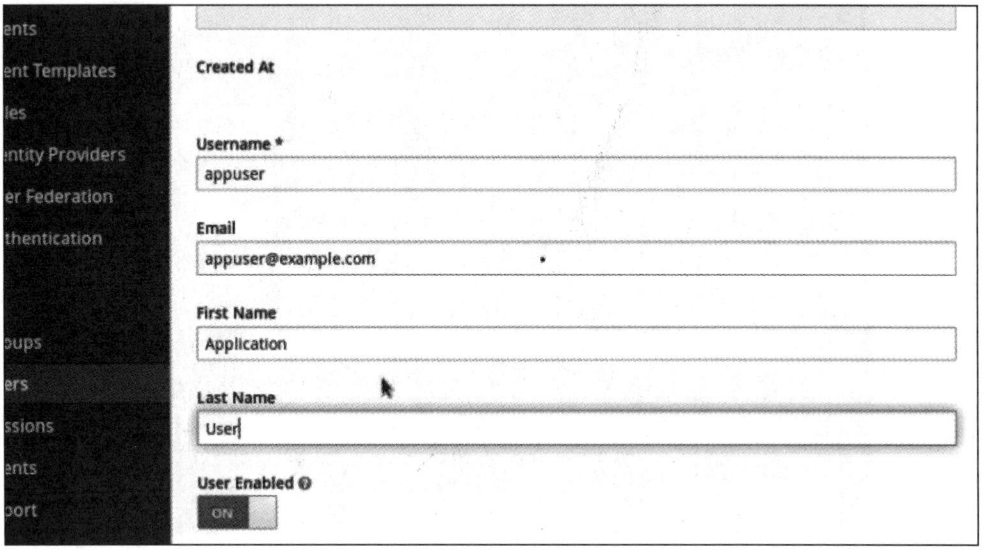

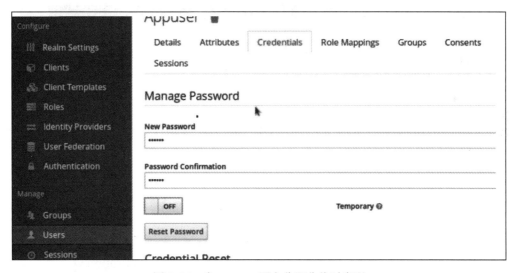

图 8-35　在 realm 中创建名为 appuser 的用户

图 8-36　为 appuser 用户分配非临时密码

使用 SSO 自助服务用户页面测试 appuser 用户，确保该用户能够通过 RH-SSO 的认证，访问链接为 https://sso-websso.apps.lab.example.com/auth/realms/java-js-realm/account，如图 8-37 所示。

登录以后，可以看到用户的信息，如图 8-38 所示。

接下来，我们部署 Ntier 应用。首先创建部署 Ntier 应用的 configmap，这会用到此前保存的 java-js-realm SSO 域的公钥和 SSO 服务器 URL，如图 8-39 所示。

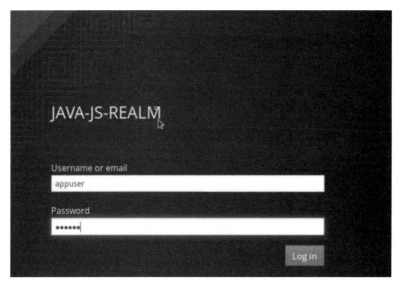

图 8-37 测试 appuser 用户能否登录 RH-SSO

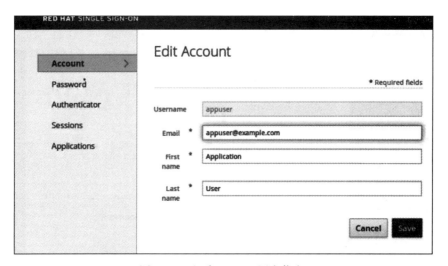

图 8-38 查看 appuser 用户信息

```
oc create configmap ntier-config \
    --from-literal AUTH_URL=https:\/\/sso-websso.apps.lab.example.com/auth \
    --from-literal KEYCLOAK=true \
    --from-literal PUBLIC_KEY=MIIBIjANBgkqhkiG9w0BAQEFAAOCAQ8AMIIBCgKCAQEAx62y9U
BKtgQqdi3cnDvxUiu1po6A3ER51mftE0AGTfZxUYCFrqTt8TfwVPkxu/jzgcFvb7zM9kvR0WSKNn6Yf2
UlHB6UiefiXeajBtQZDlrzF5/jd1V7Rcy/62QedGrB3QQNlaL3l1jFW3jU3jo7BEywp0lMUai9urT4mu
jQTyakUxp2qG8HyLrauHKBxT7p2ie4+YyyNSKnk0lUO3oqQO5yoCKPukF7Zpfr5PLxo/HE4ZERwerz0b
X/oKsG3Rb0Y3hsdGgkyF8BEme7dbPJvGF+k3I3C3GDVSC2R2yYllcggF5VWIpLEJiDqHtkaVruvsitQk
gVlRvApk2T5sbaMQIDAQAB \
    --from-literal PG_CONNECTION_URL=jdbc:postgresql:\/\/postgresql\/jboss \
    --from-literal PG_USERNAME=pguser \
    --from-literal PG_PASSWORD=pgpass
```

图 8-39 创建 configmap

创建 Ntier 应用使用的数据库，如图 8-40 所示。

```
oc new-app --name postgresql \
-p POSTGRESQL_USER=pguser \
-p POSTGRESQL_PASSWORD=pgpass \
-p POSTGRESQL_DATABASE=jboss \
-p POSTGRESQL_VERSION=9.5 \
-p DATABASE_SERVICE_NAME=postgresql \
postgresql-ephemeral
```

图 8-40　创建数据库

部署临时数据库，如图 8-41 所示。

```
[student@workstation webapp]$ oc get pods
NAME                READY    STATUS      RESTARTS    AGE
postgresql-1-mjbtw  1/1      Running     0           3m
```

图 8-41　数据库部署成功

接下来，我们使用名为 ntier-config 的 configmap，分别部署 eap-app、springboot-app、nodejs-app 这三个应用。

使用如下命令行部署 eap-app，并为应用创建路由。在部署应用的时候，使用名为 ntier-config 的 configmap，如图 8-42 所示。

```
oc new-app --name eap-app \
    --docker-image registry.lab.example.com/ntier/eap-app

oc set env --from=configmap/ntier-config dc/eap-app

oc create route edge --service=eap-app --cert=server.cert --key=server.key
```

图 8-42　部署 eap-app

eap-app 和数据库已经部署成功，如图 8-43 所示。

```
[student@workstation webapp]$ oc get pod
NAME                READY    STATUS      RESTARTS    AGE
eap-app-2-mf4c4      1/1      Running     0           1m
postgresql-1-mjbtw  1/1      Running     0           6m
```

图 8-43　eap-app 部署成功

尝试使用 curl 命令访问 Java EE 应用的 REST API，由于缺乏 SSO 令牌，返回 HTTP 身份验证错误，如图 8-44 所示。

```
[student@workstation webapp]$ curl -ik \https://eap-app-webapp.apps.lab.example.com/jboss-api
HTTP/1.1 401 Unauthorized
Expires: 0
Cache-Control: no-cache, no-store, must-revalidate
X-Powered-By: Undertow/1
Server: JBoss-EAP/7
Pragma: no-cache
Date: Sun, 08 Dec 2019 12:01:10 GMT
WWW-Authenticate: Bearer realm="java-js-realm"
Content-Type: text/html;charset=UTF-8
Content-Length: 71
Set-Cookie: c16cf4576e548cf19a13f7beed71e05e=6b1f3db7092b02de5715e79f8e790a09; path=/; HttpOnly; Secure

<html><head><title>Error</title></head><body>Unauthorized</body></html>[student@workstation webapp]$
```

图 8-44　访问应用失败

接下来，部署 springboot-app 并创建路由，在部署时同样使用名为 ntier-config 的 configmap，如图 8-45 所示。

```
oc new-app --name=springboot-app \
    --docker-image registry.lab.example.com/ntier/springboot-app

oc set env --from=configmap/ntier-config dc/springboot-app

oc create route edge --service=springboot-app --cert=server.cert --key=server.key
```

图 8-45　部署 springboot-app 并创建路由

springboot-app 部署成功，如图 8-46 所示。

```
[student@workstation webapp]$ oc get pods
NAME                    READY   STATUS    RESTARTS   AGE
eap-app-2-mf4c4         1/1     Running   0          5m
postgresql-1-mjbtw      1/1     Running   0          10m
springboot-app-2-h2v9n  1/1     Running   0          1m
```

图 8-46　springboot-app 部署成功

尝试使用 curl 命令访问 Spring Boot 应用的 REST API，由于缺乏 SSO 令牌，返回 HTTP 身份验证错误，如图 8-47 所示。

```
[student@workstation webapp]$  curl -ik \https://springboot-app-webapp.apps.lab.example.com/springboot-api/status
HTTP/1.1 401
Cache-Control: private
Expires: Thu, 01 Jan 1970 00:00:00 GMT
WWW-Authenticate: Bearer realm="java-js-realm"
Content-Type: application/json;charset=UTF-8
Transfer-Encoding: chunked
Date: Sun, 08 Dec 2019 12:04:17 GMT
Set-Cookie: ea37598735e3d85d12f495084e8fe753=ba7efcdec669c2fe0e316e1b4646b9aa; path=/; HttpOnly; Secure

{"timestamp":1575806657528,"status":401,"error":"Unauthorized","message":"No message available","path":"/springb
```

图 8-47　访问应用失败

最后，部署 nodejs-app 并创建路由。部署时仍然使用名为 ntier-config 的 configmap，如图 8-48 所示。

```
oc new-app --name nodejs-app \
    --docker-image registry.lab.example.com/ntier/nodejs-app

oc set env --from=configmap/ntier-config dc/nodejs-app

oc create route edge --service=nodejs-app --cert=server.cert --key=server.key
```

图 8-48　部署 nodejs-app 并创建路由

至此，Ntier 的三个容器均部署成功，如图 8-49 所示。

接下来，验证 SSO 中的 appuser 用户是否能够访问 Ntier 应用。打开一个新的 Web 浏览器标签页，访问位于 https://nodejs-app-webapp.apps.lab.example.com 的 Ntier 应用前端。在页面中输入地址后，会跳转到 RH-SSO 的认证页面，如图 8-50 所示。

```
[student@workstation webapp]$ oc get pods
NAME                 READY    STATUS     RESTARTS    AGE
eap-app-2-mf4c4      1/1      Running    0           9m
nodejs-app-2-jptkg   1/1      Running    0           2m
postgresql-1-mjbtw   1/1      Running    0           14m
springboot-app-2-h2v9n 1/1    Running    0           5m
```

图 8-49　三个应用和数据库均部署成功

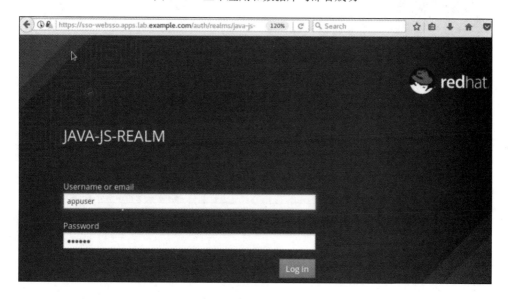

图 8-50　访问应用前端

在左侧窗格中，单击 Profile 以进入 Ntier 应用的 Profile 页面。我们可以看到 SSO 服务器中 appuser 用户配置的名字、姓氏和电子邮件，如图 8-51 所示。

图 8-51　查看应用 Profile

在左侧窗格中，单击 Status 以进入 Ntier 应用的状态页面。单击 Check 按钮以访问 Spring Boot 应用，我们在 Response 输出中看到 status 为 200，如图 8-52 所示。

图 8-52　查看 Spring Boot 应用状态

单击 Check 按钮以检查 Java EE 应用的状态，我们在 Response 输出中看到 status 为 200，如图 8-53 所示。

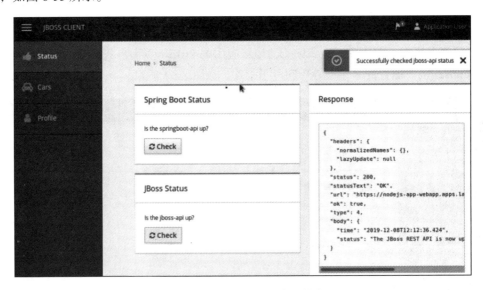

图 8-53　查看 Java EE 应用状态

在左侧窗格中，单击 Cars 以进入 Ntier 应用的 Cars 页面。可以看到汽车供应商和车型的信息，这是数据库中的数据，如图 8-54 所示。

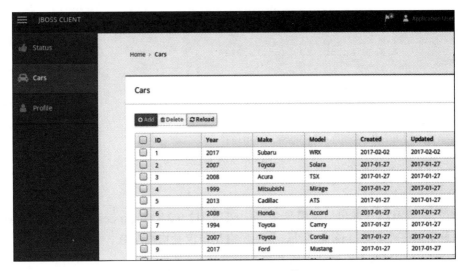

图 8-54 查看数据库中的信息

由此，我们可以得出结论，Ntier 应用与 RH-SSO 集成以后，appuser 用户通过一次认证后便可访问 Spring Boot 和 EAP 的应用，并且能够查询到后端数据库的数据，实现单点登录。

8.4 云原生应用出口流量限制

默认情况下，OpenShift 不限制容器的出口访问流量，也就是说，在 OpenShift 上部署的云原生应用可以任意访问外部应用，这显然是不安全的。针对这种情况，我们可以控制 OpenShift 集群出口流量。

OpenShift 提供了三种控制出口流量的方法：

❑ 配置出口防火墙
❑ 配置出口路由器
❑ 配置出口静态 IP

在上述三种方法中，配置出口防火墙和配置出口路由器使用更为广泛，下面我们针对这两种方式展开介绍。

8.4.1 配置出口防火墙

配置出口防火墙是通过配置 networkpolicy 实现的，如下：

```
    kind: EgressNetworkPolicy
apiVersion: v1
metadata:
    name: myfirewall
```

```
spec:
    egress:
    - to:
        cidrSelector: 192.168.12.0/24
      type: Allow
  - to:
    dnsName: db-srv.example.com
      type: Allow
  - to:
        dnsName: analytics.example.com
      type: Allow
  - to:
        cidrSelector: 0.0.0.0/0
      type: Deny
```

上面的配置策略允许出口流量传输到 192.168.12.0/24、db-srv.example.com、analytics. example.com 这三个网络，除此之外，其他所有出口流量均被拒绝。

使用出口防火墙时有以下 4 个限制。

❑ 只有集群管理员才能创建 EgressNetworkPolicy 对象。项目成员或项目管理员无法在其项目中定义出口防火墙。

❑ OpenShift 必须使用 ovs-multitenant 或 ovs-networkpolicy SDN 插件。

❑ 无法在 OpenShift default 项目中定义出口防火墙。

❑ 每个项目只能定义一个 EgressNetworkPolicy 对象。

8.4.2 配置出口路由器

很多客户的数据中心的不同业务区都配置了防火墙规则，在这种情况下，为了保证云原生应用可以访问 OpenShift 集群外的应用，就需要在防火墙上为所有 OpenShift 节点 IP 地址授权。如果在集群中添加新节点，则需要相应更新防火墙规则，这会带来极大的困扰。

通过使用 OpenShift 出口路由器，我们可以向防火墙和外部服务提供唯一可识别的源 IP 地址。出口路由器以 Pod 的方式运行在 OpenShift 的项目中，它是容器应用和外部服务之间通信的代理。出口路由器 Pod 有两个网络接口：

❑ eth0，用于与其他集群容器集通信；

❑ macvlan0，用于与外部服务通信。

当 OpenShift 上的云原生应用容器尝试访问外部网络时，数据包将从容器集流到 br0 网桥，再到发生 NTA 的 tun0 接口，然后流到外部服务。从该服务的角度来看，连接源自 OpenShift 节点 IP 地址。如果 OpenShift 将容器集重新放置到另一个节点（例如因为当前容器运行的 OpenShift 节点出现故障），或者在多个节点上复制容器集，则外部服务可能会看到多个源 IP 地址。

macvlan 接口是特殊的接口，它直接将节点接口公开给容器。该接口具有底层网络可见的 MAC 地址，如图 8-55 所示。

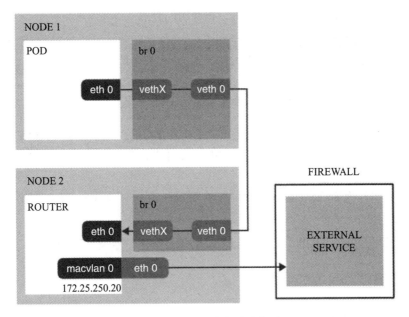

图 8-55　出口路由器的作用

为了方便理解，我们通过实验展示出口路由器的作用。首先创建一个项目，在项目中部署两个测试应用，如图 8-56 所示。

```
NAME                    READY    STATUS    RESTARTS    AGE    IP             NODE
 NODE
logic-1-c6l5p           1/1      Running   0           42s    10.130.0.255   node2.lab.example.com
presentation-1-pktcz    1/1      Running   0           32s    10.129.0.187   node1.lab.example.com
```

图 8-56　部署两个测试应用

接下来，在 services.lab.example.com 虚拟机上配置 HTTP Server，模拟 OpenShift 上云原生应用的外部网络应用（下文简称"外部应用"）。

登录 logic 容器集，并使用 curl 将 HTTP 请求发送到 services.lab.example.com 上的 Web服务器，模拟容器访问外部网络，访问成功，如图 8-57 所示。

```
[student@workstation network-isolation]$ oc rsh logic-1-c6l5p
sh-4.2$
sh-4.2$
sh-4.2$ curl http://services.lab.example.com

<html>
 <head>
  <title>Index of /</title> .
 </head>
 <body>
<h1>Index of /</h1>
  <table>
   <tr><th valign="top"><img src="/icons/blank.gif" alt="[ICO]"></th><th><a href="?C=N;O=D"
href="?C=M;O=A">Last modified</a></th><th><a href="?C=S;O=A">Size</a></th><th><a href="?C=D
</th></tr>
   <tr><th colspan="5"><hr></th></tr>
   <tr><th colspan="5"><hr></th></tr>
```

图 8-57　容器成功访问外部应用

登录 services.lab.example.com 虚拟机，查看访问日志，如图 8-58 所示。

```
[root@services ~]# tail -f /var/log/httpd/access_log
172.25.250.12 - - [14/Jan/2020:22:18:13 -0800] "GET / HTTP/1.1" 200 481 "-" "cur
l/7.29.0"
```

图 8-58 查看外部应用访问记录

可以看到，访问外部服务器的地址是 172.25.250.12。这个地址是 Pod 所在的 OpenShift
节点的地址（node2）。这也验证了在 OpenShift 集群中，容器的出口流量默认是以 NAT 方
式出去的。

登录另一个名为 presentation 的 Pod，使用 curl 访问外部 Web 服务，访问成功，如
图 8-59 所示。

```
[student@workstation network-isolation]$ oc rsh presentation-1-pktcz
sh-4.2$
sh-4.2$
sh-4.2$ curl http://services.lab.example.com
<!DOCTYPE HTML PUBLIC "-//W3C//DTD HTML 3.2 Final//EN">
<html>
 <head>
  <title>Index of /</title>
 </head>
 <body>
<h1>Index of /</h1>
  <table>
   <tr><th valign="top"><img src="/icons/blank.gif" alt="[ICO]"></th><th><a href="?C=N;O=D">Name</a></th><th><a
href="?C=M;O=A">Last modified</a></th><th><a href="?C=S;O=A">Size</a></th><th><a href="?C=D;O=A">Description</a>
</th></tr>
   <tr><th colspan="5"><hr></th></tr>
   <tr><th colspan="5"><hr></th></tr>
</table>
</body></html>
```

图 8-59 容器成功访问外部应用

再次查看外部服务器的访问信息，可以看到是另一个 OpenShift 节点的地址，如图 8-60
所示。

```
[root@services ~]# tail -f /var/log/httpd/access_log
172.25.250.12 - - [14/Jan/2020:22:18:13 -0800] "GET / HTTP/1.1" 200 481 "-" "cur
l/7.29.0"
172.25.250.11 - - [14/Jan/2020:22:22:26 -0800] "GET / HTTP/1.1" 200 481 "-" "cur
l/7.29.0"
```

图 8-60 查看外部应用访问记录

接下来，我们在项目中部署出口路由器，以访问 services.lab.example.com（172.25.250.13）
上的 Web 服务器。

首先写好创建出口路由器的 yaml 配置文件。我们将 172.25.250.15/24 用作路由器外部
地址，这将是防火墙声明允许通过的地址，该地址的网关是 172. 25.250.254 。需要注意的
是，配置文件中也写了出口路由器的 destination 地址。在配置文件中，出口路由器的容器
镜像是 ose-egress-router。

查看配置文件，如图 8-61 所示。

```
apiVersion: v1
kind: Pod
metadata:
  name: egress-router
  labels:
    name: egress-router
  annotations:
    pod.network.openshift.io/assign-macvlan: "true"
spec:
  initContainers:
  - name: egress-router
    image: registry.lab.example.com/openshift3/ose-egress-router
    securityContext:
      privileged: true
    env:
    - name: EGRESS_SOURCE
      value: 172.25.250.15/24
    - name: EGRESS_GATEWAY
      value: 172.25.250.254
    - name: EGRESS_DESTINATION
      value: 172.25.250.13
    - name: EGRESS_ROUTER_MODE
      value: init
  containers:
  - name: egress-router-wait
    image: registry.lab.example.com/openshift3/ose-pod
```

图 8-61　出口路由器的配置文件

使用配置文件成功创建出口路由器，如图 8-62 所示。

```
[student@workstation ~]$ oc get pods
NAME                   READY   STATUS    RESTARTS   AGE
egress-router          1/1     Running   0          2m
logic-1-c6l5p          1/1     Running   1          20h
presentation-1-pktcz   1/1     Running   1          20h
```

图 8-62　出口路由器创建成功

接下来，为出口路由器 egress 创建 Service，配置文件如图 8-63 所示。

```
apiVersion: v1
kind: Service
metadata:
  name: egress-router
spec:
  ports:
  - name: http
    port: 80
  - name: https
    port: 443
  type: ClusterIP
  selector:
    name: egress-router
```

图 8-63　出口路由器的 Service 配置文件

检索出口路由器容器的详细信息，发现与配置内容一致，如图 8-64 所示。

再次登录容器应用，运行 curl 将 HTTP 请求发送到 services.lab.example.com 上的 Web 服务器。这一次请求必须经由出口路由器，因此在地址处输入出口路由器的 Service FQDN，然后由出口路由器将请求转发到外部 Web 服务器，如图 8-65 所示。

在外部服务器上观察 access_log 文件中请求的源 IP 地址，看到其为出口路由器的外部 IP 地址，如图 8-66 所示。

```
Name:                egress-router
Namespace:           network-isolation
Priority:            0
PriorityClassName:   <none>
Node:                node2.lab.example.com/172.25.250.12
Start Time:          Wed, 15 Jan 2020 18:23:34 -0000
Labels:              name=egress-router
Annotations:         openshift.io/scc=privileged
                     pod.network.openshift.io/assign-macvlan=true
Status:              Running
IP:                  10.130.1.16
Init Containers:
  egress-router:
    Container ID:    cri-o://2847c55061873a66c706a2e6e98cbc91d2203a96bda45bc2e0e12ad6301f905d
    Image:           registry.lab.example.com/openshift3/ose-egress-router
    Image ID:        registry.lab.example.com/openshift3/ose-egress-router@sha256:ccf358dce11269937d50e12f6943843
2fb98c10d38586d43a12c21b41f05a142
    Port:            <none>
    Host Port:       <none>
    State:           Terminated
      Reason:        Completed
      Exit Code:     0
      Started:       Wed, 15 Jan 2020 18:23:41 -0800
      Finished:      Wed, 15 Jan 2020 18:23:41 -0800
    Ready:           True
    Restart Count:   0
    Environment:
      EGRESS_SOURCE:        172.25.250.15/24
      EGRESS_GATEWAY:       172.25.250.254
      EGRESS_DESTINATION:   172.25.250.13
      EGRESS_ROUTER_MODE:   init
    Mounts:
      /var/run/secrets/kubernetes.io/serviceaccount from default-token-rg6mn (ro)
```

图 8-64　检查出口路由器的配置

```
sh-4.2$ curl http://egress-router.network-isolation.svc.cluster.local

<html>
 <head>
  <title>Index of /</title>
 </head>
 <body>
<h1>Index of /</h1>
  <table>
   <tr><th valign="top"><img src="/icons/blank.gif" alt="[ICO]"></th><th><a href
="?C=N;O=D">Name</a></th><th><a href="?C=M;O=A">Last modified</a></th><th><a hre
f="?C=S;O=A">Size</a></th><th><a href="?C=D;O=A">Description</a></th></tr>
   <tr><th colspan="5"><hr></th></tr>
   <tr><th colspan="5"><hr></th></tr>
```

图 8-65　成功访问出口路由器的 Service FQDN

```
[root@services ~]# tail -f /var/log/httpd/access_log
172.25.250.15 - - [15/Jan/2020:18:51:46 -0800] "GET / HTTP/1.1" 200 481
```

图 8-66　查看外部应用的访问记录

　　至此，出口路由器配置成功。这时，我们就可以在从容器应用到外部应用的防火墙策略中，删除对 OpenShift 节点的允许通过配置，只保留出口路由器的 IP。

8.5　本章小结

　　通过本章，相信你对云原生应用的认证授权、单点登录和出口流量管理都有了较为深刻的理解。在云原生时代，安全更值得我们关注。一个安全可靠的云原生应用平台才能提供更多关键的业务。

分布式集成与 API 管理

在第 8 章中，我们介绍了云原生应用的安全。结合步骤 6 和步骤 2：借助于轻量级应用服务器，为现有单体应用提速中，分布式集成和 API 管理也是重要的一环。本章我们将介绍分布式集成和 API 管理方案。

9.1 分布式集成

9.1.1 分布式集成方案

随着第三平台的到来、微服务的普及和应用的种类大幅增加，应用集成显得尤为重要。针对应用集成，传统的 ESB（企业系统总线）显得太复杂，而且不够灵活。那么，在微服务时代，我们如何构建分布式应用集成系统呢？本节将通过一些具体的业务需求展开讨论，然后看如何通过 Camel 解决实际的问题。

ESB 是由 SOA 发展而来。它解决的是不同应用程序的不同功能单元相互通信和协作的问题，传统 ESB 是面向系统的集中式集成，如图 9-1 所示。

这种集中式集成方式，对于传统的应用大有裨益。但在第三平台时代，这种集成方式存在不足之处。在微服务时代，一个应用本身就包含多个微服务，我们很难将多个微服务体系中的成百上千个基于容器的应用集中到一个 ESB 上，且集中式集成会破坏微服务的稳定性。所以在微服务时代，

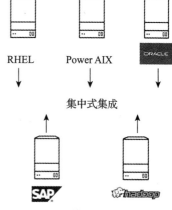

图 9-1　传统集中式集成

我们需要分布式集成。3Scale 可以做到微服务 API 的南北向管理，但 3Scale 本身不具备业务集成的能力，所以我们还需要借助 Red Hat Fuse 完成。Red Hat Fuse 的产品定位如图 9-2 所示。

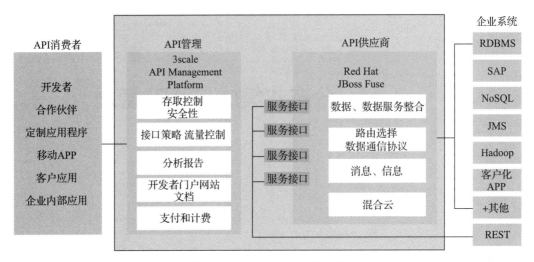

图 9-2　Red Hat Fuse 产品定位

Red Hat JBoss Fuse 包括 Apache Camel 和消息中间件 AMQ 等，是一种能够更快实施的，通用的企业集成模式框架，如图 9-3 所示。

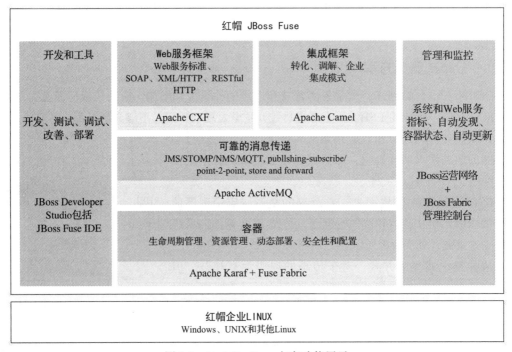

图 9-3　Red Hat Fuse 方案功能展示

也就是说，Fuse 在业务集成方面发挥核心功能的组件是 Apache Camel（http://camel.apache.org/）。Apache Camel 是一个基于规则路由和中介引擎，提供企业集成模式（EIP）的 Java 对象（POJO）的实现，通过 API 或 DSL（Domain Specific Language）来配置路由和中介的规则。

目前 Fuse/Camel 支持多种运行时，如 Apache Karaf、Spring Boot、JBoss EAP。其中，Spring Boot 组件为 Camel 提供自动配置。Camel 上下文的自动配置会自动检测 Spring 上下文中可用的 Camel 路由，并将关键的 Camel 实用程序（如生产者模板、使用者模板和类型转换器）注册为 bean。目前在 Spring Boot 上运行 Camel 是业内的主流模式。

对于基于 OpenShift 实现微服务的业务集成，我们推荐使用 Spring Boot 运行 Camel，同时 Spring Boot 以容器的方式运行在 OpenShift 上。因此，在开发过程中，我们可以使用 Camel 构建微服务集成，即在 Camel 上下文中编写 Camel Routes，使用 mvn 将它们打包为 bundle，然后将其部署在基于 OpenShift 的 Fuse 中。

9.1.2　基于 OpenShift 3.11 和 Camel 的微服务集成

接下来，我们通过三个实际的企业集成需求案例介绍 Camel 的作用和用法。在案例中，创建好 Camel 路由后，先在本地通过 Spring Boot 运行，验证路由的正确性；然后通过 Fabric8 将包含 Camel 配置的 Spring Boot 部署到 OpenShift 集群上。Camel 在 OpenShift 集群上运行，使得 Camel 的使用场景大幅增加，在容器化应用的集成领域发挥重要的作用。

文中涉及大量源代码，由于篇幅有限，下文三个业务场景中只列出关键代码，相关完整代码请参照 GitHub（https://github.com/ocp-msa-devops/agile_integration_advanced_labs/tree/master/code/fuse）的相关内容。

源码的三个子目录为：

❑ 01_file-split-and-transform/file-split-transform-lab
❑ 02_rest_split_transform_amq/rest-split-transform-amq-lab
❑ 03_rest-publish-and-fix-errors/rest-publish-and-fix-errors-lab

场景 1：通过 Camel 实现文件的转换

（1）整体场景介绍

某企业的业务系统 A（简称 A 系统）以 CSV 的格式生成客户的信息（文件名为 customers.csv）。业务系统 B（简称 B 系统）要求将 A 系统生成的 CSV 文件按照每个用户（每一行是一个用户信息）进行拆分，并且进行内容格式转换，以 JSON 格式存储到文件系统上，以便 B 系统可以直接读取生成的 JSON 文件。此外，如果 A 系统生成的客户信息条目中出现格式错误，则需要单独保存这条客户信息，并且触发系统的 error 告警。

A 系统生成的 customers.csv 文件内容如下：

```
Rotobots,NA,true,Bill,Smith,100 N Park Ave.,Phoenix,AZ,85017,602-555-1100
```

```
BikesBikesBikes,NA,true,George,Jungle,1101 Smith St.,Raleigh,NC,27519,919-555-0800
CloudyCloud,EU,true,Fred,Quicksand,202 Barney Blvd.,Rock City,MI,19728,313-555-1234
ErrorError,,,EU,true,Fred,Quicksand,202 Barney Blvd.,Rock City,MI,19728,313-555-1234
```

根据上述需求描述，绘制通过 Camel 路由实现的流程图，如图 9-4 所示。

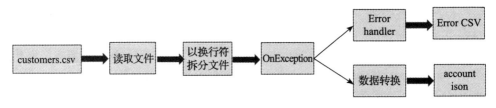

图 9-4　场景 1 路由流程图

整个流程分析如下：

❑ Camel 读取 A 系统生成的 customers.csv 文件；

❑ 然后按照行进行拆分（customers.csv 文件中每条客户信息是一行）；

❑ 如果格式正确，那么先将拆分的报文进行数据转换，转化为 JSON 格式并存储（account.json）；如果格式不正确，生成 error.csv 文件（不进行数据转换）。

这里是通过 Java 类实现数据转化，因此，此流程中存在序列化和反序列化，如图 9-5 所示。

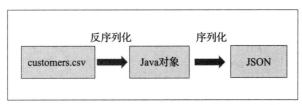

图 9-5　反序列化与序列化

在图 9-5 中，A 系统生成的 customers.csv 文件先被读取、拆分；如果格式正确，那么被拆分的报文将会被反序列化成 Java 对象。然后 Java 类进行对象数据转换、序列化操作，以 JSON 格式保存到文件中。

下面通过 IDE 工具 JBDS（JBoss Developer Studio）创建一个 Maven 项目，作为构建 Camel 路由的基础，如图 9-6 所示。

接下来，根据该企业 IT 部门提供的两个 Schema 文件（customer.csv 和 account.json），创建两个 POJO、一个 XML 数据转换规则文件以及 Camel 路由 XML 文件。

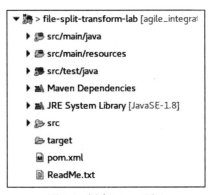

图 9-6　创建 Maven 项目

　　文件 customer.csv 定义了针对 A 系统生成的 CSV 文件被反序列化时的每个字段。我们需要根据 Schema 的内容书写 POJO（customer.csv），这个 Java 类用于反序列化操作。customer.csv 内容如下：

```
companyName,region,active,firstName,lastName,streetAddr,city,state,zip,phone
string,string,boolean,string,string,string,string,string,string,string
```

　　文件 account.json 定义了数据转化后的字段格式，内容如下：

```
{
    "type": "object",
    "properties": {
        "company": {
            "type": "object",
            "properties": {
            "name": {
                "type": "string"
        },
        "geo": {
            "type": "string"
        },
        "active": {
        "type": "boolean"
        }
            },
            "required": [
            "name",
            "geo",
            "active"
            ]
        },
        "contact": {
            "type": "object",
            "properties": {
                "firstName": {
                    "type": "string"
                },
                "lastName": {
                    "type": "string"
                },
                "streetAddr": {
                    "type": "string"
                },
                "city": {
                    "type": "string"
                },
                "state": {
                    "type": "string"
                },
                "zip": {
```

```
                    "type": "string"
                },
                "phone": {
                    "type": "string"
                }
            }
        }
    },
    "required": [
        "company",
        "contact"
    ]
}
```

（2）创建 POJO 和 transfermation.xml

可以根据 Flatpack DataFormat 的语法来配置 Customer.java 和 Account.java。

1）根据 Schema 文件 customer.csv 编写 Customer.java，如下：

```
@CsvRecord(separator = ",")
public class Customer {
    @DataField(pos = 1)
    private String companyName;
    @DataField(pos = 2)
    public String getCompanyName() {
        return companyName;
    }

    public void setCompanyName(String companyName) {
        this.companyName = companyName;
    }
}
```

Customer.java 负责将拆分（Camel 调用 Splitter EIP 按照换行符拆分）后的格式正确的报文进行反序列化操作，从 CSV 映射成 Java 对象。

2）编写 Account.java。Account.java 的作用是将 Java 对象进行数据转换、序列化操作（@JsonProperty），并以 JSON 格式保存到文件中。内容如下：

```
@JsonInclude(JsonInclude.Include.NON_NULL)
@Generated("org.jsonschema2pojo")
@JsonPropertyOrder({
    "company",
    "contact"
})
public class Account {

    /**
     *
     * (Required)
     *
```

```
  */
@JsonProperty("company")
private Company company;
/**
 *
 * (Required)
 *
 */

@JsonProperty("company")
public Company getCompany() {
    return company;
}

/**
 *
 * (Required)
 *
 * @param company
 *     The company
 */
@JsonProperty("company")
public void setCompany(Company company) {
    this.company = company;
}
}
```

3）使用 JBDS 的 Data Transformation 调用 Dozer（负责序列化和反序列化）来生成格式
转换规则的配置文件 transformation.xml。

首先，在 JBDS 中创建一个 Transformation，如图 9-7 所示。

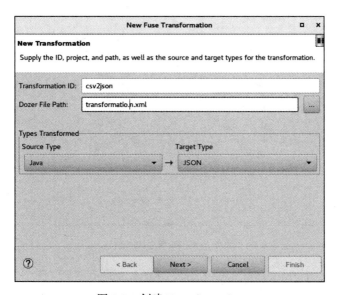

图 9-7 创建 Transformation

然后选择 Souce Java, 也就是 Customer.java, 如图 9-8 所示。

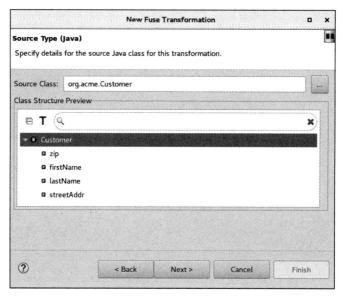

图 9-8 选择 Source Java

然后选择 Schema account.json 文件, 如图 9-9 所示。

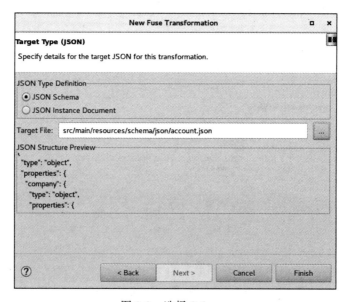

图 9-9 选择 Schema

最后点击完成, 生成 transformation.xml。手工添加映射规则 (两个 Java 类对象的映射) 来配置生成的 transformation.xml。映射规则添加完成后, 效果如图 9-10 所示。

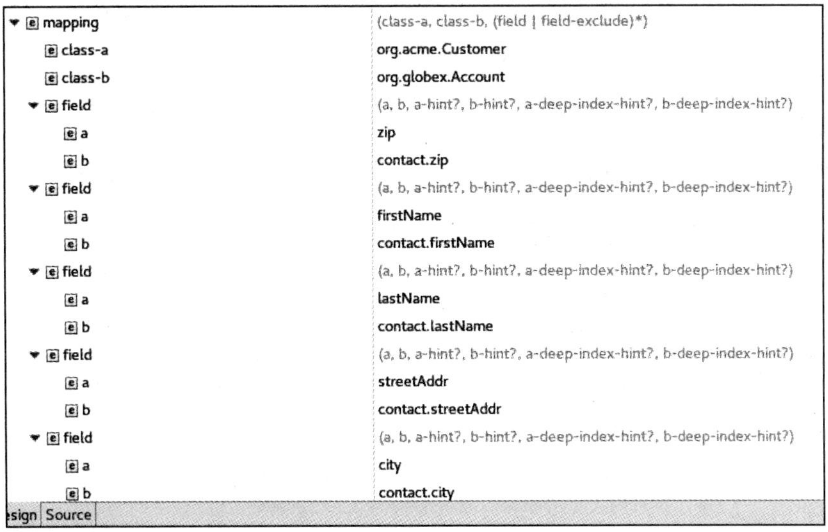

图 9-10　Mapping 规则配置完毕

配置后的 transformation.xml 的源码如下：

```xml
<mapping>
    <class-a>org.acme.Customer</class-a>
    <class-b>org.globex.Account</class-b>
    <field>
        <a>zip</a>
        <b>contact.zip</b>
    </field>
    <field>
        <a>firstName</a>
        <b>contact.firstName</b>
    </field>
    <field>
        <a>lastName</a>
        <b>contact.lastName</b>
    </field>
    <field>
        <a>streetAddr</a>
        <b>contact.streetAddr</b>
    </field>
    <field>
        <a>city</a>
        <b>contact.city</b>
    </field>
    <field>
        <a>phone</a>
        <b>contact.phone</b>
    </field>
    <field>
```

```
        <a>state</a>
        <b>contact.state</b>
    </field>
```

（3）创建路由

接下来，创建 Camel XML File 文件，编写路由配置，如图 9-11 所示。

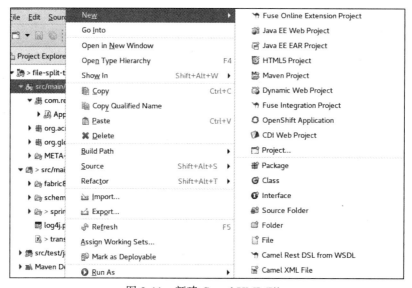

图 9-11　新建 Camel XML File

选择文件名和运行架构，如图 9-12 所示。

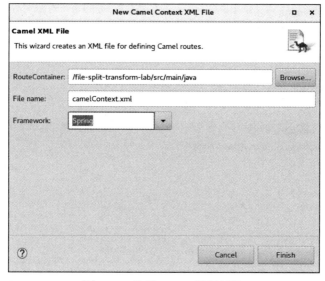

图 9-12　选择 Spring 运行架构

编写路由配置，通过拖曳的方式或者直接修改 XML 方式即可。编写完成后生成的效果如图 9-13 所示。

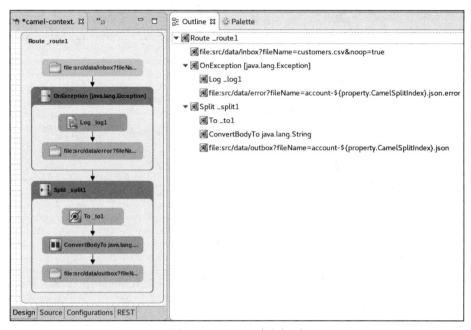

图 9-13　Camel 路由规则

查看源代码：

```
#第一部分代码开始
fabric8/route.properties
    <propertyPlaceholder id="properties" location="fabric8/route.properties"/>
#第一部分代码结束

#第二部分代码开始
        <endpoint id="csv2json" uri="dozer:csv2json?sourceModel=org.acme.
            Customer&amp;targetModel=org.globex.Account&amp;marshalId=json&amp;u
            nmarshalId=csv&amp;mappingFile=transformation.xml"/>
        <dataFormats>
            <bindy classType="org.acme.Customer" id="csv" type="Csv"/>
            <json id="json" library="Jackson"/>
        </dataFormats>
#第二部分代码结束

#第三部分代码开始
        <route id="_route1">
            <from id="_from1" uri="file:src/data/inbox?fileName=customers.
                csv&amp;noop=true"/>
            <onException id="_onException1">
                <exception>java.lang.Exception</exception>
```

```
            <handled>
                <constant>true</constant>
            </handled>
            <log id="_log1" loggingLevel="ERROR" message="error-msg:
                ${exception.message}"/>
            <to id="_to3" uri="file:src/data/error?fileName=account-${property.
                CamelSplitIndex}.json.error"/>
        </onException>
        <split id="_split1">
            <tokenize token="\n"/>
            <to id="_to1" ref="csv2json"/>
            <convertBodyTo id="_convertBodyTo1" type="java.lang.String"/>
            <to id="_to2" uri="file:src/data/outbox?fileName=account-
                ${property.CamelSplitIndex}.json"/>
        </split>
    </route>
  </camelContext>
</beans>
#第三部分代码结束
```

下面我们对路由的源代码进行分析。

第一部分代码：作用是指定运行路由时的参数配置文件为 route.properties。查看参数配置文件 route.properties，文件定义了输入和输出的位置。

```
fileInput=src/data/inbox
fileOutput=src/data/outbox
fileError=src/data/error
```

第二部分代码：定义了 Dozer 的配置。其中 sourceModel 和 targetModel 是两个 Java 类：Customer.java 和 Account.java。Customer.java 负责对拆分后、格式正确的报文进行反序列化操作，按照一定数据转换为 Java 对象。Account.java 负责对 Customer.java 反序列化后的对象进行数据转换，转化时，参照 transformation.xml 中定制的规则。数据转换完毕后的 Java 对象，被进行序列化操作，以 JSON 格式存储到文件中。

我们在代码中还为 DataFormat 定义了两个 ID：

❑ csv：指定了 bindyType 为 csv，也就是将被拆分后且格式正确的 .csv 源文件内容报文反序列化成 Java 对象。

❑ json：指定了 JSONLibrary 为 Jackson。Jackon 是 Java 的标准 JSON 库，它将完成格式转换后的 Java 对象序列化成 JSON 格式。

第三部分代码：正式进入路由部分，读取源文件 customers.csv 内容，以换行符为单元进行拆分（<tokenize token="\n"/>）。由于 customers.csv 源文件有四行内容，因此 customers.csv 会处理四次。

❑ 如果被拆分的报文格式错误，则将内容传递到 account-${property.CamelSplitIndex}.json.error 文件，并且触发系统 messages 日志 error 告警。

❑ 如果被拆分的报文格式正确，则调用 csv2json endpoint（第二部分代码）。对被拆分后的报文进行反序列化、格式转换、序列化，最终以 JSON 格式保存到 account-${property.CamelSplitIndex}.json 文件中。

综上所述，情景 1 中 Route1 Camel 路由实现的功能有：

❑ 读取 A 系统生成的源文件 customers.csv，然后调用 Splitter（EIP）对报文（customers.csv）进行拆分。拆分的标志是换行符。因为 customers.csv 是四行，所以会被处理四次。每次生成包含一行内容的报文。

❑ customers.csv 中前 3 行格式正确，因此在前三次处理中会调用代码中定义的 csv2json endpoint，也就是 Dozer。Dozer 先对被拆分的报文进行反序列化，从 CSV 转化为 Java 对象，然后按照 tranfermation.xml 中定义的规则进行转换。具体而言，Dozer 会调用第 1 个 Java 类 Customer.java 中的 CsvRecord 方法，将被 EIP 拆分后的内容映射到 Java 对象的内存中。然后，调用第 2 个 Java 类 Account.java 按照 tranformation.xml 的映射规则，对 Java 对象中的对象进行格式转换、序列化操作，以 JSON 的形式储存到文件中。

❑ customers.csv 中第 4 行格式不正确，所以不会调用 Dozer，而是直接保存到另一个文件中（.json.error），并且触发系统错误日志产生。

（4）执行路由

以 Spring Boot 方式运行 Camel。Spring Boot Application.java（代码如下所示）的作用就是运行 CamelContext.xml。

```
import org.springframework.boot.SpringApplication;
import org.springframework.boot.autoconfigure.SpringBootApplication;
import org.springframework.boot.web.servlet.ServletRegistrationBean;
import org.springframework.context.annotation.Bean;
import org.springframework.context.annotation.ImportResource;
@SpringBootApplication
// load regular Spring XML file from the classpath that contains the Camel XML DSL
@ImportResource({"classpath:spring/camel-context.xml"})
public class Application {

    /**
     * A main method to start this application.
     */
    public static void main(String[] args) {
        SpringApplication.run(Application.class, args);
    }
}
```

运行路由，如图 9-14 所示。

选择运行路由配置 camelContext.xml 文件。开始运行后，Spring Boot 会先加载，接下来日志中提示路由配置已经被加载：

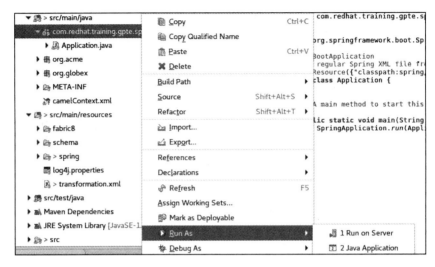

图 9-14 运行路由

```
[main] o.a.camel.spring.SpringCamelContext: Route: _route1 started and consuming
    from: file://src/data/inbox?fileName=customers.csv&noop=true
[main] o.a.camel.spring.SpringCamelContext: Total 1 routes, of which 1 are
    started
[main] o.a.camel.spring.SpringCamelContext: Apache Camel 2.21.0.fuse-720050-
    redhat-00001 (CamelContext: _camelContext1) started in 0.839 seconds
[main] b.c.e.u.UndertowEmbeddedServletContainer : Undertow started on port(s)
    8080 (http)
[main] c.r.t.gpte.springboot.Application: Started Application in 12.442 seconds
    (JVM running for 13.211)
[/src/data/inbox] o.a.c.c.jackson.JacksonDataFormat: Found single ObjectMapper in
    Registry to use: com.fasterxml.jackson.databind.ObjectMapper@72543547
```

路由运行完毕后，在对应的目录中生成文件，如图 9-15 所示。

图 9-15 查看生成文件

customers.csv 就是初始文件，其内容如下所示。可以直观地看到，文件中前 3 行的格式是正确的，第 4 行的格式是错误的。

```
Rotobots,NA,true,Bill,Smith,100 N Park Ave.,Phoenix,AZ,85017,602-555-1100
BikesBikesBikes,NA,true,George,Jungle,1101 Smith St.,Raleigh,NC,27519,919-555-0800
CloudyCloud,EU,true,Fred,Quicksand,202 Barney Blvd.,Rock City,MI,19728,313-555-1234
ErrorError,EU,true,Fred,Quicksand,202 Barney Blvd.,Rock City,MI,19728,313-555-1234
```

三个被拆分的文件的内容分别如下所示：

```
account-0.json
{"company":{"name":"Rotobots","geo":"NA","active":true},"contact":{"firstName":"B
    ill","lastName":"Smith","streetAddr":"100 N Park Ave.","city":"Phoenix","sta
    te":"AZ","zip":"85017","phone":"602-555-1100"}}
account-1.json:
{"company":{"name":"BikesBikesBikes","geo":"NA","active":true},"contact":{"firstN
    ame":"George","lastName":"Jungle","streetAddr":"1101 Smith St.","city":"Rale
    igh","state":"NC","zip":"27519","phone":"919-555-0800"}}
account-2.json:
{ "company" :{ "name" :"CloudyCloud" ,"geo" :"EU" ,"active" :true},"contac
    t" :{ "firstName" :"Fred" ,"lastName" :"Quicksand" ,"streetAddr" :"202
    Barney Blvd." ,"city" :"Rock City" ,"state" :"MI" ,"zip" :"19728" ,"pho
    ne" :"313-555-1234" }}
```

我们再查看 error 文件的内容：

```
ErrorError,,,EU,true,Fred,Quicksand,202 Barney Blvd.,Rock City,MI,19728,313-555-1234
```

至此，场景 1 业务集成需求已经实现。

场景 2：通过 Camel 实现从 REST API 到消息队列的集成

（1）整体场景介绍

在场景 1 中，客户的需求是拆分 A 系统生成的 customers.csv，然后进行数据转换，以 JSON 格式存储文件，以便 B 系统读取。在场景 2 中，客户的需求发生了变化。路由需要能够响应客户端以 REST 方式发送过来的消息并进行处理。格式正确的记录，被发送到 accountQueue；格式错误的记录，被发送到 errorQueue，如图 9-16 所示。

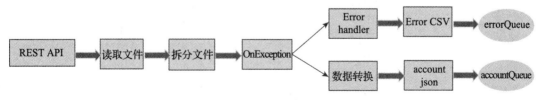

图 9-16 场景 2 路由流程图

Camel 提供 REST 风格的 DSL，可以与 Java 或 XML 一起使用。目的是允许最终用户使用带有动词的 REST 样式定义 REST 服务，例如 GET、POST、DELETE 等。针对本场景的需求，我们将使用 camel-servlet，消息队列使用 ActiveMQ。

（2）创建路由

由于场景 2 是在场景 1 基础上进行完善，因此此场景 1 中已经介绍的步骤不再赘述。创建路由及效果展示如图 9-17 所示。

查看路由源码，我们将分析与场景 1 中逻辑不同的部分。

```
uri=" dozer:csv2json2?sourceModel=org.acme.Customer&amp;
    targetModel=org.globex.Account&amp;marshalId=json
    &amp;unmarshalId=csv&amp;mappingFile=transformati
    on.xml"/>
    <!-- CSV Input & JSon OutPut DataFormat -->
    <dataFormats>
        <bindy classType="org.acme.Customer"
            id="csv" type="Csv"/>
        <json id="json" library="Jackson"/>
    </dataFormats>

#第一部分代码开始
<restConfiguration bindingMode="off" component=
    "servlet" contextPath="/rest"/>
<rest apiDocs="true"
    id="rest-130579d7-1c1b-409c-a496-32d6feb03006"
        path="/service">
    <post id="32d64e54-9ae4-42d3-b175-9cfd81733379"
        uri="/customers">
        <to uri="direct:inbox"/>
    </post>
</rest>
#第一部分代码结束

#第二部分代码开始
<route id="_route1" streamCache="true">
    <!-- Consume files from input directory -->
    <from id="_from1" uri="direct:inbox"/>
    <onException id="_onException1">
        <exception>java.lang.IllegalArgumentException</exception>
        <handled>
            <constant>true</constant>
        </handled>
        <log id="_log1" message=">> Exception : ${body}"/>
        <setExchangePattern id="_setExchangePattern1" pattern="InOnly"/>
        <to id="_to1" uri="amqp:queue:errorQueue"/>
    </onException>
    <split id="_split1">
        <tokenize token=";"/>
        <to id="_to2" ref="csv2json"/>
        <setExchangePattern id="_setExchangePattern2" pattern="InOnly"/>
        <to id="_to3" uri="amqp:queue:accountQueue"/>
        <log id="_log2" message=">> Completed JSON: ${body}"/>
    </split>
    <transform id="_transform1">
        <constant>Processed the customer,david</constant>
    </transform>
</route>
```

图 9-17　查看路由

```
    </camelContext>
</beans>
#第二部分代码结束
```

第一部分代码：定义了基于 Spring Boot 的 Camel 路由运行以后，/rest/service/customers 将会对外暴露。客户端发送消息，而 rest/service/customers 收到消息后会将消息转到 direct:inbox。

第二部分代码：这是路由的主体部分。下面先介绍代码中的主要参数，然后再整体介绍代码逻辑。

- ❑ streamCache=" true"：Servlet 提 供 基 于 HTTP 的 端 点，用 于 使 用 HTTP 请 求。Servlet 是基于 stream 的，也就是说，消息只能被读一次。为了避免这种情况，就需要启动 streamCache，即将消息缓存在内存中。
- ❑ Exchange：在 Camel 中，Exchange 是一个容器。在 Camel 的整个路由中，在 Consumer 收到消息之前，Exchange 容器会保存消息。
- ❑ pattern=" InOnly"：设置 ExchangePattern 类型为 InOnly。

消息类型，如果是单向的 Event Message（模式见图 9-18），其 ExchangePattern 默认设置为 InOnly。如果是 Request Reply Message（模式见图 9-19）类型的消息，其 ExchangePattern 设置为 InOut。

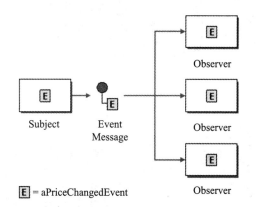

图 9-18　Event Message

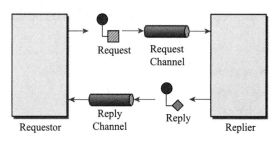

图 9-19　Request Reply Message

综上所述，整体代码的逻辑是：

❑ Camel 路由运行在 Spring Boot 上，rest/service/customers 作为 REST API 端点对外提供服务。

❑ 我们通过 HTTP POST 方法向 rest/service/customers API 发送信息，一共 4 行，用分号隔开。

❑ rest/service/customers 读取到消息后，转到 direct:inbox。

❑ Camel 路由读取消息后，以分号为分隔符进行拆分。

❑ 格式正确的消息，将会进行数据转换（方法与场景 1 相同），生成 JSON 格式的内容后，将 ExchangePattern 设置为 InOnly，发送到 accountQueue；格式错误的信息，将 ExchangePattern 设置为 InOnly，发送到 errorQueue。

❑ 路由执行完毕后，前台提示 "Processed the customer data,david!"。

（3）执行路由

在环境中先部署并启动 AMQ，如图 9-20 所示。

图 9-20　启动 AMQ

AMQ 启动成功后，将路由配置打包并安装到本地仓库，如图 9-21 所示。

```
[root@master rest-split-transform-amq-lab]# mvn clean install
[INFO] Scanning for projects...
[INFO]
[INFO] -------< com.redhat.training.gpte:rest-split-transform-amq-lab >--------
[INFO] Building Agile Integration :: Fuse :: Rest transform AMQ :: Spring-Boot :: Camel XML 1.0.0
[INFO] --------------------------------[ jar ]---------------------------------
Downloading from redhat-ga-repository: https://maven.repository.redhat.com/ga/org/apache/maven/plug
aven-clean-plugin-2.5.pom
Downloading from redhat-ea-repository: https://maven.repository.redhat.com/earlyaccess/all/org/apac
-plugin/2.5/maven-clean-plugin-2.5.pom
Downloading from central: https://repo.maven.apache.org/maven2/org/apache/maven/plugins/maven-clean
in-2.5.pom
```

图 9-21　本地安装

打包成功后，通过 Spring Boot 本地运行 Camel，见图 9-22。

命令会在本地运行加载 Spring Boot，见图 9-23。

在下面的日志中，路由配置文件被加载：

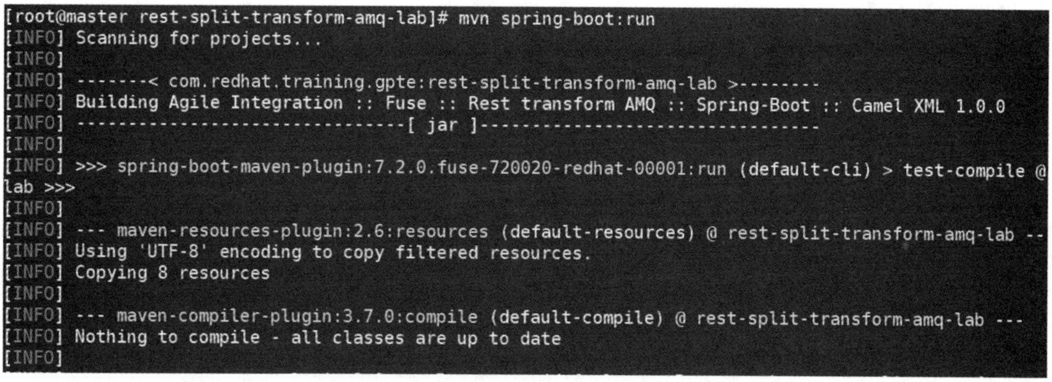

```
[root@master rest-split-transform-amq-lab]# mvn spring-boot:run
[INFO] Scanning for projects...
[INFO]
[INFO] -------< com.redhat.training.gpte:rest-split-transform-amq-lab >--------
[INFO] Building Agile Integration :: Fuse :: Rest transform AMQ :: Spring-Boot :: Camel XML 1.0.0
[INFO] --------------------------------[ jar ]---------------------------------
[INFO]
[INFO] >>> spring-boot-maven-plugin:7.2.0.fuse-720020-redhat-00001:run (default-cli) > test-compile @
lab >>>
[INFO]
[INFO] --- maven-resources-plugin:2.6:resources (default-resources) @ rest-split-transform-amq-lab --
[INFO] Using 'UTF-8' encoding to copy filtered resources.
[INFO] Copying 8 resources
[INFO]
[INFO] --- maven-compiler-plugin:3.7.0:compile (default-compile) @ rest-split-transform-amq-lab ---
[INFO] Nothing to compile - all classes are up to date
[INFO]
```

图 9-22　通过 Spring Boot 运行 Camel

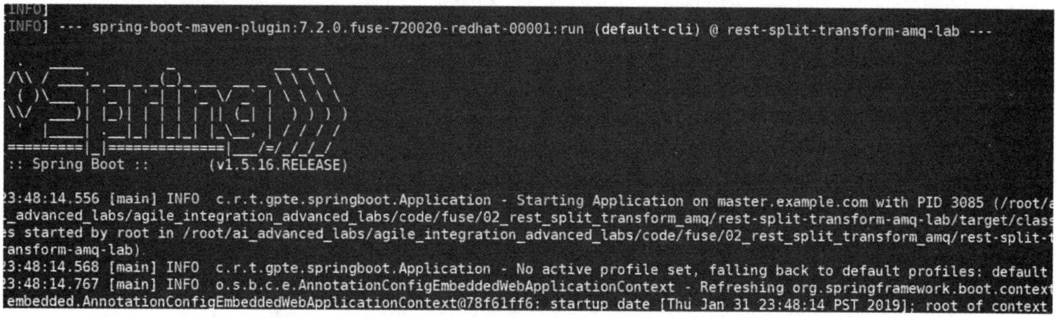

```
[INFO]
[INFO] --- spring-boot-maven-plugin:7.2.0.fuse-720020-redhat-00001:run (default-cli) @ rest-split-transform-amq-lab ---

  .   ____          _            __ _ _
 /\\ / ___'_ __ _ _(_)_ __  __ _ \ \ \ \
( ( )\___ | '_ | '_| | '_ \/ _` | \ \ \ \
 \\/  ___)| |_)| | | | | || (_| |  ) ) ) )
  '  |____| .__|_| |_|_| |_\__, | / / / /
 =========|_|==============|___/=/_/_/_/
 :: Spring Boot ::        (v1.5.16.RELEASE)

23:48:14.556 [main] INFO  c.r.t.gpte.springboot.Application - Starting Application on master.example.com with PID 3085 (/root/a
_advanced_labs/agile_integration_advanced_labs/code/fuse/02_rest_split_transform_amq/rest-split-transform-amq-lab/target/class
es started by root in /root/ai_advanced_labs/agile_integration_advanced_labs/code/fuse/02_rest_split_transform_amq/rest-split-t
ransform-amq-lab)
23:48:14.568 [main] INFO  c.r.t.gpte.springboot.Application - No active profile set, falling back to default profiles: default
23:48:14.767 [main] INFO  o.s.b.c.e.AnnotationConfigEmbeddedWebApplicationContext - Refreshing org.springframework.boot.context
embedded.AnnotationConfigEmbeddedWebApplicationContext@78f61ff6: startup date [Thu Jan 31 23:48:14 PST 2019]; root of context
```

图 9-23　本地启动 Spring Boot

```
23:48:29.321 [main] INFO  org.dozer.DozerBeanMapper - Using URL [file:/root/
   ai_advanced_labs/agile_integration_advanced_labs/code/fuse/02_rest_split_
   transform_amq/rest-split-transform-amq-lab/target/classes/transformation.xml]
   to load custom xml mappings
23:48:29.477 [main] INFO  org.dozer.DozerBeanMapper - Successfully loaded custom
   xml mappings from URL: [file:/root/ai_advanced_labs/agile_integration_
   advanced_labs/code/fuse/02_rest_split_transform_amq/rest-split-transform-
   amq-lab/target/classes/transformation.xml]
23:48:29.736 [main] INFO  o.a.camel.spring.SpringCamelContext - Route: _route1
   started and consuming from: direct://inbox
23:48:29.740 [main] INFO  o.a.camel.spring.SpringCamelContext - Route: 32d64e54-
   9ae4-42d3-b175-9cfd81733379 started and consuming from: servlet:/service/cus
   tomers?httpMethodRestrict=POST
23:48:29.743 [main] INFO  o.a.camel.spring.SpringCamelContext - Total 2 routes,
   of which 2 are started
23:48:29.744 [main] INFO  o.a.camel.spring.SpringCamelContext - Apache Camel
   2.21.0.fuse-720050-redhat-00001 (CamelContext: MyCamel) started in 1.914
   seconds
23:48:29.859 [main] INFO  o.s.b.c.e.u.UndertowEmbeddedServletContainer - Undertow
   started on port(s) 8081 (http)
23:48:29.868 [main] INFO  o.s.c.s.DefaultLifecycleProcessor - Starting beans in phase 0
23:48:29.883 [main] INFO  o.s.b.a.e.jmx.EndpointMBeanExporter - Located
   managed bean 'healthEndpoint': registering with JMX server as MBean [org.
```

```
        springframework.boot:type=Endpoint,name=healthEndpoint]
23:48:29.966 [main] INFO  o.s.b.c.e.u.UndertowEmbeddedServletContainer - Undertow
    started on port(s) 8080 (http)
23:48:29.972 [main] INFO  c.r.t.gpte.springboot.Application - Started Application
    in 16.088 seconds (JVM running for 23.041)
```

接下来，在客户端通过 curl 向 REST API 发送消息，如图 9-24 所示。

```
[root@master ~]# curl -k http://localhost:8080/rest/service/customers -X POST  -d 'Rotobots,NA,true,Bill,Smith,100 N Park Ave.,
Phoenix,AZ,85017,602-555-1100;BikesBikesBikes,NA,true,George,Jungle,1101 Smith St.,Raleigh,NC,27519,919-555-0800;CloudyCloud,EU
,true,Fred,Quicksand,202 Barney Blvd.,Rock City,MI,19728,313-555-1234;ErrorError,,,EU,true,Fred,Quicksand,202 Barney Blvd.,Rock
 City,MI,19728,313-555-1234'  -H 'content-type: text/html'
Processed the customer data,david![root@master ~]#
```

图 9-24　通过 curl 对 REST API 发送消息

查看路由运行日志，显示了 REST API 接收的消息，并进行了拆分：

```
23:53:37.044 [AmqpProvider :(1):[amqp://localhost:5672]] INFO  org.apache.qpid.jms.
    JmsConnection - Connection ID:b4938c3e-2007-4993-93c4-cc5721ea77c5:1 connected to
    remote Broker: amqp://localhost:5672
23:53:37.180 [XNIO-3 task-1] INFO  _route1 - >> Completed JSON: {"company":{"nam
    e":"Rotobots","geo":"NA","active":true},"contact":{"firstName":"Bill","lastNa
    me":"Smith","streetAddr":"100 N Park Ave.","city":"Phoenix","state":"AZ","zi
    p":"85017","phone":"602-555-1100"}}
23:53:37.189 [XNIO-3 task-1] INFO  _route1 - >> Completed JSON: {"company":{"nam
    e":"BikesBikesBikes","geo":"NA","active":true}, "contact":{"firstName":"Geor
    ge","lastName":"Jungle","streetAddr":"1101 Smith St.","city":"Raleigh","stat
    e":"NC","zip":"27519","phone":"919-555-0800"}}
23:53:37.197 [XNIO-3 task-1] INFO  _route1 - >> Completed JSON: {"company":{"name"
    :"CloudyCloud","geo":"EU","active":true},"contact":{"firstName":"Fred","lastNa
    me":"Quicksand","streetAddr":"202 Barney Blvd.","city":"Rock City","state":"MI
    ","zip":"19728","phone":"313-555-1234"}}
23:53:37.203 [XNIO-3 task-1] INFO  _route1 - >> Exception : ErrorError,,,EU,true,
    Fred,Quicksand,202 Barney Blvd.,Rock City,MI,19728,313-555-1234
```

查看 accountQueue，有三条消息。这三条消息就是三条格式正确的客户信息，如图 9-25 所示。

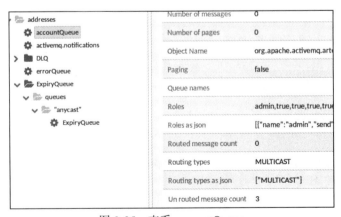

图 9-25　查看 accountQueue

查看 errorQueue，有一条消息。这是格式错误的客户信息，如图 9-26 所示。

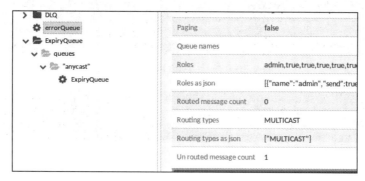

图 9-26　查看 errorQueue

接下来，我们通过 Fabric8 将 Camel 部署到 OpenShift 集群中，如图 9-27 所示。

```
[root@master rest-split-transform-amq-lab]# mvn fabric8:deploy
atest
[INFO] Scanning for projects...
[INFO]
[INFO] -------< com.redhat.training.gpte:rest-split-transform-a
[INFO] Building Agile Integration :: Fuse :: Rest transform AMQ
[INFO] --------------------------------[ jar ]-----------------
[INFO]
[INFO]
```

图 9-27　部署到 OpenShift 集群

部署成功后查看 Pod，第一个是提前部署好的 AMQ Pod ；第二个是运行 Camel 的 Pod，如图 9-28 所示。

```
[root@master bin]# kubectl get pods
NAME                                   READY   STATUS    RESTARTS   AGE
broker-amq-1-djnpw                     1/1     Running   0          2m
rest-split-transform-amq-lab-1-52h78   1/1     Running   0          1h
[root@master bin]#
```

图 9-28　查看 Pod

查看 Camel Pod 的日志，其中显示 Spring Boot 启动成功，如图 9-29 所示。

```
13:16:49.547 [main] INFO  o.s.b.c.e.u.UndertowEmbeddedServletContainer - Undertow started on port(s) 8081 (http)
13:16:49.552 [main] INFO  o.s.c.s.DefaultLifecycleProcessor - Starting beans in phase 0
13:16:49.555 [main] INFO  o.s.b.a.e.jmx.EndpointMBeanExporter - Located managed bean 'healthEndpoint': registering with JMX ser
ver as MBean [org.springframework.boot:type=Endpoint,name=healthEndpoint]
13:16:49.646 [main] INFO  o.s.b.c.e.u.UndertowEmbeddedServletContainer - Undertow started on port(s) 8080 (http)
13:16:49.649 [main] INFO  c.r.t.gpte.springboot.Application - Started Application in 16.015 seconds (JVM running for 18.28)
13:16:55.931 [XNIO-2 task-1] INFO  io.undertow.servlet - Initializing Spring FrameworkServlet 'dispatcherServlet'
13:16:55.931 [XNIO-2 task-1] INFO  o.s.web.servlet.DispatcherServlet - FrameworkServlet 'dispatcherServlet': initialization sta
rted
13:16:56.197 [XNIO-2 task-1] INFO  o.s.web.servlet.DispatcherServlet - FrameworkServlet 'dispatcherServlet': initialization com
pleted in 266 ms
```

图 9-29　查看 Camel 所在 Pod 运行日志

查看 AMQ Pod 运行日志，如图 9-30 所示。

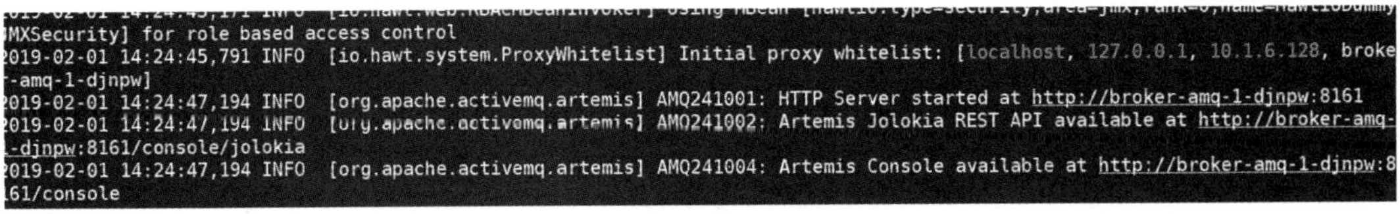

```
2019-02-01 14:24:45,171 INFO  [io.hawt.web.RBACMBeanInvoker] Using MBean [hawtio:type=Security,area=jmx,rank=0,name=HawtioDummy
MXSecurity] for role based access control
2019-02-01 14:24:45,791 INFO  [io.hawt.system.ProxyWhitelist] Initial proxy whitelist: [localhost, 127.0.0.1, 10.1.6.128, broke
-amq-1-djnpw]
2019-02-01 14:24:47,194 INFO  [org.apache.activemq.artemis] AMQ241001: HTTP Server started at http://broker-amq-1-djnpw:8161
2019-02-01 14:24:47,194 INFO  [org.apache.activemq.artemis] AMQ241002: Artemis Jolokia REST API available at http://broker-amq-
-djnpw:8161/console/jolokia
2019-02-01 14:24:47,194 INFO  [org.apache.activemq.artemis] AMQ241004: Artemis Console available at http://broker-amq-1-djnpw:8
161/console
```

图 9-30　查看 AMQ Pod 运行日志

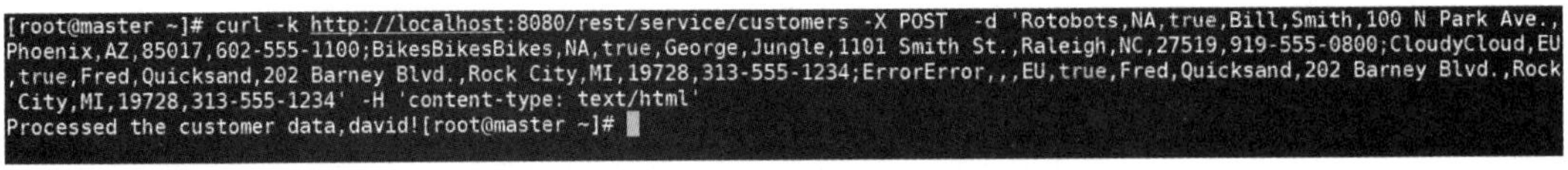

```
[root@master ~]# curl -k http://localhost:8080/rest/service/customers -X POST  -d 'Rotobots,NA,true,Bill,Smith,100 N Park Ave.,
Phoenix,AZ,85017,602-555-1100;BikesBikesBikes,NA,true,George,Jungle,1101 Smith St.,Raleigh,NC,27519,919-555-0800;CloudyCloud,EU
,true,Fred,Quicksand,202 Barney Blvd.,Rock City,MI,19728,313-555-1234;ErrorError,,,EU,true,Fred,Quicksand,202 Barney Blvd.,Rock
 City,MI,19728,313-555-1234' -H 'content-type: text/html'
Processed the customer data,david![root@master ~]# 
```

图 9-31　通过 curl 向 REST API 发送消息

查看 accountQueue 和 errorQueue，消息的数量和在本地运行路由是一样的，符合我们的预期，如图 9-32 和图 9-33 所示。

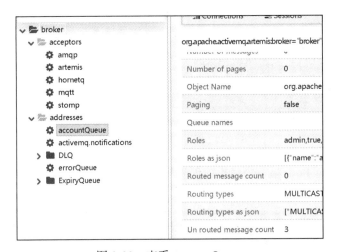

图 9-32　查看 accountQueue

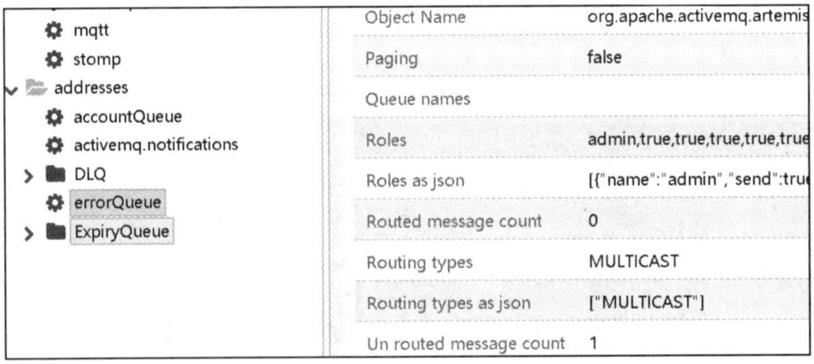

图 9-33　查看 errorQueue

场景 3：通过 Camel 实现从 REST API 到数据库的集成

（1）整体场景介绍

在实现了场景 1 和场景 2 的集成需求后，该公司提出了新的要求：将源文件中格式错误的客户信息保存到一个数据库中，以便其合作伙伴的应用读取；对格式错误的信息进行修正，修正完毕后，将内容发送到消息队列。根据该公司的需求，设计路由流程图如图 9-34 所示。

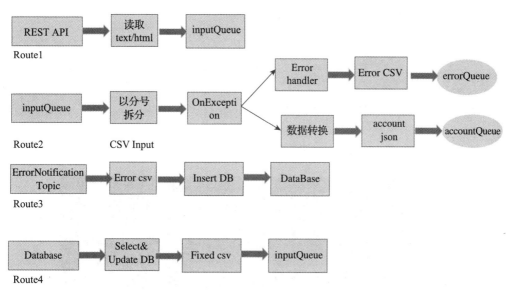

图 9-34　场景 3 路由流程图

在图 9-34 中，一共有 4 条路由。

❑ Route1 实现了读取客户端发过来的 REST 消息，并放到 inputQueue 中。

❑ Route2 实现了从 inputQueue 读取信息，以分号进行拆分，如果格式正确，进行数据转换，发送到 accountQueue 中；如果格式错误，发送到 errorQueue 中。

❑ Route3 配置了 ErrorNotification Topic，实现了将 errorQueue 中的信息保存到一个数据库中。

❑ Route4 实现了从数据库读取信息并进行修正，修正完毕后，发送到 inputQueue 中。

（2）创建路由

根据需求，创建路由，如图 9-35 所示。

由于我们在场景 1、2 和前文已经对很多代码逻辑做了介绍，这里不再赘述，详细内容可查看路由源代码（https://github.com/ocp-msa-devops/agile_integration_advanced_labs/blob/master/code/fuse/03_rest-publish-and-fix-errors/rest-publish-and-fix-errors-lab/Camel%20Route）。

路由配置好以后，先本地打包并部署，如图 9-36 所示。

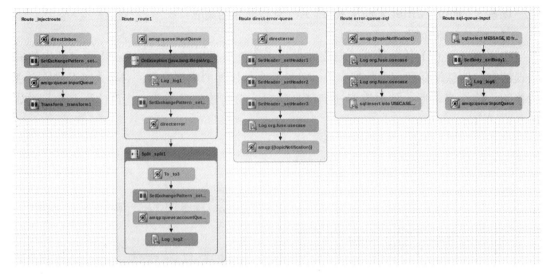

图 9-35　场景 3 路由

```
root@master rest-publish-and-fix-errors-lab]# mvn clean install
[INFO] Scanning for projects...
[INFO]
[INFO] ------< com.redhat.training.gpte:rest-publish-and-fix-errors-lab >------
[INFO] Building Agile Integration :: Fuse :: Spring-Boot :: Camel XML :: Publis
[INFO] --------------------------------[ jar ]---------------------------------
[INFO]
[INFO] --- maven-clean-plugin:2.5:clean (default-clean) @ rest-publish-and-fix-
[INFO] Deleting /root/ai_advanced_labs/agile_integration_advanced_labs/code/fus
-fix-errors-lab/target
[INFO]
[INFO] --- maven-resources-plugin:2.6:resources (default-resources) @ rest-publ
[INFO] Using 'UTF-8' encoding to copy filtered resources.
[INFO] Copying 10 resources
[INFO]
```

图 9-36　本地打包部署

打包成功后，在本地运行，如图 9-37 所示。

```
[root@master rest-publish-and-fix-errors-lab]# mvn spring-boot:run
[INFO] Scanning for projects...
[INFO]
[INFO] ------< com.redhat.training.gpte:rest-publish-and-fix-errors-lab >--
[INFO] Building Agile Integration :: Fuse :: Spring-Boot :: Camel XML :: Pu
[INFO] --------------------------------[ jar ]----------------------------
[INFO]
[INFO] >>> spring-boot-maven-plugin:7.2.0.fuse-720020-redhat-00001:run (def
rs-lab >>>
[INFO]
[INFO] --- maven-resources-plugin:2.6:resources (default-resources) @ rest-
[INFO] Using 'UTF-8' encoding to copy filtered resources.
[INFO] Copying 10 resources
[INFO]
```

图 9-37　本地通过 Spring Boot 运行

Spring Boot 启动成功后，把路由部署到 OpenShift 集群上进行验证，见图 9-38。

图 9-38　部署到 OpenShift 集群上

OpenShift 集群中有事先部署好的 AMQ 和 Postgres Pod，以及刚部署好的 Camel Pod，如图 9-39 所示。

图 9-39　查看 OpenShift 集群 Pod

在客户端，通过 curl 向 REST API 发送信息，如图 9-40 所示。

图 9-40　通过 curl 向 REST API 发送信息

发送完毕以后，此时 accountQueue 的 messages 数量是 3（见图 9-41）。这是因为客户端发送的消息中，有三条客户信息格式是正确的（用分号拆分），有一个客户信息格式是错误的。而只有格式正确的客户信息才会被转到 accountQueue。

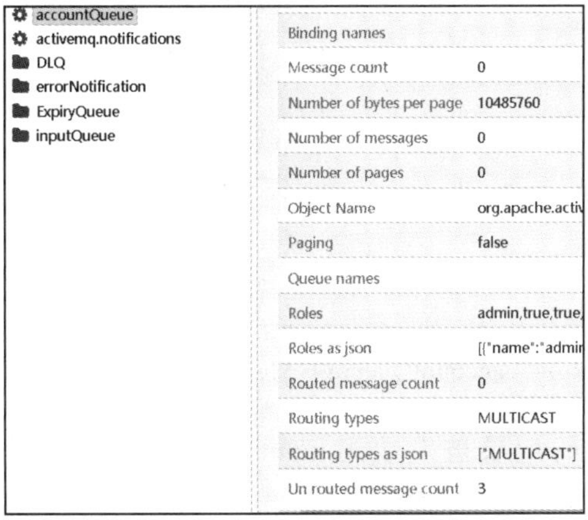

图 9-41　accountQueue 中 Message 数量为 3

查看 PostgreSQL 数据库中是否记录了格式错误的那一条信息，如图 9-42 所示。而在此前，PostgreSQL 中的记录是空的。

```
sampledb=# SELECT * FROM USECASE.T_ERROR;
id | error_code |                                error_message                      |
message                                    | status
----+------------+-------------------------------------------------------------------+---
 1 | 111        | No position 11 defined for the field: 19728, line: 1 must be specified | ErrorError,,,EU,true,Fred,Quicksand,
202 Barney Blvd.,Rock City,MI,19728,313-555-1234 | ERROR
(1 row)
```

图 9-42　查看 PostgreSQL 格式错误记录

接下来，手工修正数据库中的记录（模拟被合作伙伴应用修复），并且将记录的状态修正为 FIXED，见图 9-43。

```
sampledb=# UPDATE USECASE.T_ERROR SET MESSAGE='Error,EU,true,Fred,Quicksand,202 Barney Blvd.,Rock City,MI,19728,313-555-1234',
STATUS='FIXED' WHERE ID=8;
UPDATE 1
sampledb=#
sampledb=# SELECT * FROM USECASE.T_ERROR;
id | error_code |                                error_message                      |
message                                    | status
----+------------+-------------------------------------------------------------------+---
 8 | 111        | No position 11 defined for the field: 19728, line: 1 must be specified | Error,EU,true,Fred,Quicksand,202 Ba
rney Blvd.,Rock City,MI,19728,313-555-1234 | CLOSE
(1 row)
```

图 9-43　手工修正数据库中格式错误的记录

然后，再次查询时发现 accountQueue 中的 message 数量从 3 增加到 4，见图 9-44。

图 9-44　accountQueue 中 Message 数量从 3 增加到 4

可见，格式修正后的记录被发送到 inputQueue 以后，最终被发送到 accountQueue（route2）。至此，场景 3 中的需求已经被满足。

通过本节，我们介绍了如何使用 Camle/Fuse 实现微服务的分布式集成。接下来我们会介绍微服务的 API 管理。

9.1.3　Camel K 项目介绍

通过上节，相信读者对于 Camel 的架构和功能有了较为清晰的理解。在 OpenShift 3.11 中，基于 Spring Boot 框架的 Camel 可以注入 OpenJDK 的容器镜像中，然后运行在 OpenShift 上。近一年，随着 Kubernetes 的发展，Camel 也推出了比 Kubernetes 集成性更强的开源项目 Camel K。Apache Camel K 是一个轻量级的分布式集成平台，诞生于 Kubernetes，具有 Serverless 功能。Camel K 允许直接在 Kubernetes 或 OpenShift 集群上运行分布式集成。

Camel K 可以部署到 Kubernetes 上，也可以部署到 OpenShift 上。在 OpenShift 4.3 上部署 Camel K，可以用 Operator 方式部署。在 Operator Hub 中搜索 Camel，可以搜索到两个 Operator，如图 9-45 所示。

图 9-45　Operator Hub 搜索到的两个 Operator

Camel K Operator 是开源社区提供的管理 Camel K 的 Operator；FuseK 是 Red Hat 针对 Camel K 发布的企业级分布式集成方案的 Operator。

我们安装企业版的 FuseK，如图 9-46 所示，点击 Install。

点击 Subscription，如图 9-47 所示。

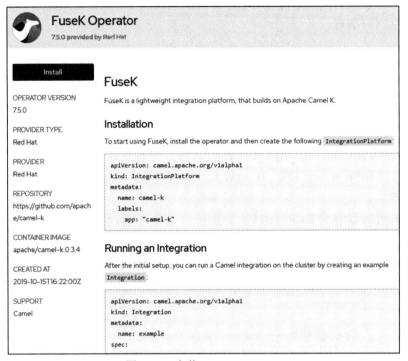

图 9-46　安装 FuseK Operator

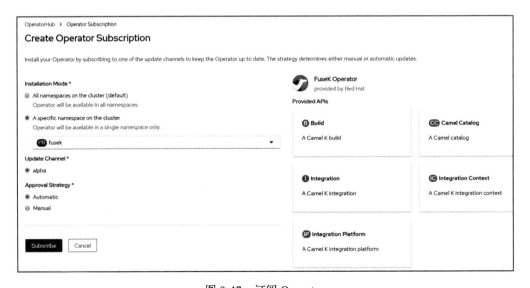

图 9-47　订阅 Operator

成功以后，可以看到 FuseK 提供很多 Operator，我们可以根据自己的需求，创建对应的实例，如图 9-48 所示。

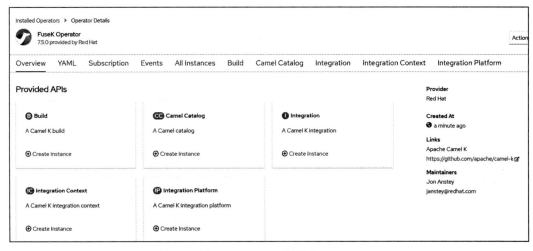

图 9-48　FuseK 提供的 API

　　然后就可以在 OpenShift 集群中管理和使用 FuseK 了。由于 FuseK 是 Camel 的一个子集，因此具体的功能我们不再演示。

　　与传统的 Camel 以 Spring Boot 为开发框架构建，然后运行在 OpenShift 中的 OpenJDK 容器中相比，FuseK Operator 的优势如下：

- ❑ Operator 可以根据客户的代码，为分布式集成选择更为轻量级的运行时，如 Quarkus；
- ❑ 对创建 Container Image 进行优化；
- ❑ 对 JVM 和 Camel 的参数进行自动调优；
- ❑ 节约 CPU 和内存资源；
- ❑ 不必生成 FatJar，从而节约了部署时间。

在介绍了分布式集成后，接下来我们介绍 API 管理方案。

9.2　API 管理方案

9.2.1　Red Hat 3Scale 的技术架构与实现效果

Red Hat 3Scale 为微服务中的 API 提供南北向管理，主要可以实现如下功能。

- ❑ 访问控制和速率限制：API 仅被对受信任方的使用，并按用户、应用程序和各种流量指标强制执行使用配额。
- ❑ 分析：跟踪所有应用程序、用户、方法和公开的 API 使用情况资源，可以全面了解所有公开 API 的活动。
- ❑ 开发者门户、开发者文档：让开发者发现你的 API 并注册订阅计划。

❑ 计费管理：提供内置的实用程序式结算系统和卡支付。

❑ 功能的全面 API：所有 3scale 自有服务均可以提供 API 访问，可以灵活地将它们与现有流程集成。

3Scale 的功能如图 9-49 所示。

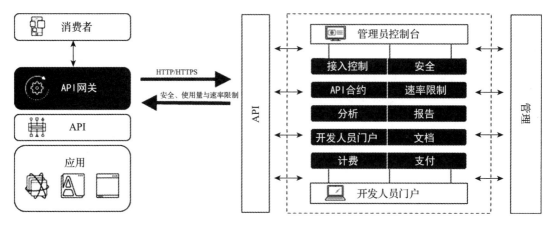

图 9-49　3Scale 的功能展示

Red Hat 3Scale 核心主要分为 API 管理平台和 API 网关，如图 9-50 所示。

❑ API 管理平台（API Manager）：管理平面，负责 API 管理策略配置、分析、计费。

❑ API 网关（API Gateway）：数据平面，处理 API 管理策略执行（流量管理）。默认情况下，一套 3Scale 中会有一个 API Manager，两个 API Gateway（一个是 Staging，一个是 Production）。

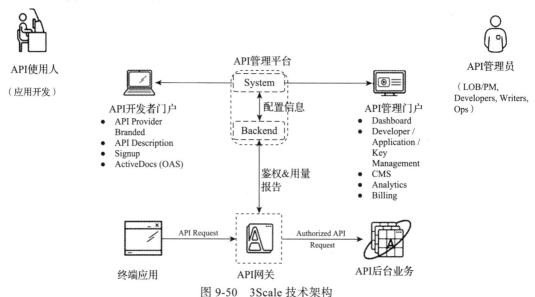

图 9-50　3Scale 技术架构

Red Hat 3Scale 有多种部署方式，API 管理平台和 API 网关也可以分开部署。对于基于 OpenShift 微服务集成的场景，我们采用如图 9-51 所示的部署模式。也就是说，API 管理平台和 API 网关都部署到 OpenShift 上。

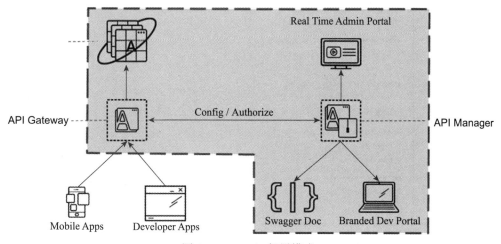

图 9-51　3Scale 部署模式

接下来，我们将展示 3Scale 对微服务 API 的管理效果。

9.2.2　Red Hat 3Scale 对容器化应用的管理

3Scale 在 OpenShift 3.11 上采用模板部署。在 OpenShift 4.3 上，可以使用 Operator 方式进行部署。如图 9-52 所示，点击 Install 进行安装。

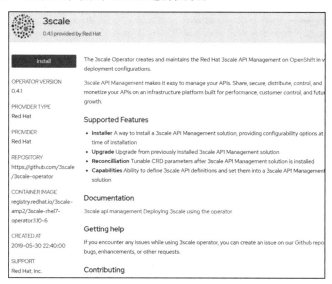

图 9-52　安装 3Scale Operator

部署 Operator 时，可以选择 3Scale 的版本，要部署的项目如图 9-53 所示。

图 9-53　订阅 3scale Operator

Operator 安装完成以后，可以看到其提供的 API，如图 9-54 所示，根据需要，我们可以创建对应的实例。

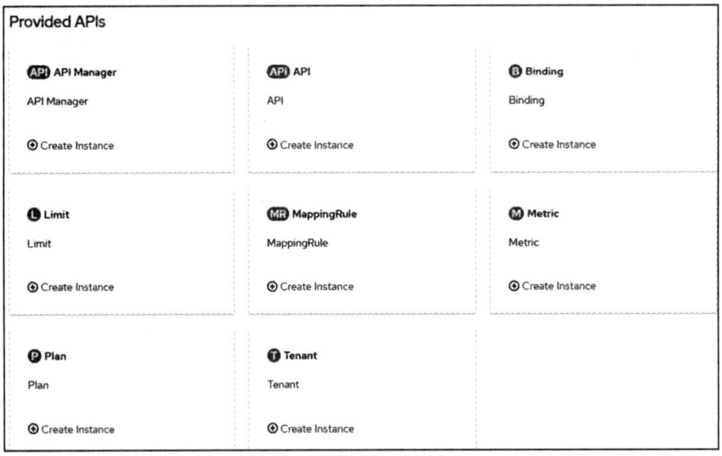

图 9-54　Operator 提供的 API

由于篇幅有限，本章将不会介绍 3Scale 的安装步骤，而是会重点介绍 3Scale 对微服务的管理效果。

在 OpenShift 3.11 上部署 3Scale，部署成功以后，会有 17 个 Pod：

```
# oc get Pods
NAME                              READY   STATUS    RESTARTS   AGE
apicast-production-1-nk4fv        1/1     Running   5          11m
apicast-staging-1-94q8j          1/1     Running   0          11m
apicast-wildcard-router-1-nvv95  1/1     Running   0          11m
backend-cron-1-zwrhp             1/1     Running   2          11m
backend-listener-1-zdz6c         1/1     Running   0          11m
backend-redis-1-6295b            1/1     Running   0          11m
backend-worker-1-ww7xd           1/1     Running   3          11m
system-app-1-5xqk8               3/3     Running   0          9m
system-memcache-1-s4gg9          1/1     Running   0          11m
system-mysql-1-n8zrz             1/1     Running   0          11m
system-redis-1-k89dx             1/1     Running   0          11m
system-resque-1-ch5nf            2/2     Running   1          11m
system-sidekiq-1-fcgpz           1/1     Running   3          11m
system-sphinx-1-ptqm7            1/1     Running   3          11m
zync-1-dg64m                     1/1     Running   1          11m
zync-database-1-d7f6w            1/1     Running   0          11m
```

我们要通过 3Scale 管理的微服务，在 products-api 项目中部署两个 Pod：products-api
用于提供查询产品的 API，productsdb 作为产品信息的后端数据库。

```
# oc get Pods -n products-api
NAME                   READY   STATUS    RESTARTS   AGE
products-api-1-jt447   1/1     Running   0          3h
productsdb-1-pgk2x     1/1     Running   0          3h
```

接下来，我们在 3Scale UI 界面中将 products-api 集成到 API 网关上。集成方式是使用
products-api 在 OpenShift 集群中 Service 的域名，也就在 Private Base URL 处输入微服务的
Service FQDN，如图 9-55 所示。Staging Public Base URL 和 Production Public Base URL 是
创建 products-api 到两个 API 网关的路由。

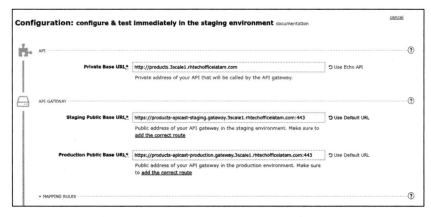

图 9-55　3Scale API 集成

为了使 3Scale 能够统计 API 的信息, 增加 Methods, 如图 9-56 所示, 统计的单元 (Unit) 是点击次数。

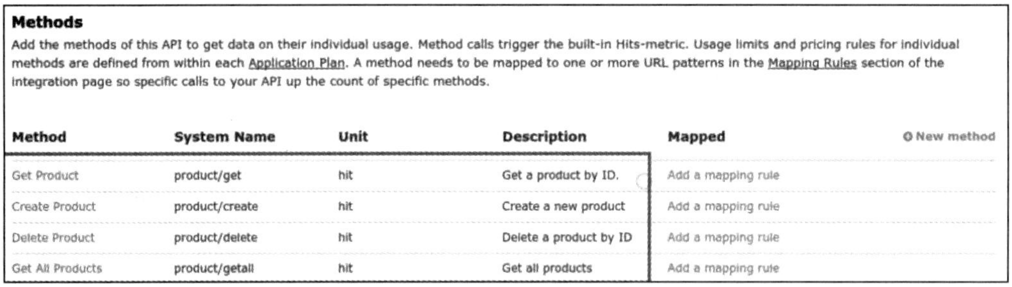

Methods

Add the methods of this API to get data on their individual usage. Method calls trigger the built-in Hits-metric. Usage limits and pricing rules for individual methods are defined from within each Application Plan. A method needs to be mapped to one or more URL patterns in the Mapping Rules section of the integration page so specific calls to your API up the count of specific methods.

Method	System Name	Unit	Description	Mapped	⊕ New method
Get Product	product/get	hit	Get a product by ID.	Add a mapping rule	
Create Product	product/create	hit	Create a new product	Add a mapping rule	
Delete Product	product/delete	hit	Delete a product by ID	Add a mapping rule	
Get All Products	product/getall	hit	Get all products	Add a mapping rule	

图 9-56 3Scale 增加统计监测点

对 API 的 HTTP 方法进行映射, 以便后续为这些方法设置权限, 如图 9-57 所示。

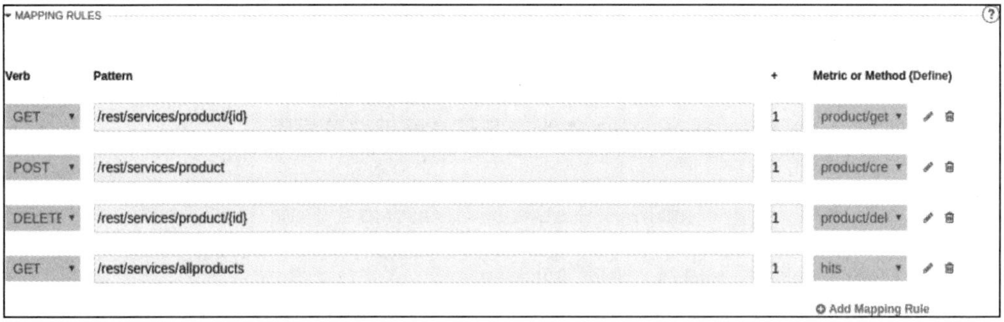

▼ MAPPING RULES				⑦
Verb	**Pattern**	+	**Metric or Method (Define)**	
GET ▼	/rest/services/product/{id}	1	product/get ▼	✎ 🗑
POST ▼	/rest/services/product	1	product/cre ▼	✎ 🗑
DELETE ▼	/rest/services/product/{id}	1	product/del ▼	✎ 🗑
GET ▼	/rest/services/allproducts	1	hits ▼	✎ 🗑
			⊕ Add Mapping Rule	

图 9-57 3Scale 设置权限

我们通过在 3Scale 中创建 Application Plans 来进行限速或权限设置, 如图 9-58 所示。

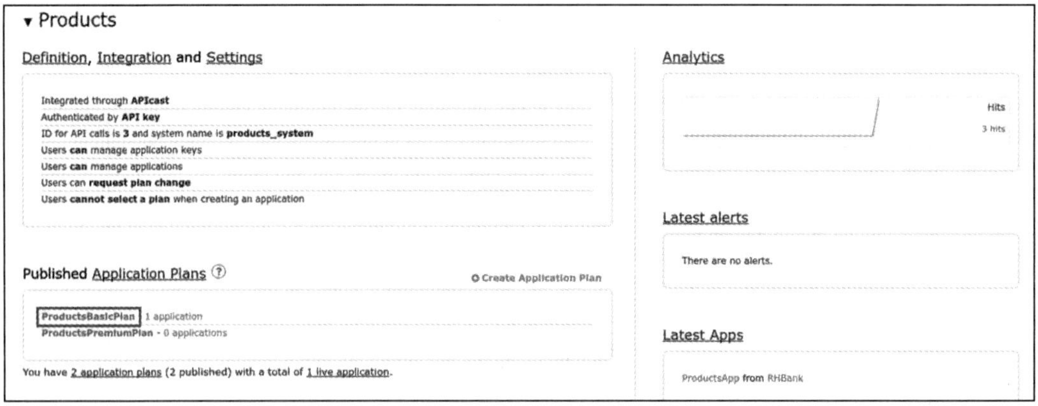

▼ Products

Definition, Integration and Settings

- Integrated through **APIcast**
- Authenticated by **API key**
- ID for API calls is **3** and system name is **products_system**
- Users **can** manage application keys
- Users **can** manage applications
- Users **can** request plan change
- Users **cannot** select a plan when creating an application

Published Application Plans ⑦   ⊕ Create Application Plan

| ProductsBasicPlan | 1 application |
| ProductsPremiumPlan · 0 applications |

You have 2 application plans (2 published) with a total of 1 live application.

Analytics

Hits
3 hits

Latest alerts

There are no alerts.

Latest Apps

ProductsApp from RHBank

图 9-58 3Scale 设置 Application Plan

在 ProductsBasicPlan 中，禁止调用 Create Product 和 Delete Product，效果如图 9-59 所示。

Metrics, Methods, Limits & Pricing Rules

Metric or Method (Define)			Enabled ?	Visible ?	Text only ?
Hits	Pricing (0)	Limits (0)	✔	✔	✔
Get Product	Pricing (0)	Limits (0)	✔	✔	✔
Create Product	Pricing (0)	Limits (1)	✖	✔	✔
Delete Product	Pricing (0)	Limits (1)	✖	✔	✔
Get All Products	Pricing (0)	Limits (0)	✔	✔	✔

图 9-59　3Scale 设置限速

对于 Get Product API，我们设置 API 的最多调用次数为每小时最多 5 次，如图 9-60 和图 9-61 所示。

Metrics, Methods, Limits & Pricing Rules

Metric or Method (Define)			Enabled ?	Visible ?	Text only ?
Hits	Pricing (0)	Limits (0)	✔	✔	✔
Get Product	Pricing (0)	Limits (0)	✔	✔	✔
Usage Limits ?　　● New usage limit ● Close					
Period　　　　　　Value					
Create Product	Pricing (0)	Limits (1)	✖	✔	✔
Delete Product	Pricing (0)	Limits (1)	✖	✔	✔
Get All Products	Pricing (0)	Limits (0)	✔	✔	✔

图 9-60　3Scale 设置 API 最多调用次数

设置完毕以后，当从客户端对 API 发起的请求超过每小时 5 次时，再次发起调用将会报错（Limits exceeded），如图 9-62 所示。

在 3Scale 界面统计信息中也可以看到访问次数，当对 Get Product 的访问次数到达 5 次时，访问率变为 100%，也就是说，一个小时内不能再被访问了，如图 9-63 所示。

我们在 3Scale 可以查看详细的 API 调用信息，如图 9-64 所示。这些检测点和统计方法是我们在前文设置好的。

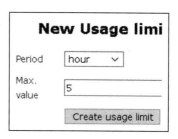

图 9-61　3Scale 设置 API 每小时最多调用次数

图 9-62　限速设置效果展示

Current Utilization

Overview of the current state of this application's limits

Metric Name	Period	Values	%
Create Product (product/create)	per **eternity**	0/0	0.0
Delete Product (product/delete)	per **eternity**	0/0	0.0
Get Product (product/get)	per **hour**	5/5	100.0
Get All Products (product/getall)	per **hour**	0/1	0.0

图 9-63　3Scale 统计信息

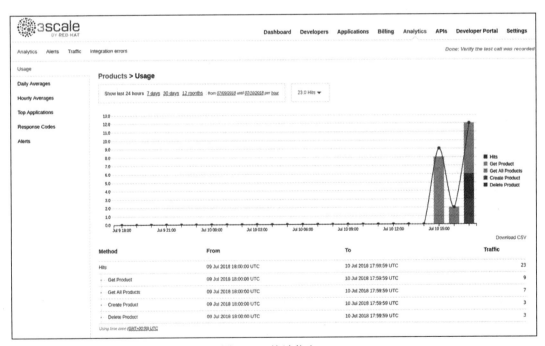

图 9-64　统计信息 1

同样，我们也可以查看趋势分析图，如图 9-65 所示。

在 3Scale 中，我们配置 API 访问的计费信息，如图 9-66、图 9-67 所示。

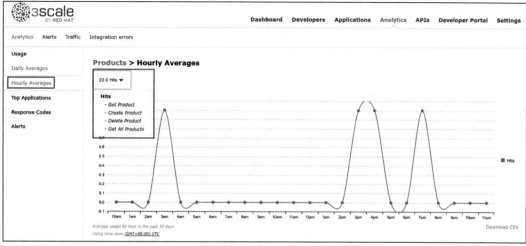

图 9-65　统计信息 2

图 9-66　统计信息 3

图 9-67　统计信息 4

至此，我们验证完了 3Scale 的南北向 API 管理功能。

9.3 本章小结

通过本章，相信你对分布式集成和 API 管理有了一定的理解。随着越来越多的单体应用向基于容器的轻量级应用服务器迁移，应用的分布式集成和 API 管理显得愈发重要。这两者也是云原生构建之路的步骤 2 和步骤 6 的重要组成部分。

第 10 章 *Chapter 10*

云原生应用与 Serverless 的结合

关于云原生构建之路的步骤 4，选择合适的应用开发框架，我们在第 3 章中介绍了云原生 Java 框架 Quarkus。实际上，随着公有云的逐渐普及，Serverless 也逐渐作为一个开发框架受到大家的关注。本章将介绍云原生应用与 Serverless 的结合。

Serverless 最初由公有云厂商提出，也是时下比较受关注的一个概念，一些公有云厂商已开始提供 Serverless 服务。但我们知道，很多用户目前已经在数据中心内部部署了基于 OpenShift 集群的容器云平台。那么，对于这些用户，Serverless 如何在容器云上落地呢？针对现在很多新兴的业务需求，如制造行业 IoT 的需求，基于容器云的 Serverless 又是如何支撑的呢？接下来，我们将具体展开介绍。

10.1 无服务器架构 Serverless

要想深入理解 Serverless 架构，我们需要从基础架构和应用架构两者的持续演进开始。

❑ 应用架构的演进：单体应用、服务化、微服务。

❑ 基础架构的演进：物理服务器、x86 虚拟化、容器。

应用架构的演进和基础架构的演进是平行进行的。

10.1.1 应用架构的演进

应用架构的演进主要分三个阶段。

第一阶段：早期的应用是单体架构。

单体应用（monolith application）将应用程序的所有功能都打包成一个独立的单元。对于 Java，通常是 JAR、WAR、EAR 归档格式。

随着应用功能越来越多，单体应用越来越大，也逐渐产生很多问题，如灵活性差、升级困难（牵一发而动全身）等。这个时候，SOA 的概念应运而生。

第二阶段：应用服务化。

百度百科对应用服务化的定义是："面向服务的架构（SOA）是一个组件模型，它将应用程序的不同功能单元（称为服务）通过这些服务之间定义良好的接口和契约联系起来。接口是采用中立的方式定义的，独立于实现服务的硬件平台、操作系统和编程语言。这使得构建在各式各样的系统中的服务可以以一种统一和通用的方式进行交互。"

也就是说，通过面向服务的架构，我们让一个大的单体应用的各个功能组件之间实现松耦合。在谈到 SOA 时，不得不谈到一个技术：企业系统总线（ESB）。ESB 的主要功能是提供通信应用程序之间的连接，非常像路由器来控制数据。它通常用于企业应用程序集成（EAI）或面向服务的体系结构（SOA）原则。组件之间的交互和通信跨越总线，其具有与物理计算机总线类似的功能，以处理服务之间的数据传输或消息交换，而无须编写任何实际代码。

所以说，ESB 是 SOA 实现的一种模型，是 SOA 的一种技术实现。

第三阶段：应用的微服务化。

微服务（Microservice）是一种软件开发技术，是 SOA 体系结构样式的进阶模式，它将应用程序构建为松散耦合的服务集合。在微服务架构中，服务是细粒度的，协议是轻量级的。将应用程序分解为不同的较小服务的好处是提高了模块性。这使得应用程序更易于理解、开发、测试，并且更具弹性。它通过使小型自治团队独立开发、部署和扩展各自的服务来实现开发的并行化。它还允许通过连续重构来实现单个服务的体系结构。基于微服务的架构可实现持续交付和部署。

10.1.2　基础架构的演进

相较于应用架构的演进，基础架构的演进更容易理解。接下来，我们将应用的演进与基础架构的演进一起来介绍。

第一阶段：应用运行在物理服务器上。彼时，应用是单体的、有状态的，应用各个组件之间是紧耦合的。应用的高可用通常需要基础架构加上操作系统来保证，如在 AIX 服务器上的 PowerHA、HPUX 上的 MC/SG 等。

第二阶段：应用运行在 x86 虚拟化服务器上。这时，应用通过 SOA 等技术，实现了功能组件之间的松耦合。但这个时候，由于 x86 虚拟化软件实现了操作系统和 x86 服务器的松耦合，并提供了多种保护虚拟化的技术，很多运行在 x86 虚拟化服务器上的应用，不必再由操作系统级别的高可用软件来保护，而是通过 vSphere 的 HA 技术解决计划外故障，通过 vMotion 解决计划内停机等。

第三阶段：微服务和容器的兴起。对于微服务架构的应用，大多数微服务都基于容器架构来部署。这时，单个微服务出现故障，不会影响整个微服务体系对外提供服务（例如一

个电商的评论组件出问题，并不会影响大家购物）。同时，单个微服务的高可用，通过容器
PaaS 平台也可以得到保证。

那么，什么是 Serverless 呢？

Serverless 实际上是一种云计算执行模型。在这种模型下，云计算提供商动态管理所有
机器资源的分配。因此，其定价是基于应用程序消耗的实际资源量，而不是预先购买的资
源容量。

Serverless 又分为两类：Backend as a Service（BaaS）和 Function as a Service（FaaS）。

- ❑ BaaS：应用的大部分功能依赖于第三方云中运行的应用程序或服务来处理服务端的
  状态或逻辑。而这些第三方应用程序或服务构成了一个庞大的生态系统，如可通过
  云接入的数据库、服务等。
- ❑ FaaS：服务端逻辑仍由应用程序开发人员编写，但与传统体系架构不同的是，这些
  应用程序是在无状态计算容器中运行，并且是基于事件触发、短生命周期的（可能
  仅仅被调用一次），并由第三方完全管理。

所以 FaaS 是 Serverless 的高模式，FaaS 也是应用架构发展的第四个阶段（单体应用、
面向服务、微服务之后）。

10.1.3　Serverless 的技术种类

Serverless 较早在公有云上实现时大多是基于闭源的技术。但近年来，基于开源、可在
OpenShift 集群上部署的 Serverless 架构发展很快。

接下来，我们看一下主流 Serverless 技术种类和其启动的时间，如表 10-1 所示。

表 10-1　Serverless 技术种类

项　目	是否开源	是否支持 OpenShift	启动时间
Knative	是	是	2018
IBM Cloud Function	是	是	2017
Apache OpenWhisk	是	是	2015
Fission	是	是	2016
Funktion	是	是	2017
Project Riff	是	是	2017
Amazon Lambda	否	否	2014
Azure Functions	否	否	2016
Google Cloud Functions	否	否	2016

前两年在 Serverless 的相关开源社区中，Apache OpenWhisk 是规模最大的项目，同时
还支持 OpenShift，该项目由 IBM 在 2016 年公布并贡献给开源社区。从 2018 年开始，当
Google 发布了 Knative 项目后，很多技术人员也在关注它。但 Knative 项目尚处于发展中
（目前最新版本为 v0.13），由于篇幅有限，本书不展开介绍。接下来本文将针对 OpenWhisk

在 OpenShift 上的一个应用案例展开说明。

10.1.4　OpenWhisk 的核心概念

在 OpenWhisk 中有六个较为核心的概念：Trigger、Action、Rule、Sequence、Package、Feeds。我们先介绍这六个概念的含义。

1. Trigger

Trigger 是一类事件的命名通道，用于使 OpenWhisk 具备事件驱动的能力。以下是触发器的示例。

- ❏ 位置更新事件的触发器。
- ❏ 文档上传到网站的触发器。
- ❏ 传入电子邮件的触发器。
- ❏ 可以使用键值对字典来触发（激活）的触发器。

2. Action

Action 是无状态函数，它封装了需要在 OpenWhisk 平台上运行的代码。一个 Action 可以写成 JavaScript、Swift、Python 或 PHP 函数、Java 方法，以及任何二进制兼容的可执行文件，包括 Go 程序和打包为 Docker 容器的自定义可执行文件。

Action 可以显式调用操作，也可以响应事件运行操作。每次运行操作都会生成由唯一激活 ID 标识的激活记录。Action 的输入和 Action 的结果是键值对的字典，其中键是字符串，值是有效的 JSON 值。Action 也可以由对其他 Action 的调用或定义的 Action 序列组成。

3. Rule

Rule 将一个 Trigger 与一个 Action 相关联，Trigger 的每次触发都会导致以 Trigger 事件作为输入调用相应的操作。

使用适当的规则集，单个触发器事件可以调用多个操作，也可以调用操作作为对来自多个触发器的事件的响应，如图 10-1 所示。

图 10-1　Trigger、Rule 和 Action 之间的关系

在了解了 Trigger、Action、Rule 三个概念以及三者之间的关系后，接下来，我们再看另外三个概念：Sequence、Package、Feed。

4. Sequence

Sequence 比较好理解，它创建 Action 之间的调用关系。OpenWhisk 提供将多个操作链接在一起的功能，其中一个操作的输出是另一个操作的输入。此功能称为序列。序列是完全独立的操作，并定义了执行操作的顺序。

5. Package

我们可以将多个相关 Action 组合放到一个 Package 中。Package 允许将常见的资源集（例如参数）应用于多个 Action。

6. Feed

Feed 的本质作用是将环境外部的事件连接到 Trigger 上。

Feed 是 OpenWhisk 中的一个高级概念，用户可以在 Package 中暴露 Event Producer Service。Feed 由 Feed Action 控制，Feed Action 负责删除、暂停和恢复事件流。

10.1.5　基于 OpenShift 集群部署的 OpenWhisk

在本节中，我们基于一个现有 OpenShift 集群部署一套 OpenWhisk。

可以看到，OpenShift 集群有一个 Master、三个 Node。

```
[root@master ~]# oc get nodes
NAME                STATUS    ROLES            AGE     VERSION
master.example.com  Ready     infra,master     222d      v1.11.0+d4cacc0
node.example.com    Ready     compute          222d    v1.11.0+d4cacc0
```

基于 OpenShift 集群安装 OpenWhisk 的方法可参照 GiHub 的相关内容（https://github.com/apache/incubator-openwhisk-deploy-kube），由于篇幅有限，本节只介绍大致的安装步骤。

首先在 OpenShift 集群中创建一个 Namespace，名字为 openwhisk，用于后续部署 OpenWhisk：

```
[root@master ~]# oc new-project openwhisk
Now using project "openwhisk" on server "https://master.example.com:8443".
```

设置一个计算节点部署 OpenWhisk，如图 10-2 所示。

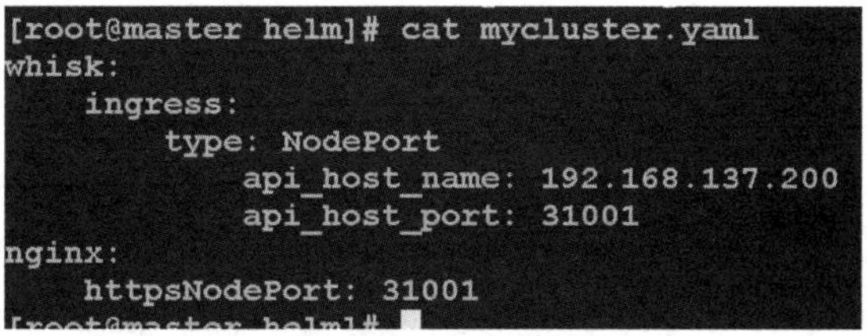

```
[root@master helm]# cat mycluster.yaml
whisk:
    ingress:
        type: NodePort
            api_host_name: 192.168.137.200
            api_host_port: 31001
nginx:
    httpsNodePort: 31001
[root@master helm]#
```

图 10-2　创建集群部署文件

然后通过 helm 安装 OpenWhisk，如图 10-3 所示。

```
helm install ./helm/openwhisk --namespace=openwhisk --name=owdev -f mycluster.yaml
[root@master helm]#
[root@master helm]#
[root@master helm]#
```

图 10-3　创建 OpenWhisk 集群

OpenWhisk 部署完毕后，其组件以 Pod 方式运行在 OpenShift 的 Namespace 中，如图 10-4 所示。

```
[cloud-user@workstation-fca7 iot-serverless]$ kubectl get pods
NAME                                                  READY    STATUS     RESTARTS    AGE
alarmprovider-8499679d74-wv82g                        1/1      Running    0           7m
controller-0                                          1/1      Running    3           7m
couchdb-0                                             1/1      Running    0           7m
invoker-0                                             1/1      Running    0           7m
nginx-bf8f468d8-tc8t2                                 1/1      Running    0           7m
strimzi-cluster-controller-7855785d4f-7mjs4           1/1      Running    0           7m
strimzi-openwhisk-kafka-0                             1/1      Running    0           5m
strimzi-openwhisk-zookeeper-0                         1/1      Running    0           6m
wskinvoker-00-1-prewarm-nodejs6                       1/1      Running    0           2m
wskinvoker-00-2-prewarm-nodejs6                       1/1      Running    0           2m
wskinvoker-00-3-whisksystem-invokerhealthtestaction0  1/1      Running    0           2m
wskinvoker-00-4-prewarm-nodejs6                       1/1      Running    0           2m
[cloud-user@workstation-fca7 iot-serverless]$
```

图 10-4 查看 Pod

部署成功以后，可以执行 wsk 命令，如图 10-5 所示。

图 10-5 OpenWhisk 命令行

查看已有的 Package，如图 10-6 所示。

```
[cloud-user@workstation-fca7 ~]$ wsk -i package list
packages
/whisk.system/alarmsWeb                                              private
/whisk.system/alarms                                                 shared
/whisk.system/utils                                                  shared
/whisk.system/slack                                                  shared
/whisk.system/github                                                 shared
/whisk.system/watson-textToSpeech                                    shared
/whisk.system/combinators                                            shared
/whisk.system/websocket                                              shared
/whisk.system/watson-translator                                      shared
/whisk.system/samples                                                shared
/whisk.system/weather                                                shared
/whisk.system/watson-speechToText                                    shared
[cloud-user@workstation-fca7 ~]$
```

图 10-6 查看已有的 Package

接下来将使用一个简单的 JavaScript 函数来说明如何创建调用操作。调用时，该操作将返回"Hello World"样式响应。

使用以下内容在工作区文件夹中创建名为 test_openwhisk.js 的文件，如图 10-7 所示。

```
[cloud-user@workstation-fca7 workspace]$ cat test_openwhisk.js
function main() {
    return {payload: "Welcome to Serverless !"};
}
[cloud-user@workstation-fca7 workspace]$
```

图 10-7　创建 test_openwhisk.js 文件

创建好函数后，使用 wsk 工具创建名为 test_openwhisk 的 Action，如图 10-8 所示。

```
[cloud-user@workstation-fca7 format]$ wsk -i activation get 2f6d169ce51046d9ad169ce510d6d912
ok: got activation 2f6d169ce51046d9ad169ce510d6d912
{
    "namespace": "whisk.system",
```

图 10-8　创建 test_openwhisk

最后，使用以下命令调用该 Action，如图 10-9 所示。

```
[cloud-user@workstation-fca7 workspace]$ wsk -i action invoke  test_openwhisk --result
{
    "payload": "Welcome to Serverless !"
}
[cloud-user@workstation-fca7 workspace]$
```

图 10-9　调用 test_openwhisk

Action 还可以接收可用于驱动执行的输入参数。为了说明此功能，创建一个名为 topicReplace.js 的新文件，该文件将包含一个操作，该操作将使用正斜杠替换名为 topic 的参数中的任何句点，如图 10-10 所示。

```
[cloud-user@workstation-fca7 ~]$ cat topicReplace.js
function main(params) {

    if(params.topic) {
      params.topic = params.topic.replace(/[.]/g,'/');
    }

    return params;
}
```

图 10-10　创建 topicReplace.js

使用以下命令创建名为 topicReplace 的 Action，如图 10-11 所示。

```
[cloud-user@workstation-fca7 ~]$ wsk -i action update topicReplace topicReplace.js
ok: updated action topicReplace
[cloud-user@workstation-fca7 ~]$
```

图 10-11　创建 Action topicReplace

我们使用 --param 标志将参数传递给操作。通过提供名为 topic 的参数以及包含句点的内容来验证操作是否正确执行。返回的结果，使用斜杠替换句点，如图 10-12 所示。

```
[cloud-user@workstation-fca7 ~]$ wsk -i action invoke topicReplace --result --param topic "1.3 of 9 is 3"
{
    "topic": "1/3 of 9 is 3"
}
[cloud-user@workstation-fca7 ~]$
```

图 10-12　调用 Action topicReplace

至此，相信大家对于 OpenWhisk 的概念和 Action 的作用有了一个简单的了解。接下来，我们结合一个 IoT 案例，详细介绍 OpenWhisk 的功能以及其所发挥的作用。

10.2　Serverless 与 IoT 的配合

本节我们将通过一个 Serverless 与 IoT 结合的案例来验证 Serverless 的作用。

10.2.1　场景描述

在本实验案例中，工厂希望在其生命周期内密切监控关键资产，以提高运营效率。每台设备（资产）都分配到工厂的特定区域（地理围栏）；设备主动报告它们的实时位置坐标（通过 mqtt 协议发送）。该位置数据（经纬度）被转换并存储在数据库中，以便使用各种功能进行持久存储。如果设备移出其地理围栏，使用其他功能触发警报。

本案例最终会调用 Google 地图 API（Google Geolocation API）在地理地图上显示资产位置。使用不同的标记动态更新地图数据，用于指示资产是否在其地理围栏内。

在案例中，对于整个 IoT 的实现，Serverless 将起到如下作用：

❑ 格式化资产传递过来的原始数据（经纬度）；
❑ 然后 Serverless 用格式化后的经纬度去 MongoDB 中进行查询，显示该资产的具体信息；
❑ Serverless 判断资产是否超出了其地理围栏。

接下来，我们进行详细介绍。

首先，在 OpenShift 集群中创建一个 Namespace，然后部署 MongoDB 数据库，将资产详细信息录入数据库，如图 10-13 所示。

```
[root@workstation-fca7 ~]# kubectl get pods
NAME               READY     STATUS      RESTARTS     AGE
mongodb-1-5mzjp    1/1       Running     4            10d
[root@workstation-fca7 ~]#
```

图 10-13　查看 Pod

我们查看 MongoDB 中的内容。MongoDB 存放的是资产的详细信息（名称、图片、资产的地理围栏范围），如图 10-14 所示。

{ "_id" : ObjectId("5be5ae64c44648929046a733"), "name" : "Chemical Pump LX-222", "location" : "Boiler room", "t
opic" : "/sf/boiler/pump-lx222", "center_latitude" : "37.784202", "center_longitude" : "-122.401858", "geofence
_radius" : "3.0", "picture" : "Chemical-Pump.jpg" }
{ "_id" : ObjectId("5be5ae64c44648929046a734"), "name" : "Blow down separator valve VL-1", "location" : "Boiler
room", "topic" : "/sf/boiler/separator-vl-1", "center_latitude" : "37.784215", "center_longitude" : "-122.4016
32", "geofence_radius" : "1.0", "picture" : "Blowdown-Valve.jpg" }
{ "_id" : ObjectId("5be5ae64c44648929046a735"), "name" : "Surface blow down controller", "location" : "Boiler r
oom", "topic" : "/sf/boiler/controller", "center_latitude" : "37.784237", "center_longitude" : "-122.401410",
"geofence_radius" : "1.0", "picture" : "Blowdown-Controller.jpg" }
{ "_id" : ObjectId("5be5ae64c44648929046a736"), "name" : "Condensate duplex pump", "location" : "Boiler room",
"topic" : "/sf/boiler/cond-pump", "center_latitude" : "37.784269", "center_longitude" : "-122.401302", "geofenc
e_radius" : "3.0", "picture" : "Condensate-Pump.jpg" }
{ "_id" : ObjectId("5be5ae64c44648929046a737"), "name" : "Robotic arm joint RT-011", "location" : "Assembly sec
tion", "topic" : "/sf/assembly/robotic-joint", "center_latitude" : "37.784115", "center_longitude" : "-122.4013
80", "geofence_radius" : "1.0", "picture" : "Robotic-Arm.jpg" }
{ "_id" : ObjectId("5be5ae64c44648929046a738"), "name" : "Teledyne DALSA Camera", "location" : "Assembly sectio
n", "topic" : "/sf/assembly/camera", "center_latitude" : "37.784312", "center_longitude" : "-122.401241", "geof
ence_radius" : "1.0", "picture" : "Teledyne-Dalsa.jpg" }
{ "_id" : ObjectId("5be5ae64c44648929046a739"), "name" : "Lighting control unit RT-SD-1000", "location" : "Ware
house", "topic" : "/sf/warehouse/lighting-control", "center_latitude" : "37.784335", "center_longitude" : "-122
.401159", "geofence_radius" : "4.0", "picture" : "Lighting-Control.JPG" }
{ "_id" : ObjectId("5be5ae64c44648929046a73a"), "name" : "DIN Rail power supply 240-24", "location" : "Warehous
e", "topic" : "/sf/warehouse/power-supply", "center_latitude" : "37.784393", "center_longitude" : "-122.401399"
, "geofence_radius" : "1.0", "picture" : "DIN-Rail.jpg" }

图 10-14　查看 MongoDB 内容

创建一个 IoT Package，用于存放与后续实现相关的 Action 等内容，如图 10-15 所示。

```
$wsk -i package create --shared yes iot-serverless
```

```
[cloud-user@workstation-fca7 ~]$ wsk -i package list
packages
/whisk.system/iot-serverless                                    shared
```

图 10-15　查看 Package

接下来，我们创建三个 Action，第一个是基于 JavaScript 的 formatInput，第二个是基于 node.js 的 enricher，第三个是基于 JavaScript 的 geofence。

10.2.2　创建并验证第一个 Action：formatInput

我们先看第一个 Action，formatInput，它的源码如下：

```
$cat formatInput.js
function main(params) {

    // Format the Topic to replace . with /
    if(params.topic) {
        params.topic = params.topic.replace(/[.]/g,'/');
    }

    // Parse the input data to provide lat/long
    if(params.data) {
        data_values = params.data.split(" ");

        params.latitude = data_values[0];
        params.longitude = data_values[1];
```

```
        }

return params;
```

这个 Action 的作用是对传入的参数进行格式化（资产将其经纬度实时传递过来，由 formatInput 对传递过来的数值进行格式化）。

❑ 对于传入的 topic 参数，使用正斜杠替换名为 topic 的参数中的任何句点。

❑ 对于传入的数据进行数据拆分，前半部分是 latitude（纬度），后半部分是 longitude（经度）。

创建 Action，如图 10-16 所示。

```
[cloud-user@workstation-fca7 format]$ wsk -i action update iot-serverless/formatInput formatInput.js
ok: updated action iot-serverless/formatInput
[cloud-user@workstation-fca7 format]$
[cloud-user@workstation-fca7 format]$
```

图 10-16　创建 Action

Action 创建成功。然后，我们创建一个触发 Action 的 Trigger，如图 10-17 所示。

```
$ wsk -i trigger create iotServerlessTrigger
```

```
[cloud-user@workstation-fca7 ~]$  wsk -i trigger list
triggers
/whisk.system/iotServerlessTrigger                               private
```

图 10-17　查看 Trigger

创建一个 Rule，将 iotServerlessTrigger Trigger 与 formatInput Action 相关联，如图 10-18 所示。

```
[cloud-user@workstation-fca7 format]$ wsk -i rule update iotServerlessRule iotServerlessTrigger iot-serverless/
formatInput
ok: updated rule iotServerlessRule
[cloud-user@workstation-fca7 format]$
[cloud-user@workstation-fca7 format]$
[cloud-user@workstation-fca7 format]$
[cloud-user@workstation-fca7 format]$
```

图 10-18　创建 Rule

现在，Trigger 已通过 Rule 连接到 Action，我们可以通过触发 Trigger 来调用 Action。formatInput Action 需要指定两个参数：topic 和 data，如图 10-19 所示。

```
[cloud-user@workstation-fca7 format]$ wsk -i trigger fire iotServerlessTrigger --param topic /sf/boiler/control
ler --param data "37.784237 -122.401410"
ok: triggered /_/iotServerlessTrigger with id 7d68e1ff20014a24a8e1ff2001ea24e5
```

图 10-19　触发 Trigger

当 Trigger 被触发后，会输出一个 ID（7d68e1ff20014a24a8e1ff2001ea24e5）。这表示 OpenWhisk 已经处理了请求，而返回的 ID 是与 Activation Record 相关的。

虽然我们调用了 Trigger，但 Trigger 并不会产生结果，最终结果是由 Rule 调用 Action

才能产生的。但我们可以通过刚才输出的 ID，获取 activationId，如图 10-20 所示。

```
[cloud-user@workstation-fca7 format]$ wsk -i activation get  7d68e1ff20014a24a8e1ff2001ea24e5
ok: got activation 7d68e1ff20014a24a8e1ff2001ea24e5
```

图 10-20　获取 activationId

直接查看 log 部分，得到 activationId（2f6d169ce51046d9ad169ce510d6d912），如图 10-21 所示。

```
],
    "logs": [
        "{\"statusCode\":0,\"success\":true,\"activationId\":\"2f6d169ce51046d9ad169ce510d6d912\",\"rule\":\"wh
isk.system/iotServerlessRule\",\"action\":\"whisk.system/iot-serverless/formatInput\"}"
    ],
    "annotations": [],
    "publish": false
```

图 10-21　查看 log 结果

最后，通过上一步获取到的 activationid（2f6d169ce51046d9ad169ce510d6d912）来查询 activation，如图 10-22 所示。

```
[cloud-user@workstation-fca7 format]$ wsk -i activation get 2f6d169ce51046d9ad169ce510d6d912
ok: got activation 2f6d169ce51046d9ad169ce510d6d912
{
    "namespace": "whisk.system",
```

图 10-22　执行命令获取结果

命令执行成功，查看执行结果的核心部分，如图 10-23 所示。

```
{
    "namespace": "whisk.system",
    "name": "formatInput",
    "version": "0.0.1",
    "subject": "whisk.system",
    "activationId": "2f6d169ce51046d9ad169ce510d6d912",
    "start": 1541864507023,
    "end": 1541864507030,
    "duration": 7,
    "response": {
        "status": "success",
        "statusCode": 0,
        "success": true,
        "result": {
            "data": "37.784237 -122.401410",
            "latitude": "37.784237",
            "longitude": "-122.401410",
            "topic": "/sf/boiler/controller"
        }
    },
    "logs": [],
    "annotations": [
```

图 10-23　查看执行结果

如图 10-23 所示，我们调用 Trigger 时传入的参数通过定义的 Rule 发送到 formatInput Action，再由 Action 根据字段中提供的值拆分纬度和经度字段（latitude 和 longitude）。

10.2.3 创建并验证第二个 Action：enricher

接下来，我们创建第二个 Action，enricher。它的作用是：根据传入的经纬度，在 MongoDB 中查找资产的详细信息（名称、地理围栏范围、图片等）。

enricher.js 是 OpenWhisk action 的源码。

```
var path = require( "path" );
const format= require('util').format;
require('dotenv').config({path: path.join(__dirname, '.env')});

var MongoClient = require('mongodb').MongoClient;

function enrich(params) {

    // Validate Parameters
    var mongoDbUser = process.env.MONGODB_USER;
    var mongoDbPassword = process.env.MONGODB_PASSWORD;
    var mongoDbHost = process.env.MONGODB_HOST;
    var mongoDbDatabase = process.env.MONGODB_DATABASE;

    if(!mongoDbUser || !mongoDbPassword || !mongoDbHost || !mongoDbDatabase) {
        return {error: "Database Values Have Not Been Provided!"}
    }

    var url = format('mongodb://%s:%s@%s:27017/%s', mongoDbUser, mongoDbPassword,
        mongoDbHost, mongoDbDatabase);


    var topic = params.topic;

    if(topic) {
        return new Promise(function(resolve, reject) {

            MongoClient.connect(url, function(err, client){

                if(err) {
                    console.error(err);
                    reject({"error":err.message});
                    return;
                }

                var db = client.db(mongoDbDatabase);

                db.collection('assets').findOne({"topic": topic}, function (err, doc) {
                    if(err) {
                    console.error(err);
                    reject({"error":err.message});
                    return;
                }
```

```
    if(doc) {
        for(index in doc) {
            if(index != "_id") {
                params[index] = doc[index];
            }
        }
    }
    else {
        console.log("No Asset Found with topic '%s'", topic);
    }
    client.close();
    resolve(params);
    });


    });

    });
    }
    else {
        console.log("Topic Has Not Been Provided")
        return params;
    }

};
```

从上面的源码可以看出，名为 enricher 的 Action，不仅可以显示资产的经纬度，还可以显示资产的名称、地理围栏半径。接下来，我们部署 Action，如图 10-24 所示。

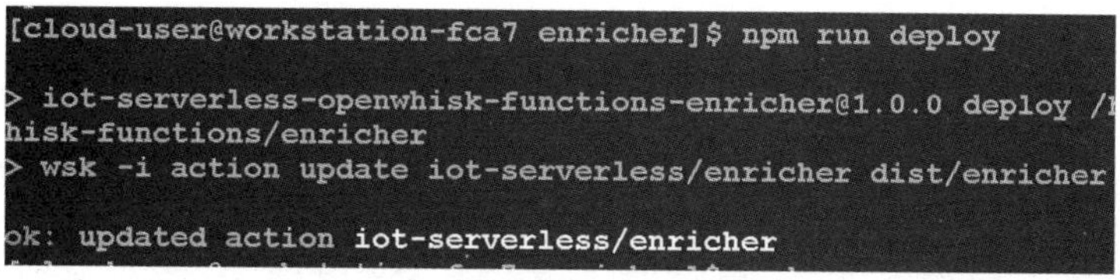

图 10-24　部署 Action

我们直接调用 Action，传入的参数是 topic，如图 10-25 所示。

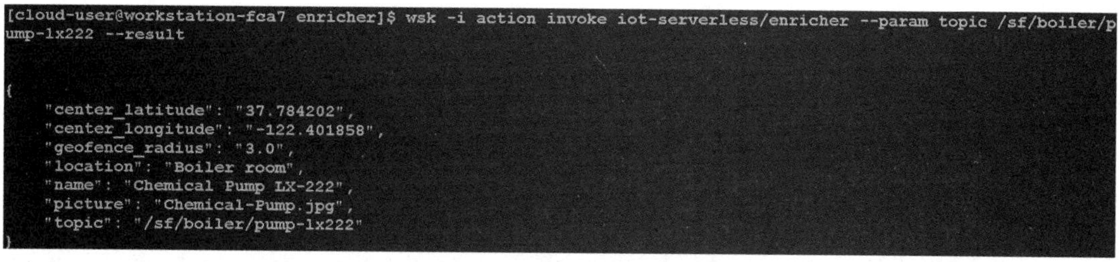

图 10-25　调用 Action

10.2.4 将两个 Action 链接

在前面两节，我们已经创建了两个 Action，一个将执行输入格式标准化（formatInput），另一个将根据被调用时传入的 topic 值，从数据库 MongoDB 执行查找，以显示资产的相关信息（enricher）。

OpenWhisk 允许将多个 Action 链接在一起，也就是说前一个 Action 的输出是后一个 Action 的输入。此功能称为序列。序列定义了执行 Action 的顺序，序列也是一种 Action。

我们创建一个名为 iotServerlessSequence 的新序列 Action，该操作首先调用 formatInput-Action，然后使用输出作为 enricher Action 的输入参数，如图 10-26 所示。

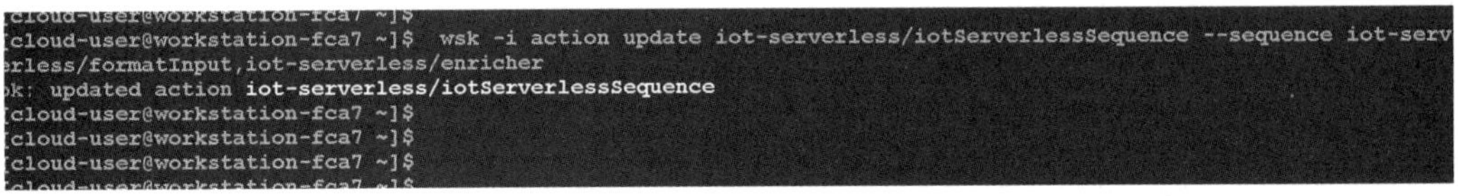

图 10-26　创建序列

接下来更新之前创建的 iotServerlessRule，让它调用 iotServerlessSequence 序列操作，而不是直接调用 formatInput 操作，如图 10-27 所示。

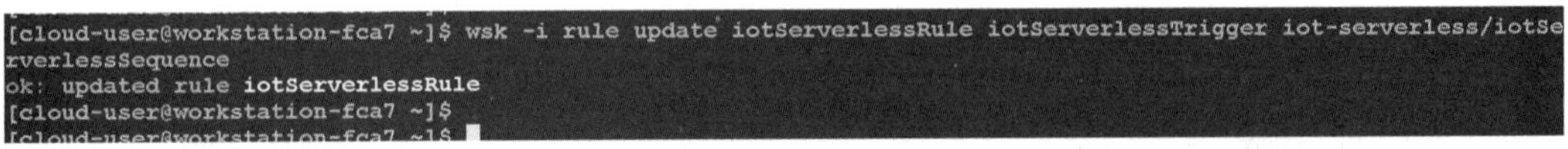

图 10-27　更新 Rule

然后触发 Trigger（传入的参数是 Topic 和经纬度数据），如图 10-28 所示。

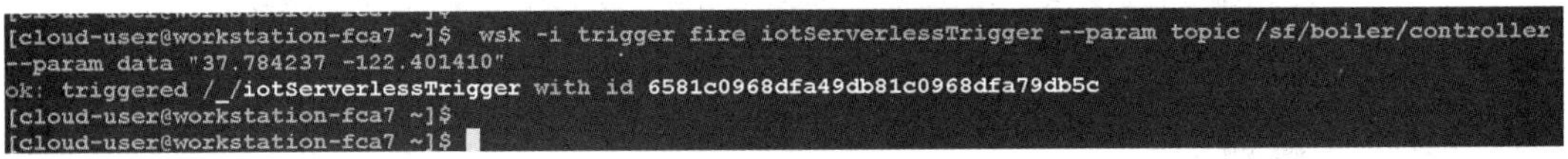

图 10-28　触发 Trigger

我们从输出结果获取到 ID（6581c0968dfa49db81c0968dfa79db5c）。接下来，用刚获取到的 ID 来查询 activationId，如图 10-29 所示。

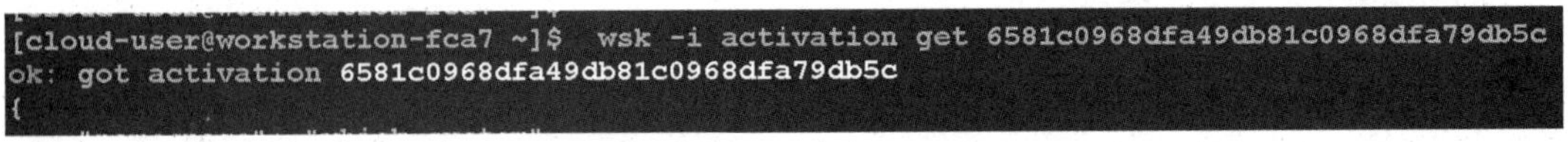

图 10-29　查询 activationId

查看 log 部分的 activationId，得到 1567ea66c3ff4099a7ea66c3ffb099a8，如图 10-30 所示。

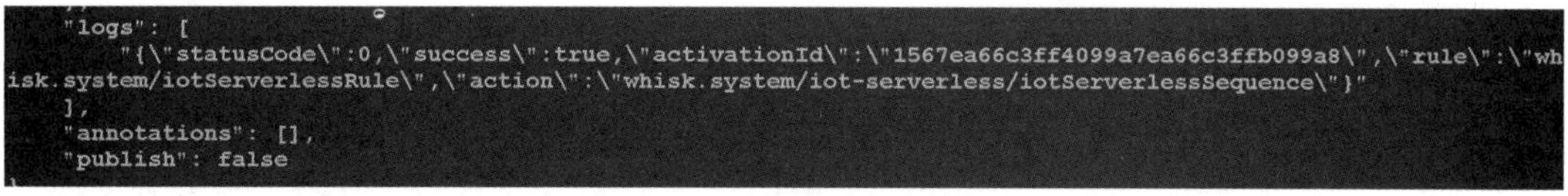

```
"logs": [
    "{\"statusCode\":0,\"success\":true,\"activationId\":\"1567ea66c3ff4099a7ea66c3ffb099a8\",\"rule\":\"wh
isk.system/iotServerlessRule\",\"action\":\"whisk.system/iot-serverless/iotServerlessSequence\"}"
],
"annotations": [],
"publish": false
```

图 10-30　查询 log

用上一步获取到的 activationId，查看最终调用执行结果，如图 10-31 所示。

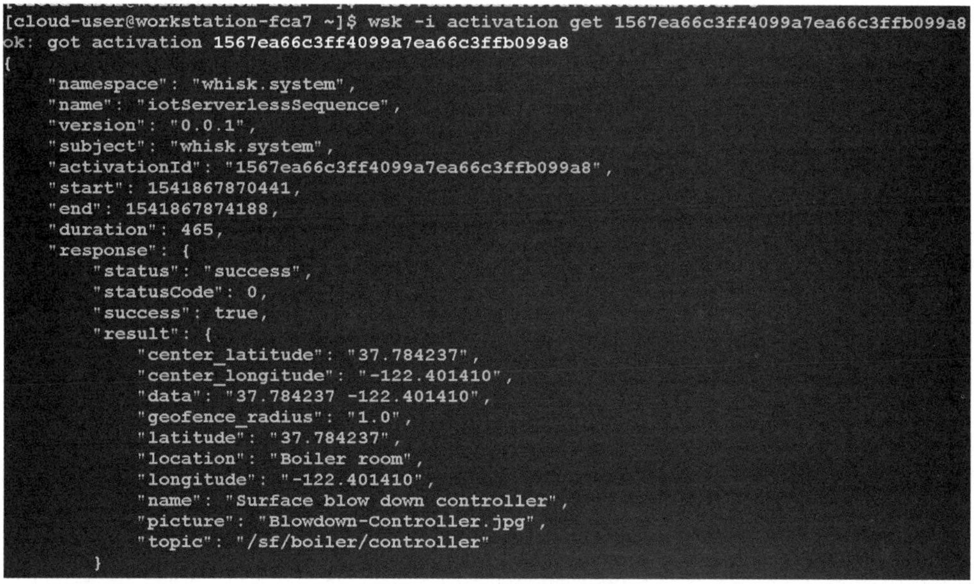

```
[cloud-user@workstation-fca7 ~]$ wsk -i activation get 1567ea66c3ff4099a7ea66c3ffb099a8
ok: got activation 1567ea66c3ff4099a7ea66c3ffb099a8
{
    "namespace": "whisk.system",
    "name": "iotServerlessSequence",
    "version": "0.0.1",
    "subject": "whisk.system",
    "activationId": "1567ea66c3ff4099a7ea66c3ffb099a8",
    "start": 1541867870441,
    "end": 1541867874188,
    "duration": 465,
    "response": {
        "status": "success",
        "statusCode": 0,
        "success": true,
        "result": {
            "center_latitude": "37.784237",
            "center_longitude": "-122.401410",
            "data": "37.784237 -122.401410",
            "geofence_radius": "1.0",
            "latitude": "37.784237",
            "location": "Boiler room",
            "longitude": "-122.401410",
            "name": "Surface blow down controller",
            "picture": "Blowdown-Controller.jpg",
            "topic": "/sf/boiler/controller"
        }
    }
```

图 10-31　查询执行结果

从结果中，我们可以看到资产的信息、地理围栏信息、资产的图片等，这达到了我们预想的结果。

10.2.5　创建并验证第三个 Action：geofence

地理围栏是地理区域的虚拟边界。地理围栏可用于许多物联网用例，包括资产跟踪、安全、监控和零售等。

geofence.js 是 geofence Action 的源码：

```
// Execute logic to enforce geofence if required parameters are present
if(params.latitude && params.longitude && params.center_latitude && params.
    center_longitude && params.geofence_radius) {


    var R = 6371e3; // metres
    var φ1 = degrees_to_radians(params.center_latitude);
    var φ2 = degrees_to_radians(params.latitude);
```

```
        var Δφ = degrees_to_radians(params.latitude-params.center_latitude);
        var Δλ = degrees_to_radians(params.longitude-params.center_longitude);

        var a = Math.sin(Δφ/2) * Math.sin(Δφ/2) +
            Math.cos(φ1) * Math.cos(φ2) *
            Math.sin(Δλ/2) * Math.sin(Δλ/2);
        var c = 2 * Math.atan2(Math.sqrt(a), Math.sqrt(1-a));

        var d = R * c;

        if(d > params.geofence_radius) {
            params.alert = 1;
        }
        else {
            params.alert = 0;
        }
    }
    else {
        console.log("Required Parameters for Geofence Calculation Not Provided");
        return {error: "Required Parameters for Geofence Calculation Not Provided"}
    }

    return params;
}

function degrees_to_radians(degrees)
{
    var pi = Math.PI;
    return degrees * (pi/180);
```

从源码我们可以大致看出，geofence 的作用是确认资产是否在其地理围栏之内，如图 10-32 所示。

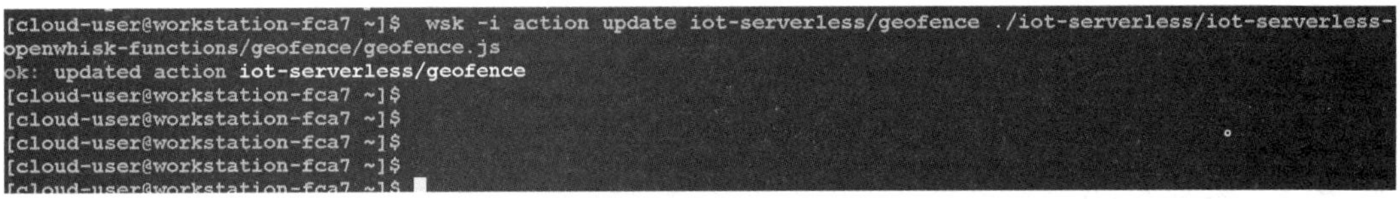

图 10-32　查询执行结果

现在，我们已经为 iot-serverless 创建了三个 Action，如图 10-33 所示。

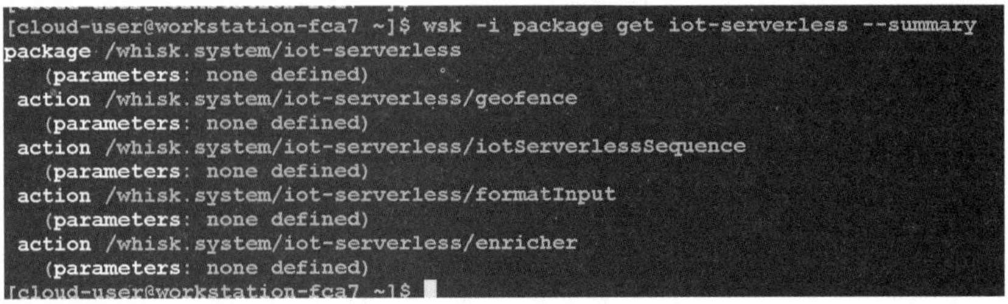

图 10-33　查看 Action

最后，我们更新 iotServerlessSequence 序列，以便将刚创建的 Action 加入序列，如图 10-34 所示。

```
[cloud-user@workstation-fca7 ~]$ wsk -i action update iot-serverless/iotServerlessSequence --sequence iot-serv
erless/formatInput,iot-serverless/enricher,iot-serverless/geofence
ok: updated action iot-serverless/iotServerlessSequence
[cloud-user@workstation-fca7 ~]$
[cloud-user@workstation-fca7 ~]$
```

图 10-34　查看序列

接下来，我们通过直接调用的方式，验证刚刚创建的 Action。

工厂有一个资产，该资产预计位于（37.784393，-122.401399），并且只能在指定区域（半径为 3m）内移动（此半径位于仓库的备用库存部分中）。如果资产移出此指定区域（地理围栏），会触发警报。假设资产现在将其当前位置报告为（37.784420，-122.401399），超出了其地理位置，我们看通过调用 geofence Action 是否会产生警报，如图 10-35 所示。

```
[cloud-user@workstation-fca7 ~]$ wsk -i action invoke iot-serverless/iotServerlessSequence --param topic /sf/wa
rehouse/power-supply --param data "37.784420 -122.401399" --result
{
    "alert": 1,
    "center_latitude": "37.784393",
    "center_longitude": "-122.401399",
    "data": "37.784420 -122.401399",
    "geofence_radius": "1.0",
    "latitude": "37.784420",
    "location": "Warehouse",
    "longitude": "-122.401399",
    "name": "DIN Rail power supply 240-24",
    "picture": "DIN-Rail.jpg",
    "topic": "/sf/warehouse/power-supply"
}
```

图 10-35　查看结果

在上面的结果中，" "alert":1"表明资产在地理围栏允许区域之外。如果资产位于地理围栏区域内，则 alert 返回 0 值。

10.2.6　验证包含三个 Action 的序列

接下来，验证刚刚更新好的序列。首先触发 Trigger，得到 7da0013806cf4c6ea0013806cf5c6e76，如图 10-36 和图 10-37 所示。

```
[cloud-user@workstation-fca7 ~]$ wsk -i trigger fire iotServerlessTrigger --param topic /sf/boiler/controller -
-param data "37.784237 -122.401410"
ok: triggered /_/iotServerlessTrigger with id 7da0013806cf4c6ea0013806cf5c6e76
[cloud-user@workstation-fca7 ~]$
[cloud-user@workstation-fca7 ~]$
```

图 10-36　触发 Trigger

```
[cloud-user@workstation-fca7 ~]$ wsk -i activation get 7da0013806cf4c6ea0013806cf5c6e76
ok: got activation 7da0013806cf4c6ea0013806cf5c6e76
{
    "namespace": "whisk.system",
```

图 10-37　获取 actionid

查看结果，得到 5668f3a262dd47f7a8f3a262dd17f705，如图 10-38 所示。

```
"activationId": "7da0012806cf4c6ea0013806cf5c6e76",
"start": 1541869982682,
"end": 0,
"duration": 0,
"response": {
    "status": "success",
    "statusCode": 0,
    "success": true,
    "result": {
        "data": "37.784237 -122.401410",
        "topic": "/sf/boiler/controller"
    }
},
"logs": [
    {\"statusCode\":0,\"success\":true,\"activationId\":\"5668f3a262dd47f7a8f3a262dd17f705\",\"rule\":\"wh
sk.system/iotServerlessRule\",\"action\":\"whisk.system/iot-serverless/iotServerlessSequence\"}"
],
"annotations": [],
"publish": false

cloud-user@workstation-fca7 ~]$
```

图 10-38　查看结果

根据 5668f3a262dd47f7a8f3a262dd17f705 查询 id，如图 10-39 所示。

```
[cloud-user@workstation-fca7 ~]$ wsk -i activation get 5668f3a262dd47f7a8f3a262dd17f705
ok: got activation 5668f3a262dd47f7a8f3a262dd17f705
{
    "namespace": "whisk.system",
    "name": "iotServerlessSequence",
    "version": "0.0.2",
    "subject": "whisk.system",
    "activationId": "5668f3a262dd47f7a8f3a262dd17f705",
    "start": 1541869982695,
    "end": 1541869986788,
    "duration": 547,
    "response": {
        "status": "success",
        "statusCode": 0,
        "success": true,
        "result": {
            "alert": 0,
            "center_latitude": "37.784237",
            "center_longitude": "-122.401410",
            "data": "37.784237 -122.401410",
            "geofence_radius": "1.0",
            "latitude": "37.784237",
            "location": "Boiler room",
            "longitude": "-122.401410",
            "name": "Surface blow down controller",
            "picture": "Blowdown-Controller.jpg",
            "topic": "/sf/boiler/controller"
```

图 10-39　查询 id

查看 log 中的 id，得到 eff72f9a99f443d6b72f9a99f453d6ab，如图 10-40 所示。

```
            "topic": "/sf/boiler/controller"
        }
    },
    "logs": [
        "1f33323779d8441eb3323779d8d41e9c",
        "de8c17ee156d490a8c17ee156d890a5b",
        "eff72f9a99f443d6b72f9a99f453d6ab"
    ],
```

图 10-40　查看 log 中的 id

查看最终结果，如图 10-41 所示。

```
[cloud-user@workstation-fca7 ~]$ wsk -i activation get eff72f9a99f443d6b72f9a99f453d6ab
ok: got activation eff72f9a99f443d6b72f9a99f453d6ab
{
    "namespace": "whisk.system",
    "name": "geofence",
    "version": "0.0.1",
    "subject": "whisk.system",
    "activationId": "eff72f9a99f443d6b72f9a99f453d6ab",
    "cause": "5668f3a262dd47f7a8f3a262dd17f705",
    "start": 1541869986693,
    "end": 1541869986783,
    "duration": 90,
    "response": {
        "status": "success",
        "statusCode": 0,
        "success": true,
        "result": {
            "alert": 0,
            "center_latitude": "37.784237",
            "center_longitude": "-122.401410",
            "data": "37.784237 -122.401410",
            "geofence_radius": "1.0",
            "latitude": "37.784237",
            "location": "Boiler room",
            "longitude": "-122.401410",
            "name": "Surface blow down controller",
            "picture": "Blowdown-Controller.jpg",
            "topic": "/sf/boiler/controller"
        }
```

图 10-41　查看最终结果

可以看到，该资产在其物理围栏之内，为了方便读者查看，给出如下代码：

```
"result": {
    "alert": 0,
    "center_latitude": "37.784237",
    "center_longitude": "-122.401410",
    "data": "37.784237 -122.401410",
    "geofence_radius": "1.0",
    "latitude": "37.784237",
    "location": "Boiler room",
    "longitude": "-122.401410",
    "name": "Surface blow down controller",
    "picture": "Blowdown-Controller.jpg",
    "topic": "/sf/boiler/controller"
}
```

至此，我们已经创建完成了三个 Action、一个序列，实现了通过分析输入的原始设备坐标，最终判断资产是否在其地理围栏之内，并给出详细的信息。

根据资产的经纬度，调用 Google Map，显示其物理位置。如果显示红色，表示该资产已经超出了其地理围栏（红色圆圈显示其地理围栏），如图 10-42 所示。

图 10-42　卫星图像

同时，我们还可以看到资产的信息，如图 10-43 所示。

图 10-43　资产信息

10.3　本章小结

通过本章的介绍，相信你对 Serverless 的概念有了一定了解。通过实验，相信你对 OpenWhisk 架构和功能也有了一定的理解。随着云原生的不断普及，Serverless 也是我们在开发云原生应用时的一种选择。

第 11 章 *Chapter 11*

人工智能在容器云上的实践

在前几章中，我们围绕着云原生应用的构建之路，结合开源中间件进行了介绍。本章是本书"云原生篇"的最后一章，我们将探讨人工智能在容器云上的实现。

据预测，2020 年人类将创造 44 ZB（4.4×10^{22}B）的数据。如何围绕数据进行挖掘从而创造价值是值得思考的。人工智能、机器学习和深度学习都是基于大量的数据充分挖掘数据的价值。目前，在深度学习领域有诸多算法。本章将介绍的 Caffe2 算法框架的最大特点就是轻量、模块化和扩展性好，它可以方便地为手机等移动终端设备带来 AI 加持，让 AI 从云端走向终端。接下来，本章会展示如何基于容器云部署和应用深度学习中的神经网络 Caffe2。在本章的后半部分，我们会介绍一个新的、与人工智能相关的开源项目：Open Data Hub。

11.1 Caffe2 和 Jupyter Notebook 介绍

Caffe2 是一个开源神经网络框架，也是一个深度学习框架，由 Facebook 推出。Caffe2 是盛名已久的开源框架 Caffe 的升级版本。Caffe2 在 Caffe 的基础上集成了诸多新出现的算法和模型，加强了框架在轻量级硬件平台上的部署能力，有利于开发者在移动设备上部署 AI 模型，快速准确地处理相关分析任务。Caffe2 使我们可以用简单直接的方式来体验深度学习，如果你想了解更多 Caffe2 的相关内容，可以到 GitHub 上查找。

Caffe2 本身不具备数据可视化功能，我们可以通过 Jupyter Notebook 来实现 Caffe2 的接口可视化。

Jupyter Notebook（以下简称 Jupyter）类似于一个 IDE 工具，将 Python 代码搬到浏览器上去执行，以富文本方式显示，使得整个工作可以以笔记的形式展现、存储，对于交互编程、学习非常方便。本章的实验会基于 Jupyter 展现。

接下来，我们展示在 OpenShift 集群上部署 Caffe2。

11.2 在 OpenShift 集群中部署 Caffe2

如下查看已经部署好的 OpenShift 集群。

```
[root@bastion ~]# oc get nodes
NAME                    STATUS   ROLES                 AGE   VERSION
bastion.e629.internal   Ready    compute,infra,master  52m   v1.11.0+d4cacc0
```

我们确认 OpenShift 集群中已经有 GPU 的资源，型号是 NVIDIA Tesla K80，如图 11-1
所示。

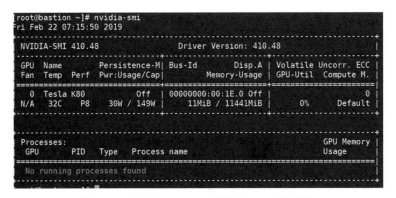

图 11-1 查看 OpenShift 集群中 GPU 的型号

接下来，使用如下模板在 OpenShift 集群中部署 Caffe2 的 Pod：

```
kind: List
apiVersion: v1
metadata: {}
items:
- apiVersion: v1
  kind: Service
  metadata:
    name: caffe2
    labels:
        app: caffe2
  spec:
    ports:
    - name: caffe2
      port: 80
      targetPort: 8888
    protocol: TCP
    selector:
```

```
                    app: caffe2
- apiVersion: v1
    kind: Pod
    metadata:
        name: caffe2
        labels:
            app: caffe2
    spec:
        containers:
            - name: caffe2
            image: "caffe2ai/caffe2"
            command: ["Jupyter"]
            args: ["notebook", "--allow-root", "--ip=0.0.0.0", "--no-browser"]
                ports:
                - containerPort: 8888
                securityContext:
                privileged: true
            resources:
                limits:
                nvidia.com/gpu: 1 # requesting 2 GPU
        tolerations:
        - key: "nvidia.com/gpu"
            operator: "Equal"
            value: "value"
            effect: "NoSchedule"
```

上面模板用到了 Caffe2 docker image，docker image 中包含了 Jupyter。接下来，将模板下载到本地，并部署到 OpenShift 集群中。

```
[root@bastion ~]# oc create -f deploycafee2.yml
service/caffe2 created
Pod/caffe2 created
```

确认 Pod 部署成功。

```
[root@bastion ~]# oc get Pods
NAME                        READY   STATUS      RESTARTS   AGE
caffe2                      1/1     Running     2          40s
docker-registry-1-cjsrm     1/1     Running     0          51m
registry-console-1-5g2rw    1/1     Running     0          51m
router-1-bn8jt              1/1     Running     0          51m
```

获取 Caffe2 中 Jupyter 的访问路径。

```
[root@bastion ~]# ROUTE=$(kubectl get routes -n nvidia-device-plugin | grep
    caffe2 | awk '{print $2}')
[root@bastion ~]# TOKEN=$(kubectl logs -n nvidia-device-plugin Pod/caffe2|head
    -4|grep token=|awk -Ftoken= '{print $2}')
[root@bastion ~]# echo http://$ROUTE/notebooks/caffe2/caffe2/Python/tutorials/
    MNIST.ipynb?token=$TOKEN
http://david-nvidia-device-plugin/notebooks/caffe2/caffe2/Python/tutorials/
```

MNIST.ipynb?token=c2e5cb4b1ba9610b05401ee61c19abae6d21f8eaa473c17e

通过浏览器访问获取到的 Jupyter 的地址，如图 11-2 所示。

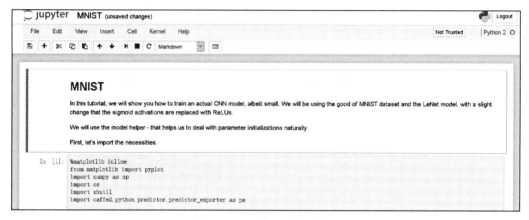

图 11-2　Jupyter 页面访问

我们需要初始化环境。在 Jupyter 中单击 Kernel，然后选择 Restart & Clear Output，如图 11-3 所示。

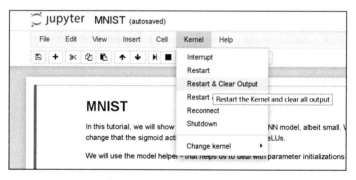

图 11-3　重启 kernel 并清空输出

单击 Kernel 然后选择 Restart & Run All，触发 Jupyter 按顺序执行笔记本中的每行代码，如图 11-4 所示。

图 11-4　重启 Kernel 并重新运行代码

11.3　运行代码分析

11.3.1　整体代码分析

在实验中，我们先导入需要的模块，然后加载 MNIST 数据源（一个入门级的计算机视觉数据集）。

接下来我们定义 4 个重要的模块。

❑ 输入模块：模块作用是加载训练样本。

❑ 主要计算部分（AddLeNetModel 函数）：模块作用是将神经网络的预测转换为概率。

❑ 训练部分，即添加梯度算子等（AddTrainingOperators 函数）。

❑ 记录模块（AddBookkeepingOperators 函数）：收集统计信息并将其打印到文件或日志中。

在定义了以上 4 个模块以后，我们创建训练模型。加载 MNIST 作为训练的样本。加载的模型经过训练（训练 200 次）后，可以通过判断输入图片是哪个数字的概率，帮助我们确认图片中的数字。当识别的准确率到达我们预期时，保存模型，以便后续使用。

接下来，我们进入正题，介绍整个实验的实现过程。

11.3.2　运行代码

1. 导入模块

首先导入代码，该代码段的作用是导入实验所需的模块。

```
%matplotlib inline
from matplotlib import pyplot
import numpy as np
import os
import shutil
import caffe2.Python.predictor.predictor_exporter as pe

from caffe2.Python import core, model_helper, net_drawer, workspace, visualize, brew

# If you would like to see some really detailed initializations,
# you can change --caffe2_log_level=0 to --caffe2_log_level=-1
core.GlobalInit(['caffe2', '--caffe2_log_level=0'])
print("Necessities imported!")
```

接下来，我们对导入的模块进行简单介绍。

❑ Matplotlib 是一个 Python 2D 绘图库，可以生成各种硬复制格式和跨平台的交互式环境的出版物质量数据。Matplotlib 支持 Python 脚本、Python 和 IPython shell、Jupyter 笔记本等格式，如图 11-5 所示。

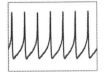  

图 11-5　Matplotlib 绘图库

- ❑ matplotlib.pyplot 是命令样式函数的集合，使 Matplotlib 像 MATLAB 一样工作。每个 pyplot 函数对图形进行一些更改，例如创建图形，在图形中创建绘图区域，在绘图区域绘制一些线条，用标签装饰图形等。
- ❑ NumPy 是 Python 的一个科学计算库，提供了矩阵运算的功能，其一般与 SciPy、Matplotlib 一起使用。
- ❑ shutil 模块对文件和文件集合提供了许多高级操作，如支持文件复制和删除的功能。
- ❑ import caffe2 的 package，用于做预测。详细内容请参考链接 https://caffe2.ai/doxygen-Python/html/namespaces.html。

本段代码的执行结果是导入成功：

```
Necessities imported!
```

2. 加载源数据

MNIST 是一个入门级的计算机视觉数据集，它包含各种手写数字图片。我们现在将数据集压缩包 mnist-lmdb.zip 解压，如图 11-6 所示。

图 11-6　mnist-lmdb.zip 解压缩

打开目录，里面是 .mdb 文件，如图 11-7 所示。

名称	大小
data.mdb	13,440 KB
lock.mdb	8 KB

图 11-7　.mdb 文件

从 http://download.caffe2.ai/databases/mnist-lmdb.zip 将数据集下载到 /root/caffe2_notebooks/tutorial_data/mnist 目录，代码内容如下。

```
# This section preps your image and test set in a lmdb database
def DownloadResource(url, path):
    '''Downloads resources from s3 by url and unzips them to the provided path'''
    import requests, zipfile, StringIO
```

```python
    print("Downloading... {} to {}".format(url, path))
    r = requests.get(url, stream=True)
    z = zipfile.ZipFile(StringIO.StringIO(r.content))
    z.extractall(path)
    print("Completed download and extraction.")


current_folder = os.path.join(os.path.expanduser('~'), 'caffe2_notebooks')
data_folder = os.path.join(current_folder, 'tutorial_data', 'mnist')
root_folder = os.path.join(current_folder, 'tutorial_files', 'tutorial_mnist')
db_missing = False

if not os.path.exists(data_folder):
    os.makedirs(data_folder)
    print("Your data folder was not found!! This was generated: {}".format(data_
        folder))

# Look for existing database: lmdb
if os.path.exists(os.path.join(data_folder,"mnist-train-nchw-lmdb")):
    print("lmdb train db found!")
else:
    db_missing = True

if os.path.exists(os.path.join(data_folder,"mnist-test-nchw-lmdb")):
    print("lmdb test db found!")
else:
    db_missing = True

# attempt the download of the db if either was missing
if db_missing:
    print("one or both of the MNIST lmbd dbs not found!!")
    db_url = "http://download.caffe2.ai/databases/mnist-lmdb.zip"
    try:
        DownloadResource(db_url, data_folder)
    except Exception as ex:
        print("Failed to download dataset. Please download it manually from {}".
            format(db_url))
        print("Unzip it and place the two database folders here: {}".format(data_
            folder))
        raise ex

if os.path.exists(root_folder):
    print("Looks like you ran this before, so we need to cleanup those old files...")
    shutil.rmtree(root_folder)

os.makedirs(root_folder)
workspace.ResetWorkspace(root_folder)

print("training data folder:" + data_folder)
print( "workspace root folder:"  + root_folder)
```

执行结果如图 11-8 所示，数据加载成功。

```
Your data folder was not found!! This was generated: /root/caffe2_notebooks/tutorial_data/mnist
one or both of the MNIST lmbd dbs not found!!
Downloading... http://download.caffe2.ai/databases/mnist-lmdb.zip to /root/caffe2_notebooks/tutorial_data/mnist
Completed download and extraction.
training data folder:/root/caffe2_notebooks/tutorial_data/mnist
workspace root folder:/root/caffe2_notebooks/tutorial_files/tutorial_mnist
```

图 11-8 加载源数据的执行结果

3. 定义输入模块

前文提到，为了将整个实验代码模块化，实验一共定义了 4 个模块。下面这段代码定义了模型的数据输入部分。

```
def AddInput(model, batch_size, db, db_type):
    # load the data
    data_uint8, label = model.TensorProtosDBInput(
        [], ["data_uint8", "label"], batch_size=batch_size,
        db=db, db_type=db_type)
    # cast the data to float
    data = model.Cast(data_uint8, "data", to=core.DataType.FLOAT)
    # scale data from [0,255] down to [0,1]
    data = model.Scale(data, data, scale=float(1./256))
    # don't need the gradient for the backward pass
    data = model.StopGradient(data, data)
    return data, label
```

以上代码由 4 部分组成。

❑ AddInput 从 DB 加载数据。

❑ 把数据转换为浮点数据类型。

❑ 出于数值稳定性考虑，将数据表示的范围从 [0,255] 缩小为 [0,1]。

❑ StopGradient 的作用是不参与前向传播和反向传播。

4. 定义计算部分模块

本段代码中定义了主要计算部分（AddLeNetModel 函数），它的作用是将神经网络的预测转换为概率，如下所示：

```
def AddLeNetModel(model, data):
    '''
    This part is the standard LeNet model: from data to the softmax prediction.

    For each convolutional layer we specify dim_in - number of input channels
    and dim_out - number or output channels. Also each Conv and MaxPool layer changes the
    image size. For example, kernel of size 5 reduces each side of an image by 4.

    While when we have kernel and stride sizes equal 2 in a MaxPool layer, it divides
    each side in half.
```

```
'''
# Image size: 28 x 28 -> 24 x 24
conv1 = brew.conv(model, data, 'conv1', dim_in=1, dim_out=20, kernel=5)
# Image size: 24 x 24 -> 12 x 12
pool1 = brew.max_pool(model, conv1, 'pool1', kernel=2, stride=2)
# Image size: 12 x 12 -> 8 x 8
conv2 = brew.conv(model, pool1, 'conv2', dim_in=20, dim_out=50, kernel=5)
# Image size: 8 x 8 -> 4 x 4
pool2 = brew.max_pool(model, conv2, 'pool2', kernel=2, stride=2)
# 50 * 4 * 4 stands for dim_out from previous layer multiplied by the image size
fc3 = brew.fc(model, pool2, 'fc3', dim_in=50 * 4 * 4, dim_out=500)
fc3 = brew.relu(model, fc3, fc3)
pred = brew.fc(model, fc3, 'pred', 500, 10)
softmax = brew.softmax(model, pred, 'softmax')
return softmax
```

预测过程使用了 LeNet，这是一种用于手写体字符识别的非常高效的卷积神经网络。在模型中，输入的二维图像先经过两次卷积层到池化层，再经过全连接层，最后使用 softmax 分类作为输出层的预测结果。预测结果的范围在 0~1 之间。概率越接近 1，预测的匹配度越高。

在代码中，dim_in 是输入通道的数量，dim_out 是输出通道的数量。conv1 有 1 个通道进入（dim_in），20 个通道出去（dim_out）；而 conv2 有 20 个进入，50 个出去；fc3 有 50 个进入，500 个出去。沿着每个卷积，图像将会被转换为更小的尺寸。

5. 增加精确运算符

本段代码定义了 AddAccuracy 函数，为模型添加了精度运算符。我们将在下一个函数中使用它来跟踪模型的准确性，如下所示：

```
def AddAccuracy(model, softmax, label):
    """Adds an accuracy op to the model"""
    accuracy = brew.accuracy(model, [softmax, label], "accuracy")
    return accuracy
```

6. 增加梯度算子

本段代码定义了训练部分，定义了 AddTrainingOperators 函数，如下所示：

```
def AddTrainingOperators(model, softmax, label):
    """Adds training operators to the model."""
    xent = model.LabelCrossEntropy([softmax, label], 'xent')
    # compute the expected loss
    loss = model.AveragedLoss(xent, "loss")
    # track the accuracy of the model
    AddAccuracy(model, softmax, label)
    # use the average loss we just computed to add gradient operators to the model
    model.AddGradientOperators([loss])
    # do a simple stochastic gradient descent
    ITER = brew.iter(model, "iter")
```

```
# set the learning rate schedule
LR = model.LearningRate(
    ITER, "LR", base_lr=-0.1, policy="step", stepsize=1, gamma=0.999 )
# ONE is a constant value that is used in the gradient update. We only need
# to create it once, so it is explicitly placed in param_init_net.
ONE = model.param_init_net.ConstantFill([], "ONE", shape=[1], value=1.0)
# Now, for each parameter, we do the gradient updates.
for param in model.params:
    # Note how we get the gradient of each parameter - ModelHelper keeps
    # track of that.
    param_grad = model.param_to_grad[param]
    # The update is a simple weighted sum: param = param + param_grad * LR
    model.WeightedSum([param, ONE, param_grad, LR], param)
```

7. 定义记录模块

本段代码定义了记录部分（AddBookkeepingOperators 函数），作用是方便后续检查操作日志。本段代码只收集统计信息并将其打印到文件或日志中，不会影响训练过程，如下所示：

```
def AddBookkeepingOperators(model):
    """This adds a few bookkeeping operators that we can inspect later.

    These operators do not affect the training procedure: they only collect
    statistics and prints them to file or to logs.
    """
    # Print basically prints out the content of the blob. to_file=1 routes the
    # printed output to a file. The file is going to be stored under
    # root_folder/[blob name]
    model.Print('accuracy', [], to_file=1)
    model.Print('loss', [], to_file=1)
    # Summarizes the parameters. Different from Print, Summarize gives some
    # statistics of the parameter, such as mean, std, min and max.
    for param in model.params:
        model.Summarize(param, [], to_file=1)
        model.Summarize(model.param_to_grad[param], [], to_file=1)
    # Now, if we really want to be verbose, we can summarize EVERY blob
    # that the model produces; it is probably not a good idea, because that
    # is going to take time - summarization do not come for free. For this
    # demo, we will only show how to summarize the parameters and their
    # gradients.
```

8. 创建训练模型

本段代码创建用于训练和测试的模型，即调用上面代码定义的 4 个模块，完成训练，如下所示：

```
arg_scope = {"order": "NCHW"}
train_model = model_helper.ModelHelper(name="mnist_train", arg_scope=arg_scope)
data, label = AddInput(
```

```
    train_model, batch_size=64,
    db=os.path.join(data_folder, 'mnist-train-nchw-lmdb'),
    db_type='lmdb')
softmax = AddLeNetModel(train_model, data)
AddTrainingOperators(train_model, softmax, label)
AddBookkeepingOperators(train_model)

test_model = model_helper.ModelHelper(
    name="mnist_test", arg_scope=arg_scope, init_params=False)
data, label = AddInput(
    test_model, batch_size=100,
    db=os.path.join(data_folder, 'mnist-test-nchw-lmdb'),
    db_type='lmdb')
softmax = AddLeNetModel(test_model, data)
AddAccuracy(test_model, softmax, label)

# Deployment model. We simply need the main LeNetModel part.
deploy_model = model_helper.ModelHelper(
    name="mnist_deploy", arg_scope=arg_scope, init_params=False)
AddLeNetModel(deploy_model, "data")
# You may wonder what happens with the param_init_net part of the deploy_model.
# No, we will not use them, since during deployment time we will not randomly
# initialize the parameters, but load the parameters from the db.
```

代码执行结果如图 11-9 所示。

图 11-9　成功创建训练模型

9. 展示模型外观

本段代码使用 Caffe2 具有的简单图形可视化工具，展示训练模型，如下所示：

```
from IPython import display
graph = net_drawer.GetPydotGraph(train_model.net.Proto().op, "mnist",
    rankdir="LR")
display.Image(graph.create_png(), width=800)
```

执行结果如图 11-10 所示。

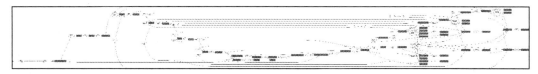

图 11-10　模型外观效果

10. 展示训练过程

通过本段代码，展示训练阶段的过程，如下所示：

```
graph = net_drawer.GetPydotGraphMinimal(
    train_model.net.Proto().op, "mnist", rankdir="LR", minimal_dependency=True)
display.Image(graph.create_png(), width=800)
```

训练过程如图 11-11 所示。

图 11-11　训练过程

11. 运行神经网络

接下来，我们运行神经网络，执行代码如下：

```
print(str(train_model.param_init_net.Proto())[:400] + '\n...')
```

输出结果如图 11-12 所示。

```
name: "mnist_train_init"
op {
  output: "dbreader_/root/caffe2_notebooks/tutorial_data/mnist/mnist-train-nchw-lmdb"
  name: ""
  type: "CreateDB"
  arg {
    name: "db_type"
    s: "lmdb"
  }
  arg {
    name: "db"
    s: "/root/caffe2_notebooks/tutorial_data/mnist/mnist-train-nchw-lmdb"
  }
}
op {
  output: "conv1_w"
  name: ""
  type: "XavierFill"
  arg {
    name: "shape"
    ints: 20
    ints:
...
```

图 11-12　运行神经网络的输出结果

12. 存储协议缓存

本段代码将协议缓冲区转储到磁盘，以便后续查看，如下所示：

```
with open(os.path.join(root_folder, "train_net.pbtxt"), 'w') as fid:
    fid.write(str(train_model.net.Proto()))
with open(os.path.join(root_folder, "train_init_net.pbtxt"), 'w') as fid:
    fid.write(str(train_model.param_init_net.Proto()))
with open(os.path.join(root_folder, "test_net.pbtxt"), 'w') as fid:
    fid.write(str(test_model.net.Proto()))
with open(os.path.join(root_folder, "test_init_net.pbtxt"), 'w') as fid:
    fid.write(str(test_model.param_init_net.Proto()))
with open(os.path.join(root_folder, "deploy_net.pbtxt"), 'w') as fid:
    fid.write(str(deploy_model.net.Proto()))
print("Protocol buffers files have been created in your root folder: " + root_folder)
```

输出结果如下:

```
Protocol buffers files have been created in your root folder: /root/caffe2_
    notebooks/tutorial_files/tutorial_mnist
```

13. 运行训练程序

接下来我们运行训练程序,迭代 200 次,使用如下代码:

```
# The parameter initialization network only needs to be run once.
workspace.RunNetOnce(train_model.param_init_net)
# creating the network
workspace.CreateNet(train_model.net, overwrite=True)
# set the number of iterations and track the accuracy & loss
total_iters = 200
accuracy = np.zeros(total_iters)
loss = np.zeros(total_iters)
# Now, we will manually run the network for 200 iterations.
for i in range(total_iters):
    workspace.RunNet(train_model.net)
    accuracy[i] = workspace.FetchBlob('accuracy')
    loss[i] = workspace.FetchBlob('loss')
# After the execution is done, let's plot the values.
pyplot.plot(loss, 'b')
pyplot.plot(accuracy, 'r')
pyplot.legend(('Loss', 'Accuracy'), loc='upper right')
```

代码输出,展示的是预测的准确率。在图 11-13 中,横坐标是训练的次数,纵坐标是
Loss 和 Accuracy 的数值。可以看到,随着训练次数的增加,准确率越来越高,Loss 的数值
越来越低。

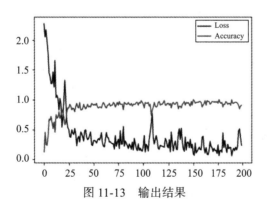

图 11-13　输出结果

14. 预测抽样

现在我们可以对一些数据和预测进行抽样。预测第一张图片,代码如下:

```
# Let's look at some of the data.
pyplot.figure()
data = workspace.FetchBlob('data')
_ = visualize.NCHW.ShowMultiple(data)
```

```
pyplot.figure()
softmax = workspace.FetchBlob('softmax')
_ = pyplot.plot(softmax[0], 'ro')
pyplot.title('Prediction for the first image')
```

在输出结果中，我们可以看到，被预测的第一张图片（图 11-14 中在图左上角的 5）被预测的结果是数字 5（横坐标代表数字，纵坐标代表识别率）的概率是最高的，接近 1。

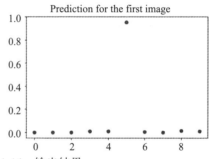

图 11-14   输出结果

15. 运行 100 次测试

接下来，进行 100 次迭代，查看预测的准确性，代码如下：

```
# run a test pass on the test net
workspace.RunNetOnce(test_model.param_init_net)
workspace.CreateNet(test_model.net, overwrite=True)
test_accuracy = np.zeros(100)
for i in range(100):
    workspace.RunNet(test_model.net.Proto().name)
    test_accuracy[i] = workspace.FetchBlob('accuracy')
# After the execution is done, let's plot the values.
pyplot.plot(test_accuracy, 'r')
pyplot.title('Acuracy over test batches.')
print('test_accuracy: %f' % test_accuracy.mean())
```

输出结果如图 11-15 所示，可以看到，准确率为 94.51%。

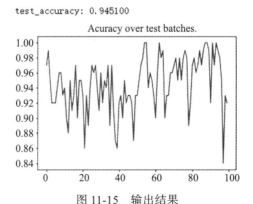

图 11-15   输出结果

16. 保存数据

将部署模型与经过训练的权重和偏差保存到文件中，代码如下：

```
# construct the model to be exported
# the inputs/outputs of the model are manually specified.
pe_meta = pe.PredictorExportMeta(
    predict_net=deploy_model.net.Proto(),
    parameters=[str(b) for b in deploy_model.params],
    inputs=["data"],
    outputs=["softmax"],
)

# save the model to a file. Use minidb as the file format
pe.save_to_db("minidb", os.path.join(root_folder, "mnist_model.minidb"), pe_meta)
print("The deploy model is saved to: " + root_folder + "/mnist_model.minidb")
```

输出结果如图 11-16 所示。

```
The deploy model is saved to: /root/caffe2_notebooks/tutorial_files/tutorial_mnist/mnist_model.minidb
```

图 11-16　输出结果

17. 加载模型

加载模型并运行预测来验证它的工作原理，代码如下：

```
# we retrieve the last input data out and use it in our prediction test before we
    scratch the workspace
blob = workspace.FetchBlob("Adata")
pyplot.figure()
_ = visualize.NCHW.ShowMultiple(blob)

# reset the workspace, to make sure the model is actually loaded
workspace.ResetWorkspace(root_folder)

# verify that all blobs are destroyed.
print("The blobs in the workspace after reset: {}".format(workspace.Blobs()))

# load the predict net
predict_net = pe.prepare_prediction_net(os.path.join(root_folder, "mnist_model.
    minidb"), "minidb")

# verify that blobs are loaded back
print("The blobs in the workspace after loading the model: {}".format(workspace.
    Blobs()))

# feed the previously saved data to the loaded model
workspace.FeedBlob("data", blob)
```

```
# predict
workspace.RunNetOnce(predict_net)
softmax = workspace.FetchBlob("softmax")

# the first letter should be predicted correctly
pyplot.figure()
_ = pyplot.plot(softmax[0], 'ro')
pyplot.title('Prediction for the first image')
```

输出结果如图 11-17 所示，可以看到，第一张图片（左上角的 8）被识别成数字 8 的概率是最高的，接近 1。

```
The blobs in the workspace after reset: []
The blobs in the workspace after loading the model: [u'!!META_NET_DEF', u'!!PREDICTOR_DBREADER', u'conv1', u'conv1_b', u'conv1_w'
, u'conv2', u'conv2_b', u'conv2_w', u'data', u'fc3', u'fc3_b', u'fc3_w', u'pool1', u'pool2', u'pred', u'pred_b', u'pred_w', u'sof
tmax']
<matplotlib.text.Text at 0x7fd4aeac4b10>
```

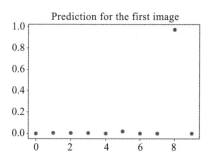

图 11-17　输出结果

接下来我们可以修改本段代码，再预测第 2 张（softmax[1]）、第 10 张图片（softmax[9]）。第 2 张图片是 9，其预测结果也显示数字是 9 的概率是最高的，如图 11-18 所示。

```
<matplotlib.text.Text at 0x7fd4ac03ee50>
```

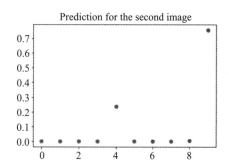

图 11-18　输出结果

第 10 张图片是 7，我们对其进行预测，从输出结果可以看到，预测它为 7 的概率是最高的，如图 11-19 所示。

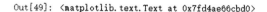

Out[49]: ⟨matplotlib.text.Text at 0x7fd4ae66cbd0⟩

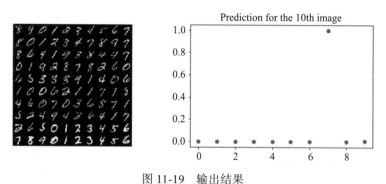

图 11-19　输出结果

由此可知，训练完的模型识别率很高，是可用的。

11.4　Open Data Hub 的简介与展示

11.4.1　Open Data Hub 简介

Open Data Hub（开放数据中心，ODH）是一个开放源代码项目，它提供开放源代码 AI 工具，用于在 OpenShift Container Platform 上运行大型和分布式 AI 工作负载。当前，Open Data Hub 项目提供了用于数据存储、分布式 AI 和机器学习（ML）工作流以及 Jupyter Notebook 开发环境的开源工具。Open Data Hub 项目路线图还包含专门用于监视和管理 AI 服务的工具。

AI-Library 库是由 Red Hat AI 卓越中心团队（Red Hat AI Center of Excellence Team）发起的一个开源项目，旨在提供 ML 模型作为 OpenShift 容器平台上的服务。这些模型即服务的开发是一个社区驱动的开源项目，旨在使 AI / ML 模型更易于访问。

Open Data Hub 目前已经包含几个可以自由启用或禁用的开源组件。它们是目前在机器学习领域十分常见的开源项目，包括：

❏ Apache Spark

❏ JupyterHub

❏ Prometheus

❏ Grafana

❏ Argo

❏ Seldon

基于 Open Data Hub 项目和 AI-Library 项目，Red Hat 公司希望能够有效地协助 IT 或 CT（通信技术）用户，通过简单的公有、私有、混合云等不同的 PaaS 服务形式，快速搭建同时面向 IT 工程师、数据工程师及数据科学家的高效协作平台。通过平台自身的易用性、扩展性、稳定性、可靠性、协同工作能力以及良好的生态环境，协助企业级用户以最低成本介入并有效利用 AI/ML 等最新数据处理技术及其生态资源，更快地建立企业竞争优势及快速面向市场的 AI 服务能力。

Open Data Hub 不同于常见的商业产品，它是一个社区，是一个生态环境，但又不同于普通的社区产品。基于 OpenShift 的 Open Data Hub，具有企业级的技术支持，是 Red Hat 公司基于社区协作环境所提供的灵活商业合作框架和商业技术产品供应平台。Red Hat 公司主导的 Open Data Hub，目的是将 AI / ML 相关的技术、模型、工具、成果整合在一起。因此基于 OpenShift 的 Open Data Hub 平台必然能够快速丰富起来，用户与 AI/ML 的技术供应者都可以在这个平台上受益，从而促进企业在人工智能、机器学习领域的商业化能力的提升。

从另一个方向来讲，OpenShift 平台所提供的高效、可靠、稳定的基础 PaaS 能力是 Open Data Hub 平台可以真正商业化使用的最大保障。一方面，OpenShift 平台良好的口碑和商业使用效果可以保障其上的多租户技术能力稳定可靠，从而确保在将新技术引入平台时依然可以有效实现其商业化目标；另一方面，Red Hat 公司的良好生态环境，以及在开源技术领域的号召力，也可以保障进入 Open Data Hub 平台的新技术之间可以有效互用，高效协作。

以上两点确保了 Open Data Hub 项目在商业使用上能够获得有效的商业支持，同时可以获得越来越丰富的 AI/ML 资源，确保企业级用户可以兼顾技术能力的稳定性和技术创新的敏捷性。选择 Open Data Hub 实际上不只是选择了 Open Data Hub 所提供的 AI/ML 算法模型、JupyterHub 多租户 Notebook 科学数据处理环境、多数据源接入能力、Ceph s3 数据存储、Spark 数据运算引擎等技术能力，还相当于选择了 OpenShift 平台的复杂硬件平台的简化 PaaS 支持能力，以及多租户 DevOps 敏捷开发的开发思路与开发文化。

11.4.2　Open Data Hub 的安装

OpenShift 4.2 社区 Operator 部分提供了 Open Data Hub Operator。你可以按照以下步骤从 OpenShift Webui 安装它。

在 OpenShift 控制台中 cluster-admin 是具有特权的角色。作为开发人员，你可以登录安装完成的 try.openshift.com（包括 AWS 和 CRC），可以使用 kubeadmin 用户登录，如图 11-20 所示。

图 11-20　登录 OpenShift

为 Open Data Hub 创建一个新的命名空间，如图 11-21 所示。

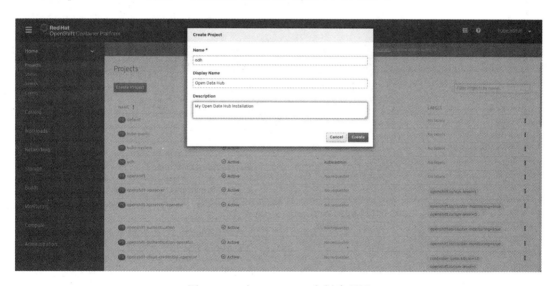

图 11-21　在 OpenShift 中创建项目

查看 OperatorHub 的服务目录，选择 OperatorHub 以获取社区 Operator 列表。通过筛选器选择 Open Data Hub 或在 BigData 图标下选择开放式数据中心 Open Data Hub，如图 11-22 所示。

单击"安装"按钮，然后按照说明安装 Open Data Hub Operator，如图 11-23 所示。

图 11-22　部署 Open Data Hub Operator

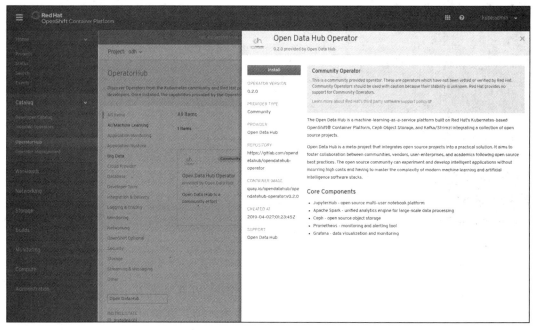

图 11-23　安装 Open Data Hub Operator

要查看 Open Data Hub Operator 安装的状态，请选择 Open Data Hub Operator　Catalog →

Installed Operators（在先前创建的命名空间内）。一旦 STATUS 字段显示为 InstallSucceeded，我们就可以继续创建 Deployments，如图 11-24 所示。

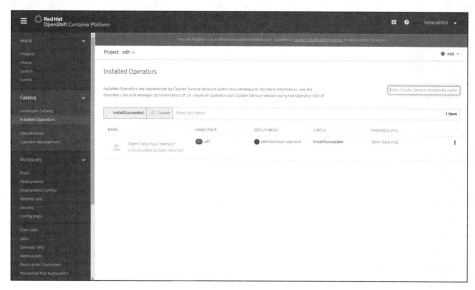

图 11-24　查看 Open Data Hub Operator 状态

单击 Open Data Hub Operator 以显示详细信息，如图 11-25 所示。

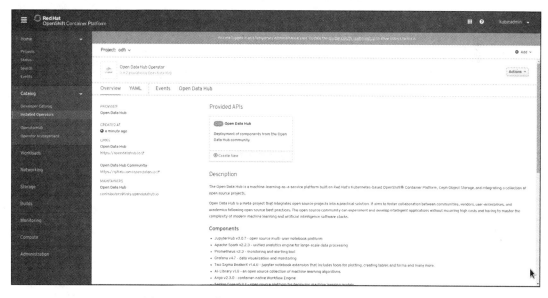

图 11-25　查看 Open Data Hub Operator 的详细信息

接下来我们创建 Deployments，如图 11-26 所示。

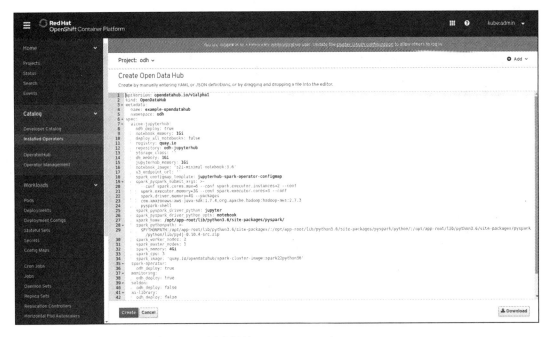

图 11-26　创建新的 Open Data Hub Deployments

在这里，我们看到一个 YAML 文件，用于定义 Deployments。其中大多数选项被禁用，我们可以修改一些参数以确保 JupyterHub 和 Spark 的组件适合我们的集群资源约束，代码如下：

```
example-opendatahubmetadata:
name: example-opendatahub
odh_deploy:aicoe-jupyterhub:
    odh_deploy: true
    # Set the Jupyter notebook Pod to 1CPU and 2Gi of memory
    notebook_cpu: 1
    notebook_memory: 1Gi
    # Disable creation of the spark worker node in the cluster
    spark_master_nodes: 1
    spark_worker_nodes: 0
    # Reduce the master node to 1CPU and 1GB
    spark_memory: 1Gi
    spark_cpu: 1
    spark-operator:
    odh_deploy: true
```

单击 Create 按钮，这将触发名为 example-opendatahub 的 Open Data Hub Deployments，Deployments 中自动包含 JupyterHub 和 Spark 等组件。安装界面如图 11-27 所示。

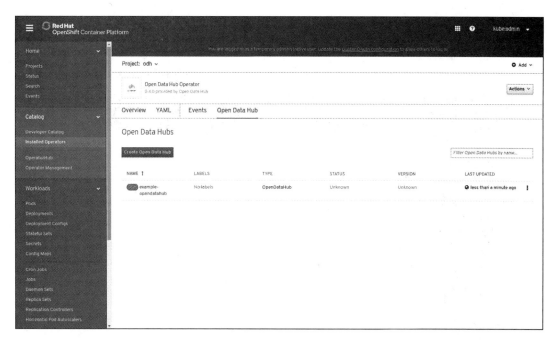

图 11-27　查看 example-opendatahub 状态

通过查看项目状态来验证安装。JupyterHub、Spark 和 Prometheus 应该都在正常运行中，如图 11-28 所示。

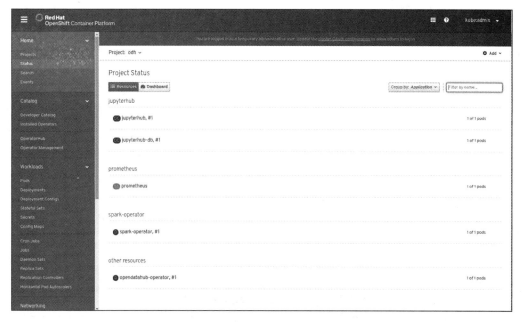

图 11-28　查看 Operator 部署的资源

11.4.3　Open Data Hub 的基本功能展示

在默认情况下，JupyterHub、Spark 会与 Open Data Hub 一起安装。查看 JupyterHub 的路由，在 Open Data Hub 项目中，依次单击 Networking → Routes，如图 11-29 所示。

图 11-29　查看 JupyterHub 的路由

访问 JupyterHub 的路由，地址规范为 https://jupyterhub-project.apps.your-cluster.your-domain.com，使用 OpenShift 凭据登录。登录后的界面如图 11-30 所示。

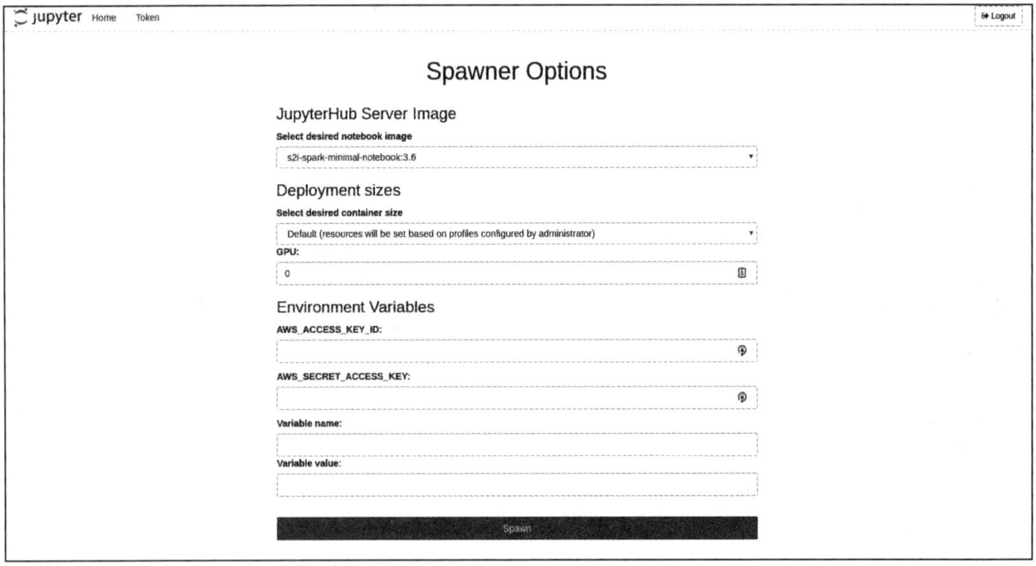

图 11-30　jupyterhub 登录界面

选择 s2i-spark-minimal-notebook: 3.6 镜像，生成具有 Spark 功能的 Server，如图 10-31 所示。

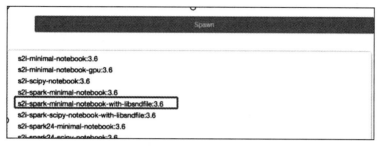

图 11-31　选择镜像

复制以下代码以测试基本的 Spark 连接。

```
from pyspark.sql import SparkSession, SQLContext
import os
import socket
# Add the necessary Hadoop and AWS jars to access Ceph from Spark
# Can be omitted if s3 storage access is not required
os.environ['PYSPARK_SUBMIT_ARGS'] = '--packages org.apache.hadoop:hadoop-
    aws:2.7.3,com.amazonaws:aws-java-sdk:1.7.4 pyspark-shell'


# create a spark session
spark = SparkSession.builder.master('local[3]').getOrCreate()

# test your spark connection
spark.range(5, numPartitions=5).rdd.map(lambda x: socket.gethostname()).
    distinct().collect()
```

运行 Notebook。如果成功，运行结果如下：

```
['jupyterhub-nb-kube-3aadmin']
```

至此，Open Data Hub 的基本功能展示完毕。

11.5　本章小结

通过本章，相信读者对 Caffe2 在容器云上的实现和 Open Data Hub 的基本功能有了一定的理解。随着 OpenShift 的普及，GPU 生产厂商也纷纷支持容器化，很多 AI 相关的算法也都支持 OpenShift。相信会有越来越多 AI 相关的场景运行在 OpenShift 上。

第二部分 *Part 2*

OpenShift 篇

集群规划与管理

企业在进行 OpenShift 集群部署之前，首先要考虑的是要在哪里部署集群，是以物理机（裸金属）还是以虚拟机方式进行安装部署，需要用到多少资源。

进一步的，决策者还会考虑：需要部署多少套集群、是否随时有新建集群的需求、是否需要跨数据中心部署、是否需要部署在公有云上、每套集群的规模是多少、集群和集群之间的关系是怎样的、如何统管所有这些集群、如何选择存储、如何结合企业内部现有的网络环境部署 PaaS 集群、需要搭建几套镜像仓库、集群级别的高可用性和容灾如何实现，等等。

要回答这些问题，首先需要清楚集群都用来运行哪些应用，这些应用的架构是怎样的，企业内的网络现状是什么，企业内现有应用的高可用性和容灾是如何实现的，等等。

12.1 集群规划

不同规模的企业，不同的业务需求，其部署模式也是不一样的，为了更好地针对每一种部署模式进行分析，我们先来明确几个名词定义。

（1）单集群

单集群指一个集群，单独部署在一个地域、区域或网络域。

（2）多集群

多集群指部署多个单集群，但是每一个集群之间互相没有感知，也没有工具和手段实现统一的负载分流和管理。

（3）拉伸集群

拉伸集群（Stretch Cluster）是针对传统数据中心双活和私有云建设的有力方案。通过将应用运行在不同的位置，同时将数据镜像到其他不同的位置，提升在存储设备故障、火灾、电力故障等各类灾难下的高可用性。但是在 OpenShift 集群中，这种拉伸集群特指单控制面板（单组管理节点、etcd、API Server），跨地域、区域、网络域，拉伸到多个底层基础设施上部署。这种方式在企业私有部署环境下是不推荐的，因为单组控制面板的组件和组件之间、控制面板的组件和节点之间有一定的端口和网络延迟的要求，这种方式无法保证集群的稳定性和可靠性。但是，随着公有云及混合云在国内的逐渐推广和普及，利用公有云的多区域特性，拉伸集群是一个很有价值的方案。

（4）联邦集群（混合云）

多集群通过 OpenShift 联邦控制面板互联，提供应用的可移植性及管理能力。在某些环境下，如公有云，还可以借助 Global DNS 或者全局性的 LB（负载均衡）来实现负载流量的实时切换，保证业务的零中断要求。联邦集群的设计目标并不是部署和维护每一个集群。

（5）多集群管理门户（云管门户或云管平台）

如果企业要实现以集群、跨集群镜像仓库，甚至集群内节点、网络、存储为对象的管理能力，那一般建议再部署一套云管门户来实现。比较常见的云管门户产品是 CloudForms，其上游社区开源项目名叫作 ManageIQ。云管门户在 IaaS 平台大行其道之初就拥有广泛的需求，如自动化申请服务、自动化服务运维、自动化运营，异构资源管理、公有云接入管理、多租户管理，安全治理和管控，应用以及资源服务的生命周期管理等。

Red Hat 近期出品了一个官方云管门户（cloud.redhat.com），实现了一部分 OpenShift 集群的安装、部署和管理能力，但是它仅能对接 Red Hat 自身的产品和服务，并且暂时只能支持通过 Internet 访问，无法本地部署。国内现阶段有很多 PaaS 和 IaaS 厂商，ManageIQ 虽然提供了统一的纳管接口、计量计费接口、流程接口、管理界面，对接标准化的产品（如 AWS、vCenter）非常容易，但是针对一些非主流平台及新兴云平台则只能自己开发实现。类似的云管平台也只能做到一定的标准化和通用化，针对国内的实际情况和企业各异的需求，往往需要投入大量的人力和物力进行定制化开发，这有些违背我们做开源产品的理念。

12.1.1　裸金属还是虚拟机

企业在建设容器云平台项目时，经常会面临一个选择：使用裸金属（物理机）还是虚拟机来部署（见图 12-1）。对某些读者来说，可能这是一个太简单不过的问题，可是在真正的项目中，这是客户必问的问题。在笔者知道的企业里，裸金属和虚拟机都有成功部署案例，都是经过了生产考验的选择。当然这些都是与企业的实际情况相结合的选择，综合起来，选择时要考虑多种因素，这一点会在后面论述。

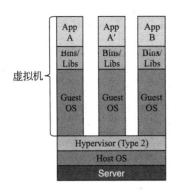
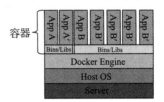

图 12-1 容器 vs 虚拟机

1. 虚拟机的优缺点

首先，我们先看一下与裸金属相比，虚拟化的优势或者价值在哪里。

第一，更高的资源利用效率。虚拟化可支持实现物理资源的动态资源共享，裸金属的资源独占性使我们在考虑系统容量时，会尽可能多地考虑业务高峰时期的用户流量，但在非高峰期就会造成资源浪费。虚拟化技术可以提供一个资源池，不同业务访问高峰的系统可以互做资源冗余，这样就极大提高了资源的利用率。另外，虚拟化技术可以提供超限额配置使用资源，对于一些没有经过科学评估、不合理的资源要求，这是一个非常有效的方法。

第二，有效降低管理成本。虚拟化软件使运维人员管理效率更高，能够更加快速地向需求方提供资源供应；由于资源利用率大幅提升，被管理的物理资源的数量大幅减少；虚拟化软件隐藏了物理资源的部分复杂性；通过实现自动化、管理终端等能力实现集中化管理来简化公共管理任务和负载管理任务；虚拟化工具可以管理异构操作系统，可以在不同的平台上进行部署，这也降低了学习成本和管理成本。

第三，资源的动态调度提高了资源使用的灵活性。通过虚拟机可以快速实现资源的动态扩缩以及重新部署，满足不断变化的业务需求。

第四，提供了安全隔离技术。虚拟化创建了一层隔离层，把硬件和操作系统分离开来，允许在一个硬件资源上运行多个完全隔离的操作系统，这比在裸金属上对一个操作系统进行系统级资源隔离要更彻底也更加安全可靠。

第五，提高可用性。可在不影响应用运行的情况下对物理资源进行重新配置，同时，虚拟化平台还具有透明负载均衡、动态迁移、故障自动隔离、系统自动重构等其他高可用应用架构。其虚拟机的快速移动和复制能力也提供了一种简单快捷的灾备恢复解决方案。

第六，更高的可扩展性。资源分区和资源汇聚可支持实现比个体物理资源小得多或大得多的虚拟资源，这意味着你可以在不改变物理资源配置的情况下进行规模调整。

第七，历史资产投资保护。对于某些依赖硬件接口和协议的应用系统，虚拟资源可提供底层物理资源无法提供的与各种接口及协议的兼容性。

第八，减小资源供应颗粒度。与个体物理资源单位相比，虚拟机能够以更小的单位进行资源分配。

再来看一下虚拟化技术的缺点。

第一，虚拟化的成本。不可否认，现在的虚拟化技术越来越成熟，也有越来越多的企业在使用虚拟化软件，但是居高不下的软件成本已经变成一笔不小的开支，新建虚拟化环境的初期投入至少在百万元级。

第二，资源的额外耗用。即使虚拟机没有任何负载，虚拟层也是需要消耗资源的；尤其是对磁盘、网络要求较高的应用，这部分消耗成为较大的负担。

第三，虚拟机的资源供应的粒度太粗。在当前微服务大行其道的时代，一些微服务的运行对内存的要求可能就在几十兆字节，最多不超过百兆字节，这对于动辄以 GB 计算的虚拟机来说是无法满足的，这也意味着无法提供更高的资源利用效率。

2. 裸金属下运行容器的优缺点

我们再看一下容器化技术的优势和缺点，为了更清楚地看到这些，我们先分析一下容器的运行机制（以 Docker 为例）。

❑ 交互式 Shell：Docker 可以分配一个虚拟终端并关联到任何容器的标准输入，例如运行一个一次性交互 Shell。

❑ 文件系统隔离：每个进程容器运行在完全独立的根文件系统里。

❑ 写时复制：采用写时复制方式创建根文件系统，这让部署变得极其快捷，并且可以节省内存和硬盘空间。

❑ 资源隔离：可以使用 cgroup 为每个进程容器分配不同的系统资源。

❑ 网络隔离：每个进程容器运行在自己的网络命名空间里，拥有自己的虚拟接口和 IP 地址。

❑ 日志记录：Docker 将会收集和记录每个进程容器的标准流（stdout/stderr/stdin），用于实时检索或批量检索。

❑ 变更管理：容器文件系统的变更可以提交到新的镜像中，并可重复使用以创建更多的容器。无须使用模板或手动配置。

所以容器的优势如下（默认运行在裸金属上）。

首先，Docker 容器的启动可以在秒级实现，这相比传统的虚拟机方式要快得多。Docker 对系统资源的利用率很高，一台主机上可以同时运行数千个 Docker 容器。

容器除了运行其中的应用外，基本不消耗额外的系统资源，使得应用的性能很高，同时系统的开销相对较小。传统虚拟机方式运行 10 个不同的应用就要启用 10 个虚拟机，而 Docker 方式只需要启动 10 个隔离的应用即可。

其次，对开发和运维（DeVop）人员来说，最希望的是创建或配置一次，就可以在任意地方正常运行，而容器具有更快速的交付和部署特征。

开发者可以使用一个标准的镜像来构建一套开发容器，开发完成之后，运维人员可以直接使用这个容器来部署代码。Docker 可以快速创建容器，快速迭代应用程序，并让整个过程全程可见，使团队中的其他成员更容易理解应用程序是如何创建和工作的。Docker 容器很轻很快，容器的启动时间是秒级的，可大量节约开发、测试、部署的时间。

再次，更高效的虚拟化。Docker 容器的运行不需要额外的 hypervisor 支持，它是内核级的虚拟化，因此可以实现更高的性能和效率。

还有，更轻松的迁移和扩展。容器几乎可以在任意平台上运行，包括物理机、虚拟机、公有云、私有云、个人电脑、服务器等。这种兼容性可以让用户把一个应用程序从一个平台直接迁移到另外一个平台上。

最后，使用容器镜像，只需要小小的修改，就可以替代以往大量的更新工作。所有的修改都以增量的方式被分发和更新，从而实现自动化且高效的管理。

容器运行（在裸金属上）的缺点如下。

隔离技术是否已经成熟？虽然容器技术已经逐渐成熟，但是基于 hypervisor 的虚拟机拥有更完善的隔离特性。由于系统硬件资源完全是虚拟的，由 hypervisor 分配给虚拟机使用，因此 bug、病毒或者入侵有可能影响一台虚拟机，但是不会蔓延到其他虚拟机上。容器的隔离性较差是因为其共享同一个操作系统内核及其他组件，在开始运行之前就已经获得了统一的底层授权（对于 Linux 环境来说，通常是 root 权限）。因此，漏洞和攻击更有可能进入底层的操作系统，或者转移到其他容器当中——潜在的传播行为远比最初的事件更加严重。尽管容器平台也在不断发展，开始隔离操作系统权限、减少脆弱的安全特性等，但是笔者仍然推荐管理员通过在虚拟机当中运行容器来提升安全性。比如，可以在 Hyper-V 当中部署一台 Linux 虚拟机，在 Linux 虚拟机当中安装 Docker 容器。这样即便虚拟机当中的容器出现问题，这种漏洞也只存在于当前虚拟机当中——限制了潜在的受攻击范围。

不能适应所有场景。虽然容器技术拥有很强的兼容性，但是仍然不能完全取代现有的虚拟机环境。就像虚拟化技术刚刚出现时，一些传统的应用程序更加适合运行在物理环境当中一样，现在，一些应用程序并不适合运行在容器虚拟化环境当中。比如，容器技术非常适合用于开发微服务类型的应用程序——这种方式将复杂的应用程序拆分为基本的组成单元，每个组成单元部署在独立的容器当中，之后将相关容器连接在一起，形成统一的应用程序。可以通过增加新的组成单元容器的方式对应用程序进行扩展，而不再需要对整个应用程序进行重新开发。

但是另一方面，一些应用程序只能以统一、整体的形式存在——它们在最初设计时就采用了这种方式，很难实现高扩展性和快速部署等特性。对于这种情况，容器技术反而会对应用负载带来限制。最好的检验方式就是进行大量试验，查看哪种现有应用程序能够通过容器技术发挥最大优势。一般来说，新的应用程序研发过程很可能从容器技术当中获益，而那些不能被容器化的应用程序仍然可以运行在传统 hypervisor 的全功能虚拟机当中。

管理成本方面，有人说过，几乎所有容器技术的优势都会带来另外一面的缺失，比如，过于细碎的资源使用颗粒度，可能带来运维成本的增加，另外，在裸金属上直接部署 OpenShift、Kubernetes 以及容器，都不如部署在虚拟机上方便。

本节分析的是虚拟机下运行容器的优缺点和裸金属下运行容器的优缺点，容器技术是必需的，所以，排除上述所谓不能适应所有场景等技术因素，笔者把相关的对比指标罗列在表 12-1 中。

表 12-1　裸金属和虚拟机的指标对比

特　　　性	裸金属运行容器应用	虚拟机运行应用	虚拟机 + 容器运行应用
资源利用效率	高	中	高
管理成本	高	低	低
软件成本	低	高	高
资源调度灵活性	低	高	高
安全隔离性	中	高	高
资源消耗	低	高	高
可扩展性	高	中	高
可移植性	高	低	高

所以，可以得出结论，如果重视软件成本和资源消耗，那么推荐使用在裸金属上运行容器应用；如果更加重视管理成本、资源调度灵活性及安全隔离性，那么推荐在虚拟机上运行容器或者容器编排平台。

12.1.2　容量评估

OpenShift 在不超出最大受管节点的数量及资源前提下，并不限制应用程序实例的运行数量，即你可以运行任意多个应用程序。大容量硬件可以在少量主机上运行许多应用程序实例，而小容量硬件需要许多主机来运行许多应用程序实例。决定 OpenShift 资源容量大小的因素是有多少个 Pod 或应用程序。我们可以通过以下步骤来评估 OpenShift 集群的硬件需求规模。

第一步：确定标准 VM 或硬件 CPU 和内存。

对于应用程序实例，你可能有一个标准的 VM 大小，或者，如果你将应用程序部署在裸机上时通常会有一个标准的服务器配置。所以，首先要确定你的 VM 和硬件条件。

第二步：计算所需的应用程序实例数量。

接下来，确定计划部署多少个应用程序实例或 Pod。在评估环境时，需要评估任何部署在 OpenShift 上的服务，如数据库、前端静态服务器或 Message Broker 实例都被视为应用。这个数字只是一个近似值，可以帮助你计算 OpenShift 的大致环境的大小。可以使用 CPU、内存超售 / 超量使用、配额和限制以及其他特性来进一步完善这一估计。

第三步：确定首选的 OpenShift 节点的最大利用率。

建议保留一些空间，以应对需求的增加，特别是在有自动弹性伸缩需求的情况下，在 OpenShift 运行的应用负载可根据应用程序的历史负载进行判断。

第四步：确定总内存占用。

接下来，计算部署的应用程序的总内存占用。如果你考虑的是一个全新的系统和应用，可能没有可供参考的内存使用数据，但你可以使用类似的经验数据，例如，每个 Java 应用程序实例需要 1GB 内存，以此进行估算。

第五步：确定管理节点和基础设施节点的资源。

列出以上与 OpenShift 所有相关的评估问卷，如表 12-2 所示。

表 12-2　与 OpenShift 相关的评估问卷示例

相关问题	示例答案
每个节点使用的内存是多少？	64GB 内存 / 节点
每个节点使用的 CPU 是多少？	4vCPU/ 节点
是否使用超线程？	是
预期的应用程序实例有多少个（在每个 Open-Shift 环境中部署）？	我们有大约 1250 个应用程序实例在开发环境和大约 250 个应用程序实例在生产环境
它们是什么类型的应用程序（例如语言、框架、数据库）？	我们主要部署 Java，但也有一些微软 .NET core 和 Ruby 应用。我们也使用了很多 MySQL
每节点最大利用率？（预留多少资源来满足增加的需求）	我们希望每节点最大平均值为总资源的 80%（预留 20%）
应用的平均内存占用多少？	使用 2GB 内存 / 应用
管理节点的数量是几个？	3 个管理节点
监控节点规划几个？	3 个基础设施节点，用于部署 Prometheus+Grafana；3 个 openshift-container-storage 节点提供持久化
路由节点规划几个？	实现路由分组，每组 2 个节点，供 3 组
内部镜像仓库是高可用的吗？	是，节点数量为 2

第六步：计算所有的资源需要。

计算节点所需总内存（GB）＝应用数量 × 应用平均内存占用 / 首选最大节点内容利用率

计算节点总数量＝计算节点所需总内存 / 每个节点使用的内存

计算节点所需总 CPU（核）＝总节点数量 × 每个节点使用的 CPU

总节点数量＝计算节点总数量＋管理节点数量＋监控节点数量

＋路由节点数量＋内部镜像仓库节点数量

12.1.3　网络考量

首先，需要明确 OpenShift 对网络的要求。

❑ OpenShift 依赖于其上的低延迟网络，为其控制平面同步复制状态数据；

❑ 高延迟网络使数据复制复杂化，尤其是对于像数据库这样部署为容器的组件。

其次，对于大规模场景的网络考量，一般有以下认识或者建议。

❑ underlay 比 overlay 更耗费 CPU，并且低于 20% 的网络延迟损耗。

❑ 带宽 / 网卡超过 1Gbps 时（10～40Gbps）：
　　○ 性能减低（基于 vxLan 模式的通用已知问题）；
　　○ 使用容器原生路由机制（OpenShift SDN 类更新路由表的不支持）；
　　○ 考虑使用不同的路由技术，如 BGP；
　　○ 使用支持 VXLAN-offload 能力的网络适配器。

❑ 调整 MTU 的值（适应于 OpenShift SDN）。

❑ 调整网络子网，以支持更多节点。如 osm_cluster_network_cidr=10.128.0.0/10（支持 8192 节点，每个节点有 510 个可用 IP）。

❑ 有线加密。管理流量默认已经使用了 SSL，应用层的流量也建议开启 SSL/TLS。

❑ 通信管理。
　　○ 谨记，部署到容器云平台上的程序，不再具有明确的源 IP 地址，IP 随着应用重启而变化，并且可能出现在任意一个集群节点上。
　　○ 若集群出去的流量需要指定 IP（如集群内的应用需要访问集群外的 Oracle，Oracle DBA 需要限制网络来源），可以使用 egress routers，或者为该应用的 IP 地址指定范围。
　　○ 推荐使用 ovs-mutitenant，最小维护工作量。
　　○ 使用 NetworkPolicy SDN 插件实现更进一步的访问控制。

不过另外一个更需要考虑的因素是网络安全域。网络安全域从大的方面一般可划分为本地网络、远程网络、公共网络、伙伴访问，从小的方面还可以按照传统的多层架构设计理念划分为数据库区域、应用服务器区域、Web 服务器区域、DMZ 区域等。而在不同的安全域之间需要设置防火墙以进行安全保护。

一个 OpenShift 集群可能会包括多个网络安全域，比如一个常见的企业应用的网络域设计要求如图 12-2 所示，为简便起见，图中忽略了其他网络因素。

这对 OpenShift 集群的网络域设计要求同样适用，但是需要结合 OpenShift 集群的特性进行部分调整。如图 12-3 所示，单个 OpenShift 集群可以分布于不同的网络安全域中，但是不同的安全域应该与 OpenShift 中的节点组相互对应，如首先将 OpenShift 集群划分为路由节点组、Web 服务节点组、应用服务器节点组、数据库服务节点组、日志监控节点组等，每一个节点组最好只属于同一个网络安全域。然后按照强制策略将运行于 OpenShift 中的数据库服务调度到数据库节点组。

安全和便利总是有矛盾的。曾经有企业将运行于 OpenShift 集群上的每一个应用都运行在不同的安全域中，各安全域之间进行防火墙隔离，这给运维人员造成极大的麻烦，并且使 OpenShift 集群上应用的扩缩容变得非常困难。这是在按照以前传统虚拟机的习惯和特点对容器平台进行运维，是不合理的，安全域的划分需要安全、网络、架构团队共同讨论和协调确定。

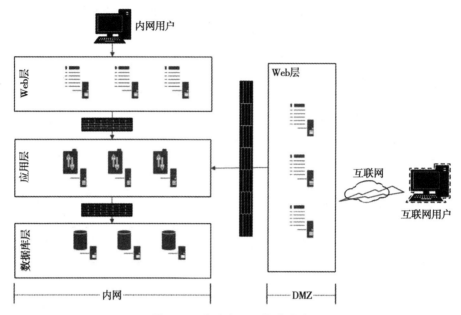

图 12-2　常见应用网络域设计

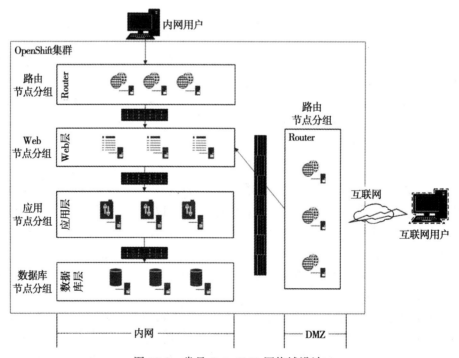

图 12-3　常见 OpenShift 网络域设计

将安全域和传统的多层架构设计方案进行结合，是在安全、便利之间取得平衡的一个最优方案。

12.1.4　集群的部署考量

企业在规划部署集群的时候，通常首先会考虑集群的规模、数量、用途、资源使用情况等，具体选择可能如下。

1. 多套单集群 / 多集群

拥有多个单集群的原因包括如下几点。

❑ 多个职能集群。严格的安全策略要求将一类工作与另一类工作隔离开来，比如开发测试集群和生产集群需要隔离开来，管理类网的集群和业务网的集群明显也不应该是一个。非生产集群和生产集群也要隔离开来。

❑ Beta 集群。对新的 OpenShift 发行版或其他集群软件进行灰度测试而部署的集群。

❑ 区域性集群。因为地域原因，系统要求要有一个就近部署的 OpenShift 集群。或者一个大型集团型企业，某一个有需求的部门单独组建并单独运维的集群。

还有不少企业因为规模不大或者是业务系统较少，没有必要构建复杂的多集群协同架构，所以分别部署一套或者多套单集群在开发测试以及生产环境中运行。单集群是其他复杂集群架构的基础组成部分，所以我们先看一下部署单集群时要注意的问题。

2. 单 Master 部署 OpenShift

根据不同的用途，可以选择不同的集群架构。单 Master 运维简单，耗用资源少，比较适合对集群平台级高可用要求不高的环境（相比集群应用级高可用性，Master 停机时影响平台高可用，不影响应用高可用）。如：培训环境、演示环境、练习环境、小团队开发环境等。

3. 多 Master 集群的资源评估

多 Master 集群，一般部署 3 个 Master 作为管理节点。考虑到 Master 和 Etcd 并存在一台宿主机上时，至少需要 4 core/8vCPU 才能工作，所以，当 Master 和 Etcd 并存部署时，不建议低于该配置。

每个 Master 节点的配置建议如下（以 AWS 常见部署示例）。

❑ 1～10 节点：m4.xlarge（4vCPU, 16GB）。

❑ 11～100 节点：m4.2xlarge（8vCPU, 32GB）。

❑ 101～250 节点：m4.4xlarge（16vCPU, 64GB）。

❑ 超过 250 节点：c4.8xlarge（36vCPU, 60GB）。

每个 Etcd 节点的配置建议如下。

❑ 1～10 节点：2vCPU, 8GB, SSD, 1GbE Network。

❑ 11～100 节点：4vCPU, 16GB, SSD,1GbE Network。

❑ 101～250 节点：8vCPU, 32GB, SSD, 10GbE Network。

❑ 超过 250 节点：16vCPU 64GB SSD 10GbE Network。

Master 的数量和 Etcd 的数量可以不一致，如表 12-3 所示的配置方案也是可以的。

表 12-3　单 Master+ 三 Etcd 配置方案

宿主机名称	待安装的组件 / 角色
master.example.com	Master 节点
etcd1.example.com	etcd 节点
etcd2.example.com	
etcd3.example.com	
node1.example.com	计算节点
node2.example.com	
infra-node1.example.com	专属基础设施节点
infra-node2.example.com	

4. 是否外置 etcd

etcd 是 OpenShift 的后台数据存储器，所有集群数据都存储在这里。etcd 也可以（通常是）在独立于主节点集群的集群中设置。

所以在部署大规模集群时，可以充分考虑将 etcd 的集群部署在 Master 节点之外，这样可以保持整个集群的资源互不影响，也便于日常独立维护和升级。由于在 Master 节点外进行独立部署，整个 etcd 集群作为整个集群的基础设施实现供应，当整个架构需要调整时，需要首先对 etcd 集群进行资源评估，这使得整个架构、资源情况一目了然，必要时，还可以引入专业的 etcd 运维工具实现自动化运维，减轻运维负担。如表 12-4 所示的这种架构设计，可以在服务器资源充足且对运维有更高要求时采用。

表 12-4　管理节点黄金高可用配置方案

宿主机名称	待安装的组件 / 角色
master1.example.com	Master 节点 (本地高可用集群)
master2.example.com	
master3.example.com	
lb.example.com	HAProxy 负载均衡 API master 端点
etcd1.example.com	etcd 集群
etcd2.example.com	
etcd3.example.com	
node1.example.com	计算节点
node2.example.com	
infra-node1.example.com	专属基础设施节点
infra-node2.example.com	

除此之外，etcd 的高可用还可以有以下两种实现思路。

第一种方式是默认的折中方案，OpenShift Master 上使用 static Pod 的形式来运行 etcd，

并将多台 OpenShift Master 上的 etcd 组成集群。在这一模式下，各个服务器的 etcd 实例被注
册进 OpenShift 当中，虽然无法直接使用 oc/kubectl 来管理这部分实例，但是监控以及日志搜
集组件均可正常工作。在这一模式运行下的 etcd 可管理性更强。OpenShift 4.X 版本后，默认
以该方案进行部署，如表 12-5 所示，在国内的案例中大部分是以此种架构设计方式实现的。

表 12-5　etcd Pod 化管理方案

宿主机名称	待安装的组件 / 角色
master1.example.com	Master（原生 HA 集群），etcd 以 static Pod 的方式并存与每一台宿主机上
master2.example.com	
master3.example.com	
lb.example.com	HAProxy 负载均衡 API Master 节点
node1.example.com	计算节点
node2.example.com	
infra-node1.example.com	专属基础设施节点
infra-node2.example.com	

另一种方式是使用 CoreOS 提出的 self-hosted Etcd 方案，将本应在底层为 OpenShift 提
供服务的 etcd 运行在 OpenShift 之上，实现 OpenShift 对自身依赖组件的管理。在这一模
式下的 etcd 集群可以直接使用 etcd-operator 来自动化运维，最符合 OpenShift、Kubernetes
的使用习惯。这种方式在 Red Hat 公司收购 CoreOS 之前，是 CoreOS 公司 Tectonic 产品的
特色之一，但是 Tectonic 被合并到 4.X 版本后，该方式暂时被雪藏。可是这不失为一种很
特别的安全、自动化、高效运维方案。除此之外，如果企业需要单独运维一套 etcd 集群，
etcd-operator 是一个很好的选择，如图 12-4 所示。

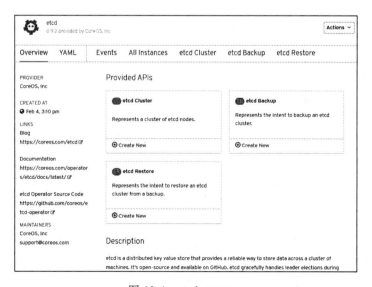

图 12-4　etcd-operator

12.1.5 拉伸集群——跨数据中心部署

跨数据中心部署不同的 OpenShift 集群是最常见的做法，在一个数据中心部署一个或者多个集群，然后通过混合云管门户对所有集群实现多集群的管理。但是仍然有不少企业会基于业务或者管理上的要求，去考虑在跨数据中心部署单个集群。

理论上，可以跨多个云区域、网络区域、数据中心进行单个集群的部署，类似跨 AWS multi-AZ。云区域由多个称为可用性区域（AZ）的数据中心组成，它们之间的延迟非常低。所以，在公有云中，拉伸集群是一个可以非常好的选项。

但是在本地部署的数据中心，一般不推荐这么做。如果非要这么做，首先需要考虑网络的延迟要求——以局域网的网络延迟标准来要求。通常情况下，一个数据中心内部或者局域网内部的网络延迟标准是 10ms 或者十位数 ms，所以，如果跨数据中心的网络延迟接近于这个数值，也可以认为是符合网络延迟要求的。

12.1.6 联邦集群

虽然 OpenShift 官网声明支持最大 2000 个节点，最多 15 万个 Pod，1 万个服务，但是基本不会有企业会把这么多服务投入一个单集群上。企业会有各种各样的原因去部署多套集群，这就需要统一管理所有集群（也被称为混合云管门户），更重要的是，大家还希望实现特定应用在多个集群中的统一资源调度和负载管理，而这就需要用到联邦集群。

1. 联邦集群的必要性
企业经常会因为以下客观原因必须构建联邦集群。

（1）云不定因素

我们有时无法确定将下一个集群到底部署在哪里，私有云？公有云？哪个公有云？我们经常还会被要求不能将所有服务都运行在某一个集群上。

（2）通过 Kubernetes API 资源工作

业界已有不少类似混合云管门户或者联邦集群的实现，这些实现可以暂时帮助客户解决一部分多集群管理的需求，但是从长远上讲，这笔投资注定会变成历史包袱，这是我们这些开源从业者不能接受的事情，我们希望一直跟随社区，跟随潮流，并可以持续更新和迭代我们当前的技术投入和项目成果（官方联邦集群方案来了）。

（3）无法满足低延迟

有些业务系统是有地域特色的，通过单集群无法满足远端用户的网络延迟需求，而如果不熟悉拉伸集群，则无法满足拉伸集群的低延迟的网络要求。所以，通过在多个区域部署集群，实现应用服务的就近访问，可以最大限度减少区域近端用户的延迟。

（4）不需要额外的存储解决方案

联邦集群的实现不用受限于某些特定条件，如不需要额外的存储解决方案。

（5）集群故障隔离和高可用性

同样的资源条件下，拥有多个小集群比部署单个大集群更利于故障隔离。通过在集群间分布负载并自动配置 DNS 服务和负载均衡，联邦集群可以最大限度地减少集群故障的影响。

（6）避免厂商 / 集成商锁定

通过更简单的跨集群应用迁移方式，联邦集群可以防止 OpenShift 或者 Kubernetes 的厂商或者集成商的锁定。

（7）向异地三中心多活的理想更近一步

单集群部署的模式也不是真的就只部署一套集群，通常情况下，对于关键业务系统，我们还需要考虑平台级的高可用性，至少我们还需要一套容灾备份系统。而这又是一笔额外的投资消耗，包括存储、计算资源。联邦集群是一种结合了双活和灾备于一体的解决方案，可以更有效地利用有限的计算资源。

2. 联邦集群的发展史

联邦集群的设计和研发，从 2014 年 6 月份就开始了，但是到了 2017 年底，联邦集群的实现似乎走进了死胡同，很多模块的开发越来越像重复、无用的工作，另外一些模块需要依赖更多的定制开发去实现，再加上一些似乎永远无法解决的 bug，联邦集群的该版本最终也没有达到 GA 的状态。

图 12-5 展示了该阶段联邦集群项目的关键资源对象。

Top Level API Objects

- v1.Service
- v1.ServiceList
- v1.Event
- v1.EventList
- v1.Namespace
- v1.NamespaceList
- v1.Secret
- v1.SecretList
- v1.ConfigMap
- v1.ConfigMapList

Top Level API Objects

- v1beta1.Deployment
- v1beta1.DeploymentList
- v1beta1.DeploymentRollback
- v1beta1.Scale
- v1beta1.DaemonSetList
- v1beta1.DaemonSet
- v1beta1.Ingress
- v1beta1.IngressList
- v1beta1.ReplicaSet
- v1beta1.ReplicaSetList

图 12-5　联邦集群 V1 资源对象

上诉资源是联邦集群支持的资源，也就是说这些资源是可以在联邦集群上创建出来的。但是这些资源和 Kubernetes 本身的资源是有差异性的，该版本没有处理好联邦资源对象和 Kubernetes 原生资源对象之间的协调、兼容关系，这是联邦集群 V1 版本现在面临的最大问题。而对于这个列表以外的其他资源，你无法在联邦集群上直接创建，必须自己扩建实现（比如 Build 对象）。

到了 2018 年年中，该版本联邦集群的开发正式走到了尽头。之前的这个阶段，我们称为联邦集群 V1 版本阶段。

也许互为因果，2017 年下半年的时候，一位叫 Maru Newby 的 Red Hat 员工最早发起了一个叫作"fnord"的项目，并受到了各方追捧，现在，fnord 项目已经成为 Kubernetes 社区的联邦集群 sig 的主推项目（https://github.com/kubernetes-sigs/kubefed）。

OpenShift 的联邦集群能力，即基于这个版本发展而来，在此之前，OpenShift 一直没有把联邦集群 V1 的能力纳入产品的发展路线图里，直到 V2 版本的面世和逐渐成熟，才在 OpenShift 4.x 系列中隆重推出。一方面是因为 V1 版本确实不成熟，另一方面，这也和 Maru Newby 作为 Red Hat 员工以及 Kubernetes 社区的核心开发人员有一定的关系。

3. 联邦集群 V2 的概念

首先看一下联邦集群 V2 的概念架构图，如图 12-6 所示。

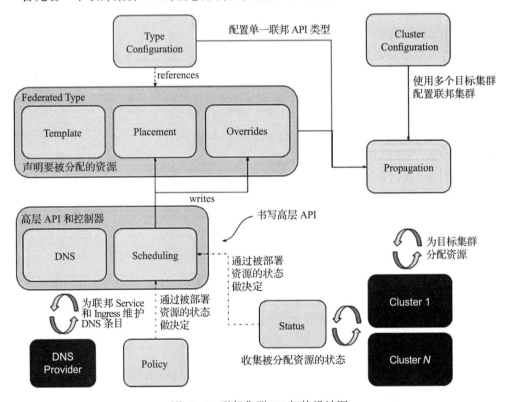

图 12-6　联邦集群 V2 架构设计图

- 主机集群。在 OpenShift 联邦集群架构中，无须对每一个集群都部署联邦控制面板。而运行了 OpenShift 联邦控制面板的集群，我们把它称作主机集群。
- 成员集群。那些被连接到联邦控制面板即主机集群上的其他集群，被称为成员集群。
- 联邦 API 类型（API Type）。这里指的是一个 Kubernetes 资源对象的类型，这个类型可以是一个通用的 Kubernetes 对象类型，如 services、configmap、deployment、

secret、namespaces 等，也可以是一个自定义资源定义（Custom Resource Definition，CRD）。

❑ 联邦类型配置（Type Configuration）。联邦集群定义的两种配置之一，类型配置声明了联邦集群应该处理哪些 API 类型。类型配置有三个基本概念，包括模板（Template）、放置（Placement）、覆盖（Override）。模板定义跨集群的公共资源的表示形式；放置定义了资源要出现在哪些集群中；覆盖定义应用于模板的每个集群字段级别的变体。这三个概念提供了一个资源的简洁表示，该资源打算出现在多个集群中。它们编码传播所需的最小信息，非常适合作为任何给定传播机制与基于策略的放置和动态调度等高阶行为之间的黏合剂。

❑ 集群配置（Cluster Configuration）。联邦集群定义的两种配置之一，集群配置声明了联邦集群应该针对哪些集群。

❑ 传播（Propagation）。即将资源分配到联合集群的机制。

❑ 联邦状态（Status）。收集 KubeFed 跨所有联合集群分发的资源的状态。

❑ 联邦策略（Policy）。确定允许将资源分布到集群的哪个子集。

❑ 联邦调度（Scheduling）。一种决策能力，它可以决定工作负载应该如何分布到不同的集群中。

还有一些概念没有出现在架构图中，但是也很重要，如 ServiceDNSRecord，用来关联一个或者多个 Kubernetes 的 Service，同时定义了如何访问这些 Service。ServiceDNSRecord 包含一套 Schema，定义了如何为 Service 构建域名系统（DNS）的资源记录。与 ServiceDNSRecored 类似，IngressDNSRecord 用来关联一个或者多个 Kubernetes Ingress，同时定义了如何访问这些 Ingress 资源，它也包含一套 Schema，定义了如何为 Ingress 构建域名系统的资源记录。DNSEndpoint，Endpoint 资源的自定义资源包装器。Endpoint 资源代表了一个域名系统（DNS）资源记录，这些基本概念提供了可以被高层 API 使用的构建块。

4. 联邦集群 V2 的实现原理

联邦集群 V2 现在已经越来越成熟，它具有以下两大功能实现：跨集群的资源同步和跨集群的服务发现。

❑ 跨集群资源同步：联邦集群提供了在多个集群中保持资源同步的能力。例如，可以保证同一个 deployment 在多个集群中存在。

❑ 跨集群服务发现：联邦集群提供了自动配置 DNS 服务以及在所有集群后端上进行负载均衡的能力。例如，可以通过一个全局 VIP、全局负载均衡区或者 DNS 记录，实现多个集群后端应用服务的访问。

具体地讲，联邦集群允许用户：

❑ 跨注册集群分配工作负载；

❑ 为 DNS 编写关于这些工作负载的信息的程序；

❑ 动态调整部署工作负载的不同集群中的副本；

❑ 为这些工作负载提供灾难恢复。

随着联邦集群的逐渐成熟，还将添加与存储管理、工作负载放置等相关的特性。

联邦集群 V2（以下简称联邦集群）的目标并不是部署和维护集群，它主要负责跨多个集群的端点或者应用程序服务的交付。

联邦集群利用新的机制来扩展 Kubernetes API，并为用户提供一个简单的接口来互连他们的 Kubernetes 集群，而无须处理网络延迟、Etcd 需求等。

在最新版的 OpenShift 4 中，联邦集群控制平面由运行在一个联合集群上的操作器（Operator）组成。这个 Operator 负责一些 CRD 管理，用于执行具体的实现。

通过以下步骤，我们可以了解，一个应用部署到联邦集群上实现服务发现的详细过程：

（1）集群部署

据统计，每个企业平均有 15 个集群。假设我们需要部署 7 个集群，由于不同的原因，我们希望针对不同的集群部署不同的应用服务，如图 12-7 所示。

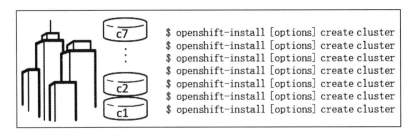

图 12-7　多个集群、多次 create cluster

具体来说，每一个集群的安装或者部署都要在集群范畴内进行，例如在 OpenShift 4 中，要把集群部署在 AWS 上非常容易，配置好相关的证书、秘钥并且生成好安装配置文件后，只需要运行一行简单的命令：

```
$ openshift-install [options] create cluster
```

（2）监视集群注册表

集群注册表是获得集群当前真实状态的来源。你需要跟踪现有集群的运行状态信息，以便让请求集群访问的人知道存在什么、现状如何以及如何调用它们，如图 12-8 所示。

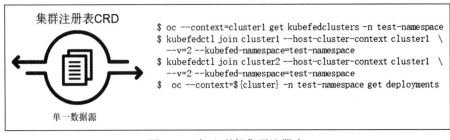

图 12-8　加入联邦集群注册表

在应用程序部署过程中，可以在每个目标集群上部署应用程序的复制隔离实例，然后在全局 loadBalancer 下编排网络 DNS 层，该层允许实例作为单个服务运行。服务在每个位置可以有多个应用程序组件（memcache、tomcat、postgres）。

（3）启用和处理 API 类型对象联邦

这些联邦 API 用于处理具有面向目标集群的可扩展变量。你需要为核心 kube 工作负载 API 对象部署现有的 Pod 规范 / 模板语法。联邦集群对于待联合的对象，无须编码即可联邦任意的 CRD。

如图 12-9 所示，你可以使用 kubefedctl 命令启用任何 Kubernetes API 类型（包括 CRD）的联邦，要注意的是，要求在所有成员集群上安装 CRD。如果没有在成员集群上安装 CRD，则传播到该集群时将失败。

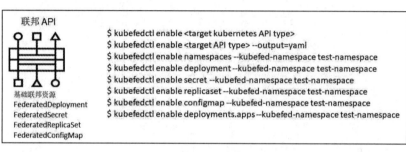

图 12-9　启用对象联邦

<target kubernetes API type> 可以是以下任何一种描述：

❏ Kind（例如：deployment）；

❏ 复数名（例如：deployments）；

❏ 组限定的复数名（例如：deployment.apps）；

❏ 短名（例如：deploy）。

对于这些 target API type，kubefedctl 命令的 enable 方法会完成以下操作。

❏ 为该联邦类型创建一个名为 Federated<Kind> 的 CRD 定义。例如 Federated-Deployment。有了这个 CRD 定义，我们才能创建真正的 federateddeployment。

❏ 在 KubeFed 系统命名空间中，创建一个 FederatedTypeConfig，该 Federated-TypeConfig 的命名规则是 <target kubernetes API type name>.<group name>，即以组限定复数名的方式，kubernetes 核心的组类型会直接以 <target kubernetes API type name> 进行命名，如图 12-10 所示。

FederatedTypeConfig 将联邦类型 CRD 与目标 kubernetes 类型关联起来，从而支持将给定类型的联邦资源传播到成员集群。

也可以使用以下方式生成 yaml 格式的内容到标准输出，而不会应用到 API Server，效果如图 12-11 所示。

```
$ oc  get FederatedTypeConfig  -n test-namespace
NAME                    AGE
configmaps              25m
deployments.apps        25m
namespaces              25m
secrets                 25m
serviceaccounts         25m
services                25m
```

图 12-10 联邦类型列表示例

```
$ kubefedctl enable <target API type> --output=yaml
```

```
$ /usr/local/bin/kubefedctl enable services --kubefed-namespace test-namespace --output=yaml
---
apiVersion: core.kubefed.k8s.io/v1beta1
kind: FederatedTypeConfig
metadata:
  name: services
spec:
  federatedType:
    group: types.kubefed.k8s.io
    kind: FederatedService
    pluralName: federatedservices
    scope: Namespaced
    version: v1beta1
  propagation: Enabled
  targetType:
    kind: Service
    pluralName: services
    scope: Namespaced
    version: v1
---
apiVersion: apiextensions.k8s.io/v1beta1
kind: CustomResourceDefinition
metadata:
  name: federatedservices.types.kubefed.k8s.io
spec:
  group: types.kubefed.k8s.io
  names:
    kind: FederatedService
    plural: federatedservices
    shortNames:
    - fsvc
  scope: Namespaced
  subresources:
    status: {}
```

图 12-11 联邦类型示例——联邦服务

（4）计划和协调联邦对象

计划和协调的目的是基于预先设定的逻辑更改资源的配置，并将 kubernetes 的声明值强加于当前配置，以保持它们为真（声明状态等于当前状态），如图 12-12 所示。

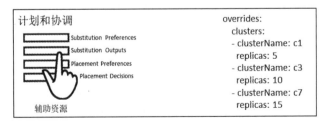

图 12-12 计划和协调联邦对象示例

例如，你创建了一个应用，由于之前已经创建好了 FederatedDeployment，如果这时你希望根据集群名称或部署数量替换或覆盖实例副本数值，可以通过联邦集群强制执行调度和协调逻辑的功能。

一个 FederatedDeployment 实例的描述包括以下 3 个部分。

❑ Templates 定义了跨集群的资源的共性特征；
❑ Placement 定义了资源要出现在哪些集群中；
❑ Overrides 定义了要应用于模板 /Template 的每个集群字段级别的变量值。

下面是一个 FederatedDeployment 实例的 yaml 示例，如图 12-13 所示。

```
$ cat sample-app/federateddeployment.yaml
apiVersion: types.kubefed.k8s.io/v1beta1
kind: FederatedDeployment
metadata:
  name: test-deployment
  namespace: test-namespace
spec:
  template:
    metadata:
      labels:
        app: nginx
    spec:
      replicas: 3
      selector:
        matchLabels:
          app: nginx
      template:
        metadata:
          labels:
            app: nginx
        spec:
          containers:
          - image: nginx
            name: nginx
  placement:
    clusters:
    - name: cluster1
    - name: cluster2
  overrides:
  - clusterName: cluster2
    clusterOverrides:
    - path: "/spec/replicas"
      value: 5
```

图 12-13　FederatedDeployment
实例的 yaml 示例

5. 联邦集群 V2 的实现示例

这是一个在联邦集群环境中部署一个 Nginx 服务的示例。示例中使用 KubeFed 操作器（Operator）在多 OpenShift 集群中实现 Nginx 服务的应用部署和服务发现。架构图如图 12-14 所示。

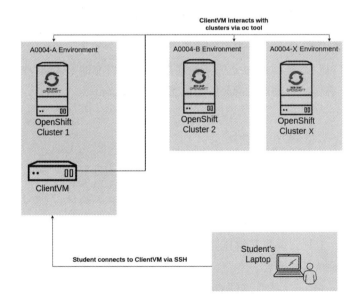

图 12-14　联邦集群架构示例

KubeFed 是一个 Kubernetes 操作器，它提供了可在多个 OpenShift 集群管理应用程序和服务的工具。

KubeFed 允许用户：

❑ 跨注册集群分配工作负载；

❑ 可基于应用的工作负载信息实现 DNS 程序化；

❑ 动态调整部署工作负载在不同集群中的副本；

❑ 为这些工作负载提供灾难恢复。

随着 KubeFed 逐渐成熟，我们希望添加与存储管理、工作负载放置等相关的特性。
KubeFed 利用新的机制来扩展 Kubernetes API，并为用户提供一个简单的接口来互连他们的
Kubernetes 集群，而无须处理网络延迟、Etcd 需求等。

具体实现过程如下。

（1）准备好用来部署应用的联邦集群环境

本示例将部署两个集群的环境，并且把 Nginx 的应用负载部署在 Cluster1 和 Cluster2
上。首先按照正常步骤部署 OpenShift 集群（推荐部署 OpenShift 4.x 的集群）。

登录到第一个集群，并执行命令：

```
$ oc login -u admin -p password --insecure-skip-tls-verify https://master1:8443
$ oc config set-cluster cluster1 --server=https://master1:8443 --insecure-skip-tls-verify
$ oc config rename-context $(oc config current-context) cluster1
```

登录到第二个集群，并执行命令：

```
$ oc login -u admin -p password --insecure-skip-tls-verify https://master2:8443
$ oc config set-cluster cluster2 --server=https://master2:8443 --insecure-skip-tls-verify
$ oc config rename-context $(oc config current-context) cluster2
```

如果需要，可以执行类似的命令把其他集群添加到当前的 context 中。为了演示方便，
笔者已经在每一个集群的管理端 Console 上配置好了 oc context。通过下列命令确认上下文
结果：

```
$ oc config get-contexts
CURRENT   NAME       CLUSTER          AUTHINFO                   NAMESPACE
*         cluster1   172-17-0-24:8443  admin/172-17-0-24:8443      default
          cluster2   172-17-0-46:8443  admin/172-17-0-46:8443      default
          cluster3   172-17-0-68:8443  system:admin/master:8443    default
```

（2）安装 kubefedctl 二进制文件

下载 kubefedctl 工具，并将其解压到路径中的一个目录下（示例使用 $HOME/bin），配
置好环境变量，并确认工作正常。

在 Cluster 1 和 Cluster 2 的管理端 Console 分别执行：

```
$ curl -Ls https://github.com/kubernetes-sigs/kubefed/releases/download/v0.1.0-
    rc3/kubefedctl-0.1.0-rc3-linux-amd64.tgz | tar xz -C ~/bin
$ kubefedctl version
kubefedctl version: version.Info{Version:"v0.1.0-rc3", GitCommit:"d188d227fe
    3f78f33d74d9a40b3cb701c471cc7e", GitTreeState:"clean", BuildDate:"2019-
```

```
06-25T00:27:58Z", GoVersion:"go1.12.5", Compiler:"gc", Platform:"linux/
amd64"}
```

（3）部署 KubeFed 控制面板

该示例主要在两个 OpenShift 集群中进行操作：cluster1，充当主机集群；cluster2，作为成员集群。你可以访问两个集群各自的管理终端，但是大部分工作将在 cluster1 终端上完成。为了方便操作，需要在每个集群中创建具有集群管理（cluster-admin）特权的 admin 用户。

注意　当前的 KubeFed 控制平面部署需要集群管理特权。也许在未来的 OpenShift 版本中，会为 KubeFed 专门设置一个特定的角色。

为了验证是否作为 admin 登录，分别在两个集群的管理端 Console 执行：

```
$ oc whoami
Admin
```

联邦成员集群不需要在其上安装 KubeFed，为了方便起见，我们将使用其中一个集群（Cluster1）来托管 KubeFed 控制平面。为了部署 KubeFed 操作器，我们将在 OCP4 Web 控制台中使用 Operator Hub。

KubeFed 支持两种操作模式：命名空间范围和集群范围。本示例将介绍如何通过集群范围的 KubeFed 联邦管理所有命名空间。对于 OCP 4，还可以基于命名空间范围使用 KubeFed 联邦管理应用服务，这里不做赘述，有需要的读者可以上网查找相关资料。

关于命名空间的说明：KubeFed 操作器安装过程提供了一个选项，可以限制操作符监视特定的命令空间，也可以监视整个集群范围的命名空间（默认）。这与 KubeFed 本身具有命名空间或集群范围是不同的概念。为了部署集群范围的 KubeFed，你将把操作符安装到单个命名空间中，即 kube-federation-system 命名空间，这是 kubefedctl 命令存储对象的默认命名空间。命名空间必须在命令行上创建，因为 Web UI 认为以 kube 开头的命名空间是受保护的，不允许直接创建。在本文中，我们使用 test-namespace 来替代 kube-federation-system 命名空间。

1）创建 test-namespace（默认可以是 kube-federation-system）命名空间。

```
$ oc create ns test-namespace
```

2）以 admin 用户登录到 Cluster1 的 Web 控制台。

3）从 Operator Hub 中安装 KubeFed。

❏ 在左边的面板中点击 Catalog → Operator Hub；

❏ 从 Operator 列表中选择 KubeFed；

❏ 假如提示警告信息点击继续（Continue）；

❏ 点击 Install 进行安装；

❏ 在安装方法下，选择 A specific namespace on the cluster；

❑ 选择 test-namespace 作为 namespace；

❑ 点击 Subscribe。

4）检查 Operator 订阅状态。

❑ 在左边的面板中点击 Catalog → Operator Management；

❑ 点击 tab 页：Operator Subscriptions；

❑ 确保 kubefed-operator 订阅的状态是"Up to date"，这个过程可以持续几分钟。

5）创建一个 KubeFed 资源来初始化 KubeFed 控制器。

❑ 在左边的面板中点击 Catalog → Installed Operators；

❑ 点击 Kubefed Operator；

❑ 在 Provided APIs 下，查找 KubeFed, 然后点击 Create New；

❑ 修改 spec: scope：从 Namespaced 到 Cluster；

❑ 确保 KubeFed 对象的命令空间是 test-namespace；

❑ 点击 Create。

如果一切正常，那么在 test-namespace 命名空间中会创建一个 kubefed-controller-manager 的部署（Deployment），此时，加上之前的 kubefed Dperator，现在应该有 3 个 Pod 在正常运行：

```
oc --context=cluster1 -n test-namespace get Pods
NAME                                         READY   STATUS    RESTARTS   AGE
kubefed-controller-manager-67d5d5cc99-j9zh9  1/1     Running   0          1m
kubefed-controller-manager-67d5d5cc99-s59gx  1/1     Running   0          1m
kubefed-operator-694c8f9cdc-9pc5z            1/1     Running   0          2m
```

现在，我们将启用演示应用程序所需的一些联邦类型（Federation Type）。可以通过访问 Catalog → Installed Operators 下的 Kubefed Dperator 的 All Instances 选项卡，查看为每种类型创建的 FederatedTypeConfig 资源。

kubefedctl 会启用以下对象：namespace、secrets、serviceaccounts、services、configmaps、deployments.apps、scc 等。

（4）组建联邦集群

目前，我们有超过两个 OpenShift 集群，其中一个（cluster1）运行 KubeFed 控制平面。现在是使用 kubefedctl 工具注册每个集群的时候了。

在注册这两个集群之前，我们将检查是否还没有注册集群，如图 12-15 所示。

```
$ oc --context=cluster1 get kubefedclusters -n test-namespace
```

图 12-15　输出结果

使用 kubefedctl 工具注册集群：

```
kubefedctl join <CLUSTER_NAME> --host-cluster-context <HOST_CLUSTER_CONTEXT>
    --v=2 --kubefed-namespace=<Kubefed_Namespace>
```

kubefedctl join 的 --cluster-context 选项可用于覆盖对客户机上下文配置的引用。当不存在该选项时，kubefedctl 使用集群名称来标识客户机上下文。

kubefedctl join 的 --kubefed-namespace 选项可用于覆盖对 KubeFed 控制平面运行的命名空间的引用，默认为 federation-namespace，这里我们使用 test-namespace。

注册 Cluster1：

```
$ kubefedctl join cluster1 --host-cluster-context cluster1 --v=2 --kubefed-
    namespace=test-namespace
```

注册 Cluster2：

```
$ kubefedctl join cluster2 --host-cluster-context cluster1 --v=2 --kubefed-
    namespace=test-namespace
```

通过以下命令确认 2 个集群已成功注册：

```
$ oc --context=cluster1 get kubefedclusters -n test-namespace
```

可以看到 2 个集群已经成功注册，并且健康状态为正常 /True，如图 12-16 所示。

```
$ oc --context=cluster1 get kubefedclusters -n test-namespace
NAME       READY   AGE
cluster1   True    1m
cluster2   True    52s
$ 
```

图 12-16　输出结果

（5）部署测试应用，测试 overrides

在 Cluster1 的管理端 console 中下载测试应用，我们利用社区中的项目进行部署，项目地址为 https://github.com/openshift/federation-dev.git。

该项目包括 3 个 Namespace Scoped 的测试用例和 1 个 Cluster Scoped 的测试用例，如图 12-17 所示。

我们先从 sample-app 这个测试用例开始，该应用程序是一个 Nginx Web 服务器，提供一个欢迎页面。尽管它很简单，但它将帮助我们理解联邦是如何工作的。

下载源代码到本地后，将目录更改为源代码所在目录。再次在 2 个集群中确定当前的 contexts。

```
$ git clone https://github.com/openshift/federation-dev.git
```

在 Cluster 1 上：

```
$ oc config get-contexts
$ kubefedctl version
```

在 Cluster 2 上：

automated-demo	Auto demo updates	23 days ago
docs	formatting changes	last month
federated-mongodb	Rewrite pacman (#26)	2 months ago
federated-pacman	namespace change	2 months ago
images	Rewrite pacman (#26)	2 months ago
ingress	Update docs and files to v0.0.7 spec	6 months ago
labs	needed to fix toc	3 days ago
olm	Updated base instructions to work with kubefed v0.0.10	4 months ago
sample-app	Updated examples for beta syntax changes	2 months ago
sample-clusterscoped	Added SCC to federation	2 months ago
LICENSE	Initial commit	11 months ago
README-labs.md	initial commit of modified / cleaned up lab (#21)	2 months ago
README.md	Added scope guide to base README	last month

图 12-17　测试应用

```
$ oc config get-contexts
$ kubefedctl version
```

在创建应用程序对象之前, 需要启用我们想要联邦的类型, 在本例中, 需要启用:namespaces、secrets、serviceaccounts、services、configmaps、deployments.apps。

启用命名空间类型是必须的, 这样 KubeFed 控制器才能跨联邦集群传播命名空间 (例如 Cluster1 存在 test-namespace, Cluster2 不存在 test-namespace 时)。

执行以下命令, 结果如图 12-18 所示。

```
$ for type in namespaces secrets serviceaccounts services configmaps deployments.apps
> do
>    /usr/local/bin/kubefedctl enable $type --kubefed-namespace test-namespace
> done
customresourcedefinition.apiextensions.k8s.io/federatednamespaces.types.kubefed.k8s.io created
federatedtypeconfig.core.kubefed.k8s.io/namespaces created in namespace test-namespace
customresourcedefinition.apiextensions.k8s.io/federatedsecrets.types.kubefed.k8s.io created
federatedtypeconfig.core.kubefed.k8s.io/secrets created in namespace test-namespace
customresourcedefinition.apiextensions.k8s.io/federatedserviceaccounts.types.kubefed.k8s.io created
federatedtypeconfig.core.kubefed.k8s.io/serviceaccounts created in namespace test-namespace
customresourcedefinition.apiextensions.k8s.io/federatedservices.types.kubefed.k8s.io created
federatedtypeconfig.core.kubefed.k8s.io/services created in namespace test-namespace
customresourcedefinition.apiextensions.k8s.io/federatedconfigmaps.types.kubefed.k8s.io created
federatedtypeconfig.core.kubefed.k8s.io/configmaps created in namespace test-namespace
customresourcedefinition.apiextensions.k8s.io/federateddeployments.types.kubefed.k8s.io created
federatedtypeconfig.core.kubefed.k8s.io/deployments.apps created in namespace test-namespace
$
```

图 12-18　执行结果

```
$ for type in namespaces secrets serviceaccounts services configmaps deployments.
  apps do /usr/local/bin/kubefedctl enable $type --kubefed-namespace test-
  namespace done
```

由于之前 Cluster1 中存在了 test-namespace, 此时, 查看 Cluster2 的情况, 如图 12-19 所示。

```
$ oc --context=cluster1 get ns | grep test-namespace
$ oc --context=cluster2 get ns | grep test-namespace
```

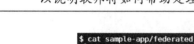

```
$ oc --context=cluster1 get ns | grep test-namespace
test-namespace                    Active    19m
$ oc --context=cluster2 get ns | grep test-namespace
test-namespace                    Active    7m
```

图 12-19 状态确认

此时，我们已经准备好部署应用程序。这个示例应用程序包括以下资源。

❑ 1 个 Deployment：Nginx 的 WebServer。

❑ 1 个 NodePort 类型的 Nginx 的 Service。

> 注意 后续步骤还创建了一个示例 ConfigMap、Secret 和 ServiceAccount，如图 12-20 所示，以说明联邦将如何帮助处理更复杂的应用程序，但不会在此场景中使用。

```
$ cat sample-app/federated
federatedconfigmap.yaml        federatedsecret.yaml        federatedservice.yaml
federateddeployment.yaml       federatedserviceaccount.yaml
```

图 12-20 文件清单

从 Git 存储库下载的 federation-dev 目录中的 sample-app 文件夹，包含部署所有这些资源的定义。对于每一个资源，都有一个包含放置策略的资源模板，其中一些还具有 overrides。例如：示例 nginx 部署模板指定了 3 个副本，但是也有一个 overrides 将 Cluster 2 上的副本设置为 5。

overrides 可用于为跨集群的某些属性指定不同的值，在本示例中，我们使用 overrides 来控制不同集群上的副本，如上所述。假设你希望你的应用程序在私有云中有 3 个副本，并且还有 5 个副本在公有云中运行，你将为此使用 overrides，如图 12-21 所示。

初始化这些联邦资源：

```
$ oc --context=cluster1 apply -R -f sample-app/
```

等待几秒钟，待所有对象创建完毕，检查 2 个集群的状态，执行以下命令：

```
$ for resource in configmaps secrets deployments
    services; do
for cluster in cluster1 cluster2; do
echo ------------ ${cluster} ${resource} -----
```

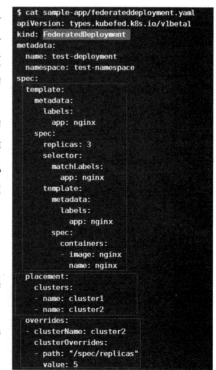

```
$ cat sample-app/federateddeployment.yaml
apiVersion: types.kubefed.k8s.io/v1beta1
kind: FederatedDeployment
metadata:
  name: test-deployment
  namespace: test-namespace
spec:
  template:
    metadata:
      labels:
        app: nginx
    spec:
      replicas: 3
      selector:
        matchLabels:
          app: nginx
      template:
        metadata:
          labels:
            app: nginx
        spec:
          containers:
          - image: nginx
            name: nginx
  placement:
    clusters:
    - name: cluster1
    - name: cluster2
  overrides:
  - clusterName: cluster2
    clusterOverrides:
    - path: "/spec/replicas"
      value: 5
```

图 12-21 关键参数值

```
   -------
oc --context=${cluster} -n test-namespace get ${resource}
donc
done
```

图 12-22 执行结果的部分截图，可以看到 Cluster1 和 Cluster2 均已部署了 test-deployment 和 test-service。

```
default-dockercfg-z7j57             kubernetes.io/dockercfg                1        21m
default-token-hm8nd                 kubernetes.io/service-account-token    4        21m
default-token-vjbn8                 kubernetes.io/service-account-token    4        21m
deployer-dockercfg-7cphg            kubernetes.io/dockercfg                1        21m
deployer-token-bxcjh                kubernetes.io/service-account-token    4        21m
deployer-token-jzbt6                kubernetes.io/service-account-token    4        21m
test-secret                         Opaque                                 1        3m
test-serviceaccount-dockercfg-2sck7 kubernetes.io/dockercfg                1        3m
test-serviceaccount-token-bv2f2     kubernetes.io/service-account-token    4        3m
test-serviceaccount-token-hz58h     kubernetes.io/service-account-token    4        3m
----------- cluster1 deployments -----------
NAME                         DESIRED   CURRENT   UP-TO-DATE   AVAILABLE   AGE
kubefed-controller-manager   2         2         2            2           32m
kubefed-operator             1         1         1            1           33m
test-deployment              3         3         3            3           3m
----------- cluster2 deployments -----------
NAME              DESIRED   CURRENT   UP-TO-DATE   AVAILABLE   AGE
test-deployment   5         5         5            5           3m
----------- cluster1 services -----------
NAME               TYPE        CLUSTER-IP     EXTERNAL-IP   PORT(S)        AGE
kubefed-operator   ClusterIP   172.30.2.49    <none>        8383/TCP       32m
test-service       NodePort    172.30.41.46   <none>        80:32160/TCP   3m
----------- cluster2 services -----------
NAME           TYPE       CLUSTER-IP      EXTERNAL-IP   PORT(S)        AGE
test-service   NodePort   172.30.44.169   <none>        80:30659/TCP   3m
$
```

图 12-22 执行结果

（6）测试 Placement

这个场景的下一步是将应用程序从 Cluster 2 中删除，同时让它在 Cluster 1 中运行。为了执行该操作，我们将对 test-deployment 这个 FederatedDeployment 的 Placement 策略进行修改并使之生效，最终结果是 test-deployment 只存在于 Cluster1 上。具体命令如下：

```
$ oc --context=cluster1 -n test-namespace patch federateddeployment test-
    deployment --type=merge -p '{"spec":{"placement":{"clusters":
    [{"name":"cluster1"}]}}}'
```

执行以下命令，验证结果如图 12-23 所示。

```
$ for cluster in cluster1 cluster2; do echo ------------ ${cluster} deployments
    ------------ oc --context=${cluster} -n test-namespace get deployments -l
    app=nginx done
```

```
$ for cluster in cluster1 cluster2; do
>     echo ----------- ${cluster} deployments -----------
>     oc --context=${cluster} -n test-namespace get deployments -l app=nginx
> done
----------- cluster1 deployments -----------
NAME              DESIRED   CURRENT   UP-TO-DATE   AVAILABLE   AGE
test-deployment   3         3         3            3           15m
----------- cluster2 deployments -----------
No resources found.
$
```

图 12-23 执行结果

假如我们想把 test-deployment 再次部署到 Cluster2 上，修改 FederatedDeployment 的 Placement 策略并使之生效，执行以下命令：

```
$ oc --context=cluster1 -n test-namespace patch federateddeployment test-
    deployment --type=merge -p '{"spec":{"placement":{"clusters":
    [{"name":"cluster1"},{"name":"cluster2"}]}}}'
```

执行以下命令，验证结果如图 12-24 所示。

```
$ for cluster in cluster1 cluster2; do echo ------------ ${cluster} deployments
    ------------ oc --context=${cluster} -n test-namespace get deployments -l
    app=nginx done
```

```
$ for cluster in cluster1 cluster2; do
>     echo ------------ ${cluster} deployments ------------
>     oc --context=${cluster} -n test-namespace get deployments -l app=nginx
> done
------------ cluster1 deployments ------------
NAME              DESIRED   CURRENT   UP-TO-DATE   AVAILABLE   AGE
test-deployment   3         3         3            3           18m
------------ cluster2 deployments ------------
NAME              DESIRED   CURRENT   UP-TO-DATE   AVAILABLE   AGE
test-deployment   5         5         5            2           9s
$ 
```

图 12-24　验证结果

6. 成员集群的建议

（1）每个集群最好运行在相同的基础设施环境

在诸如阿里云或者 Amazon Web Services 等 IaaS 服务提供商中，虚拟机存在于区域或可用区中。我们建议单个 OpenShift 成员集群中的所有虚拟机位于相同的可用区，这是因为：

- 与拥有单个全局 Kubernetes 集群相比，单点故障更少。
- 与跨可用区集群相比，推测单区域集群的可用性属性更容易。
- 当 Kubernetes 开发人员设计系统时（例如对延迟、带宽或相关故障进行假设），他们假设所有的机器都在一个单一的数据中心内，或以其他方式紧密连接。

（2）尽量少一些集群数量

在每个可用区域同时拥有多个集群也是可以的，但总体而言，我们认为少一点更好。选择较少集群的理由是：

- 某些情况下，在一个集群中拥有更多的节点可以改进 Pod 的资源调度情况（较少资源碎片）。
- 减少运维开销（尽管随着运维工具和流程的成熟，优势已经减少）。
- 减少每个集群固定资源成本的开销，例如管理节点 / 控制面板的虚拟机资源占用（但对于大中型集群的整体集群成本来说，百分比很小）。

（3）选择正确的成员集群数量

OpenShift 集群数量的选择可能是一个相对静态的选择，只需偶尔重新设置。相比之下，依据负载和增长情况，集群的节点数量和服务的 Pod 数量可能会经常变化。

　　要选择集群的数量，首先要确定在哪些区域进行集群部署，以便为所有终端用户提供就近低延迟访问在 OpenShift 上运行的服务。如果我们使用内容分发网络（Content Distribution Network，CDN），则不需要考虑 CDN 托管内容的时延要求。另外，法律问题也可能会影响集群的数量。例如，拥有全球客户群的公司可能会决定在美国、欧盟、亚太和南亚地区部署集群。我们将选择的区域数量称为 R。

　　其次，在整体仍然可用的前提下，确定可以同时允许的不可用集群的数量。将不可用集群的数量称为 U。如果不能确定，那么我们建议 U=1。

　　如果在出现某个集群故障的情形下允许负载均衡将流量引导到其他任何区域，则至少需要部署 R 或 U + 1 二者中较大数字数量的集群。如果不行（例如希望在集群发生故障时对所有用户确保低延迟），那么你需要有数量为 R * (U + 1) 的集群（R 个区域，每个区域中有 U + 1 个集群）。无论如何，为了保证底层基础设施的高可用性，请尽量将每个集群放在不同的区域中。

　　最后，如果你的任何集群需要部署比 Kubernetes 集群最大建议节点数更多的节点（一般不可能），那么你可能需要更多的集群。

7. 联邦集群的缺点

虽然联邦集群可以解决我们在多集群部署时的很多需求，但是就像一件事情拥有两面性，其缺点也是不可忽视的：

❑ **增加网络带宽消耗**：联邦集群控制平面监控所有成员集群以确保当前状态符合预期。如果集群在云服务提供商的不同区域或者不同的云服务提供商上运行，将导致明显的网络成本增加。

❑ **增加关键故障点**：如我们前面了解到的，联邦集群通过 Template、Placement、Overrides 等实现对成员集群上受管应用的更高优先级的控制，相当于接管了这些应用服务的运行状态，如果联邦集群控制平面本身出现了问题，那么有些问题可能会造成集群中应用服务甚至所有集群的瘫痪。当前联邦集群 V2 的设计思路是尽量在控制面板中用最少的逻辑来缓解这种情况。但是世事无绝对，这种设计和实现模式本身打破了集群之间的隔离性（当然，这种隔离性还是要远远优于单集群环境的），所以我们有时会不可避免地要在安全性和方便性之间做出取舍。

❑ **相对不够成熟**：联邦集群 V2 项目是从 2018 年 1 月重新构建并且开发实现的，迄今也才不到 2 年的时间，相对不够成熟。一方面很多模块还在 alpha 阶段，另外一方面，很多模块存在 bug。

12.2　集群管理和增强

12.2.1　多集群管理门户

前文给出了联邦集群的定义，联邦集群主要用于应用跨集群的服务发现和资源调度，以及为应用跨集群分配工作负载,而多集群管理的目标不止如此。为了突出重点,我们从多集群管理的角度看,联邦集群实际上是做应用统一管理,包括配置的统一管理。

多集群管理门户要实现的功能很多,每一项功能都可以做得很复杂,需要投入大量开发,故从紧迫性上,笔者把这些需求分为两类:第一类需求是最紧迫的需求,如果没有这类需求,那多集群管理门户就名不符实;第二类需求是根据企业的实力,基于简化操作性进行判断,选择不做或者缓做。从业务视角看,企业对 Kubernetes/OpenShift 多个集群的管理主要聚焦在如图 12-25 所示的几个方面。

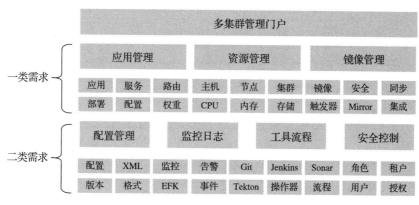

图 12-25　多集群管理门户设计图

1. 应用统一管理(联邦集群可视化)

毫无疑问,跨级群管理的主要目标和操作对象应该是应用,所以,实现应用的统一管理是第一优先级,从不重复造轮子的原则出发,我们不需要实现和联邦集群一样的功能(联邦集群现在在可视化方面比较弱,比如 WebUI 从某些运维人员的习惯和需求角度来看,自己来定制开发,增强在联邦集群可视化方面的能力就显得尤为迫切)。当然,这里只是笔者的个人观点,因为从创造价值的角度,WebUI 这种"可视化"经常是不重要的,不仅不重要,有时候还是技术改进和优化的负担。更何况,WebUI 往往无法完全替代命令行方式,并且大部分运维人员也是习惯于使用命令行。

应用管理应该着重实现以下功能:

❏ 智能化服务级别监控,使用服务拓扑及四个标准化黄金信号简化应用管理,同时减少警报数量;

❏ 提升应用弹性,提升 DevSecOps,以构建更可靠的安全运营;

❏ 支持应用现代化,监控应用从内部部署到混合多云部署的转变。

结论:要通过联邦集群实现应用统一管理,并以此为核心实现更多的功能扩展,如果条件允许,再实现可视化(WebUI)。

2. 资源统一管理

同样作为第一类需求,笔者认为资源统一管理才是多集群管理中最核心的需求(去掉联邦集群部分）。

OpenShift 对资源的定义可以分为以下几种，如表 12-6 所示。

表 12-6　OpenShift 资源清单

类　别	名　称
资源对象	Pod、ReplicaSet、ReplicationController、Deployment、StatefulSet、DaemonSet、Job、CronJob、HorizontalPodAutoscaling、Node、Namespace、Service、Ingress、Label、CustomResourceDefinition
存储对象	Volume、PersistentVolume、Secret、ConfigMap
策略对象	SecurityContext、ResourceQuota、LimitRange
身份对象	ServiceAccount、Role、ClusterRole

但是从多集群角度，我们可以把待管理的资源分为以下几类，如表 12-7 所示。

表 12-7　OpenShift 资源分类

类　别	名　称
物理资源	集群、宿主机、CPU、内存、存储、网络、DNS、路由等
逻辑资源	可用域划分（按照地理位置、网络安全域、应用亲和属性）、租户、项目、标签等
应用和服务	大量可重用的应用和服务，如计算类、服务类、分析类应用、应用商店管理等

首先，对于物理资源的安装、部署和运维，多集群管理门户要有一套直观有效的管理机制。在以往的版本，界面容易做，但是实现比较难，比如要给某个集群添加一个计算节点，在界面上可以做的事情不多，需要在后台手动进行的操作必不可少（比如计算节点操作系统的准备、网络的指定，以及相关依赖组件的安装，当然，使用虚拟机模板的方式，可以加速这一过程，但是 PaaS 层对于 IaaS 层资源调用的空白一直需要填补）。

随着 OpenShift 4 的发布，通过 Machine 和 MachineSet 机制，可以使 PaaS 和 IaaS 之间更好地融合，而 CoreOS 的使用也使集群在增删节点方面变得无比便捷。管理员甚至可以做到只点击"更新集群"按钮，就可以把整个集群更新到最新版本，而不需要在后台做任何手动操作。

其次，对于逻辑资源，要有符合企业现状的定义，例如，有些企业希望先地域再项目（地域包含项目），有些企业希望先项目再地域（项目跨地域存在），两种方式各有各的特点和优势，这取决于企业规模、运维部门划分和分工等因素。

标签管理是一个很方便的功能，利用标签可以将应用的各种属性（类型、所属等）与集群甚至主机紧密关联，熟悉 OpenShift 的都知道，如何利用好 Label，是一个很重要的话题。

最后，对于应用和服务的集中管理，可以从整个企业角度跨集群地去考虑应用和服务的重用性，技术中台、业务中台项目就是将此进行重点突出和升华进行建设的结果。

资源统一管理还应该具有如下功能：

❑ 搜索和分类资源，能够快速搜索和定位资源；

❑ 以常见方式，如时间滑块或者分类的方式，来查看资源数据，包括时间轴上的相关事件；

❑ 资源细节查看功能，下钻查看资源细节和为资源创建的各种阈值；

❑ 自定义度量小部件，用于查看与资源相关的其他度量；

❑ 查看相关资源或者关联资源，如查看与某 Pod 相关的部署所在节点、使用的镜像，或者占用端口号等信息。

3. 镜像统一管理

镜像的统一管理是多集群管理门户下一个非常重要的功能。镜像统一管理不是要建一个统一的镜像仓库，而是要给各集群中的镜像仓库提供统一的管理视图，能够为镜像库、项目实现授权。

镜像仓库统一管理还需要管理与第三方系统的对接和集成，如与 Git、DevOps 工具的集成密钥等。

统一维护各镜像仓库之间的同步复制关系；以仓库或者项目为单位创建、维护同步规则，实现镜像跨地域、跨网络的同步和更新；支持全量同步或者增量同步。

最好还能够以镜像角度实现统一的生命周期管理（镜像的上架、拉取、更新、版本控制、权限控制、下架）等操作。

4. 配置统一管理

实现配置和应用程序分离，这是 OpenShift/Kubernetes 的应用运行时设计原则，OpenShift 提供 ConfigMap 和 Secret 机制作为核心来解耦应用和配置之间的关系，但在实际应用中，环境变量、Git/SVN 参数文件都可以作为传递参数的可选途径。配置统一管理是一个很大的话题，这方面的开源产品有：Spring-Cloud-Config、Netflix archaius、Ctrip 的 Apollo，Disconf 等，这里不再赘述。

也有不少用户为自己量身定制适合的配置中心组件，至少提供如下功能：

❑ 租户级隔离：不同 Namespace 的参数通过角色定义、程序读写权限等设置进行隔离保护，在配置项统一的同时，保证各个环境间互不干扰。

❑ 支持多配置集群、多环境配置：要保证不同集群下配置的统一性（如配置名、版本统一管理），又能在逻辑上将不同的集群配置隔离。

❑ 支持多版本管理：支持多版本管理，并支持历史版本的激活，版本差异高亮显示。

❑ 无缝集成 OpenShift 的 Configmap 以及 Secret 配置管理。

❑ 可以与企业的 DevOps 流程实现集成，实现流程的可配置化。

❑ 支持操作审计：确保配置操作有据可查。

5. 统一监控和日志管理

统一监控和日志管理包括告警管理和事件管理，目标是提供全集群的统一监控视图、日志中心和运维响应中心。具体应具备以下能力。

- ❑ 与团队成员协作，快速有效地进行应用程序环境中的事件管理和问题诊断，减少对用户和业务的影响。
- ❑ 通过可视化复杂的现代原生运行时环境的每一层的因果关系，来确定故障的根本原因：调用外部 API 异常？集群故障？节点问题？ Pod 还是单个容器的问题？
- ❑ 具有快速翻阅可视化环境中各层在触发事件时的状态的能力。
- ❑ 允许开发人员使用开源的轻量级数据收集器在应用程序生命周期的早期发现性能问题。
- ❑ 统一监控需要考虑 Prometheus 在集群中的作用域范围以及部署架构，并且需要和第三方的系统对接。
- ❑ 建立统一的日志中心，汇总所有容器云平台上的日志信息，并提供检索能力。通常情况下，很多客户已有日志中心，多集群管理门户需要考虑与这个日志中心的集成。

6. 工具和流程管理

在各个集群中使用的 DevOps 工具，也需要统一管理起来，这里更多是在系统级打通 DevOps 工具和流程与 OpenShift 各个集群之间的认证和集成关系。

7. 安全集中控制

如何对多个集群中的角色、资源、操作进行合理有效的定义？安全和集中控制的功能可以做得非常细化和强大，这里不做赘述。

12.2.2　集群上应用的灾难备份／恢复策略

1. 总览

在 OpenShift 中部署有状态应用程序的压力越来越大。与无状态应用程序相比，这些有状态应用程序需要更复杂的灾难恢复（DR）策略，因为还必须考虑状态，而不仅仅是流量重定向。

随着应用程序复杂性的增加，灾难恢复策略变得不那么通用，而更加特定于应用程序。也就是说，本文将尝试说明可以应用于常见有状态应用程序的高级灾难恢复策略。

注意，OpenShift 平台本身的灾难恢复策略是一个单独的主题，与 OpenShift 中运行的应用程序的灾难恢复无关。

对于这一部分的讨论，我们可以假设 OpenShift 部署在如图 12-26 所示的其中一种拓扑中。

通常情况下，可以认为"2 个独立集群"和"3 个及以上独立集群"是相同的体系结构模式。但是，正如我们看到的，当有 2 个以上的数据中心可供使用时，就灾难恢复而言，就有了更多的选择，因此我们有必要区分这两个体系结构。

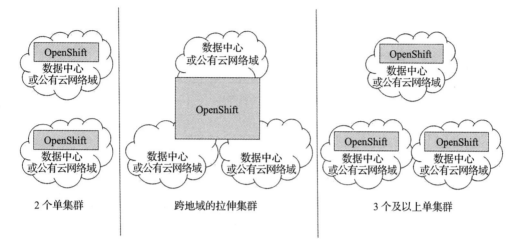

图 12-26　常见部署拓扑

需要注意的是，跨越两个数据中心的 OpenShift 集群的选项不在本章讨论范围之内。对于这种类型的 OpenShift 部署，当灾难发生时，可能需要执行一些操作来恢复 OpenShift 自身（具体取决于部署的细节）。我们不希望出现这样的情况：既需要恢复 OpenShift 的控制平面，又要恢复在该控制平面上运行的应用程序（当然，很多时候，OpenShift 本身可以避免此种情况同时发生）。

本章我们主要讨论当某个 OpenShift 集群整体故障时，应用本身在 OpenShift 集群之上的灾难和恢复设计策略，设计方式主要可以分为两大类：

❑ 主备模式：使用这种方法，在正常情况下，所有的流量都流向一个数据中心。第二个数据中心处于备用模式，以防发生灾难。如果发生了灾难，则假定会有停机时间，以便执行在另一个数据中心恢复服务所需的任务。

❑ 双活模式：使用这种方法，负载被分散到所有可用的数据中心。如果数据中心由于灾难而丢失，则可以预期不会对服务造成影响。

接下来，我们将使用一个示例应用程序来说明这两种灾难恢复策略。虽然这种方法不能涵盖所有真实场景，但它可以更容易说明问题，也更容易理解。

2. 有状态示例应用

我们的应用程序可以描述为如图 12-27 所示的结构。

无状态的前端通过路由接收客户请求，并与有状态的工作负载通信。在我们的示例中，这是一个关系数据库，数据库 Pod 为其数据挂载一个持久化卷。

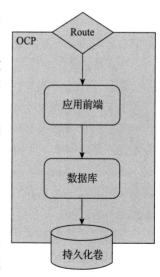

图 12-27　示例应用拓扑

3. 主备模式容灾策略

主备模式容灾策略，也称主动 / 被动容灾策略，简称主备策略，适用于只有两个数据中心可用的场景。对于两个数据中心部署只适用于主备策略的原因，这里不做更多说明，感兴趣的读者可以从网上搜索相关资料，了解克服这一限制的可能折中类型。

在主备策略的场景中，示例应用的整体部署架构如图 12-28 所示。

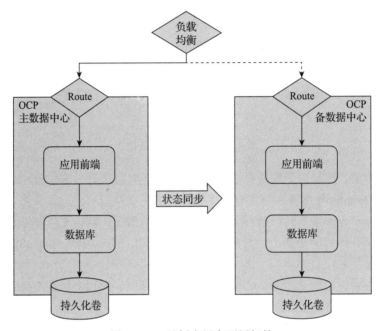

图 12-28　示例应用高可用拓扑

在图 12-28 中，全局负载均衡器（在图中称为全局负载均衡器器）将流量定向到一个数据中心。应用程序被配置为将其状态复制到备份站点。

当灾难发生时，需要执行以下操作：

第一，在备份站点中激活应用程序（启动或配置为主应用程序）；

第二，需要将全局负载均衡器切换到备份站点。

这些操作可以被自动化并以相对及时的方式执行。然而，自动化操作往往在灾难发生后才会触发，因此，应用程序通常会停机。

一旦灾难解决了，我们就必须回到原站点。完成此任务的最简单方法可能是按照与灾难发生时相反的方向执行操作过程。因此，同样地，这个操作过程可以自动化，但是也需要消耗一些时间。

在前面，我们描述了设计主备模式灾难恢复场景的非常通用的过程。整个过程取决于将数据状态从主站点复制到备份站点的能力。以下是一些实现这个能力的方法。每个工作负载是不同的，因此应该根据它们对环境的适用性来选择这些不同的方法，对不同的选项进行状态同步。

（1）卷级别复制

通过卷复制，可以在存储级复制状态，如图 12-29 所示。卷复制可以是同步的（通常用于低延迟场景），也可以是异步的。在后一种情况下，应用程序的设计必须保证存储始终是一致的，或者至少是可恢复的。

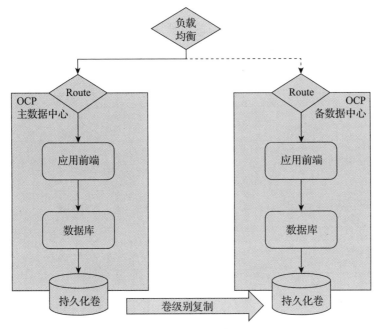

图 12-29　卷级别复制拓扑

大多数存储产品支持卷级别复制。但是，Kubernetes 没有提供在两个不同集群之间设置卷级别复制的抽象层、标准组件以及规范。因此，至少现在，我们需要依靠非 Kubernetes 标准的扩展来实现这种功能，例如，Portworx。

在 Kubernetes 作用域之外配置卷级别复制始终是可能的。然而，由于此类配置的静态性质通常与动态卷供应模式相冲突，因此必须仔细设计此类配置。

（2）备份和恢复

虽然备份可以提供防止应用程序错误配置、Bug 或人为错误的宝贵保护，但它们不是DR 策略的推荐方法。

在 DR 上下文中，备份和恢复可以视为基本异步卷复制的一种形式。以下是备份和恢复操作中发现的常见问题：

1）完全备份和恢复实操演练做得太少（或者从来没有）。主要的风险是无法在实际需要时准确地恢复数据。

2）Kubernetes 中没有发布或调度备份或恢复的抽象层。必须使用专有扩展（如 Velero

或 Fossul），或者必须直接在存储产品层进行配置。

3）对于非常大的数据存储，恢复时间可能比应用程序可接受的停机时间还要长。

（3）应用级别复制

使用应用级别复制时，有状态应用程序负责复制状态。同样，复制可以是同步的，也可以是异步的。因为复制是由应用程序驱动的，至少在这种情况下，我们可以确定存储将始终处于一致的状态。大多数传统数据库都可以以这种方式配置，主数据库在活动站点中运行，从数据库在备份站点中运行，如图 12-30 所示。

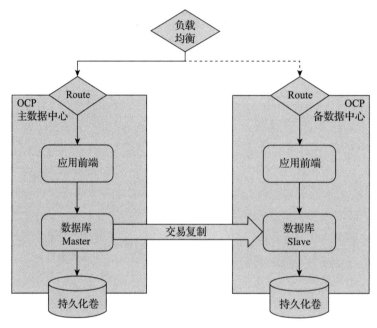

图 12-30　应用级别复制拓扑

为了使主服务器与从服务器同步，必须能够建立从主服务器到从服务器的连接（在灾难后恢复，反之亦然）。建立连接的一种方法是通过路由或一个 LoadBalancer 服务公开有状态工作负载，并让主服务器连接到该路由或者 LoadBalancer，如图 12-31 所示。

这虽然是一种可行的方法，但它的缺点是将有状态应用程序暴露在集群之外。此外，当每个集群中有多个 Pod 时，在保持单个 Pod 身份的同时配置出口和入口路径可能会很复杂（水平扩展）。这是因为通常有状态的应用程序实例需要单独联系其他副本（而不是通过负载均衡器）才能集群。当每个集群有多个实例时，不可能使用同样的请求接入解决方案（负载均衡器服务、入口设备、路由器）来负载均衡每个集群的所有实例上。

这个问题的解决方案是在集群之间建立一个网络隧道，使一个集群中的 Pod 可以直接与另一个集群中的 Pod 通信，如图 12-32 所示。

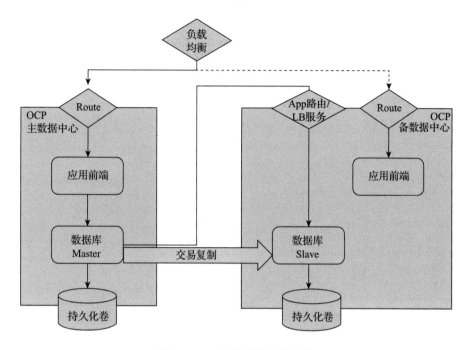

图 12-31　应用级别灾难恢复

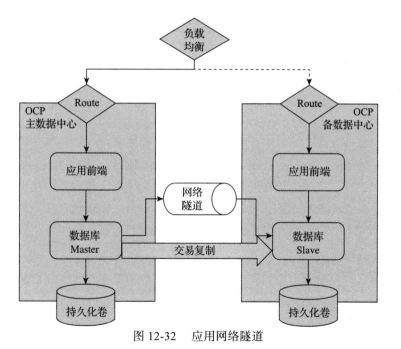

图 12-32　应用网络隧道

　　不幸的是，Kubernetes 没有提供在集群之间创建网络隧道的标准抽象层。不过，有些社区项目提供了这一功能，如 Submariner 和 Cilium。

（4）代理级别复制

实现复制的第三个选项是在有状态工作负载之前创建一个代理，并让代理负责维护状态复制，如图 12-33 所示。

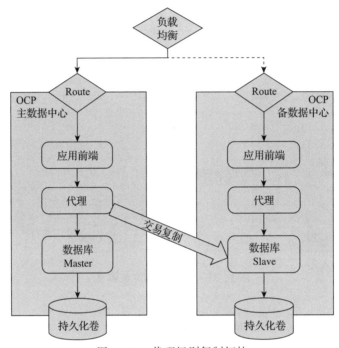

图 12-33 代理级别复制拓扑

由于必须为有状态应用使用的特定网络协议编写这样的代理，因此这种方法并不总是可行的。

若使用代理级别复制，类似于应用级别复制，我们需要建立集群内部的 Pod 到 Pod 之间的通信（从代理到有状态应用）。例如，Vitess（MySQL）和 Citus（PostgreSQL）。这些是相对复杂的应用组件，最初创建它们是为了通过智能分片库表为数据库提供向外扩展的解决方案。因此，虽然这些解决方案可以用作灾难恢复策略，但是只有在需要满足其他需求（例如：大规模部署）时才应该采用它们。

4. 双活模式容灾策略

对于双活模式容灾策略，我们假设我们的有状态应用需要一致性和可用性。如之前所述，为了满足这些需求，我们需要至少三个数据中心和一个具有一致性协议的应用程序，该协议允许它确定集群中哪些实例是活动和健康的。在这种方法中，应用程序负责跨各种实例同步状态。其结构如图 12-34 所示。

当引入 OpenShift 时，我们可以将这种架构部署在跨多个数据中心（或是在公有云中的可用性区域）的单个集群上，或者在多个数据中心（或可用性区域）上的多个独立集群。具体分析如下。

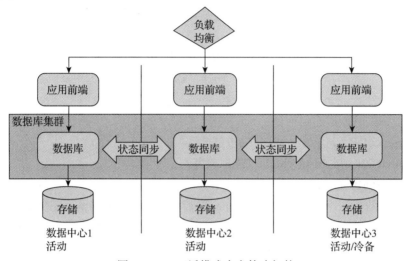

图 12-34　双活模式容灾策略拓扑

（1）跨多个数据中心的单个拉伸 OpenShift 集群

为了实现这种策略，数据中心之间的延迟必须相对较小（Etcd 要求延迟最大为 10ms）。由于组织通常不会在同一地域或城市内有三个数据中心（低延迟），所以这种方法更有可能在云中设置。云区域由多个称为可用性区域（AZ）的数据中心组成，它们之间的延迟非常低。因此，可以跨三个或多个 AZ 扩展 OpenShift 集群，实际上，这是在云中安装 OpenShift 的推荐方法。

常见的体系结构如图 12-35 所示。

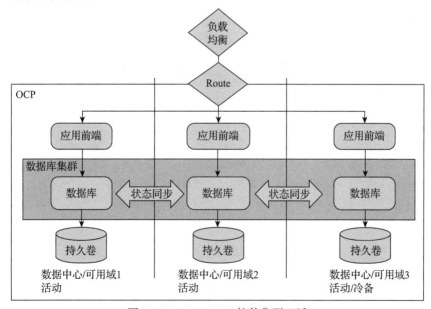

图 12-35　OpenShift 拉伸集群双活

当灾难袭击某个 AZ 时，不需要采取任何操作，因为 OpenShift 和有状态应用会自动对该情况做出反应。特别是，有状态的应用将感知其中一个实例的丢失，并继续使用剩余的实例。

恢复受影响的 AZ 时也是如此。当恢复的 AZ 中有状态实例重新联机时，在允许该实例加入集群之前，它需要重新同步其状态。同样，这是自主处理的，属于这类有状态应用的集群特性的一部分。

具有这些特性的数据库包括：

❏ CockroachDB（与 PostgreSQL 二进制兼容）

❏ YugabyteDB（与 PostgreSQL 二进制兼容）

❏ TiDB（于 MySQL 二进制兼容）

这种新一代的数据库（作为谷歌 Spanner 的后代）正在慢慢普及。正如你所看到的，它们与现有的主要开放源码数据库是二进制兼容的，因此理论上在将应用程序迁移到客户机时不需要更改它们。但同时，由于这些是相对较新的产品，可能存在一些操作风险（缺乏技能、产品成熟度低、缺乏管理工具）。

（2）跨数据中心多集群

跨数据中心多集群部署拓扑可以如图 12-36 所示。

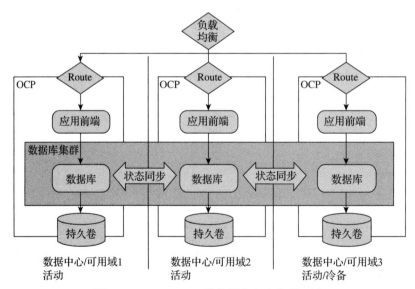

图 12-36 OpenShift 跨数据中心多集群双活

在本例中，我们有多个（至少三个）数据中心，它们可能是跨地域分布的。在每个数据中心，我们都有独立的 OpenShift 集群，由全局负载均衡器平衡数据中心之间的流量（有关如何使用此方法配置全局负载均衡器的设计建议，这里不再赘述）。通过有状态应用跨 OpenShift 集群部署，不管是在本地私有部署还是在混合云部署模式下，更具有通用性。

此外，它提供了更好的可用性，因为尽管我们在灾难响应方面有相同的保证机制，但在跨数据中心多集群架构下，OpenShift 不会成为单一故障点。

当灾难发生时，我们的全局负载均衡器必须能够感知其中一个数据中心的不可用性，并将所有流量重定向到其余的活动数据中心。不需要对有状态应用执行任何操作，因为它将自组织以管理集群成员的丢失。

在此配置中，有状态应用集群的成员需要能够彼此通信（必须建立 Pod 到 Pod 的通信）。在应用程序级复制的主备容灾场景中考虑的问题，这里也同样适用。

最后，跨多个 OpenShift 集群部署有状态的工作负载并非易事。在单个 OpenShift 集群中支持复杂的有状态应用的过程可以使用 Operator 进行简化。但是，现在几乎所有的 Operator 都是集群绑定的，不能跨多个集群控制配置。Multi-CassKop 项目是 Cassandra 的多集群 Operator 的一个（罕见的）例子。此外，这个项目展示了一个可能的框架来创建多集群控制器。所以，这就又回到了联邦集群以及多集群管理门户这个领域。

12.2.3　启动 OpenShift 上的硬件加速

在 Kubernetes 中管理 GPU 或高性能 NICs 之类的硬件加速卡是很困难的。特殊的有效负载（驱动程序、设备插件、监视堆栈部署和高级功能发现）、更新和升级等步骤通常需要第三方供应商的知识来完成。

特殊资源操作器（Special Resource Operator，SRO）是一个模板，用于公开和管理 Kubernetes 集群中的加速器卡。它可以无缝掌控硬件从引导到更新和升级的过程。

本节首先介绍 SRO，然后介绍 SRO 中的构建块，以及如何逐步启用不同的硬件加速器。

1. 特殊资源操作器的益处

SRO 模板可以应用于"任何"硬件加速器。不管是 GPU、网络 NIC 还是 FPGA，在 Kubernetes 中使用这样的硬件加速器时，都会涉及类似的步骤。

利用节点功能发现（Node Feature Discovery）项目，SRO 知道在哪里部署特定的硬件堆栈，这意味着只有标记正确的节点才能接收特殊的负载（硬件启用堆栈）。

第一步是部署 DriverContainer。DriverContainer 的优点是：在不可变和可变的操作系统上都可使用。SRO 验证每个重要步骤，而 DriverContainer 则为该特定硬件的容器提供了一个可配置的容器运行时启动前阶段 hook。

成功验证后，SRO 将部署设备插件，以便将硬件开放给集群使用，然后再次验证部署。

最后一步是部署监控，注册新的特定的 Prometheus node-exporter，并且注册新的 Prometheus 告警规则以及与之配套的自定义 Grafana 仪表板。

加载自定义驱动程序后，我们就可以使用 sidecar 容器提取有关硬件的复杂信息，以便进行功能发现。

除了支持特定硬件之外，SRO 还允许通过 priority-claases、taints 和 tolerations 机制对节点进行软分区或硬分区。

为了完成整个场景，SRO 无缝而优雅地掌控更新和升级。上面的步骤不是特定硬件独有的；它是在 Kubernetes 集群中启用和开放硬件能力的通用方法。目前，SRO 模板已经用作 GPU 和网络 NIC 的示例实现。图 12-37 是部署 NFD 后使用 SRO 的效果呈现。

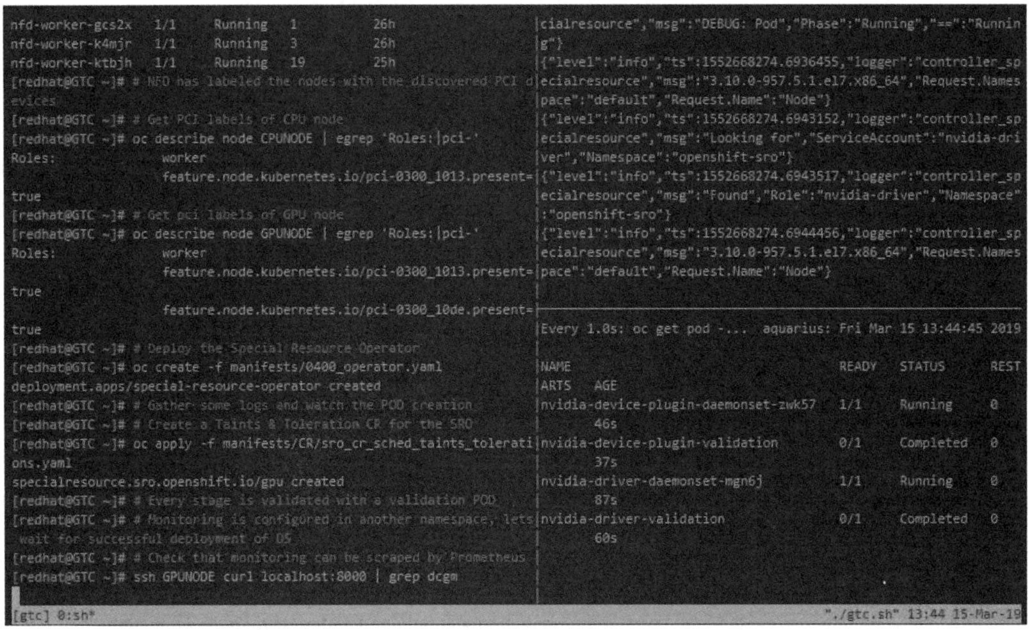

图 12-37　NFD 和 SRO 效果图

2. SRO 的内部工作原理

特殊资源操作器是集群中专门为需要额外管理的资源设计的资源编排器。以下这个参考实现展示了如何在 Kubernetes/OpenShift 集群上部署 GPU。

在尝试使用特殊资源配置群集时有一个常见的问题：不知道哪个节点有特殊的资源。为了避免遇到这个问题，SRO 依赖于 NFD 操作器及其节点特性发现功能。NFD 将使用特定于节点的属性（如 PCI 卡、内核或操作系统版本等）标记宿主机，有关 NFD 的更多信息请参阅 NFD sig（https://github.com/kubernetes-sigs/node-feature-discovery）。

下面是应用于节点的 NFD 标签的示例摘录。

```
Name:          ip-xx-x-xxx-xx
Roles:         worker
Labels:        beta.kubernetes.io/arch=amd64
               beta.kubernetes.io/instance-type=g3.4xlarge
               beta.kubernetes.io/os=linux
                       ...
               feature.node.kubernetes.io/cpuid-AVX=true
               feature.node.kubernetes.io/cpuid-AVX2=true
               feature.node.kubernetes.io/kernel-version.full=3.10.0-957.1.3.el7.
```

```
        x86_64
                    ...
        feature.node.kubernetes.io/pci-10de.present=true
        feature.node.kubernetes.io/system-os_release.VERSION_ID=4.0
```

NFD 使用客户机 – 服务器模型来标记节点。只有在 master 节点上运行的 NFD-master 才能标记。标记是一种高权限操作，在 worker 节点上运行的应用负载不应该具有此能力。这项安全措施能够确保 worker 节点给自己打上 master 的标签，提升权限并接管整个集群。

例如，可以通过以下命令查看 GPU 节点上已发现的 GPU 设备：

```
$ oc describe node ip-10-0-137-45.us-west-1.compute.internal | egrep 'Roles|pci'
//Output
Roles:   worker
         feature.node.kubernetes.io/pci-10de.present=true
         feature.node.kubernetes.io/pci-1d0f.present=true
```

在 NFD-master 和 worker 之间建立 TLS 加密的 gRPC 连接，以便在它们之间交换协议缓冲区（序列化结构化数据的机制）。交换的数据是一个带有元数据的映射（参考 NFD 的 labeler.proto）。

特殊资源操作器实现一个简单的分阶段机制，其中每个阶段都有一个验证步骤。每个阶段的验证步骤是不同的，并且依赖于要探测的前一个状态的功能特性。

以下对各阶段的解析将描述 SRO 是如何处理集群中的 GPU 的。

3. 通用阶段解析

每个阶段的 ServiceAccount、RBAC、守护进程、ConfigMap 清单等资产均保存在 ConfigMap 中，并挂载到容器的 /etc/kubernetes/special resource/ 目录下。每个阶段对应一个文件。

SRO 将接管每一项资产，并为每一项资产分配一项控制函数。这些控制函数具有用于预处理 yaml 文件的钩子（回调），或用于预处理解码的 API 运行时对象的钩子。这些钩子用于添加来自集群的类似内核版本的运行时信息，并且添加基于发现的硬件的 nodeSelectors 等。回调的动作由要创建的资源的注解（annotation）触发。

在对资源进行解码预处理并将其转换为 API 运行时对象后，控制函数将处理这些对象上的 CRUD 操作。

只需为新的特殊资源需要的资产创建另一个专门的 ConfigMap，SRO 就可以轻松扩展，如图 12-28 所示。

以 GPU 为例，我们可以通过以下命令确认 SRO 的部署状态：

```
$ oc get Pods -n gpu-operator
NAME                                         READY   STATUS    RESTARTS   AGE
special-resource-operator-5db5bc4f5c-vld29   1/1     Running   0          154m
```

进一步，查看每一个组件的部署状态：

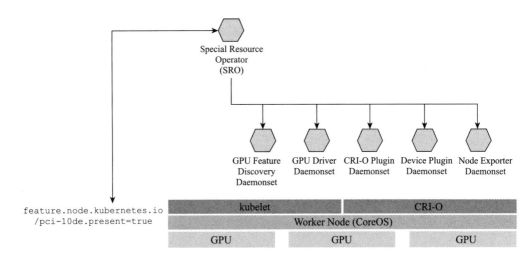

图 12-38　SRO 部署到相关联的节点

```
$ oc get all -n gpu-operator-resources
NAME                                          READY   STATUS      RESTARTS   AGE
Pod/nvidia-container-toolkit-daemonset-sgr7h  1/1     Running     0          160m
Pod/nvidia-dcgm-exporter-twjx4                2/2     Running     0          153m
Pod/nvidia-device-plugin-daemonset-6tbfv      1/1     Running     0          156m
Pod/nvidia-device-plugin-validation           0/1     Completed   0          156m
Pod/nvidia-driver-daemonset-m7mwk             1/1     Running     0          160m
Pod/nvidia-driver-validation                  0/1     Completed   0          160m

NAME                          TYPE        CLUSTER-IP      EXTERNAL-IP   PORT(S)    AGE
service/nvidia-dcgm-exporter  ClusterIP   172.30.64.207   <none>        9400/TCP   153m

NAME                        DESIRED   CURRENT   READY   UP-TO-DATE      AVAILABLE
NODE          SELECTOR                AGE
daemonset.apps/nvidia-container-toolkit-daemonset    1          1            1
1             1            feature.node.kubernetes.io/pci-10de.present=true
160m
daemonset.apps/nvidia-dcgm-exporter                  1          1            1
1             1            feature.node.kubernetes.io/pci-10de.present=true
153m
daemonset.apps/nvidia-device-plugin-daemonset        1          1            1
1             1            feature.node.kubernetes.io/pci-10de.present=true
156m
daemonset.apps/nvidia-driver-daemonset               1          1            1
1                         feature.node.kubernetes.io/kernel-version.full=4.18.0-147.3.1.el8_1.
x86_64,feature.node.kubernetes.io/pci-10de.present=true   160m
```

4. BuildConfig 节点解析

SRO 的第一个阶段将构建一个 DriverContainer。什么是 DriverContainer？顾名思义，将设备的驱动封装到一个容器里，即 DriverContainer。DriverContainer 在云原生环境中的应用越来越多，特别是在纯容器操作系统上运行时，它可以向宿主机提供硬件驱动程序。

DriverContainers 不仅仅是一种驱动交付机制。它支持完整的用户和内核堆栈，也可以用于配置硬件参数，启动硬件正常工作所必需的守护进程，并执行其他重要任务。最重要的一点是，使用 DriverContainer 不会再有 SELinux 问题，因为其使用与宿主机相同的 SELinux 上下文（container_file_t）进行交互。在没有 DriverContainers 时，我们需要针对 NVIDIA 设置额外的 SELinux 策略，来允许容器访问主机标签，访问主机设备、库或二进制文件，但是这样做是一个有风险的操作。现在这个步骤已经不需要了。

DriverContainers 可以在 RHCOS/RHEL 7、8，Fedora（笔记本电脑上）上工作，并且可以在任何其他能够启动容器的发行版上工作。

有了 DriverContainers，宿主机始终保持"干净"，在不同的库版本或二进制文件中没有冲突。原型测试、验证测试等工作变得更加容易，当需要更新驱动版本时，我们只需要拉一个新的容器即可实现，加载和卸载是由 DriverContainer 完成的，它检查 /proc、/sys 以及其他文件，以确保删除所有调试和 Tracing 痕迹。

为了演示 DriverContainer 的构建过程，我们将使用 NVIDIAs DriverContainer 为集群构建 GPU 驱动程序。

这个 BuildConfig 文件使用带有 Dockerfile 的 git 存储库作为输入。如果已启用集群范围的正版化授权，该 BuildConfig 可以使用任何 RHEL 存储库来构建 DriverContainer。将该 BuildConfig 保存为文件 0005-nvidia-driver-container.yaml。

```
apiVersion: image.openshift.io/v1
kind: ImageStream
metadata:
    labels:
        app: nvidia-driver-internal
    name: nvidia-driver-internal
spec: {}
---
apiVersion: build.openshift.io/v1
kind: BuildConfig
metadata:
    labels:
        app: nvidia-driver-internal
    name: nvidia-driver-internal
spec:
    runPolicy: "Serial"
    triggers:
        - type: "ConfigChange"
        - type: "ImageChange"
    source:
        git:
            ref: entitled
```

```
            uri: https://gitlab.com/zvonkok/driver.git
        contextDir: entitled
        type: Git
    strategy:
        dockerStrategy:
            buildArgs:
            - name: "DRIVER_VERSION"
              value: "418.87.01"
            - name: "SHORT_DRIVER_VERSION"
              value: "418.87"
    output:
        to:
            kind: ImageStreamTag
            name: nvidia-driver-internal:latest
```

当然，你也可以使用 NVIDIA 提供的上游社区版本来实现这次构建（但是在生产中拥有集群范围的 Redhat 订阅授权，并已 Redhat UBI 镜像作为基础镜像进行扩展是必要的），链接为 https://gitlab.com/nvidia/container-images/driver.git。

根据 git 的目录结构，注意修改上述 BuildConfig 的其他参数，如：

```
source:
    git:
        ref: master
        uri: https://gitlab.com/nvidia/container-images/driver.git
contextDir: centos7
```

这个 DriverContainer 在它的专有命名空间里进行构建，并被推送到内部注册表。使用如下命令创建它的 BuildConfig：

```
$ oc create -f 0005-nvidia-driver-container.yaml
```

然后观测这个构建的运行情况：

```
$ oc get Pod
NAME                              READY STATUS RESTARTS AGE
nvidia-driver-internal-1-build    0/1 Init:0/2 0 2s
```

查看日志，我们可以通过检查已安装的软件包来验证是否正在使用一个被授权正版化的版本，并成功构建。

```
$ oc logs nvidia-driver-internal-1-build | grep kernel-devel | head -n 5
STEP 2: RUN dnf search kernel-devel --showduplicates
================= Name Exactly Matched: kernel-devel =====================
kernel-devel-4.18.0-80.1.2.el8_0.x86_64 : Development package for ...
kernel-devel-4.18.0-80.el8.x86_64 : Development package for building ...
kernel-devel-4.18.0-80.4.2.el8_0.x86_64 : Development package for ...
```

使用具有授权许可的构建，可以确保构建是可重复的，并只在其 RHEL 环境中使用兼容和更新的软件（CVE、Bugfix）。这可确保生成的构建包始终使用来自可信源的依赖包，其中应用了所有最新的安全修补程序并修复了错误。

经过上面的步骤，生成的容器镜像被推送到内部注册表，并且只能由该命名空间中的对象（即在该命名空间中使用此镜像的 GPU 运算符和守护进程）访问。之所以为生成 DriverContainer 使用 BuildConfig，是因为 BuildConfigs 重新初始化支持不同类型的触发器。对于 SRO，我们使用 ConfigChange 和 ImageChange 触发器重建驱动程序。

有关如何利用 OpenShift 特性使更新变得无缝和简单的更多信息，请参阅 OpenShift 官方资料的"升级"小节。

5. 驱动程序

此阶段将部署带有 DriverContainer 的守护程序。该 DriverContainer 保存所有用户空间和内核空间部分，以使特殊资源（GPU）正常工作。它将配置主机并告诉 cri-o 在哪里查找 GPU Prestark Hook（预启动钩子），例如，使用上一步的 BuildConfig 创建的 nvidia DriverContainer。

守护程序将使用 NFD 中的 PCI 标签，仅在具有特殊资源的节点上调度守护程序，例如，0x10DE 是 NVIDIA 的 PCI 供应商 id。

```
$ nodeSelector:
    feature.node.kubernetes.io/pci-10de.present: "true"
```

为了调度编译的内核模块的正确版本，Operator 将从特殊资源节点获取内核版本标签，并对驱动程序容器的 DaemonSet 进行预处理，以使 nodeSelector 和拉取的镜像的名称中包含内核版本信息：

```
nodeSelector:
  feature.node.kubernetes.io/pci-10de.present: "true"
  feature.node.kubernetes.io/kernel-version.full: "KERNEL_FULL_VERSION"
- image: <image-registry>/<namespace>/<image>-KERNEL_FULL_VERSION
```

这样可以确保在具有特定内核版本的节点上只调度正确的驱动程序版本。

如果没有可用的预生成 DriverContainer，SRO 将从内部注册表生成 DriverContainer。

6. Runtime Hook

在 OpenShift/Kubernetes 中启用加速器的第一步是启用容器中的硬件。OCI 运行时规范描述了用于配置与容器生命周期相关的自定义操作的钩子。

对于 GPU，我们使用 NVIDIA 容器工具包，它是一个预启动钩子，它将设备、用户空间库、二进制文件和配置从主机绑定挂载到容器中。用户空间和内核空间紧密的耦合，这样就可以保证安装的用户空间和内核空间版本是同步的。

这个预启动钩子提供了启用容器中硬件所需的所有基本二进制，而无须将硬件特定部件安装到容器中。

```
$ oc get all -n gpu-operator-resources
NAME                                            READY   STATUS    RESTARTS   AGE
Pod/nvidia-container-toolkit-daemonset-sgr7h    1/1     Running   0          160m
......
```

对于其他硬件，可以使用 oci decorator（https://github.com/openshift-psap/oci-decorator），它是一个通用的预启动钩子，具有一个文本配置文件，表明容器中必须提供哪些设备、库和二进制文件。该配置文件还有一个激活标志（容器中导出的环境变量），通过它可以触发预启动钩子。

7. 驱动程序校验

为了检查驱动程序和 hook 是否正确部署，Operator 将调度一个简单的 GPU 工作负载 Pod，并检查状态是否成功，状态成功意味着应用程序成功返回，没有错误。如果驱动程序或用户空间部分工作不正常，GPU 工作负载将退出并提示错误。此 Pod 不会分配扩展资源，只检查 GPU 是否工作。

```
$ oc logs nvidia-driver-validation -n gpu-operator-resources | tail
make[1]: Leaving directory '/usr/local/cuda-10.2/cuda-samples/Samples/warpAggregatedAtomicsCG'
make: Target 'all' not remade because of errors.
> Using CUDA Device [0]: Tesla T4
> GPU Device has SM 7.5 compute capability
[Vector addition of 50000 elements]
Copy input data from the host memory to the CUDA device
CUDA kernel launch with 196 blocks of 256 threads
Copy output data from the CUDA device to the host memory
Test PASSED
Done
```

8. 设备插件部署

顾名思义，这个阶段将部署一个特殊的资源 DevicePlugin 及其所有依赖项。DevicePlugin 是将硬件作为扩展资源暴露给集群的部分，该部分可以由 Pod 分配。

```
$ ./oc get all -n gpu-operator-resources
......
Pod/nvidia-device-plugin-daemonset-6tbfv          1/1      Running     0          156m
.......
```

9. 设备插件验证

可以使用与之前相同的 GPU 工作负载进行验证，但这次 Pod 将请求扩展资源，一方面检查 DevicePlugin 是否已将 GPU 正确暴露到集群，同时还会检查用户空间和内核空间是否正常工作。

```
$ oc logs nvidia-device-plugin-validation -n gpu-operator-resources | tail
make[1]: Leaving directory '/usr/local/cuda-10.2/cuda-samples/Samples/warpAggregatedAtomicsCG'
make: Target 'all' not remade because of errors.
> Using CUDA Device [0]: Tesla T4
> GPU Device has SM 7.5 compute capability
[Vector addition of 50000 elements]
Copy input data from the host memory to the CUDA device
CUDA kernel launch with 196 blocks of 256 threads
```

```
Copy output data from the CUDA device to the host memory
Test PASSED
Done
```

10. 监控

此阶段使用自定义的 metrics exporter DaemonSet 导出 Prometheus 的 Metrics。ServiceMonitor 将此 exporter 作为新的抓取目标并添加到 OpenShift 监视堆栈中。

除了启用监视堆栈之外，SRO 还将部署预定义的 GPU PrometheusRules 来监控该 node exporter 报告的指标，例如 GPU 温度和致命故障等。

最后部署带有预先安装的 GPU 仪表板的 Grafana 实例，我们可以看到如图 12-39 所示的这些指标。

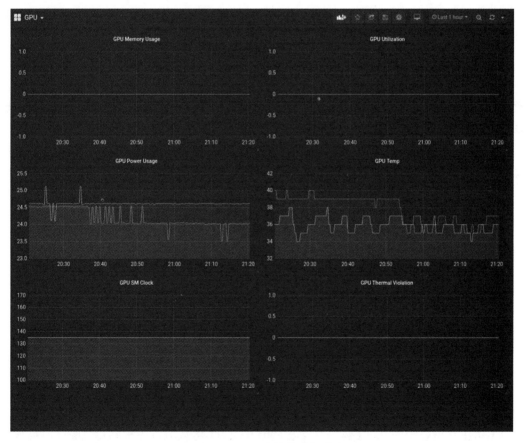

图 12-39　GPU 监控指标仪表盘

在部署包含驱动程序的 enablement 堆栈之后，就可以提取或检测关于底层特殊资源的特殊特性，并使用 NFD 的 side car 容器来发布包含自己前缀（namespace）的特性了。对于本节示例的 GPU，SRO 将使用 https://github.com/NVIDIA/GPU-feature-discovery 发布这些特性。下面是描述某节点时的输出示例：

```
nvidia.com/cuda.driver.major=130
nvidia.com/cuda.driver.minor=34
nvidia.com/cuda.driver.rev=
nvidia.com/cuda.runtime.major=10
nvidia.com/cuda.runtime.minor=1
nvidia.com/gfd.timestamp=1566846697
nvidia.com/gpu.compute.major=7
nvidia.com/gpu.compute.minor=0
nvidia.com/gpu.family=undefined
nvidia.com/gpu.machine=HVM-domU
nvidia.com/gpu.memory=16160
nvidia.com/gpu.product=Tesla-V100-SXM2-16GB
```

这些标签可用于高级调度决策。如果某个业务应用需要特定的计算能力，例如 GPU，可以利用这些标签把该应用部署到正确的节点。

11. 硬分区和软分区

SRO 有一个示例 CR，说明如何为具有特殊资源的工作节点创建硬分区或软分区方案。硬分区是通过 Taints 和 Tolerations 来实现的，而软分区是通过 Priority 和 Preemption 机制来实现的。

硬分区，如果要将 Pod 从具有特殊资源但没有相应 Tolerations 的节点中驱逐出去，可以使用以下 YAML 示例片段。CR 接收 Taints 数组。

```
apiVersion: sro.openshift.io/v1alpha1
kind: SpecialResource
metadata:
    name: gpu
    namespace: openshift-sro-operator
spec:
    schedulingType: "TaintsTolerations"
    taints:
    - key: nvidia.com/gpu
      value: NA
      effect: NoSchedule
```

nvidia.com/gpu 是一个扩展资源，它由 DevicePlugin 暴露，不需要向请求扩展资源的 Pod 添加 toleration。ExtendedResourcesAdmissionController 将为每个试图在具有相应 taint 的节点上分配扩展资源的 Pod 添加一个 toleration。

不请求扩展资源的 Pod（例如，仅限 CPU 的 Pod）将从节点中被驱逐。taint 将确保只有特殊的资源工作负载被部署到这些特定的节点。

与带有 taints 的硬分区方案相比，软分区允许在节点上部署任何 Pod，但高优先级 Pod 会抢占低优先级 Pod 的资源。高优先级的 Pod 常用于特殊资源工作负载，而低优先级的 Pod 常用作 CPU 专用 Pod。以下是一个示例 YAML 片段：

```
apiVersion: sro.openshift.io/v1alpha1
kind: SpecialResource
metadata:
    name: gpu
    namespace: openshift-sro-operator
spec:
    schedulingType: "PriorityPreemption"
    priorityClasses:
    - apiVersion: scheduling.k8s.io/v1beta1
      kind: PriorityClass
      metadata:
        name: gpu-high-priority
        namespace: openshift-sro-operator
      value: 1000000
      globalDefault: false
      description: "This priority class should be used for GPU workload Pods only."
    - apiVersion: scheduling.k8s.io/v1beta1
      kind: PriorityClass
      metadata:
        name: gpu-low-priority
        namespace: openshift-sro-operator
      value: 100000
      globalDefault: false
    description: "This priority class should be used for CPU workload Pods only."
```

CR 接收一个 priorityClass 数组，这个操作器创建两个类，即 gpu-high-priority 和 gpu-low-priority。

通常情况下，我们用低优先级 Pod 调度到相关节点上，但是一旦创建了分配扩展资源的高优先级类 Pod，调度器将尝试抢占低优先级 Pod 所使用的资源，这可能会挂起低优先级 Pod 的调度。

12. 扩容和缩容

由于 SRO 使用守护进程作为每个阶段的构建块，因此在扩容阶段我们需要特别小心。而缩容则不用考虑太多，因为守护进程在缩容时，能够保持在节点上正常运行的正确 Pod 数量。

当发生扩容时，SRO 使用标签向集群公布该阶段已就绪。每个重要的阶段都会用一个标记来标记特殊资源节点，表示阶段已完成。相关的依赖阶段使用 Pod 亲和性和反亲和性来实现。如果该阶段还没有准备好，Pod 就会被驱逐。当该阶段变为可用时，守护进程将调度满足亲和性的 Pod。

使用标签和亲和性来指导调度，使得阶段并行变得容易实现。例如，监控阶段和特征发现阶段，它们都依赖于设备插件部署阶段，因此可以在之后并行执行。这两个阶段与设备插件部署阶段标签都有亲和性，一旦设备插件部署阶段完成，这两个阶段就会同时执行。

13. SRO 的可扩展性

SRO 的每个阶段都是从 ConfigMap 创建的文件，其中包含属于此阶段并需要由 SRO 创建的清单。要添加对另一个加速器的支持，必须创建一个具有特定名称的新 ConfigMap，其中包含所有新的阶段，SRO 将获取这些阶段并按上述方式逐个执行它们。清单必须遵守一些规则，可以使用现有的 SRO 作为模板。

14. 特殊资源驱动更新

首先，NFD 操作器用内核版本（例如 4.1.2）标记主机。然后 SRO 读取这个内核版本并创建一个守护进程，其中包含一个针对这个内核版本的 NodeSelector 和一个要拉取的相应镜像。使用 pci-10de 标签，则 DriverContainer 将仅在 GPU 节点上部署。这样我们就可以确保一个镜像被拉出来，并且只放在内核匹配的节点上，如图 12-40 所示。DriverContainer 镜像构建过程负责以正确的方式命名镜像，最好是在 CI 系统中实现这个环节。

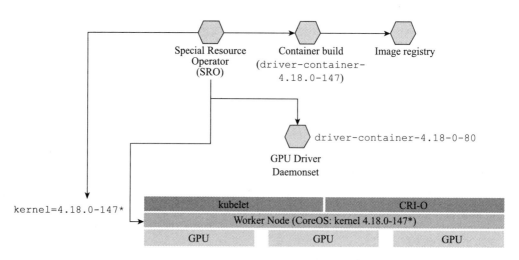

图 12-40　SRO 检测到错误匹配并重建驱动容器

OpenShift 中的更新可以通过两种方式进行：仅更新驱动容器（操作器或者 SRO 相关组件），同时更新 SRO 和宿主机操作系统。

第一种情况很简单，新版本的操作器将协调调度资源，将各组件调整至预期状态，并验证特殊资源堆栈的所有部件都在正常工作，然后"不做"任何事情。

第二种情况会麻烦一些，但技术上并不复杂。在更新操作系统的内核后，这时 SRO 操作器更新到新的版本，然后新版本操作器将根据预期的状态，查看 DriverContainer 的内核版本和升级后的节点是否匹配。若不匹配，SRO 将尝试使用正确的内核版本拉取新镜像。如果无法拉取正确的 DriverContainer，SRO 将用正确的内核版本更新 BuildConfig，由 OpenShift 重新初始化构建，因为我们有如上所述的 ConfigChange 触发器。

除了 ConfigChange 触发器之外，我们还添加了 ImageChange 触发器，这在由于 CVE

或其他错误修复而更新基础镜像时非常重要。为了自动实现这一点，我们要用到 OpenShift 的 ImageStreams，ImageStream 是一组标签，这些标签会自动更新为最新的标签。它就像一个容器存储库，可以呈现相关镜像的虚拟视图。

要始终保持最新，另一种可能是注册 GitHub/GitLab Webhook，以便每次 DriverContainer 代码更改时都可以构建一个新的容器。只需确保 Webhook 是在特定的发布分支上触发的，不建议监视快速移动的分支（例如 master），这样会触发频繁构建。

12.3　本章小结

在本章中，我们分析了客户经常关注的几个问题，并且探讨了在建设集群过程中常见的一些 PaaS 增值服务，如集群的规划、多集群管理、灾难恢复策略、硬件加速等。这些探讨当然是不完整的，项目中还会有更多的困惑和工作要做。

另外，对于联邦集群，现在有 Red Hat 和国内的一些企业在大力推荐，虽然生产上尚未大规模使用，但是在可预见的将来，必定在应用的跨集群管理领域占有一席之地。至于多集群管理门户，也有 IBM 等大大小小的公司在不断推出新的功能，企业可以各取所需。

对于灾备，书中只做了一些浅层次的方案讨论，但是我们希望这些可选方案能够帮助 Openshift 的实践者在正确的方向上为他们的应用程序启动灾难恢复设计。另外，应该注意的是，为了考虑通用性，所提供的这些选项对于通用的有状态应用都是有效的。在实际用例中，了解给定有状态产品的特定特性可能会发现其他选项。

除此之外，我们还了解了当前 Kubernetes 现有能力的不足，这些不足使灾备类型的部署相对复杂。这些不足主要体现在以下方面：

❏ 跨两个 Kubernetes 集群创建卷复制的标准方法；

❏ 创建跨越两个或多个 Kubernetes 集群的网络隧道的标准方法；

❏ 创建多集群 Operator 的标准方法。

我们希望，随着对这些不足的认识越来越多，Kubernetes 社区将在未来解决这些问题。

本章部分内容，引用 Red Hat 同事 Zvonko Kaiser 以及 Raffaele Spazzoli 先生发表在 blog.openshift.com 上的博客，在此表示感谢。

另外，还引用了 NVIDIA 公司的官方文档：https://docs.nvidia.com/datacenter/kubernetes/openshift-on-gpu-install-guide/index.html。

OpenShift 4 集群离线部署详解与简化

在 OpenShift 4.X 版本中，企业版推荐至少 3 个节点作为 Master，但是如果资源实在紧张，或者为了在有限的资源下体验企业版的经典架构，可以通过以下方式强行安装为单 Master 集群运行。

13.1 极简环境规划

为了在保持架构完整性的基础上节省资源，可采用如图 13-1 所示架构，其是在最小可用资源的情况下正常安装、运行的配置。

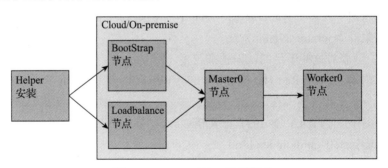

图 13-1 OpenShift 4 极简架构

需要时，扩展 Master 和 Worker 节点的数量并增加其他 DNS、网络方面的配置即可。详见表 13-1 中的环境配置清单。

其中，在 Helper 节点上安装 DNS/bind、HAPROXY、HTTP Server、Registry。Master() 是唯一的管理平台，Worker() 是暂时唯一的工作节点。

表 13-1　环境配置清单

角色	CPU	内存	IP
Helper/Loadbalance	2 vcore	4G	10.66.208.240
BootStrap	2 vcore	4G	10.66.208.247
Master0	4 vcore	16G	10.66.208.241
可根据需要增加 Master 节点			
Worker0	2 vcore	4G	10.66.208.245
可根据需要增加 Worker 节点			

13.2　使用 Helper 节点工具辅助安装部署

如果你计划在"实验室"环境中安装 OpenShift 4（无论是在裸机上还是使用 VM），有一个现成的安装助手脚本，该帮助助手可以帮你预设常见的节点以及相关的组件，比如负载均衡组件、WebServer 组件、NFS 组件等；如果你想仔细了解该助手，可以查询链接 https://github.com/wanghongtao007/ocp4-upi-helpernode。

该助手提供一系列 ansible playbook，可以设置一个"集所有功能于一身"的节点，本剧本有两种模式："标准"模式，即所有的新增节点可以动态获取 IP；"静态 IP"模式，即所有新增节点要预设静态 IP。

将脚本下载到本地，该工具需要联网，并且这个工具可以实现 bind、dhcp、TFTP、NFS、网卡的安装和配置等工作。所以，在无互联网的环境下，你需要手动做相关的调整。提前准备好 filetranspiler 需要的镜像。

```
# git clone https://github.com/wanghongtao007/ocp4-upi-helpernode
```

无互联网时，手动上传：

```
# unzip ocp4-upi-helpernode-master.zip -C /root/
# Podman load -i fedora.tgz
```

另外，如果运行出现错误，可以仔细检查 tasks/main.yaml 中的脚本，有些也许直接跳过即可。

最核心的文件是 filetranspiler。该文件用于修改点火配置文件，所以是必须的，其他部分都可以手动完成。某些版本中，你可以直接把该文件从 ../files/filetranspiler 复制到 /usr/local/bin/filetranspiler 即可。为了更方便，新版本中 filetranspiler 已实现容器化。

在运行 Helper 之前，需要修改配置文件，以下是一个 vars.yaml 配置文件示例（注意，em1 为当前 helper 机器的网卡名）：

```
[root@bastion ocp4-upi-helpernode]# cat vars.yaml
---
staticips: true
helper:
    name: "helper"
```

```
        ipaddr: "10.66.208.240"
        networkifacename: "em1"
dns:
        domain: "rhcnsa.org"
        clusterid: "ocp4"
        forwarder1: "10.66.208.240"
bootstrap:
        name: "bootstrap"
        ipaddr: "10.66.208.247"
masters:
    - name: "master0"
        ipaddr: "10.66.208.241"
workers:
    - name: "worker0"
        ipaddr: "10.66.208.245"
```

执行以下命令，并确认 Helper 工具可以正常使用：

```
# cd ocp4-upi-helpernode
# ansible-playbook -e @vars.yaml -e staticips=true tasks/main.yml
```

提前检查工具是否可以工作：

```
# /usr/local/bin/helpernodecheck
```

成功运行 playbook 以后，确认一下 bind 的配置，就会发现 helper 已经帮你完成了配置。如果不用 Helper，则需要手动配置下面的 DNS 和 LoadBalance 部分。如图 13-2 所示，bind 已经设置正确，注意 bind 的上游 DNS server 的地址，在实际应用中，该地址会指向企业的全局 DNS server。

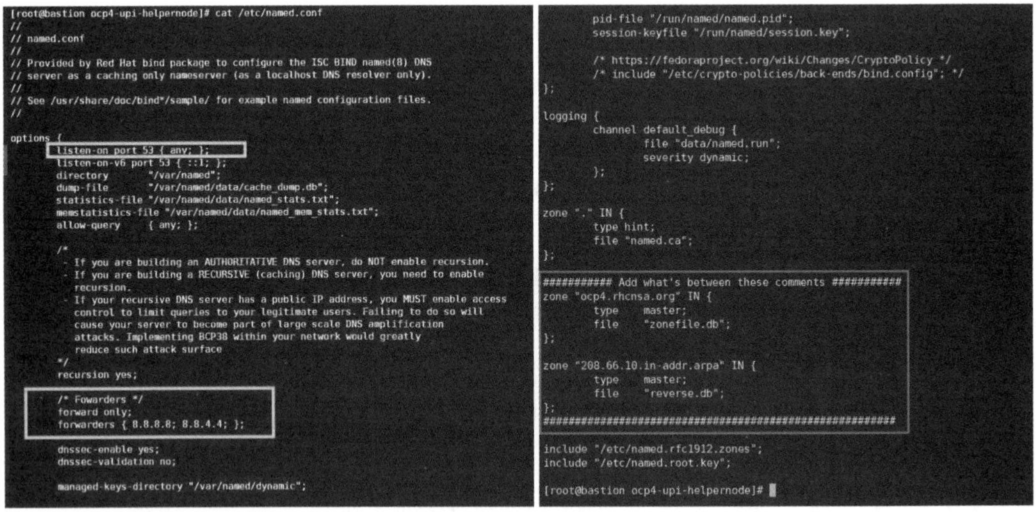

图 13-2　bind 设置

注意，OpenShift 集群的正向 DNS 解析和反向解析已经正确设置，如图 13-3 所示。

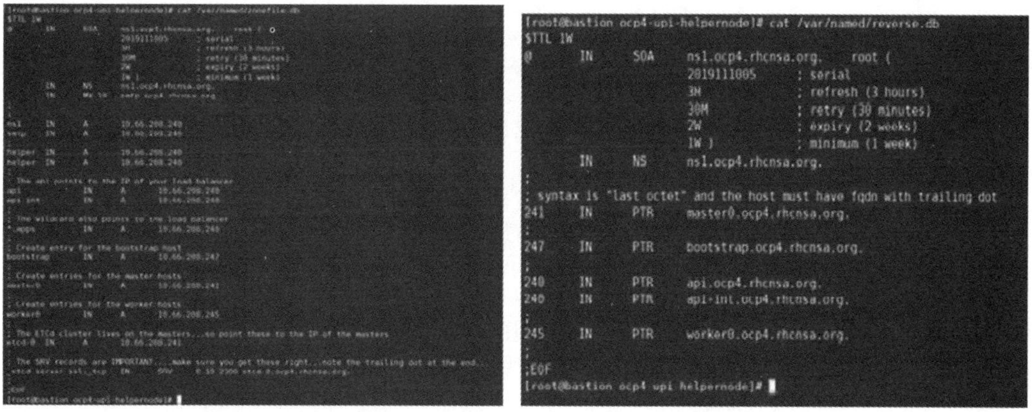

图 13-3　bind zonefile.db 和 reverse.db 设置

13.3　安装配置确认和解析

OpenShift 4 多出了一个 clusterid 的概念，clusterid 会参与域名解析；在本示例中，clusterid 为 ocp4，domain/ 域名后缀为 rhcnsa.org。

通常情况下，前面的 helper 工具已经帮我们做了大量工作，所有相关辅助组件的安装和配置均已完成，比如 DNS、HaProxy、WebServer、DHCP/PXE、TFTP 等。我们可以检查并确认这些成果，也可以手动修改一些配置（如有需要）。

13.3.1　DNS 手动配置及解析

正确的 DNS 设置对于一个正常运行的 OpenShift 集群是必不可少的。DNS 用于名称解析（A 记录）、证书生成（PTR 记录）和服务发现（SRV 记录）。请记住 OpenShift 4 有一个 "clusterid" 的概念，它将被合并到集群 DNS 记录中。你的 DNS 记录中都有 clusterid.domain（本例为 ocp4.rhcnsa.org）。换句话说，你的 clusterid.domain 最终将成为 FQDN（例如 api.ocp4.rhcnsa.org）的一部分。

这里安装和使用 BIND 作为 DNS 服务器。

1. 配置 FORWARD DNS RECORDS

为 BootStrap（引导）、Master（主节点）和 Worker（工作节点）创建正向 DNS 记录。此外，还需要为 api 和 api-int 创建条目，并将它们指向各自的负载均衡器（注意，这两个条目可以都指向同一个负载均衡器，也可以不同）。你还需要创建指向负载均衡器的通配符 DNS 条目。此条目由 OpenShift 的 Router（路由器）使用。以下是各域名在 bind 中的配置：

修改 /etc/named.conf，首先，将 api 和 api-int 指向担当负载均衡器的节点 IP，即你要规划安装 Haproxy 的节点。

```
api IN A 10.66.208.240
api-int IN A 10.66.208.240
registry IN A 10.66.208.240
```

泛域名 *.apps，也指向负载均衡器的节点 IP。

```
*.apps IN A 10.66.208.240
```

bootstrap 记录指向要安装 bootstrap 节点的 IP 地址。

```
bootstrap IN A 10.66.208.247
```

master0 记录指向要安装 master0 节点的 IP 地址，默认情况下，这里应该有 3 条记录，分别指向 3 台不同的节点 IP。

```
master0 IN A 10.66.208.241
```

worker0 记录指向要安装 worker0 节点的 IP 地址，至少要在这里添加一条记录，因为必要的服务需要运行在至少一台的 worker 节点上。

```
woker0.ocp4 IN A 10.66.208.245
```

在生产环境中，建议使用 DHCP 服务器长期管理集群节点的 IP 地址。确保 DHCP 服务器配置为向集群计算机提供持久的 IP 地址和主机名（为了保证关键服务的持续平稳运行，至少保证用来作为 infra 节点的 IP 地址和主机名不要变动）。使用带有 IP 保留的 DHCP 可确保重新启动时 IP 不会更改（本章内容使用静态 IP 方式手动分配节点地址，可以跳过 DHCP 的环节）。这里是一个 dhcpd.conf 文件的示例：

```
......
    subnet 10.66.208.0 netmask 255.255.255.0 {
        pool {
        range 10.66.208.2 10.66.208.254;
        #静态条目
        host bootstrap { hardware ethernet 52:54:00:51:f1:a7; fixed-address 10.66.208.247; }
        host master0 { hardware ethernet 52:54:00:51:eb:5b; fixed-address 10.66.208.241; }
        host master1 { hardware ethernet 52:54:00:dd:e2:d6; fixed-address 10.66.208.242; }
        host master2 { hardware ethernet 52:54:00:a9:c8:b9; fixed-address 10.66.208.243; }
        host worker0 { hardware ethernet 52:54:00:6c:7f:86; fixed-address 10.66.208.245; }
        host worker1 { hardware ethernet 52:54:00:05:41:85; fixed-address 10.66.208.246; }

        #这个设置会拒绝向上面未列出的主机分配IP地址
        deny unknown-clients;
        }
    }
```

2. 配置 etcd 使用的 DNS RECORDS

这里要为 etcd 生成两种类型的 DNS 记录，首先是正向解析，要把域名指向 IP 地址，名称必须是 etcd INDEX，其中 INDEX 是从 0 开始的数字，etcd 集群坐落于 master 节点中，所以将所有的 etcd 记录指向对应的 master 节点 IP 地址。

```
etcd-0 IN A 10.66.208.241
;
```

注意，如果是 3 个 master，那么分别把 etcd-1 和 etcd-2 指向不同的 IP 地址。

其次，你还需要创建指向各种 etcd 条目的 SRV 记录，你需要用优先级 0、权重 10 和端口 2380 设置这些记录。如下面的代码所示（后面有一个点），如果是 3 个 master，则 _etcd-server-ssl._tcp4 保持不变，后面的 etcd0 增加 etcd1 和 etcd2 记录。

```
_etcd-server-ssl._tcp IN SRV 0 10 2380 etcd-0.ocp4.rhcnsa.org.
;
```

完整的 DNS zonefile 文件的示例可查看链接 https://github.com/openshift-tigerteam/guides/blob/master/ocp4/ocp4-zonefile.db。

注意，对以上所有的 A 记录（除了 *.apps.ocp4），都设置对应的 REVERSE DNS RECORDS。

3. 配置 REVERSE DNS RECORDS

为 bootstrap、master、worker 节点，api 和 api-int 创建反向 DNS 记录。反向记录很重要，因为这就是 RHEL CoreOS 为所有节点设置主机名的方式。此外，这些 PTR 记录用于生成 OpenShift 需要的各种证书。下面是一个使用 rhcnsa.org 作为域名并使用 ocp4 作为 clusterid 的示例。同样，这是用 bind 完成的。

```
;语法为 "last octet"，主机必须是fqdn，并且行末尾注意有一个点
241 IN PTR master0.ocp4.rhcnsa.org.
;
247 IN PTR bootstrap.ocp4.rhcnsa.org.
;
240 IN PTR api.ocp4.rhcnsa.org.
240 IN PTR api-int.ocp4.rhcnsa.org.
240     IN     PTR     registry.ocp4.rhcnsa.org.
;
245 IN PTR woker0.ocp4.rhcnsa.org.
```

一个完整的 reverse.db 文件内容详见链接 https://github.com/openshift-tigerteam/guides/blob/master/ocp4/ocp4-reverse.db。

这里有一个小技巧，若想验证前面的设置是否成功生效，可用下面的命令行验证：

```
# nslookup -qt=ptr 10.66.208.240
```

此时，你应该可以看到该 IP 地址的所有反向解析域名，如本例所配置的 registry.ocp4.rhcnsa.org、api.ocp4.rhcnsa.org、api-int.ocp4.rhcnsa.org。

13.3.2　负载均衡器手动配置及解析

你将需要一个负载均衡器来处理内部和外部的 API，以及 OpenShift 路由器。虽然 Red Hat 没有正式建议使用哪个负载均衡器，但是支持 SNI 是必要的（现在大多数负载均衡器都

这样做)。

你将需要配置端口 6443 和 22623 来指向 bootstrap 节点和主节点。下面的示例使用的是 HAProxy(注意,它必须是 TCP 套接字才能允许 SSL 通过)。

同样为了节省资源,把当前的 helper 机器暂时当作负载均衡器,以后再进行调整。

如果已经运行了 helper,这里的 haproxy.cfg 应该已经配置过了。注意,这里笔者把 OpenShift 路由器部署在了 master 节点上,所以,需要再手动添加粗线标识部分,当然真正的生产环境是需要专门配置一个 Infra 节点运行 OpenShift 路由器的,就不需要手动做此操作了。

```
frontend openshift-api-server
    bind *:6443
    default_backend openshift-api-server
    mode tcp
    option tcplog

backend openshift-api-server
    balance source
    mode tcp
    server bootstrap 10.66.208.247:6443 check
    server master0 10.66.208.241:6443 check

frontend machine-config-server
    bind *:22623
    default_backend machine-config-server
    mode tcp
    option tcplog

backend machine-config-server
    balance source
    mode tcp
    server bootstrap 10.66.208.247:22623 check
    server master0 10.66.208.241:22623 check
```

你还需要配置 80 和 443 来指向 worker 节点。下面是 HAProxy 配置,记住我们使用的是 TCP 套接字。

```
frontend ingress-http
    bind *:80
    default_backend ingress-http
    mode tcp
    option tcplog

backend ingress-http
    balance source
    mode tcp
    server worker0 10.66.208.245:80 check
    server master0 10.66.208.241:80 check
```

注意这里的 master0 记录，因为如果没有正确设置 mastersSchedulable: false，部分服务会部署到 master 节点上。

```
frontend ingress-https
    bind *:443
    default_backend ingress-https
    mode tcp
    option tcplog

backend ingress-https
    balance source
    mode tcp
    server worker0 10.66.208.245:443 check
    server master0 10.66.208.241:443 check
```

重启动 haproxy，使之生效。如果发现无法启动 haproxy，运行以下命令后，将正常启动。

```
setsebool -P haproxy_connect_any=1
```

13.3.3　WebServer 手动配置及解析

WebServer 被用在点火文件中以安装部署新的 bootstrap、master 和 worker 节点，所以需要正确配置 WebServer（也可以使用 FTP 服务），并且将所需的所有文件都放置到相应的目录中。必要的文件包括点火文件（后面步骤中会复制）以及相关的 iso 文件，如：rhcos-4.2.0-x86_64-metal-bios.raw.gz 文件等，所有必要的文件可从如图 13-4 所示的链接中获取。

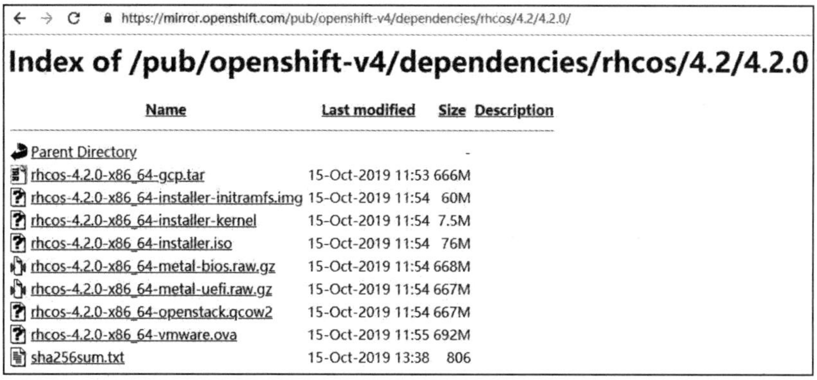

图 13-4　必要的安装文件

13.3.4　配置离线镜像仓库 / 还原镜像

离线镜像仓库需要承载之前准备好的镜像仓库打包文件，所以新镜像仓库的数据路径、证书等是需要调整的信息。

```
mkdir -p /data/crts/ && cd /data/crts
openssl req \
    -newkey rsa:2048 -nodes -keyout rhcnsa.org.key \
    -x509 -days 3650 -out rhcnsa.org.crt -subj \
    "/C=CN/ST=BJ/L=BJ/O=Global Security/OU=IT Department/CN=*.ocp4.rhcnsa.org"
```

使证书被信任：

```
cp /data/crts/rhcnsa.org.crt /etc/pki/ca-trust/source/anchors/
update-ca-trust extract
```

数据存放目录和证书路径：

```
mkdir -p /data/registry
cat << EOF > /etc/docker-distribution/registry/config.yml
...
    filesystem:
        rootdirectory: /data/registry
    ...
    tls:
        certificate: /data/crts/rhcnsa.org.crt
        key: /data/crts/rhcnsa.org.key
EOF
```

恢复离线镜像仓库数据，并验证是否成功恢复：

```
# Podman login registry.rhcnsa.org -u a -p a
```

生成 pullsecret 秘钥：

```
# Podman login --authfile ~/pullsecret_config.json   registry.ocp4.rhcnsa.org:5443
    -u a -p a
```

在 OpenShift 4.3 及以后的版本中，离线镜像的制作和恢复变得更加便捷，我们可以使用如下命令导出所有必须安装的镜像到本地磁盘，以文件的方式存放。

```
# oc adm -a /root/merged_pullsecret.json release mirror --from=quay.io/openshift-
    release-dev/ocp-release:4.3.2-x86_64 --to-dir=mirror
```

然后用下列命令恢复磁盘文件到目标镜像仓库：

```
# oc image mirror --dir=mirror file://openshift/release:4.3.2* registry.ocp4.
    rhcnsa.org:5443/ocp4/openshift4
```

13.3.5 执行安装步骤

1. 创建安装配置文件

准备好必要的客户端，下载好，或者上传。

```
# curl -J -L -O https://mirror.openshift.com/pub/openshift-v4/clients/ocp/4.2.4/
    openshift-client-linux-4.2.4.tar.gz
# oc adm -a ${LOCAL_SECRET_JSON} release extract --command=openshift-install
```

```
"${LOCAL_REGISTRY}/${LOCAL_REPOSITORY}:${OCP_RELEASE}"
```

复制 crt 文件的内容，用于补充 install-config.yaml 安装配置文件中的 additionalTrust-Bundle 参数：

```
# cat /data/crts/rhcnsa.org.crt
```

复制 id_rsa.pub，用于补充 install-config.yaml 文件的 pullSecret 参数：

```
# cat /root/.ssh/id_rsa.pub
```

生成 merged_pullsecret.json 文件，用于补充 install-config.yaml 文件的 pullSecret 参数：
确认访问本地镜像仓库的 pullsecret_local.json 文件存在（如果 registry 匿名可访问，可以不需要）：

```
#cat ../pullsecret_local.json
{
    "auths": {
        "registry.ocp4.rhcnsa.org:5443": {
            "auth": "YTph"
        }
    }
}
```

从 Red Hat OpenShift Cluster Manager 站点的 Pull Secret 页面下载 registry.redhat.io 的 pull secret。并把他保存成文件，然后和上面的 pullsecret_local.json 文件内容合并。

```
# echo '<your-openshift-pull-secret-in-json>' > $HOME/ocp_pullsecret.json
# jq -c --argjsonvar "$(jq .auths $HOME/pullsecret_local.json)" '.auths += $var'
    $HOME/ocp_pullsecret.json>merged_pullsecret.json
```

完成安装配置文件：

```
# vim install-config.yaml
apiVersion: v1
baseDomain: rhcnsa.org
compute:
- hyperthreading: Enabled
  name: worker
  replicas: 0
controlPlane:
  hyperthreading: Enabled
  name: master
  replicas: 1
metadata:
  name: ocp4
networking:
  clusterNetworks:
  - cidr: 10.254.0.0/16
    hostPrefix: 24
  networkType: OpenShiftSDN
  serviceNetwork:
  - 172.30.0.0/16
platform:
```

```
    none: {}
pullSecret: '{ "auths" : ...}'
sshKey: 'ssh-ed25519 AAAA...'
additionalTrustBundle: |
  -----BEGIN CERTIFICATE-----
 ...
  -----END CERTIFICATE-----
imageContentSources:
- mirrors:
  - registry.ocp4.rhcnsa.org:5443/ocp4/openshift4
  source: quay.io/openshift-release-dev/ocp-release
- mirrors:
  - registry.ocp4.rhcnsa.org:5443/ocp4/openshift4
  source: quay.io/openshift-release-dev/ocp-v4.0-art-dev
```

再次强调一下，请注意以下参数是否正确。

❑ baseDomain：rhcnsa.org，注意，不要带 clusterid，即不加 ocp。

❑ metadata.name：ocp4，这就是 clusterid。注意，clusterid 和 baseDomain 组成完整的 FQDNS ocp4.rhcnsa.org。

❑ pullSecret：如果是离线，查看前面 pullsecret_local.json 的内容；如果是在线安装，那么访问 cloud.redhat.com。

　　◯ 登录 Red Hat 账户。

　　◯ 点击"Bare Metal"。

　　◯ 通过"Download Pull Secret"或者"Copy Pull Secret"，获取 Secret。

❑ sshKey：这是你的 public SSH key（例如，id_rsa.pub）。

❑ additionalTrustBundle：镜像仓库自签名证书的 crt 文件的内容。

❑ imageContentSources：配置成私有镜像仓库，注意镜像仓库的端口号。

2. 生成点火配置（静态 IP 方式）

生成点火配置文件，这个过程会用到上面的 install-config.yaml，注意生成点火文件后，该 yaml 文件会被删除，如果没有把握一次性成功，记得做备份。

把 install-config.yaml 复制到 ~/ocp4，离线环境下，必须加载下面的环境变量，然后再执行 create ignition-config：

```
# export BUILDNUMBER=4.2.0
# export OCP_RELEASE=${BUILDNUMBER}
# export LOCAL_REG='registry.ocp4.rhcnsa.org:5443'
# export LOCAL_REPO='ocp4/openshift4'
# export OPENSHIFT_INSTALL_RELEASE_IMAGE_OVERRIDE=${LOCAL_REG}/${LOCAL_
    REPO}:${OCP_RELEASE}
# openshift-install create ignition-configs
```

注意一定要设置 OPENSHIFT_INSTALL_RELEASE_IMAGE_OVERRIDE，否则，安装会试图连接互联网访问 quay.io，这会导致离线安装失败。

在这个仿真根目录中创建你的网络配置，创建 bootstrap 的仿真网卡配置：

```
# mkdir -p bootstrap/etc/sysconfig/network-scripts/
# cat > bootstrap/etc/sysconfig/network-scripts/ifcfg-ens32 <<EOF
DEVICE=ens32
BOOTPROTO=none
ONBOOT=yes
IPADDR=10.66.208.247
NETMASK=255.255.255.0
GATEWAY=10.66.208.254
DNS1=10.66.208.240
DOMAIN=ocp4.rhcnsa.org
PREFIX=24
DEFROUTE=yes
IPV6INIT=no
EOF
# filetranspiler -i bootstrap.ign -f bootstrap -o bootstrap-static.ign
```

用类似的步骤创建 master0 和 worker0 的仿真网卡配置，指定正确的网络 IP 地址以及 ign 文件路径。

注意语法：filetranspiler -i $ORIGINAL -f $FAKEROOTDIR -o $OUTPUT

将上面生成的文件复制到 web server：

```
# cp -r ~/ocp4/*.ign /var/www/html/ignition/
```

注意，在使用静态 IP 地址时，需要对集群中的所有节点准备一个仿真点火配置文件。

```
/var/www/html/ignition/
├── bootstrap.ign
├── bootstrap-static.ign
├── master0.ign
├── master.ign
├── worker0.ign
└── worker.ign
0 directories, 6 files
```

3. 安装 CoreOS (静态 IP 方式)

利用 VMWare Workstation 创建一个空的虚拟机，设置 CoreOS Installer 作为光盘，配置网络为桥接或者 NAT（根据你的需要），如图 13-5 所示。

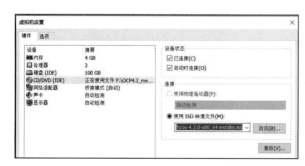

图 13-5　虚拟机的启动

创建 bootstrap 节点，启动 CoreDS 安装，在引导界面中点击 Tab 键。

VMWare 虚拟机模拟裸金属的优势是，可以很方便地复制粘贴。将以下内容复制到点火区域：

```
ip=10.66.208.247::10.66.208.254:255.255.255.0:bootstrap:ens32:none:
    nameserver=10.66.208.240 coreos.inst.install_dev=sda coreos.inst.image_
    url=http://10.66.208.240:8080/install/rhcos-4.2.0-x86_64-metal-bios.raw.gz
    coreos.inst.ignition_url=http://10.66.208.240:8080/ignition/bootstrap-static.ign
```

使用同样的方式，创建 master0 节点和 worker0 节点。注意语法，ip= 字段的定义是：ip=$IPADDR::$DEFAULTGW:$NETMASK:$HOSTNAME:$INTERFACE:none:$DNS。

13.3.6　完成安装

完成安装，成功后界面如图 13-6 所示。

```
# openshift-install wait-for bootstrap-complete --log-level debug
```

```
[root@bastion ocp4]# openshift-install wait-for bootstrap-complete --log-level debug
DEBUG OpenShift Installer v4.2.1
DEBUG Built from commit e349157f325dba2d06666987603da39965be5319
INFO Waiting up to 30m0s for the Kubernetes API at https://api.ocp4.rhcnsa.org:6443...
INFO API v1.14.6+2e5ed54 up
INFO Waiting up to 30m0s for bootstrapping to complete...
DEBUG Bootstrap status: complete
INFO It is now safe to remove the bootstrap resources
[root@bastion ocp4]#
```

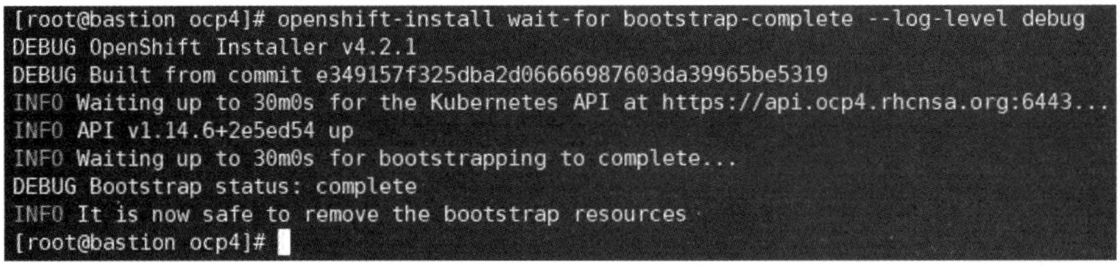

图 13-6　bootstrap 成功安装的界面

此时，可以配置 oc 使用的环境变量，如：export KUBECONFIG=~/ocp4/auth/kubeconfig，然后可以查看是否有任何节点 csr 挂起。

```
# oc get csr
```

你可以接收这些 CSR 请求，通过运行 oc adm certificate approve $CSR ，或者，通过以下批处理命令，注意，你可能需要多次执行 approve 命令。

```
# oc get csr -ojson | jq -r '.items[] | select(.status == {} ) | .metadata.
    name' | xargs oc adm certificate approve
```

13.3.7　附加操作：内部镜像库设置使用 emptydir 或者 NFS

如果不为镜像仓库设置一个持久化存储，安装将无法完成。下面的命令设置一个 "emptyDir"（临时存储）。

```
# oc patch configs.imageregistry.operator.openshift.io cluster \
--type merge --patch '{ "spec" :{ "storage" :{ "emptyDir" :{}}}}'
```

当然，最好的方式是设置一个真正的持久化存储，比如：设置内部镜像仓库使用 NFS，通过 oc edit 编辑，或者通过 oc patch 命令行应用配置。

```
# oc edit configs.imageregistry.operator.openshift.io
# oc patch configs.imageregistry.operator.openshift.io cluster -p '{ "spec":
  { "storage":{ "pvc":{ "claim":" " }}}}' --type=merge
```

等待安装完毕:

```
# openshift-install wait-for install-complete
```

你将看到关于集群的以下信息,包括 Kubeadmin 账户的信息。这是一个临时管理账户。

```
INFO Waiting up to 30m0s for the cluster at https://api.ocp4.rhcnsa.org:6443 to
  initialize...
INFO Waiting up to 10m0s for the openshift-console route to be created...
INFO Install complete!
INFO To access the cluster as the system:admin user when using 'oc', run 'export
  KUBECONFIG=/root/ocp4/auth/kubeconfig'
INFO Access the OpenShift web-console here: https://console-openshift-console.
  apps.ocp4.rhcnsa.org
INFO Login to the console with user: kubeadmin, password: PftLM-P6i6B-SEZ2R-QLICJ
```

至此,一个简化版本的 OpenShift 4.X 的离线环境已经安装成功,如图 13-7 所示。

图 13-7　成功安装的界面

13.4　本章小结

通过本章的介绍,我们可以了解 OpenShift 4 在安装过程中用到的一个非常方便的小工具,该工具可以帮你快速创建和配置网络、DNS、负载均衡、Web 服务器,点火文件编码等。在最新版本中,小工具提供了更加灵活的参数配置,可以实现完全离线环境下的使用(工具本身离线运行)。

另外,如果不想使用该工具,或者想清楚安装过程中的细节,为了更精准地进行排障,也可以通过本章手工配置的内容进行初步了解。篇幅所限,本章内容只是 OpenShift 4 长远征程的一小步,前方还有更艰辛的路在等待着大家。

OpenShift 与公有云

云计算（Cloud Computing）这个概念在当前的 IT 界已经广为人知，炙手可热。云计算的流行始于 2006 年，一个标志性的事件为美国的 Amazon 公司推出了弹性计算云服务（Elastic Compute Cloud），企业可通过该云服务快速获取高度灵活的计算能力。随着云计算的快速流行，相关技术迅猛发展，云计算逐渐演化出公有云、私有云、混合云及多云等多种形态。

在云计算流行以前，大部分有规模、有实力的企业都会选择构建私有的数据中心，企业的应用也会被部署在这些私有的数据中心当中。企业需要自行运维管理数据中心内的软件及硬件，并自行保证数据中心的合规及安全。这些私有数据中心的管理耗费了企业大量的人力和资金成本，并降低了企业创新的效率。对比传统的私有数据中心的模式，公有云提供了丰富的计算资源和服务，这些计算资源和服务可以像自来水一样按需使用，按用量计费。使用公有云服务企业可以更快速地为创新和转型提供所需要的资源，节省大量运维 IT 基础设施的人力成本，也让企业在市场上变得更有竞争力。通过近年的各种报道来看，越来越多的企业选择从私有数据中心向公有云进行迁移。

14.1　OpenShift 结合公有云的收益

Red Hat OpenShift 是一个企业级的容器平台，其目标在于帮助企业构建一个可靠的容器基础架构，并支持企业快速部署、运行及高效地管理各类容器应用。OpenShift 的一个重要特点是通过容器引擎及容器编排平台 Kubernetes，让容器应用和底层的基础架构得以解耦。OpenShift 可以运行在不同的基础架构之上，包括私有数据中心、私有云以及公有云之上 OpenShift 支持运行的主流公有云平台，如 AWS、Azure、阿里云、腾讯云。目前，可以看到许多企业除了在私有环境中通过 OpenShift 构建企业容器应用平台外，还将 OpenShift 部署在公有云之上。OpenShift 在私有环境和公有云的基础架构之上构建了一个抽象层。通过 OpenShift，企业用户可以快速将容器应用在私有环境和公有云之间进行迁移。

通过过去数年的经验来看，在初期，OpenShift 被大量部署在私有数据中心内。但是随着企业对公有云接受程度的提高，以及混合云和多云战略的需要，目前，有越来越多的企业将 OpenShift 搬上了公有云。

对于企业和组织来说，在公有云上运行 OpenShift 平台的优势如下。

（1）为应用的部署、运行及管理提供跨基础架构的一致性

OpenShift 可以被部署在私有环境以及公有云的基础架构之上。OpenShift 在不同的基础架构上构建了一个抽象层。开发团队和管理人员通过 OpenShift 进行应用的开发、测试、部署及管理容器应用。OpenShift 为不同基础架构上的应用提供了开发、运维和管理的一致性，这种一致性将带来潜在的效能提升。

（2）降低容器基础架构的运维及管理成本

OpenShift 集群的运行需要底层基础架构平台提供计算、网络及存储等资源。相对于私有数据中心或私有云而言，通过公有云为 OpenShift 集群提供其所需的基础架构资源，更加高效和便捷。同时，公有云的基础架构资源可选择的面更广泛、更灵活。用户可以根据业务的需要，在世界各地不同的数据中心快速构建 OpenShift 并部署相关的应用。

（3）提升 OpenShift 集群的运维管理效率

OpenShift 为用户提供了许多针对容器应用开发和管理的便利。但是要把 OpenShift 集群运维好，并不是一件容易的事情，尤其是在企业或组织里不是只有一个 OpenShift 集群的情况下。目前，有厂商推出了基于 OpenShift 的 SaaS 及 PaaS 服务。通过这类 OpenShift-aaS 服务，用户可以专注于使用 OpenShift 进行创新，将底层集群运维等大量耗时费力的任务交给云平台完成。在后续的章节中，将会介绍 Red Hat 和 Microsoft 联合开发和推出的 OpenShift 云服务——Azure Red Hat OpenShift。

（4）对私有数据中心的计算资源进行有效补充

企业私有数据中心容量的扩充一般周期较长。对于在短时期内需要大量计算资源的应用场景而言，公有云是一个很好的补充。OpenShift 对公有云基础架构的支持，使企业可以快速将公有云的资源纳入容器集群之中，满足应用的即时需求。需求满足后，可以释放资源以节省成本。通过这种灵活性为业务场景的创新带来更多想象的空间。

（5）进一步放大容器技术带来的创新加速和效能提升效应

OpenShift 和容器技术提升了应用生命周期中各个环节的效率，其结果是最终提升了整体的交付效率，缩短了应用上市时间（time-to-market）。效率的提升使创新的成本下降，因而也加速了创新。将公有云和 OpenShift 提供的效率提升进行叠加，两者相得益彰，将帮助企业和组织进一步提升应用交付和创新的速度和质量。

Red Hat 公司每年 5 月都会在美国举办全球技术峰会（Red Hat Summit）。每年在技术

峰会上 Red Hat 会向优秀的企业用户应用案例颁发 Red Hat 创新大奖（Red Hat Innovation Award）。在这两年的获奖企业中，大部分是基于 OpenShift 及 Red Hat 的解决方案实现混合云和多云架构，提升应用交付和创新能力的案例。

Red Hat 创新大奖：https://www.redhat.com/en/success-stories/innovation-awards。

总而言之，根据目前的趋势而言，OpenShift 向公有云扩展的趋势将越来越快。通过 OpenShift 实现混合云和多云的企业的案例将会越来越多。

14.2　OpenShift 公有云部署选择

从技术实现上来说，将 OpenShift 运行在公有云之上，与将其运行在私有数据中心的 VMware vSphere 或 OpenStack 之上，并没有本质区别。在 OpenShift 3 的时代，在私有环境中部署运行 OpenShift，用户需要自行准备集群所需的虚拟机、网络及存储等资源，并对这些资源进行配置，然后才可以进行集群部署。OpenShift 4 对这个过程进行了优化，集群安装器（Installer）可以通过对接 vSphere 或 OpenStack 的 API 自行创建这些资源，并进行自动安装。安装完成后的集群需要用户自行运维管理。

与私有环境相比，公有云为用户提供了更丰富的选择。在公有云上，用户可以选择自行部署并运维 OpenShift 集群，也可以通过各类公有云服务进行快速部署及自动化运维 OpenShift 集群。按主流的观点来看，公有云按服务模型（Service Model）可以划分为基础架构即服务（Infrastructure as a Service，IaaS）、平台即服务（Platform as a Service，PaaS）以及软件即服务（Software as a Service，SaaS）。目前在公有云市场上，用户可以基于 IaaS 或者 PaaS 服务部署、运行或使用 OpenShift。

图 14-1 展示了 Red Hat OpenShift 提供的不同产品形态，用户在公有云上运行 OpenShift 时，可以根据不同需求，选择不同的产品形态。简单来说，用户可以在私有数据中心和公有云 IaaS 服务上部署 Red Hat OpenShift Container Platform。Red Hat OpenShift Dedicated、Azure Red Hat OpenShift 及 Red Hat OpenShift Online 为用户提供了托管型的 OpenShift PaaS 服务。

14.2.1　基于 IaaS

通过公有云平台的 IaaS 服务部署运行 OpenShift 是一种十分成熟的架构方案。基于公有云 IaaS 的 OpenShift 部署与在私有数据中心中基于虚拟化平台的部署非常类似。以 OpenShift 3 为例，用户通过公有云 IaaS 服务创建计算、网络及存储资源，并按照 OpenShift 的要求进行配置及部署。

自 OpenShift 3.6 版本以来，为了满足用户在公有云部署并运行 OpenShift 的需要，Red

Hat 公司陆续提供了 OpenShift 在 AWS 及 Azure 等平台的官方参考架构。通过这些官方参考架构，用户可以更容易地在公有云上构建出安全、可靠、高可用的 OpenShift 环境。

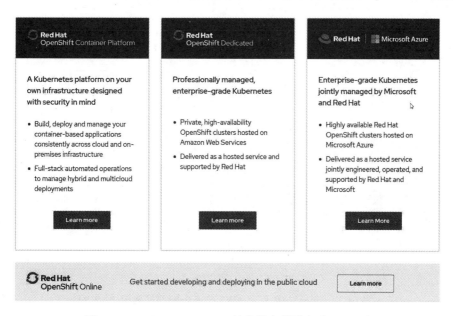

图 14-1　Red Hat OpenShift 的多种产品形态（Red Hat）

OpenShift AWS 参考架构：https://access.redhat.com/documentation/en-us/reference_architectures/2018/html/deploying_and_managing_openshift_3.9_on_amazon_web_services/index

OpenShift Azure 参考架构：https://access.redhat.com/documentation/en-us/reference_architectures/2018/html/deploying_and_managing_openshift_3.9_on_azure/index

---

图 14-2 所示的是在 AWS 上的 OpenShift 部署架构示例。这个架构中包含了 3 个 master 节点、3 个基础架构节点以及 3 个应用节点。类似的集群配置在私有环境的部署中也十分常见。不同的是，在公有云环境中，用户可以借助公有云使 OpenShift 的集群架构更加健壮，提供更高的可用性。比如，多个不同的 OpenShift 节点可以被部署在不同的 AWS 的可用区（Availability Zone），从而降低集群因数据中心故障而出现停机的可能性。公有云提供的各类服务也使得集群所需的如网络、存储、安全及监控等需求更容易得到解决。

1. 手工部署或自动化部署

用户可以使用各个云平台得到用户界面，如 Web 控制台、命令行工具及 API 创建所需要的计算、网络及存储资源。大部分云平台也提供了自动化模板的能力，如 AWS 的 CloudFormation 以及 Azure 的 ARM 模板。通过这些工具和模板，用户可以设计出所需 IaaS 资源的自动化创建和配置脚本。

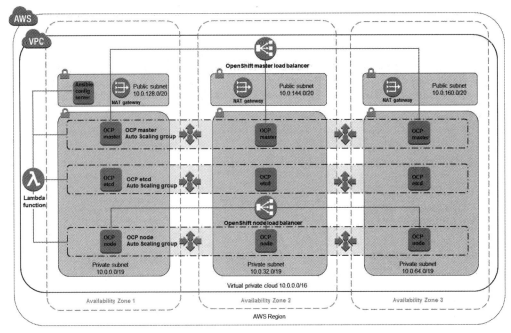

图 14-2　OpenShift 基于 AWS 公有云的部署架构（AWS）

　　主流的云平台，如 AWS 和 Azure 都提供了 OpenShift 的快速部署模板。比如，Azure
的开发团队在 GitHub 上维护了一个官方的 OpenShift 自动化部署模板。用户只需要在安装
跳板机上下载这个模板，就可以方便地在 Azure 上部署一个基于 Red Hat 官方参考架构设
计的 OpenShift 3 集群。这个模板设计得非常灵活，用户通过简单的参数配置后就可以部
署出满足特定需求的 OpenShift 集群。对于有深度定制需求的用户，也可以通过修改这个
GitHub 仓库提供的模板源文件，定制出符合自身企业需求的部署模板。比如将集群的虚拟
机镜像替换成符合企业内部安全标准的经过安全加固的虚拟机镜像。这个部署模板当前支
持 OpenShift 3 的最新版本 3.11。OpenShift 4 的安装流程经过优化后，变得更加简洁。

　　AWS OpenShift 部署模板：https://github.com/aws-quickstart/quickstart-redhat-openshift

　　Azure OpenShift 部署模板：https://github.com/microsoft/openshift-container-platform

---

2. 通过 Terraform 及 Ansible 部署

　　除了直接使用云平台提供的工具和模板外，用户也可以通过第三方自动化运维工具实
现 OpenShift 集群的自动部署。可以通过 Terraform（来自 HashiCrop 公司的 Infrastructure
as Code 运维工具）或 Ansible（来自 Red Hat 的自动化运维工具）创建和配置所需的 IaaS 资
源，并通过 OpenShift 3 提供的 Ansible Playbook 进行自动化安装。

　　开源社区有一些开发者提供了基于 Terraform 和 Ansible 的 OpenShift 部署模板。笔者
基于社区中已有的 Terraform 部署模板开发了支持 OpenShift 3.11 的部署模板，该模板支

持在 Azure 全球及 Azure 中国区的集群部署。部署模板通过 Terraform 实现 Azure 公有云的 IaaS 资源创建，如资源组、虚拟机、虚拟网络、负载均衡器，并针对不同角色（master 节点、infra 节点、计算节点）的主机进行相应的初始化配置。IaaS 资源就绪后，通过 Terraform 触发 OpenShift 的 Ansible Playbook 进行集群的部署。感兴趣的读者可以访问相关的 GitHub 仓库。图 143 所示的是该 Terraform 模板所部署的集群架构。

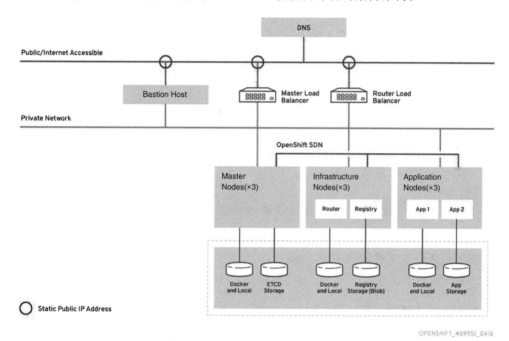

图 14-3   OpenShift 3.11 Azure 部署架构图（Red Hat）

OpenShift Terraform Azure 部署模板：https://github.com/nichochen/terraform-azure-openshift

3. OpenShift 4 的部署

前面的小节介绍了 OpenShift 在公有云的部署，其中用户需要负责创建和配置集群所需的计算、储存和网络资源。这些资源的创建和配置会耗费用户大量的时间和精力。在过往几年中，有很多用户向笔者反馈 OpenShift 的安装过于复杂和耗时。对于这个问题，笔者认为 OpenShift 的安装本质上其实非常简单，只需要配置好 Ansible 的 Inventory 配置文件，然后执行 Ansible Playbook 即可自动完成，让用户感到复杂和烦琐的是集群所需的基础架构资源的准备。

针对这个问题，OpenShift 4 对其安装进行了优化。OpenShift 4 的安装有两种方式：一种是与 OpenShift 3 类似的 UPI（User Provisioned Infrastructure），即用户需要在部署前自行准备基础架构资源；另一种安装方式是 IPI（Installer Provisioned Infrastructure），即
OpenShift 4 安装器（Installer）负责创建并配置集群所需的基础架构资源，然后进行集群部
署。OpenShift 4 的 IPI 安装简化了 OpenShift 集群部署，使得用户通过几次简单的命令行交
互就可以完成一个端到端的集群部署。

下面是一个基于 Azure 公有云的 OpenShift 4 安装示例。通过示例可以看到用户通过命
令行交互提供 Azure 的账户信息、部署的目标区域以及域名等信息。OpenShift 4 安装器将
根据这些信息生成集群部署配置文件。

```
$ openshift-install create install-config --dir=~/ocp4
  SSH Public Key /home/chernand/.ssh/azure_rsa.pub
  Platform azure
  azure subscription id 12345678-1234-1234-1234-123456789012
  azure tenant id aaaaaaaa-bbbb-cccc-dddd-eeeeeeeeeeee
  azure service principal client id aaaa-bbbb-cccc-ddddddddddddd
  azure service principal client secret [? for help] ***********
INFO Saving user credentials to  "/home/user/.azure/osServicePrincipal.json"
  Region centralus
  Base Domain az.demo.io
  Cluster Name openshift4
  Pull Secret [? for help] *****************************
```

完成了部署配置文件的创建后，通过执行安装命令进行集群部署。整个安装过程将自
动完成，无须用户干预。

```
$ openshift-install create cluster --dir=~/ocp4/
INFO Consuming "Install Config" from target directory
INFO Creating infrastructure resources...
INFO Waiting up to 30m0s for the Kubernetes API at https://api.openshift4.
    az.demo.io:6443...
INFO API v1.14.0+8e63b6d up
INFO Waiting up to 30m0s for bootstrapping to complete...
INFO Destroying the bootstrap resources...
INFO Waiting up to 30m0s for the cluster at https://api.openshift4.az.demo.
    io:6443 to initialize...
INFO Waiting up to 10m0s for the openshift-console route to be created...
INFO Install complete!
INFO To access the cluster as the system:admin user when using 'oc', run 'export
    KUBECONFIG=/home/user/ocp4/auth/kubeconfig'
INFO Access the OpenShift web-console here: https://console-openshift-console.
    apps.openshift4.az.demo.io:6443
INFO Login to the console with user: kubeadmin, password: abcd
```

关于 OpenShift 4 在不同平台的安装细节，读者可以查阅 OpenShift 的官方安装文档进行
详细了解，本书不再赘述。此外，Red Hat 提供了一个云管门户（https://cloud.redhat.com/），
通过这个门户，用户可以在不同云平台上部署 OpenShift 4，并管理这些集群。

14.2.2　基于 PaaS

　　IaaS 提供了很高的灵活性，用户可以根据自身需要创建和使用各种基础架构资源。通过公有云 IaaS 服务部署及运行 OpenShift 集群的优点是，这种方式对在私有数据中心的传统用户而言学习的曲线较低。用户对所有的基础架构资源拥有完全的控制权，可以对 OpenShift 集群及其相关的基础架构资源进行深度定制。其缺点是用户需要负责创建和维护相应的基础架构资源。

　　很多用户希望在享受 OpenShift 带来的便利的同时，可以最大程度降低 OpenShift 集群运维的复杂度和所需的人力、时间成本。针对这一用户需求，Red Hat 和公有云厂商 AWS 及 Google 联手推出了 Red Hat OpenShift Dedicated，并在 OpenShift Dedicated 的基础上和 Microsoft 联合开发并推出了 Azure Red Hat OpenShift 服务。

　　Red Hat OpenShift Dedicated 是 OpenShift 早期推出的一种类 PaaS 服务。用户可以通过 OpenShift Dedicated 服务获取一个托管型的 OpenShift 集群环境，这个集群环境的创建和运维均由 Red Hat 支持团队负责。用户可以将精力集中在使用 OpenShift 开发、部署和管理各种不同类型的容器应用，而把集群的运维工作交给 Red Hat 负责。Red Hat 先后在 AWS 以及 Google Cloud Platform 上推出了 Red Hat OpenShift Dedicated 服务。

　　根据计划，Red Hat 本该推出基于 Azure 的 OpenShift Dedicated 服务，但是在 2018 年 5 月的 Red Hat 峰会上，Red Hat 和 Microsoft 宣布联合开发一个 OpenShift 的托管服务（Managed Service）：Azure Red Hat OpenShift。2019 年 5 月，Azure Red Hat OpenShift 如期上线。

　　从功能上看，Azure Red Hat OpenShift 与 OpenShift Dedicated 有类似的地方，不同的地方在于：Azure Red Hat OpenShift 是一个更为自助式的服务，用户可以自行通过 Azure Red Hat OpenShift 服务自行创建、部署、扩展、配置 OpenShift 集群；而 OpenShift Dedicated 的大部分功能需要用户提交工单，然后等待后台 Red Hat 工程师执行工单。从效率和用户体验上来看，Azure Red Hat OpenShift 更为高效和灵活。关于 Azure Red Hat OpenShift 的更详细内容，在后续的小节中会展开介绍。

　　除了 Red Hat OpenShift Dedicated 以及 Azure Red Hat OpenShift，Red Hat 还推出了 Red Hat OpenShift Online 服务。Red Hat OpenShift Online 是一个轻量级的 OpenShift-aaS 服务，更多面向于一些试用场景以及开发者。用户可以在 OpenShift Online 的网站上免费注册并使用这项服务。免费用户可以获取包含 2GB 的内存及 2GB 存储额度的 60 天试用期。

OpenShift Online：https://www.openshift.com/products/online/

14.3　Azure Red Hat OpenShift

　　前文提到，Azure Red Hat OpenShift 是 Red Hat 与 Microsoft 联合开发并推出的 OpenShift

公有云托管服务。Azure Red Hat OpenShift 可以让 OpenShift 的用户专注于使用 OpenShift 进行应用层面的创新，而将底层的 OpenShift 集群的管理工作交由 Red Hat 与 Microsoft 提供的云服务进行自动化运维。基于 Azure 公有云遍布全球的海量资源（见图 14-4），用户可以快速部署及伸缩 OpenShift 集群，以满足不同的场景需要。通过 Azure Red Hat OpenShift，用户可以最大化 OpenShift 带来的灵活性以及收益。

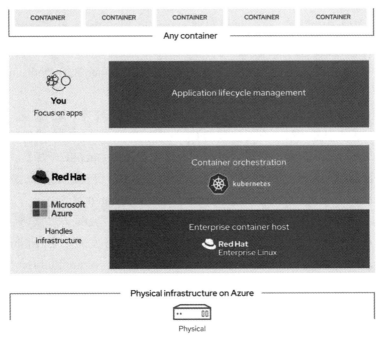

图 14-4　Azure Red Hat OpenShift 架构（Red Hat）

Azure Red Hat OpenShift 的 Red Hat 官方主页：https://www.openshift.com/products/azure-openshift

Azure Red Hat OpenShift 的 Microsoft Azure 主页：https://azure.microsoft.com/en-us/services/openshift/

Red Hat 目前是 Microsoft 在开源领域的战略合作伙伴。双方于 2015 年开始战略性合作，也因此 Red Hat 并没有在 Azure 上推出与 AWS 及 GCP 类似的 OpenShift Dedicated 服务，而是与 Microsoft 的工程团队联合开发了一个更为灵活和自助式的云服务 Azure Red Hat OpenShift。Red Hat 与 Microsoft 的战略合作为 Azure Red Hat OpenShift 服务的实现提供了非常重要的基础。这一战略合作影响了 Azure Red Hat OpenShift 在技术上的实现、服务支持策略以及市场推广。

总体而言，对比原有的 OpenShift Dedicated 服务，Azure Red Hat OpenShift 提供了许

多企业客户一直翘首以盼的特性。我们可以从下面这些方面了解 Azure Red Hat OpenShift 服务的特点，并从这些特点中了解当前业界在这个领域的一些成果。

14.3.1　集群部署与伸缩

一直以来，OpenShift 集群部署是许多企业客户希望简化并变得更高效的一个环节。Azure Red OpenShift 提供了自助式的集群创建。通过 Azure 的在线门户或者 Azure 命令行工具，用户可以在 10 至 20 分钟内快速创建出达到生产环境标准的 OpenShift 容器集群环境。这将大大缩短 OpenShift 集群环境创建和准备所需要的时间，加速应用的上线效率。

集群的扩容和缩容是 OpenShift 集群运维管理的一个常见场景。在过去，OpenShift 3 集群的伸缩依赖于用户自行构建相应的实现方案。比如，在扩容的场景中，用户往往需要自行通过基础架构层创建出所需要的虚拟机以及相关的网络和存储配置，然后通过运维 OpenShift 提供的 Ansible 脚本进行扩容。OpenShift 4 引入了对基础架构层更多的控制，使得集群的扩容和缩容变得更加便利。Azure Red Hat OpenShift 让 OpenShift 3 与 4 的扩展变得非常容易，通过简单的一条命令，用户就可以完成集群的伸缩操作。

Azure Red Hat OpenShift 的出现让 OpenShift 集群的创建和伸缩成本极大地降低了。这催生出一些新的使用用例。比如，通过与 DevOps 流水线的结合，用户可以在需要时创建 OpenShift 集群并部署应用，在完成相关任务后将集群销毁；用户可以在白天业务时间扩容集群，在晚间业务低谷期间，通过 Azure Red Hat OpenShift 的能力收缩集群，减少节点数。这对对成本敏感的用户而言，具有现实意义。

14.3.2　自动化运维

OpenShift 成功的一个重要原因是其简化了应用的运维，但是 OpenShift 本身的运维仍然是许多用户的一个负担。许多企业用户希望搭上容器这一班快车，但是也惧怕运维容器编排平台所需要的技能要求、时间和成本。作为一个托管型 PaaS 服务，Azure Red Hat OpenShift 的一个重要特性就是基础架构的自动化运维。

Azure Red Hat OpenShift 的自动化运维包含集群内所有 OpenShift 的 master、infra 以及 worker 节点。Azure Red Hat OpenShift 服务自动为用户监控及运维集群节点，并在需要时对节点进行功能和安全补丁的更新。用户无须对基础架构进行运维管理，这对用户的生产力而言是一个巨大的解放，意味着一个管理员可以同时负责更大数量的集群。

14.3.3　全球部署

公有云的一个重要优势是海量的资源以及按需付费的灵活模式。Azure 是目前全球市场份额最大的公有云之一，其在全球有 54 个运营区域，涵盖亚洲、美洲、欧洲及非洲。Azure 是第一个在非洲建立数据中心的主流公有云厂商。Azure Red Hat OpenShift 依托 Azure 的全球基础架构，使得用户可以在全球范围内部署基于 Azure Red Hat OpenShift 的

OpenShift 集群。截至本书完稿时，Azure Red Hat OpenShift 覆盖了超过二十个 Azure 的运营区域，并且覆盖面在不断增加中。

14.3.4 混合云架构

对于一些企业用户，在私有环境中已经存在了大量的现有系统，比如 ERP、CRP 及数据等。如金融业用户由于行业监管，部分数据不能搬上公有云，只能存储于私有环境中，但在一些场景中，这些在私有环境的应用服务和数据需要被云上的应用访问和使用，这就用到了混合云架构。这种混合云场景在目前的背景下并不罕见，Azure Red Hat OpenShift 混合云架构提供了一些有效的支持。

从基础架构层面来看，如图 14-5 所示，Azure Red Hat OpenShift 可以被部署在 Azure 的虚拟私有网络 VNet 中，用户可以通过 VNet 的链接（Peering）功能将 Azure Red Hat OpenShift 与企业现有的 VNet 进行对接，进而通过带宽最高可达 100Gbps 的 Azure Express Route 高速网络与私有数据中心进行对接。这使得运行在 Azure Red Hat OpenShift 之上的应用可以快速高效地访问部署于私有环境中的应用、服务与数据。同时，私有环境中的应用也可以方便地访问 Azure 云上的服务。

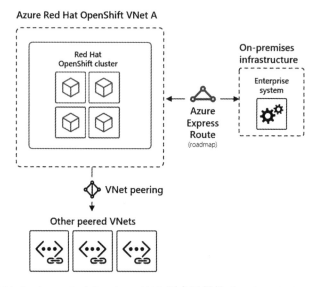

图 14-5　Azure Red Hat OpenShift 混合云架构（Red Hat/Microsoft）

Azure VNet：https://azure.microsoft.com/zh-cn/services/virtual-network/

Azure Express Route：https://azure.microsoft.com/zh-cn/services/expressroute/

相当大一部分希望在公有云上使用 OpenShift 的用户已经在私有环境中体验过 OpenShift 带来的价值和收益。Azure Red Hat OpenShift 服务为已经在私有环境中运行

OpenShift 的用户在公有云环境中提供了一个一致的应用运行环境。这使得用户的混合云架构变得更加简单。OpenShift 为在私有云和公有云环境中的应用提供了部署与管理的一致性。

14.3.5　安全与认证

安全是许多企业用户关注列表上的重要项目。OpenShift 平台本身提供了多个层次的安全保障，包括操作系统层面的 SELinux、容器编排层面的 Security Context Constraint（SCC）、网络层面的 OpenShift SDN 及 Network Policy，以及应用传输层面的 TLS 加密传输。OpenShift 安全的可靠性可以从许多 OpenShift 在金融和国防行业的案例中得到体现和印证。

Azure Red Hat OpenShift 的基础是 OpenShift，因此其自然继承了 OpenShift 所拥有的安全特性。在这个基础上，Azure Red Hat OpenShift 提供了一些额外的安全防护。如：

❑ 基础架构层面，Azure Red Hat OpenShift 集群节点均处于虚拟网络 VNet 内，默认配置了防火墙规则。

❑ Azure Red Hat OpenShift 提供了私有化集群的部署模式，在这种模式下，OpenShift 集群将与互联网进行隔离，只有从企业网络内才可以访问集群。

❑ Azure Red Hat OpenShift 默认与身份标识管理系统 Azure AD 集成。通过 Azure AD，用户可以方便地进行 OpenShift 资源的访问控制，实现单点登录 SSO 以及多因子登录验证（Multi-factor Authentication，MFA）。

❑ Azure 的基础架构满足了一些行业的安全认证规范，如 SOC 及 PCI 等。Azure Red Hat OpenShift 也在进行相关的认证。

关于安全，必须指出的是，在公有云上，安全是云提供商和用户的共同责任，是一种 Shared Responsibility 模型。云服务商提供基础架构的安全防护配置和手段，用户需要理解并合理地配置。

14.3.6　与 Azure 服务的集成

作为一个通用的公有云平台，Azure 提供了超过 100 种 IaaS 及 PaaS 的服务，涵盖虚拟机、存储、网络、软件开发、数据库、物联网、人工智能、大数据及 DevOps 等众多领域。Azure Red Hat OpenShift 是 Azure 上的一个云服务，因此它天然可以更容易地与其他 Azure 服务进行集成。这对于许多 Azure 的用户而言是一个非常大的优势。

针对云原生应用，Azure 有一套相应的服务体系。比如 Azure DevOps 可以很好地与 Azure Red Hat OpenShift 进行集成，实现应用 DevOps 流水线，加速应用的部署，简化应用运维管理。企业级 Azure Container Registry 可以作为 OpenShift S2I 的目标镜像仓库。基于 Azure Container Registry 可以实现跨地域的容器镜像复制。

14.3.7　开发者体验

与上游的 Kubernetes 相比，OpenShift 的一大优势是其为软件开发者提供了更好的用户体验。通过 S2I，用户可以制定一个可以被执行的应用构建和运行标准，并通过这一标准快速构建和运行容器应用。OpenShift Build Pipeline 提供了基于 Jenkins 的 DevOps 流水线支持（在 Kubernetes CRD 流行之前），让用户可以使用 OpenShift 的 API Object 定义流水线，将 DevOps 能力整合到容器平台之内。OpenShift 的 Web 控制台的用户体验，仍然是目前市面上做得最好的容器控制台之一。这些 OpenShift 用户所熟悉并喜爱的功能特性在 Azure Red Hat OpenShift 中都得到了继承。通过 Azure Red Hat OpenShift，OpenShift 可以为用户提供的一致性，不仅体现在容器的基础架构层面，还体现在面向开发者的用户体验上。

14.3.8　联合技术支持

商业支持服务是区别 OpenShift 与上游 Kubernetes 和 OKD 的一个重要项目。在 Red Hat 与 Microsoft 的战略合作的框架下，Red Hat 和 Microsoft 联合为 Azure Red Hat OpenShift 提供技术支持服务。如图 14-6 所示，用户遇到技术问题时，可以在 Azure 或者 Red Hat 的支持门户上提交服务请求。来自 Red Hat 与 Azure 的团队将进行联合支持。问题相关的信息将自动在 Red Hat 及 Azure 的支持团队间传递，无须用户干预。这种一站式的支持服务，极大地提升了问题解决的效率。这项服务对于在 Azure Red Hat OpenShift 上运行关键业务应用的用户而言显得额外重要。更高的问题解决效率意味着更短的停机时间。

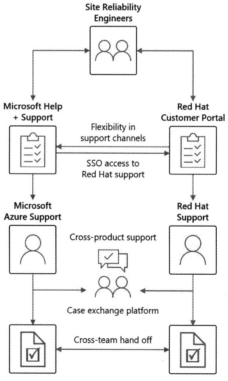

图 14-6　Red Hat 与 Microsoft 联合技术支持流程（Red Hat/Microsoft）

14.3.9　付费模式

传统的 OpenShift 容器平台及 OpenShift Dedicated 的付费模式是基于年度订阅模式，用户需要提前购买并支付一年或者三年的订阅费用，这对许多用户而言是一笔不小的开支。此外，购买流程涉及商业合同的签订。因此，从购买到使用有一定的时间周期。

Azure Red Hat OpenShift 的付费模式是基于 Pay-as-You-Go（PAYG）模式。这意味着用户只要开通了 Azure 云的账户，便可以随时在 Azure 上创建和使用 Azure Red Hat OpenShift，而无须提前支付 OpenShift 的年度订阅费用。使用费用将按使用的资源类型及时长进行实时计算，按用量计费。相关费用都会体现在一张 Azure 的账单上，简化了企业付费模型，便于管理和审计。这种基于用量的计费模式给予了用户更大的自由度。对于一些进行创新的用户，如一些探索性的项目，项目所需要的前期启动资金需要将大大降低。

14.3.10　OpenShift 4

OpenShift 过去几年的成功是基于 OpenShift 3，这也是许多用户当前正在使用的版本。OpenShift 4 是新一代的 OpenShift 产品。相比 Azure Red Hat OpenShift 3，Azure Red Hat OpenShift 4 提供了更多功能，使用户对集群有更大的控制权。此外，OpenShift 4 与 OpenShift 3 在架构上一脉相承，但 OpenShift 4 在原有的基础上增加了一系列特性和 Operator，提升了用户体验。

Azure Red Hat OpenShift 服务在发布初期支持的版本为 OpenShift 3.11，即 OpenShift 3 最后一个稳定版。随着 OpenShift 4 的发布，Azure Red Hat OpenShift 也提供了对 OpenShift 4 的支持。首个支持的 OpenShift 4 版本为 4.3。对于使用 OpenShift 3，不希望进行大版本升级的用户而言，Azure Red Hat OpenShift 3.11 是一个比较理想的选择。对于希望升级以及新的 OpenShift 用户而言，选择 Azure Red Hat OpenShift 4.3 则更为合适。

14.4　公有云 OpenShift 最佳实践

毫无疑问，公有云可以为 OpenShift 用户提供更丰富的基础架构资源和灵活的部署选项。但是公有云并不保证每一个 OpenShift 用户的项目都能成功。对同一个工具，一百个人可能会有一百种不同的用法。通过参考其他人的一些成功经验可以更好地趋吉避凶，提高项目的成功率，获取更好的收益。

14.4.1　因地制宜地选择架构

前文介绍了 OpenShift 在公有云的部署选项，并对托管服务 Azure Red Hat OpenShift 进行了详细介绍。但是，这个世界上没有可以解决一切问题的金钥匙。不同的用户，不同的项目往往有着不同的需求。前文介绍了 Azure Red Hat OpenShift 的诸多特性，解决了用户许多痛点，但并不意味着它是所有 OpenShift 公有云项目的最佳选择。

IaaS 部署选项的优点是用户可以有最大的控制权，而这一点是托管型服务如 OpenShift Dedicated 及 Azure Red Hat OpenShift 的短板。比如有的早期的 OpenShift 深度用户，他们对 OpenShift 集群进行了一些定制化改造，需要对集群的关键组件如 API Server 和 Kubelet 进行定制。那么在这种情况下，IaaS 部署选项是一个更合理的选择。因为托管型服务为了实现规模化的自动化运维，并不允许用户对 OpenShift 的系统组件进行修改。

换一个角度来看，如果用户关注的是管理成本，会希望最大化减少运维所消耗的人力成本。在这种情况下，基于 IaaS 的部署方式则并不适宜。选择托管型服务 Azure Red Hat OpenShift 及 OpenShift Dedicated 则更加合理。

除了以上因素，用户的预算及其当前所使用的技术堆栈也会影响最终的选择。如果用户不希望在前期就投入大量的资金购买订阅服务，那么 Azure Red Hat OpenShift 相较于 OpenShift Dedicated 更具有优势。

总而言之，在设计部署架构时，需要综合考虑技术、项目、预算等多方面的需求，选择一个更有利和合理的架构。

14.4.2　最小化基础架构管理工作量

企业上云的其中一个主要动力是通过云的资源交付和服务模型降低 IT 系统和资源运营所需的人力和成本。IaaS、PaaS 以及 SaaS 三种云服务模型，提供了不同的自由度。IaaS 提供用户最大的资源控制权和自由度，但是需要的管理成本最高。SaaS 提供了最低的管理成本，但是用户自定义的自由度和控制权最低。PaaS 则介于两者之间。当一个系统迁移上云时，在满足需求的情况下企业用户更倾向于选择 PaaS 服务部署应用，因为 PaaS 服务可以提供更低的管理成本。因此，在满足功能和非功能要求的情况下，托管型 OpenShift 服务相较于用户自行通过 IaaS 部署更为便利。毕竟用户最关注的是其业务和相关应用，而非 OpenShift 集群的运维。

14.4.3　构建高可用的部署架构

业务可持续性是企业业务上云的一个重要考虑点。主流的公有云厂商对各类云服务都提供了一定的服务承诺（Service Leve Agreement，SLA）。但是大多数云服务并不提供 100% 的 SLA。此外，公有云厂商的停机事件也偶有发生。因此，为了最大程度保障业务的可持续性，用户在公有云部署 OpenShift 时需要结合所使用的云平台添加保障高可用的架构元素。如，部署在某一区域的 OpenShift 集群时，master、infra 及 worker 节点应尽量分散在不同的可用区域（如 AWS、Azure Availability Zone, Azure Availability Set 等），这保证了 OpenShift 集群的节点不会因为某一可用区域的宕机而整体失效。此外，用户可以在多个不同的运营区域或者多个不同的云平台上部署多个 OpenShift 集群，前端通过负载均衡将流量转发至不同集群。这种多区域部署的架构可以是多活或者单活多备等模式。在数据层面，用户可以通过使用具有跨区域数据复制的数据库或者存储保障数据的同步与备份。

14.4.4　Infrastructure as Code

相对于传统的基础架构而言，云让基础架构资源变得更易于通过软件定义。通过公有云平台提供的 API、命令行工具以及第三方自动化运维工具，如 Terraform 及 Ansible，用户可以通过代码的方式定义所使用的基础架构资源及云服务。通过代码定义这些资源的价值在于：一来可以通过工具重复解析和执行资源的创建，提高了重用性；二来这些资源的定义可以被纳入代码配置库中进行版本管理，便于跟踪历史记录以及审计；再者，资源定义后可以实现自动化，使得底层资源的创建和部署可以与应用的构建及部署流水线进行整合。

14.4.5　DevOps

DevOps 目前已经成为 IT 的一个热门的话题。从技术层面来看，容器已经成为最受欢迎的 DevOps 工具之一。容器与 DevOps 结合的比较常见的应用场景是以容器为载体，以容器编排平台为基础，以流水线（Pipeline）为手段，将应用快速部署到不同的基础架构之上。通过前文介绍的 Infrastructure as Code，基础架构资源和云服务的部署和配置可以与应用的构建和部署流程进行整合。通过执行流水线，用户可以整体地对应用以及其依赖的底层资源（包括 OpenShift 集群）进行部署及配置，使得应用实例及运行环境的创建成本大大降低。

14.5　本章小结

本章介绍了 OpenShift 在公有云的应用场景与收益。公有云与 OpenShift 的结合将会为用户提供一个更为灵活的架构以运行各类容器应用。基于 OpenShift，用户可以构建一个横跨私有数据中心、公有云以及多云的抽象层。OpenShift 屏蔽了底层基础架构的差异，使得应用程序可以更容易地在不同的环境间进行迁移。

OpenShift 在公有云的落地有多种不同的选择，包括基于 IaaS 部署或者托管型的 PaaS 服务。基于 IaaS 部署提供更多的控制权，但是需要花费更多管理成本。基于 OpenShift Dedicated 和 Azure Red Hat OpenShift 这类托管型的 OpenShift-aaS 服务，用户可以更专注于基础架构之上的应用和业务创新。类似于目前 Kubernetes 托管服务在各大云平台的流行，托管型的 OpenShift 服务也将越来越受到关注。

对于 OpenShift 在公有云的部署和应用，每个企业和组织也许会有不同的架构选择。但是，从当前的行业背景来看，公有云、混合云和多云已经成为许多商业用户云战略的方向。可以肯定的是，OpenShift 在公有云的应用已经成为一个趋势，在未来，我们将在全球范围内见到越来越多与其相关的使用案例。

推荐阅读